生物质废弃物水热液化理论与技术

刘志丹　主编

SHENGWUZHI FEIQIWU
SHUIRE YEHUA
LILUN YU JISHU

U0244247

化学工业出版社

·北京·

内 容 简 介

《生物质废弃物水热液化理论与技术》全面介绍了生物质废弃物水热液化的原理、相关理论与技术，对水热液化技术的发展提供理论支撑和技术参考。

本书主要介绍了生物质废弃物概况、水热转化原理、水热液化影响因素、水热液化反应器及系统、生物原油特性与炼制等生物质废弃物水热液化制备生物原油整体系统的基本知识。本书还介绍了有关水热液化水相副产物特性与资源化、气相和固相资源化、水热液化常见分析方法等，以及水热液化的产业化挑战与机遇。

本书适合从事或准备进入水热技术领域的企业家、投资家、政策决策者、工程技术人员阅读，还可供高校和研究院所的教师、研究人员和学生参考，也可作为研究生教材，同时也适合从事生物质能领域的工程管理人员参考。

图书在版编目（CIP）数据

生物质废弃物水热液化理论与技术/刘志丹主编. —
北京：化学工业出版社，2023.11
ISBN 978-7-122-43881-2

Ⅰ.①生…　Ⅱ.①刘…　Ⅲ.①生物质-废物处理-研
究　Ⅳ.①X7

中国国家版本馆 CIP 数据核字（2023）第 140139 号

责任编辑：袁海燕　　　　　　　　　　　　文字编辑：张瑞霞
责任校对：刘曦阳　　　　　　　　　　　　装帧设计：王晓宇

出版发行：化学工业出版社（北京市东城区青年湖南街 13 号　邮政编码 100011）
印　　装：北京科印技术咨询服务有限公司数码印刷分部
787mm×1092mm　1/16　印张 22　字数 544 千字　2023 年 10 月北京第 1 版第 1 次印刷

购书咨询：010-64518888　　　　　　　　售后服务：010-64518899
网　　址：http://www.cip.com.cn
凡购买本书，如有缺损质量问题，本社销售中心负责调换。

定　　价：128.00 元

《生物质废弃物水热液化理论与技术》编写人员

主　　编：刘志丹

副 主 编：田纯焱　李虎岗

编写人员：（排名不分先后）

张士成　吴玉龙　王影娴　徐永洞　李　睿　段　娜

曹茂炅　申瑞霞　周嘉良　罗　铖　袁昌斌　孔德亮

王月瑶　李虎岗　田纯焱　刘志丹

前　言

　　能源是保障人类生存发展和衣食住行的基础，随着物质生活水平和科学技术水平的不断提高，人类社会对于能源的需求也越来越大，传统化石能源由于其形成条件复杂、形成过程缓慢等不可再生的特点而日渐枯竭。此外，自工业革命以来，煤炭、石油和天然气等传统化石能源的大规模开发和利用加剧了温室气体的排放，导致全球气候变暖，引发了严重的环境污染和气候变化问题，严重威胁了人们的生活健康。据国际能源署（IEA）统计，2019年全球与能源相关的二氧化碳排放量中，中国碳排放量为98亿吨。其中煤炭、石油、天然气、其他消费所排放的二氧化碳量分别占总排量的44%、34%、21%、1%。我国是能源大国，预计在未来30年，可再生能源将以年均8%左右的速率增长直至占我国一次能源消费分布的50%左右。以生物质废弃物为原料的生物质能源作为一种可再生能源，近年来备受世界各国的重视，并成为可再生能源研究领域中的一个热点。虽然我国的废弃生物质资源很丰富，如农作物秸秆、食品加工残渣、林业废弃物等，每年的产量相当于4.6亿吨标准煤，但其有效利用率并不高，这不但造成了生物质资源的浪费，而且若处理不当，如废弃生物质的露天焚烧等，还会造成大气环境污染、土壤环境恶化等一系列危害人类生命健康的严重问题。

　　水热液化技术的出现，为资源化利用生物质废弃物并改善生态环境提供了一种全新理念。水热液化（hydrothermal liquefaction, HTL）是将生物质快速转化为高能量密度液体燃料（生物原油）的可再生能源转化技术，具有无须干燥、全有机组分转化、适用原料宽泛、反应迅速等特点，是未来发展生物质能源的关键可再生能源转化技术。经过水热液化技术处理后得到的生物原油是未来能源、工业过程和交通运输行业传统化石燃料的重要替代物。此外，水热液化转化过程中的固相、水相和气相产物在工农业生产中均有重要作用，例如，固相产物因具有较丰富的含氧官能团和孔道结构，可用作环境治理、土壤改良剂或电化学材料；水相产物因具有杀菌抑制效应，可用作农作物抑菌剂；气相载热可回收用于液化用能等。

　　生物质能源作为一种可再生能源，其具有高效、清洁、污染小、可再生、易储存等特点，发展生物质能源可以有效地解决能源紧缺的问题并减少环境污染。在"双碳"目标引领下，"十四五"及今后一段时期是我国能源绿色低碳转型的关键期，也是落实应对气候变化国家自主贡献目标的攻坚期，生物质能源的生态环境功能越来越突出，我国可再生能源将进入全新的发展阶段，推进生物质能源多元化发展，大力发展非粮生物质液体燃料是落实我国碳达峰、碳中和目标任务的重要途径。水热液化技术的环境友好功能越来越重要，不少读者迫切想了解该技术的基础理论知识和前沿研究进展，因此，本书的编写对相关从业人员深化科学研究和突破技术难点，加强对生物质废弃物的资源化利用，推动我国生态文明建设、能源革命和低碳经济发展，保障美丽乡村建设、应对全球气候变化等国家重大战略实施具有重要意义。

　　本书编写团队近年来承担了国家自然科学基金重点项目、国际合作项目、面上项目等：寒地畜禽养殖废水梯级转化低温效应与生物炭强化机制（U21A20162）、农业畜禽和农村厕所废水多污染物快速消减机制与节能增效（52261145701）、有机废弃物加压水热液化转化年轻石油的应用基础研究（U1562107）、低脂高蛋白藻水热液化过程关键元素迁移与成油机制（51576206）；国家重点研发计划课题（2016YFD0501402）：固体废弃物热处理及生物炭汽油制备关键技术研发；美国比尔及梅琳达盖茨基金会项目：热水解-气化集成技术处理厕所粪尿的环境增值系统与装置等一系列针对水热液化技术突破和基础研究的重要课题。鉴于未来净零排放体系下生物原油广泛的应用前景以及国内尚缺乏针对生物质废弃物水热液化理论与技术的相关著作的现状，为了更好地向社会传播新颖的理论知识和前沿的技术研发进展，编写团队组织相关项目合作成员，系统梳理和总结了近年来在各项基金资助下的重要研究成果，合作编写本书。书中内容主要根据编者 10 余年水热液化技术的研发基础编写而成，团队近期获批教育部自然科学二等奖：富氮高湿生物质水热液化多元素转移行为与多相调控环境增值方法；同时参考了水热液化领域的国内外相关专著、期刊文献和技术资料，旨在为从事水热液化技术研究开发的科研人员和工程师全面梳理基础知识和技术要点，支撑水热液化技术相关的新能源、化工、农业工程、工程热物理等学科的发展，以推动我国可再生能源领域技术持续进步。

　　本书共分 10 章，分别从生物质废弃物水热液化的原料、过程与设备、技术与方法、产品与应用、挑战与机遇等方面展开，分章节讲述了生物质废弃物水热液化利用方面的系统理论知识。本书以生物质废弃物水热液化技术为主线，从生物质废弃物的水热转化技术入手，区分了不同水热转化技术的特点，阐述了水热液化技术的优势。全面讲述了水热液化的影响因素与模型预测、生物质的催化水热液化、水热液化生物原油特性与炼制、水热液化气相和固相资源化、水热液化常见分析方法等方面的内容，建立了水热液化由转化过程到产物利用的系统知识体系和方法学，深入剖析了生物质废弃物水热液化过程的转化途径与机制，阐明了水热液化各相产物利用的原理和方法，有助于读者全方位地理解水热液化技术的知识理论。着重讲述了水热液化水相特性及资源化内容，对水热液化水相的特征进行了全面的介绍，梳理了不同水相利用技术的原理和特点，为水相的资源化利用提供了丰富的解决途径。详细讲述了水热液化反应器及系统的内容，以"三传一反"理论为基础，分析了反应器系统各部件的设计特点和工程特性，为下一代水热液化反应器及系统的开发提供新的思路。最后，总结和展望了水热液化产业化的挑战与机遇，以期为未来本领域的科研工作者指引新的研究方向。全书内容通俗但不失严谨，瞄准学科前沿，注重基本原理与最新研究成果相结合，数据引用力求新颖，充分体现和说明水热液化技术发展的时效性和重要性，且穿插了作者多年来在相关领域的重要研究成果，对比分析了国内外生物质废弃物水热液化的发展概况及方向，使读者对水热液化理论与技术在世界范围内的发展有一个全面的了解，为读者提供有价值的参考。

　　本书内容丰富、系统性强，适用于水热技术研究领域的高校师生和科研人员，可作为生物质能源、农业工程、新能源科学与工程、农业生物环境与能源工程、环境科学与工程等学科教材和学术参考资料，能够帮助本专业及相近课题的科研工作者或研究生厘清研究思路，了解研究领域动态，也可供生物质热化学转化相关从业人员或生物质能源、石油化工、农林能源行业的教学、科研及管理人员阅读、参考。

本书由中国农业大学刘志丹主编，清华大学吴玉龙、复旦大学张士成、山东理工大学田纯焱、太原理工大学李虎岗、河南科技大学王影娴、中国农业科学院农业环境与可持续发展研究所申瑞霞参与编写。其中，刘志丹负责统稿；段娜、周嘉良负责编写第1章；田纯焱负责编写第2章和第3章；吴玉龙负责编写第4章；王影娴、曹茂炅负责编写第5章；徐永洞、申瑞霞、王月瑶、罗铖负责编写第6章；张士成负责编写第7章；李睿、袁昌斌、孔德亮负责编写第8章；李虎岗负责编写第9章和第10章。在编写过程中，中国农业大学环境增值能源创新团队成员段娜、徐永洞、李睿、周嘉良、袁昌斌、孔德亮、曹茂炅、王月瑶、罗铖等作为主要编写人员参与，在此表示诚挚的谢意。化学工业出版社对本书的编写给予了热情指导，在此表示衷心的感谢。本书在编写过程中参考了国内外同行的有关资料，在此表示深深的谢意。最后，对资助书中相关课题研发和出版的各项基金表示诚挚的谢意。

  由于书中内容涉及面广，执笔者都是第一线的科研工作者，兼具繁重的科研和教学任务，水平及时间有限，书中难免存在疏漏之处，欢迎有关专家和广大读者批评指正。

2023 年 2 月

目　录

第 6 章　水热液化水相物质理化特性及资源化途径 ···················· 156

第 1 章
生物质废弃物概况

生物质（biomass）通常指生命体通过光合作用而生成的有机物质，具体包括动物、植物和微生物，以及这些生命体代谢和排泄的有机物质。生物质废弃物（biowaste）一般来源于生物质的废弃物。由于水热液化技术（hydrothermal liquefaction，HTL）以水作为溶剂，因而其对生物质原料的含水率没有严格的要求，不需要将原料进行干燥处理。此外，水热液化过程不涉及生物反应，对原料中的生物毒害物质也没有严格的限定。因此，水热液化技术能够容纳最广泛最普遍的生物质废弃物原料。就来源而言，可以利用水热液化技术处理的生物质废弃物可分为养殖废弃物、农作物秸秆、生活垃圾、城市污泥、藻类生物质、林业废弃物、厕所粪污等。

1.1 生物质种类

1.1.1 养殖废弃物

养殖废弃物来源于畜牧养殖业，包括牲畜和家禽粪污以及栏圈铺垫物等。我国畜牧业历史悠久，畜禽饲养品种繁多，养殖废弃物呈现出分布范围广、种类多样的特点。养殖废弃物的体量与畜牧养殖业的规模总量呈正相关关系，在我国主要来源于猪、牛、羊、鸡、鸭，其粪污产量的相关参数如表 1-1 所示[1]。近年来，随着我国经济的迅速发展和人民消费水平的普遍提高，畜牧业朝着规模化、集约化的方向发展，在一些大中城市郊区或是周边建立了众多的大中型现代化养殖场。

表 1-1 畜牧业养殖粪污产量相关参数

养殖类别	猪	牛	羊	鸡	鸭
粪便日产量/kg	2	20	2.6	0.069	0.075
粪水日产量/kg	15	75	—	1	1
鲜粪干物质/%	20	18	40	20	20

1.1.2 农作物秸秆

农作物秸秆指的是小麦、玉米、水稻等农作物收割之后，剩余的不能食用的根、茎、叶等废弃物，但不包括农作物地下部分。农作物秸秆是典型的木质纤维素类原料，通常含40%纤维素、30%半纤维素和30%木质素。农作物秸秆的产量受制于当地气候条件、土壤状况以及农艺类型，其具体产量通常用草谷比进行估算，常见作物秸秆的草谷比及能量当量见表 1-2[2]。据《中国统计年鉴》《中国农村统计年鉴》（1999—2018）的数据，我国农作物秸秆产量从 1999 年的 4.7 亿吨增加到 2018 年的 6.5 亿吨，整体呈现出稳步增长的趋势，年均增长率为 1.7%；其中以水稻、小麦和玉米秸秆为主，占秸秆总量的 82.3%～88.3%。就地区分布而言，华北和长江中下游地区可收集秸秆资源量最多，占全国可收集秸秆资源总量的 51.3%～58.7%。其中华北地区秸秆资源量较大，占全国可收集秸秆资源总量的 26.0%～30.6%，而东南地区占比较小，仅占 2.6%～5.3%[3]。

表 1-2　常见作物秸秆的草谷比系数及能源当量

项目	草谷比	折标煤当量
水稻	1:0.62	0.43
小麦	1:1.37	0.50
玉米	1:2.00	0.53
杂粮	1:1.00	0.50
豆类	1:1.50	0.54
薯类	1:0.50	0.49
油料	1:2.00	0.53
棉花	1:3.00	0.54
甘蔗	1:0.10	0.44

1.1.3　林业废弃物

林业废弃物主要指森林砍伐剩余物、造材剩余物和加工剩余物，俗称林业"三剩物"。砍伐剩余物主要包括枝丫、树梢、树皮、树叶等，木材加工剩余物主要包括树皮、板皮、锯末刨花以及边条下脚料等。森林砍伐剩余物的组成会因森林类型、树木种类、砍伐方式的不同而有着较大区别，但从全国总体水平而言，树干是其主要部分，约占 70%，而剩余的树枝树叶约占 30%[2]。

1.1.4　生活有机垃圾

生活有机垃圾是指生活垃圾中的有机部分，其含量占生活垃圾总质量的 25%～30%，主要为餐厨垃圾[2]。餐厨垃圾是指单位食堂、宾馆、饭店等产生的餐饮垃圾及居民家庭产生的废弃蔬菜瓜果、废弃肉类和鱼虾、剩菜剩饭等各类混合物的总称[4]。从化学成分组成来看，餐厨垃圾主要包括糖类、蛋白质、脂质、无机盐以及少量的氮、磷、钾等微量元素[5]。餐厨垃圾含有丰富的易降解有机质，不及时处理容易滋生蚊虫引发恶臭气味，但同时也因富含脂类物质而适于采用水热方式处理。

2018 年，我国生活垃圾清运量达 2.28 亿吨，且每年以 8%～10% 的速度持续增长[6]。生活垃圾的分类管理有利于推动其高效处理与资源化利用，2016 年 12 月，习近平总书记主持召开中央财经领导小组会议研究普遍推行垃圾分类制度，强调要加快建立分类投放、分类收集、分类运输、分类处理的垃圾处理系统，形成以法治为基础、政府推动、全民参与、城乡统筹、因地制宜的垃圾分类制度，努力提高垃圾分类制度覆盖范围。

1.1.5　市政污泥

市政污泥是指污水处理厂在污水处理过程中产生的絮状沉淀物，主要来源于初次沉淀池、二次沉淀池等工艺环节。通常而言，每吨污水经处理后产生的污泥量达 1～2kg（含水率以 90% 计算）[7]。随着我国城镇化水平的不断提升，污泥产量也持续攀升[8]，2020 年我国的污泥产量达 6000 万～9000 万吨[9]。市政污泥中含有丰富的有机质、氮、磷等养分资源，但同时也存在着大量的病原菌、重金属和微塑料等有毒有害物质，处理不当将引起二次污染[10]。

1.1.6　厕所粪污

厕所每天接纳、蓄集并排出人类日常的排泄物，主要包含粪、尿和冲厕用水，厕所粪污即厕所收纳并排出的人体排泄粪污。尽管人体排泄物具有相当的稳定性，但由于厕所的类型不同，如旱厕、水冲厕，导致厕所粪污特性存在较大差异。城镇中主要采用水冲式厕所，厕所粪污与其他生活污水通过污水管网一并进入污水处理厂进行统一处理，达标后排放；而农村中，由于村民居住较为分散，厕所粪污多为单独收集处理，例如三格式、双瓮式等水冲式户厕类型，其产生的厕所粪污性质与城市管网污水差别较大。此外，干旱寒冷地区农村采用的旱厕类型较多，旱厕粪污与水冲厕所的粪污特性也存在较大差异[11]。表 1-3 显示了人类新鲜粪尿与不同厕所类型粪污的基本理化特性参数[11]。

表 1-3　人类新鲜粪尿与不同厕所类型粪污的基本理化特性参数

项目	pH	电导率/(mS/cm)	TN/(mg/kg 或 L)	TP/(mg/kg 或 L)	COD/(mg/kg 或 L)	粪大肠菌群数/(个/g 或 mL)
新鲜人粪	7.39	5.85	45540.00	4807.00	957350.00	33500.00
新鲜人尿	8.51	44.00	20541.00	654.00	13520.00	—
旱厕粪污	8.09	44.10	2991.48	1069.49	11130.00	230000.00
三格化粪池粪污*	7.36	0.40	99.84	13.80	1324.77	739.27
城市污水	7.56	1.18	21.75	1.90	292.00	23.52

注：*为化粪池第一池。TN 表示总氮，TP 表示总磷，COD 表示化学需氧量。

人类粪污中含有大量的有机质和丰富的 N、P、K 等肥效成分，可以通过无害化处理方式将其制备为高效有机肥。此外，粪尿中 70% 以上是水分，可以通过特定的处理使这些污水达到很高的水质标准，甚至可以供人饮用[12]，比如太空中的空间站。但粪尿中同时含有大量的恶臭物质及致病性微生物，处理不当也将造成严重的环境风险。

1.1.7　藻类生物质

藻类生物质（以下简称"藻类"）具有生长速率快、不占用耕地、高效固定二氧化碳并吸收水体中的氮、磷养分等显著优势，被视为未来能源的重点开发对象。藻类是地球生物链中的初级生产力，海洋藻类的光合固碳量占地球光合固碳量的一半以上[13]。藻类的主要有机组分为蛋白质、脂质和糖类，其特有的化学组成和结构特性使它成为制取生物燃料的优良原料来源，利用藻类获得的燃料被称为第三代生物燃料，是 21 世纪最理想的石油替代品[14]。藻类品种繁多，按照形态大小可分为巨藻和微藻，微藻一方面来源于野生微藻，如因水体富营养化而形成的水华，另一方面来源于人工养殖。不同来源的藻类其生化组成差异较大，具体情况如表 1-4 所示。

表 1-4　典型微藻的组成特性及热值当量

藻种	培养基质	灰分/%（干基）	粗纤维/%（干基）	粗蛋白/%（干基）	粗脂肪/%（干基）	热值/(MJ/kg)（干基）
周氏扁藻	露天水塘	—	22.0	58.0	14.0	19.2
小球藻	鸡粪沼液	12.1	10.0	53.8	5.4	21.3

续表

藻种	培养基质	灰分 /%（干基）	粗纤维 /%（干基）	粗蛋白 /%（干基）	粗脂肪 /%（干基）	热值 /（MJ/kg）（干基）
螺旋藻a	城市污水	16.7	5.84	36.7	14.9	17.6
螺旋藻b	城市污水	6.6	—	—	14.7	21.8
螺旋藻c	城市污水	4.5	<0.5	66.1	20.1	21.9

1.1.8 其他

近年来，随着社会生产的延伸和科学研究的发展，一些新的生物质原料得以开发利用，例如食品加工废弃物（如酒糟、甘蔗渣、蔬果渣等）、屠宰废弃物以及生产副产物粗甘油、糠醛渣等。

1.2 基本性质

生物质废弃物来源于生物质，其基本性质具有生物质的特性。生物质种类繁多，且受产地与气候等因素影响较大，为了准确地分析生物质特性，国际上建立了记录生物质相关特性的数据库，如荷兰能源所建立的数据库等。

1.2.1 元素组成

生物质的元素组成通常指其有机质的元素组成，主要有碳、氢、氧、氮、硫五个元素，部分生物质还有磷、钾、钙等元素。木材生物质主要由碳、氢、氧、氮四种元素组成，它们的含量约为：碳49.5%、氢6.5%、氧43%、氮1%。作物秸秆主要由碳、氢、氧、氮、硫五种元素组成，它们的含量大致为：碳40%～46%、氢5%～6%、氧43%～50%、氮0.6%～1.1%、硫0.1%～0.2%[15]。

碳是生物质的主要元素，也是主要的可燃成分，1kg碳完全燃烧能释放出33858kJ的热量。碳与氧进行燃烧反应，在氧气充足的情况下能进行完全反应生成CO_2，而在氧气不足的情况下则进行不完全反应而生成有毒的CO。碳元素着火点较高，因此含碳量越高的生物质越不容易着火，比如沥青。

氢是生物质中含量仅次于碳的主要可燃成分，1kg氢完全燃烧可释放出125400kJ的热量，相当于碳的3.7倍。氢含量的多少直接影响生物质的热值、着火点以及燃烧的难易程度。但生物质中氢的含量远低于碳，所以氢燃烧所释放的热量远不如碳。

氧是生物质中含量第二大的元素，占比在35%～48%。生物质中的氧主要跟碳和氢结合形成有机化合态，如羧基（—COOH）、羟基（—OH）和甲氧基（—OCH$_3$）等。氧不能燃烧释放热量，因而它的存在会使得可燃成分碳和氢元素的含量相对减少，进而降低生物质的燃烧热值。此外，氧与生物质中的碳或氢结合形成化合态，进一步降低生物质的燃烧热值[16]。

生物质的氮含量较少，一般在3%以下，主要存在于蛋白质、核酸、植物碱、叶绿素等组分中，且结构较为稳定。氮在高温下与氧气发生燃烧反应，生成NO_2或NO，统称NO_x。NO_x排入大气中会造成环境污染，在光的作用下会形成光化学烟雾和酸雨，对人体有害[17]。但在较低温度（800℃以内）下产生的NO_x明显减少，大多数氮素不与氧结合而形成游离态氮气（N_2）。

硫也是生物质中的可燃成分，1kg 硫完全燃烧可释放出 9033kJ 的热量，约为碳热值的三分之一。生物质含硫量极低，一般少于 0.3%，有的生物质甚至不含硫。生物质中硫的存在形式分为无机硫和有机硫，无机硫不在有机质范畴之内，主要包括单质硫、硫化物和硫酸盐等；有机硫是指与 C、H、O 元素形成有机化合物的硫，在生物质中含量甚微。硫的燃烧产物为 SO_2 与 SO_3，统称为 SO_x，这些烟气与大气中的水蒸气化合成亚硫酸（H_2SO_3）或硫酸（H_2SO_4），会形成酸雨进而对环境造成污染，对人体和动植物都有害。一些常见生物质原料的 C、H、O、N、S 元素组成如表 1-5 所示[17]。

表 1-5　常见生物质原料的元素组成（干基）　　　单位：%

种类	C	H	O	N	S
木炭	92.04	2.45	2.96	0.53	0.00
木屑	47.13	5.86	40.35	0.65	0.16
稻草	40.44	5.31	53.42	0.66	0.12
麦秸	45.30	5.89	47.87	0.68	0.19
豆秸	44.79	5.81	45.37	0.85	0.11
玉米秸	45.43	6.15	47.14	0.78	0.13
高粱秸	45.18	5.59	48.10	0.62	0.11
甘蔗渣	44.80	5.35	39.55	0.38	0.01
牛粪	35.10	5.30	38.70	2.50	0.40
鸡粪	33.17	4.48	36.81	3.5	1.04
污泥	14.20	2.10	10.50	1.10	0.70

磷和钾是生物质燃料中特有的可燃成分，磷燃烧后形成五氧化二磷（P_2O_5），钾燃烧后形成氧化钾（K_2O），它们是草木灰中的磷肥和钾肥。生物质中磷含量很少，一般在 0.2%~3% 不等，以无机磷和有机磷的形式存在。相较于煤、石油、天然气等常规化石燃料，生物质中碱金属钾的含量很高，通常是灰分中含量第二高甚至最高的元素。K_2O 的存在会降低灰分的熔点，形成结渣现象，进而降低锅炉的热效率，同时还会导致腐蚀等问题，影响锅炉的安全、经济运行[18]。

1.2.2　生化组分与结构特性

生物质种类繁多，其具体组成成分也是多种多样的。生物质的主要成分有纤维素、半纤维素、木质素、淀粉、蛋白质、脂质等。农作物秸秆和林业废弃物等木质纤维素类原料主要由纤维素、半纤维、木质素组成。谷物含淀粉较多，畜禽粪便、厕所粪污、餐厨垃圾、藻类和市政污泥则含有较多的蛋白质与脂质。上述组成成分，由于元素组成和化学结构的不同而有着不同的反应特性。

(1) 纤维素

纤维素是一种重要的多糖，它是植物细胞支撑物质的骨架，是自然界最丰富的生物质资源。纤维素是由 D-葡萄糖通过 β-葡萄糖苷键连接而成的多糖，分子式可表达为 $(C_6H_{12}O_5)_n$，n 为几千至几万。纤维素具有晶体结构，不溶于水、稀酸、稀碱以及有机溶剂，但可以酸水解降解、碱性降解、氧化降解、热降解以及生物降解。

(2) 半纤维素

半纤维素是植物生物质中一个重要的组成部分，是多种糖单体聚合物的总称。半纤维素是由单一的 D-葡萄糖单体聚合而成的，因而半纤维的结构比纤维素更复杂，其结构式也没法像纤维素那样表示。根据聚合物主链的组成，通常将半纤维分成聚木糖类半纤维素、聚甘露糖类半纤维素和其他类半纤维素。与纤维素有规律的链状结构不同，半纤维素含有直链结构，聚合度为 50～200，低于纤维素的聚合度。因此，半纤维素相比于纤维素更易于分解，大多可溶于碱溶液，在酸性溶液中也更容易水解。

（3）木质素

木质素是以苯丙烷及其衍生物为结构单元经三维立体结合而成的非结晶聚合物，其结构极其复杂，至今仍未完全了解。木质素主要由 C、H、O 三种元素组成，是芳香族的天然高分子聚合物，其含量与结构因植物种类、植物部位的不同而不同。木质素在植物生物质中的含量仅次于纤维素，禾本植物中木质素的含量一般为 15%～25%（以干重计），木本植物中木质素的含量一般为 20%～40%。按照植物类型不同，木质素可分为针叶树、阔叶树和草本植物木质素三大类，针叶树木质素主要由愈创木基丙烷单元构成，阔叶树木质素主要由愈创木基丙烷单元和紫丁香基丙烷单元构成，草本植物木质素主要由愈创木基丙烷单元、紫丁香基丙烷单元以及羟基苯丙烷单元构成。

木质素结构单元的苯环和侧链上都连有各种不同的基团，有的是甲氧基、酚羟基、醇羟基、羰基等功能基团，也有氢、碳、烷基和芳基。木质素结构单元之间以 C—O—C 或 C—C 键相连，可位于苯环酚羟基之间或位于苯环侧链之间。由于木质素是一个大的三维分子网络，木质素结构研究通常以所含若干结构单元、各结构单元的比例以及相互之间的连接方式加以说明，但要严格确定它的结构式则十分困难。

（4）淀粉

淀粉与纤维素一样，是由 D-葡萄糖结构单元构成的多糖，纤维素是以 β-葡萄糖苷键连接而成，而淀粉是以 α-葡萄糖苷键连接而成。淀粉分为直链淀粉和支链淀粉，直链淀粉可溶于热水，占淀粉总量的 10%～20%，分子量在 1 万～6 万之间；支链淀粉具有分支状结构，不溶于水，占淀粉总量的 80%～90%，分子量在 5 万～10 万之间[19]。淀粉普遍存在于玉米、小麦、大米、大豆、红薯、山芋等农产品中，作为食物中能量的主要来源。

（5）蛋白质

蛋白质是由氨基酸脱水缩合的高分子化合物，其种类随着所含氨基酸的种类、比例和聚合度的不同而不同。蛋白质的功能与其结构紧密相关，特定的结构才具有特定的功能，当其结构改变之后对应的功能也就丧失了。蛋白质具有四级结构，氨基酸的排列顺序为其一级结构，蛋白质分子中某一段肽链的局部空间结构为其二级结构，整条肽链中全部氨基酸残基的相对空间结构为其三级结构，蛋白质分子中各个亚基的空间排布及亚基接触部位的布局与相互作用为其四级结构[20]。蛋白质与前述的木质纤维素成分以及淀粉相比，其在生物质中所占比重较低，粗蛋白含量大致相当于该物质中氮元素含量的 6.25 倍。

（6）油脂

油脂是高级脂肪酸的甘油酯，主要来源于植物油脂和动物脂肪。相比于糖类与蛋白质，油脂有着更高的 C、H 比例，其在代谢中提供的能量约是糖类和蛋白质的两倍，因而是生命体中主要的能量储存物质[21]。生物质废弃物中的油脂主要来源于餐厨垃圾，此外还有屠宰废弃物以及榨油剩余物等。由于油脂容易氧化变质，尤其是不饱和油脂，因而含油脂废弃物需及时处理，餐厨垃圾中的油脂通常是油水分离后进行生物柴油炼制。

1.2.3　工业分析

工业分析是指物料应用于工业方面的分析。生物质的工业分析是指水分、灰分、挥发分和固定碳四个分析项目的总称。

（1）水分

生物质中水分的含量对热化学转换有着重大影响，因而水分是生物质最基本的分析指标之一。根据水分与其他物质的结合状态可将水分分为自由水、结合水和结晶水。自由水是指细胞中未被吸附固定而能自由流动，并充当溶剂的水分。结合水是指吸附和结合在有机固体物质上的水，主要是依靠氢键和蛋白质的极性基团（氨基与羧基）相结合形成的水胶体，参与构成生物体的组织结构，不能自由流动。结晶水是指生物质中矿物质所含的参与构成晶体结构的水，结晶水以中性分子存在，在晶体晶格中具有固定的位置，起着构造单位的作用。结晶水由于受到晶格的束缚，结合比较牢固，要使它从物质中脱失就需要比较高的温度（一般为 200～500℃或更高）。结晶水在生物质中所占比例极少，且很难单独测定，它的值一般不列于生物质的水分之中，它与挥发分一起释出而计入挥发分中。

（2）灰分

灰分是生物质中所有可燃物质完全燃烧以及生物质中矿物质在一定温度下产生一系列分解、化合等复杂反应后剩下的残渣，主要由金属氧化物、SiO_2 以及 P_2O_5 组成。干燥粉碎后的样品先进行炭化，然后在高温炉内进行灼烧（500～600℃），灼烧过程中应确保空气能自由通入。生物质的灰分对生物质热解转化有着重要的影响，灰分中的碱金属对热解过程可以起到催化剂的作用。此外，灰分的熔融性（灰分熔点）对热解反应器的设计有较大影响，因为熔融态的灰分容易黏结在反应器内，难以清除。灰分的熔点取决于灰分的组成，灰分中 SiO_2 占比越大其熔化温度范围越高，而碱性氧化物的占比越大熔点范围越低。

（3）挥发分

生物质样品在隔绝空气的条件下进行高温热解，析出的气态产物即为挥发分。挥发分不是生物质中的固有物质，而是在特定条件下受热分解的产物，其中除含有氮、氢、甲烷、一氧化碳、二氧化碳和硫化氢等气体外，还有一些复杂的有机化合物。挥发分的组成与产率不仅与生物质的成分有关，也与加热条件有关，只有在一定同等条件下分析测定的挥发分数据才具有可比性。不同生物质解析出的挥发分差异较大，析出挥发分后剩余的固体残余物称为焦炭或半焦。挥发分的产率以及焦炭的特性反映生物质燃烧和热解转化的容易程度。

（4）固定碳

生物质中的固定碳是指从生物质中除去水分、灰分和挥发分后的残余物。与挥发分一样，固定碳也不是生物质中的固有成分，而是热分解产物。固定碳中不仅包含单质碳，同时也包含 H、O、N、S 等其他元素。利用工业分析结果可初步判断生物质燃料的质量，表 1-6 显示了部分生物质的工业分析结果[17]。

表 1-6　常见生物质原料的工业分析结果

种类	水分/%	灰分/%	挥发分/%	固定碳/%
豆秸	5.10	3.13	74.65	17.12
稻草	4.97	13.86	65.11	16.06
玉米秸	4.87	5.93	71.95	17.75
高粱秸	4.71	8.91	68.90	17.48

种类	水分/%	灰分/%	挥发分/%	固定碳/%
麦秸	4.93	8.90	67.36	19.35
棉花秸	6.87	3.97	68.54	20.71
杨树叶	2.34	13.65	67.59	16.42
污泥	14.20	2.10	10.50	1.10

注：水分是基于鲜基，灰分、挥发分、固定碳是基于干基。

1.2.4　工程热物理特性

生物质废弃物在处置和利用过程中往往要进行热处理，其热物理特性在工业应用中有着重要意义。

（1）导热特性

生物质质地较为疏松，比表面积大，几何外形也不规则，在工业利用中需考虑其传热性能。生物质多孔性构造使得物料内部充满空气或是其他气体，而空气导热性能较差，因而通常将生物质物料视为热的不良导体。此外，生物质颗粒内部质地疏松，使得其导热性能呈现出非线性特点。生物质的密度、含水率、纤维方向以及温度都会影响生物质的热导率，其热导率随着温度或含水率的提高而提高。在纤维方向上，顺着纤维方向的热导率要比垂直纤维方向的大。

（2）比热容

物体单位质量单位温差所吸收或释放的热量称为比热容，比热容越大说明物体吸热或散热能力越强。物质比热容的大小与温度、压强以及体积等因素相关，因而又分为压强条件不变的定压比热容和物体体积不变的定容比热容。生物质多为固体或液体状，固体和液体物质在常温下体积几乎不变，因而生物质的定压比热容和定容比热容近似相等，而工程上多采用定压比热容。

（3）热值

热值指的是单位质量（或体积）的燃料完全燃烧时所放出的热量，依据计算方式的不同又分为高位热值与低位热值。热值的测量通常使用氧弹式热量计，氧弹式热量计内部炉膛内充有 2.5～2.8MPa 的过量氧气。固体或液体燃料在氧弹炉膛内完全燃烧（温度可达 1500℃），之后使高温燃烧产物冷却到室温（燃料的原始温度），此条件下单位质量燃料所放出的热量称为弹筒热值。此时，燃料试样的碳完全转化为二氧化碳，氢经燃烧后冷却变为液态水，硫和氮（包括弹筒内空气中的游离氮）在燃烧高温下与过量的氧气反应生成三氧化二硫以及氮氧化合物，并在冷却的过程中与水结合形成硫酸和硝酸。这些过程都是放热反应，而在实际燃烧过程中（常压、空气环境）达不到这样的理想状态，其释放的热量要比弹筒热值低。因此，弹筒热值是燃料的最高热值，而在实际工程中，需要将热值换算为高位热值或是低位热值。

在实际的燃烧过程中，由于氧气的受限，硫只能形成二氧化硫，而氮变为游离氮，这些情况与弹筒燃烧是不同的。在弹筒热值中减去硝酸形成热和硫酸与二氧化硫形成热之差后所得的热值称为高位热值。高位热值是燃料在空气中完全燃烧所释放的热量，能够表征燃料的燃烧质量。对于生物质的燃烧热值而言，其弹筒热值仅比高位热值高 12～25kJ/kg，通常可忽略不计，即用弹筒热值表示高位热值[16]。此外，在实际燃烧中，燃烧后产生的烟气会被排风装置即时排出，此时温度仍高于 100℃，而且烟气中的水汽分压要比大气压力低很多。

因此，实际燃烧过程中所生成的水分仍然是蒸汽状态而不是冷凝后的液体状态，而这部分汽化潜能往往无法加以利用，燃料的实际热释放将减少。从生物质的高位热值中减去所生成水分的汽化潜能后所得的热值定义为低位热值，也称为净热值。在实际的工程应用中，燃料的热值往往用低位热值表示，因为低位热值更符合实际情况，更具合理性。表 1-7 列出了几种生物质在自然风干条件下的热值[17]。

表 1-7　几种生物质在自然风干条件下的热值　　　单位：MJ/kg

热值	玉米秸	高粱秸	棉花秸	豆秸	麦秸	稻草	树叶	牛粪
高位热值	16.90	16.37	17.37	17.59	16.67	15.24	16.28	12.84
低位热值	15.54	15.07	15.99	16.15	15.36	13.97	14.84	11.62

（4）密度

生物质的密度是指单位体积所含的生物质的质量。由于生物质颗粒内部以及颗粒与颗粒之间都存在许多孔隙（如玉米芯与小麦秸秆等），所以生物质的密度分为颗粒密度以及粒群的堆积密度。生物质颗粒堆积密度的测量参照标准 NY/T1881.6—2010。不同生物质原料的堆积密度差异较大[22]，木本植物棉花的堆积密度较大，可达 (253.88±1.85)kg/m³，而草本植物玉米的堆积密度较小，仅为 (101.34±19.81)kg/m³。此外，由于生物质堆体体积包含颗粒内孔隙以及颗粒之间的空隙，因而原料的堆积方式也会对堆积密度造成较大影响。

1.3　物料管理

生物质废弃物的种类多种多样，其特性也千差万别，因而物料的收储运等管理应采取因料制宜、分门别类以及规范安全的总方针。

1.3.1　物料管理模型

由于生物质废弃物的多样性与复杂性，其收储运的物料管理也变得复杂多样。生物质废弃物的收储运是其资源化利用的基础环节，同时也是实际工程项目的主要成本支出之一。尤其是对于农作物秸秆而言，由于其季节性、分散性以及蓬松性等特点，秸秆的收储运环节占据大量的人力财力。原料的收储运环节已成为制约我国秸秆规模化利用的瓶颈[23]。为提高生物质原料收储运的管理效率以降低其成本花费，研究人员开展了物料管理模型的相关研究。物流模型通常是在生物质原料相关数学计算模型的基础上，利用仿真软件来模拟原料供应的各个物流环节，进而使原料调度过程中运输成本、仓储成本及收储站运营成本等总和最低[24]。目前，国外对物流模型的研究相对较早较多，常用的农作物秸秆回收物流模型有生物质供应分析与物流管理（integrated biomass supply analysis and logistics，IBSAL）综合模型、秸秆处理模型（straw handling model，SHAM）以及基于 GIS 的生物质供应链优化模型（GIS-enabled biomass supply chain optimization model，BioScope）[25]。IBSAL 模型由 Sokhansanj 等[26] 设计，建立了收集模型的输入输出整体结构图，并联合利用 EX-TEND 软件模拟秸秆收储运物流过程并可进行实例分析。通过优化秸秆物流系统的性能参数（秸秆待处理时间、机械的最大收集量、处理机械的使用次数等），Nilsson[27] 建立了 SHAM 物流模型，该模型分为 3 个主要组成部分：秸秆分布资源量子模型、天气变化与田间干燥子模型和秸秆收集与处理子模型。SHAM 模型有效降低了秸秆收储成本，显著提高了秸秆收储运效率。BioScope 模型也是国外常用的秸秆供应模型，由美国伊利诺伊大学建立，该模型不仅优化了秸秆供应需求与供应链的配置，还能较准确地计算出秸秆的收储运成本[28]。

1.3.2　收集

生物质废弃物因其来源的不同，其收集场景也不同。农作物秸秆收集于农田，养殖废弃物收集于养殖场，林业废弃物收集于森林砍伐点和木材加工厂，生活有机垃圾收集于垃圾转运站，藻类生物质收集于自然水面或养藻设施，市政污泥来源于污水处理厂。与其他的生物质废弃物相比，农作物秸秆具有分布广且散、密度低以及季节性等特点，这大大增加了秸秆收储运的难度与成本[29]。我国幅员辽阔，地形多样，农田类型也多种多样，既有平原地区，也有丘陵地区，还有高原地区，这就增加了秸秆收储运的复杂性。总体来说，秸秆的收集方式有人工收集和机械收集，人工收集适合于山区丘陵地带，而机械收集适合于平原地区[30]。而机械收集又分两种类型，一种是打捆收集，另一种是粉碎收集。在原料的收集过程中应尽最大可能将薄膜塑料、石块土块、金属等杂质去除，这些杂质不但会影响生物质废弃物后续的利用效率，还会损害机械设备[31]。

1.3.3　运输

不同类型的生物质废弃物具有不同的特性，应根据所运送物料的特性而制订对应的运输方案。农作物秸秆和林业废弃物由于密度较低而呈蓬松状，运输之前需要进行一定的压缩以减少体积增加运量[32]。养殖废弃物与厕所粪污气味不友好，需做好密闭措施并防止泄漏[33]。市政污泥与藻类生物质由于含水量较大，为提高运输效率和节省运输成本，需提前进行固液分离以降低水分含量[34,35]。养殖废弃物与生活有机垃圾富含易降解有机质，在运输过程中容易进行发酵而产生沼气，因而应尽量缩短运输距离和时间并做好排气措施[36]，有条件的话可以采用低温冷链运输。生物质废弃物原料分布普遍较为分散，在送往储存点或是处理厂时运输路线应尽量优化以缩短路程与减少运费。据统计，秸秆处理企业花费在原料收储运上的费用约占生产总成本的 35%～50%[23]。为降低生产成本，生物质废弃物处理工程应尽量靠近原料产区。

1.3.4　储存

由于生物质废弃物的产量普遍具有季节性特点，尤其是农作物秸秆，在收割季节其产量瞬间陡增，因而需要对其进行暂时的储存。储存场所要么分散于原料产区，要么集中于生物质废弃物处理工程，储存场所应对不同原料进行分区分类储存。秸秆类原料可选择窖（池）储、堆垛、裹包等方式进行储存，青贮黄贮需要注意密闭以隔绝空气防止霉变，而堆垛储存需要提前将秸秆晒干[37]。秸秆储存场所，尤其是干秸秆堆垛储存，需要特别注意防火，严禁相关人员在储存场所内抽烟或使用明火，备好消防设施并做好醒目的标识提醒。养殖废弃物、餐厨垃圾、市政污泥等易降解腐败的生物质原料一方面应尽量缩短储存时间以避免有机质的损失，另一方面需做好密闭和臭气逸出措施以减少对周边居民以及厂内生活区的影响。此类生物质原料若需要较长时间储存，除做好密闭和除臭之外最好能进行低温储存以降低降解腐败速率[38,39]。各原料的储存场所还需要做好防雨防潮措施，对储存场所需定期检查，并配备必要的应急装备。

1.3.5　预处理

为了提高生物质废弃物的处理效率且方便物料的运输和储存，往往需要对原料进行预处理。常见的预处理方式主要为干燥和粉碎。

(1)　干燥预处理

干燥是利用热能将物料中的水分蒸发排出进而获得固体物质的过程。对于生物质原料而言，通常选择自然干燥或是机器干燥。自然干燥就是晾晒干燥，让原料直接暴露在空气中，通过阳光照射和自然风的作用将水分去除。这是最古老简单也经济实用的一种干燥方法，但也受限于具体的天气情况，晾晒后最终的水分也与当地气候有直接关系，取决于大气中的湿度。自然干燥不涉及特殊的机械设备，成本较低，但劳动强度大干燥效率低，且干燥后生物质的含水率难以控制。根据我国的气候情况，农作物秸秆自然干燥后水分一般在8%左右。一般而言，若无特殊要求，生物质原料多采用自然干燥。

机械干燥是利用干燥机且靠外界强制热源给生物质加热，从而将水分蒸发烘干的技术。干燥机能准确控制物料干燥后的水分，有利于精准控制物料水分。目前常用的机械干燥技术有流化床干燥技术、回转炉干燥技术以及筒仓型干燥技术。在流化床装置中，经过精准计算的热气流经流化床的均压布风板后穿过床内的物料，将物料颗粒悬浮于气流之中形成流化状态。流化后的物料颗粒均匀分布在床内，并与热气流充分接触高效传热。由于热气流与流化颗粒的均匀分布以及快速的传热传质，流化床干燥过程中可避免局部原料的过热现象，因而对热过敏性产品有较好的保护作用。该干燥技术比较适合于流动性能好、颗粒（0.5～10mm）较小、密度适中的物料，例如花生壳、稻壳以及一些果壳等，不适合于黏度高的物料（不易分散流化）。

回转圆筒干燥机是一种能够连续运行自动进出料的直接接触干燥机。回转圆筒干燥机具有缓慢转动的圆柱形壳体，壳体在水平上有一定的倾斜度，以利于物料的传输。湿物料由圆筒高端进入，干燥后的物料从低端自动排出。在回转圆筒内，原料和干燥介质都沿着圆筒轴向移动，依据二者流动方向的异同分为逆流干燥方式和并流干燥方式。当物料没有热过敏性或者要求有较高脱水率时，通常采用逆流方式（干燥介质与原料的流动方向相反）；当物料具有热过敏性产品或是要求有较高脱水速率时采用并流方式（干燥介质与原料的流动方向相同）。原料在滚筒内的流速主要取决于滚筒的倾斜程度、原料的含水率以及颗粒大小等。回转圆筒干燥技术适合于流动性能好、颗粒粒径在0.05～5mm的物料，例如花生壳、稻壳、造纸废弃物、粉状料以及一些果壳等。

筒仓型干燥机结构较为简单，原料静止堆积在筒仓内，热风炉鼓出的热风将原料中的水分带走。与另两种干燥技术相比，筒仓型干燥技术的干燥效率较低，无法精准地控制出料的水分，同时也无法连续进出料。但该装置对原料的适用性强，基本上适用于各种秸秆。

(2)　粉碎预处理

原料的粉碎处理不仅能克服初始原料质能密度小、空间体积大、储运不便等缺陷，而且有利于生物质原料的挤压成型、生物发酵、燃烧裂解、水热液化等后续处理。

粉碎机运行时，物料经由手动推力或是进料传递系统进入粉碎机内。物料在破碎室中经刀片高速剪切磨削或锤片搓揉磨削，以及物料之间的碰撞挤压而逐渐被破碎为小颗粒或细短纤维丝。小而轻的颗粒脱离高速圆周运动的轨道而进入出料口，而较大较重的物料则继续留在粉碎室内以被进一步粉碎。常见的破碎方式有挤压破碎、挤压-剪切破碎、研磨-磨削破碎、冲击破碎等。

挤压破碎是破碎机的工作部件对物料施加挤压作用，物料在挤压压力下被破碎。因压力挤压过程较为缓慢、均匀，物料破碎过程也较为均匀。该方法通常适用于脆性物料的初步破碎。

挤压-剪切破碎是将挤压和剪切两种基本的作用方式相结合的破碎方式，雷蒙磨和各种立式磨即属于这种破碎方式。

研磨-磨削破碎本质上均属于剪切摩擦破碎，包含研磨工具对物料的破碎作用和物料之间的相互摩擦作用，例如振动磨、搅拌磨以及球磨机的细磨仓。不同于施加强大破碎力的挤压和冲击破碎，研磨和磨削是靠研磨介质对物料颗粒表面以及颗粒之间的不断腐蚀而实现破碎的。因而，研磨介质的力学性质、尺寸形状和填充料等特性对研磨-磨削效果有着重要影响。

冲击破碎包括高速运动的破碎体对被破碎物料的冲击和高速运动的物料向固定界面的冲击。这种破碎过程可在较短时间内作用多次冲击碰撞，破碎体与被破碎体的动量交换非常迅速，每次冲击破碎都是瞬间完成的。

1.4　生物质废弃物资源化

生物质废弃物本身含有丰富的养分与能量，但不能直接利用，需要进行一定的生物或化学处理而将其转换成可利用的资源或能源。

1.4.1　生物转化

生物转化是指利用生物的新陈代谢功能将生物质废弃物转化为资源或能源的过程，主要包括微生物发酵与酶处理。生物转化的资源型产品有好氧堆肥、酵素、生物乳酸等，能源型产品有生物甲烷、生物氢、生物氢烷、生物乙醇、生物柴油等。从发酵过程是否有氧气参与可分为好氧发酵与厌氧发酵。生物质废弃物生物转化具有能耗低、环境友好、维护简便等优点，但同时也存在转化效率较低、干扰因素多、产物难以调控等缺陷[40]。好氧堆肥和沼气发酵分别是典型的好氧和厌氧生物转化技术，这两项废弃物生物转化技术研究起步较早，现在都已经形成了良好的产业应用。近年来，生物质生物转化领域涌现出一些新方向新技术，比如生物转化制生物材料[41]、生物转化制生物活性药物[42]等。

1.4.2　热化学转化

生物质热化学转化是指生物质经热化学反应而生成固态、液态或气态产物的过程，包括生物质热解、生物质液化、生物质气化等技术。生物质热解是指生物质在无氧或缺氧条件下热降解并最终生成生物炭、生物油和可燃气体的过程。依据裂解温度的不同分为低温（<500℃）慢速热解、中温（500~650℃）快速热解和高温（700~1100℃）闪速热解，其主要产物分别为生物炭、生物油以及可燃气[43]。生物质气化是指利用空气中的氧气或含氧物质作气化剂而将固体生物质转化为可燃气体的过程，可燃气体主要为一氧化碳、甲烷、氢气、轻烃和焦油重烃。依据气化剂种类的不同，生物质气化可分为空气气化、氧气气化、氢气气化、水蒸气气化以及复合式气化。生物质液化是指生物质在特定的热化学反应条件下而生成生物原油的过程，主要包括热解液化和加压液化[44]。生物质热化学转化具有效率高、产品易于储存运输、易于产业化等优点[45,46]，但同时也面临着能耗大、对转化设备要求高等问题。

1.4.3　其他

除生物转化和热化学转化之外，生物质废弃物的利用方式还有直燃利用、材料化利用以及饲料化利用等。原料特性不同，可采取的利用方式也不同，如有机垃圾，可采取堆肥、填埋和焚烧等技术；畜禽粪便可采用垫料化、肥料化等技术；污泥可制作砖体材料、生态水泥、轻质陶粒等；藻类可用于饲料化、提取高附加值产品等。

在上述技术中，水热液化技术因不需将物料脱水干燥，对原料的适用性强，以水作为溶剂且可消除生物质废弃物中的有毒有害物质而兼具成本与环保优势，因而备受关注[47]。水热液化技术是在高温高压（200～350℃、5～25MPa）下，以水为溶剂，将生物质中的大分子物质通过水解、脱羧、脱氨基、再聚合等一系列反应最终生成生物原油、水相产物、气体和固体残渣的过程，被誉为最有希望实现可持续生物炼制的技术之一。

参 考 文 献

[1] 袁振宏. 生物质能资源 ［M］. 北京：化学工业出版社，2020.

[2] 崔宗均. 生物质能源与废弃物资源利用 ［M］. 北京：中国农业大学出版社，2011.

[3] 冉继伟，宋变兰，田彦芳，等. 我国作物秸秆资源时空变化特征及其影响因素分析 ［J］. 农业现代化研究，2021，42（3）：418-429.

[4] 薛鲜丽，刘子睦，李娜，等. 高盐高油餐厨垃圾高效降解微生物的筛选与应用 ［J］. 食品与发酵工业，2022：1-9.

[5] 舒迪. 餐厨垃圾水热处理制取生物油/焦的研究 ［D］. 杭州：浙江大学，2019.

[6] 任越，杨俊杰. 生活垃圾分类处理方式的生态效率评价 ［J］. 中国环境科学，2020，40（3）：1166-1175.

[7] 毛华臻. 市政污泥水分分布特性和物理化学调理脱水的机理研究 ［D］. 杭州：浙江大学，2016.

[8] Yang G，Zhang g，Wang H. Current state of sludge production，management，treatment and disposal in China ［J］. Water Research，2015，78：60-73.

[9] 王杰，熊祖鸿，石明岩. 污泥能源化技术研究进展 ［J］. 现代化工，2021，41（7）：99-102.

[10] Qian L，Wang S，Xu D，et al. Treatment of municipal sewage sludge in supercritical water：A review ［J］. Water Research，2016，89：118-131.

[11] 张宇航，沈玉君，王惠惠，等. 农村厕所粪污无害化处理技术研究进展 ［J］. 农业资源与环境学报，2022，39（2）：230-238.

[12] 杜兵，司亚安，孙艳玲. 生态厕所的类型及粪污处理工艺 ［J］. 给水排水，2003（5）：60-62.

[13] 韩挺. 猪粪沼液小球藻规模化培养及光暗供给策略研究 ［D］. 北京：中国农业大学，2020.

[14] 陈裕鹏，黄艳琴，阴秀丽，等. 藻类生物质水热液化制备生物油的研究进展 ［J］. 石油学报（石油加工），2014，30（4）：756-763.

[15] 朱锡锋. 生物质热解原理与技术 ［M］. 合肥：中国科学技术大学出版社，2006.

[16] 肖波. 生物质热化学转化技术 ［M］. 北京：冶金工业出版社，2016.

[17] 张洪君，吉勇，邓贤文，等. 氮氧化合物废气的综合治理 ［J］. 广州化工，2014，42（8）：152-153.

[18] 王洋，董长青. 生物质燃烧和热解中钾的释放规律研究进展 ［J］. 化工进展，2020，39（4）：1292-1301.

[19] 史仲平. 生物质与生物能源手册 ［M］. 北京：化学工业出版社，2006.

[20] 李杨，齐宝坤，隋晓楠，等. 蛋白质结构及水解状态对水酶法制备调和油过程中油脂释放的影响 ［J］. 中国科技论文，2015，10（18）：2196-2200.

[21]　刘美宏，刘回民，谢佳函，等. 玉米黄素调控肥胖小鼠肝脏脂质及能量代谢作用 [J]. 中国食品学报，2019，19（12）：31-38.

[22]　黄历. 生物质的特性分析及其热裂解产物的研究 [D]. 上海：上海交通大学，2014.

[23]　方艳茹，廖树华，王林风，等. 小麦秸秆收储运模型的建立及成本分析研究 [J]. 中国农业大学学报，2014，19（2）：28-35.

[24]　俞宏德. 生物质电厂燃料供应系统的模拟与优化 [D]. 杭州：浙江大学，2011.

[25]　吴娟娟，霍丽丽，赵立欣，等. 国内外农作物秸秆供应模型研究进展 [J]. 农机化研究，2016，38（3）：263-268.

[26]　Sokhansanj S，Kumar A，Turhollow A F. Development and implementation of integrated biomass supply analysis and logistics model（IBSAL）[J]. Biomass and Bioenergy，2006，30（10）：838-847.

[27]　Nilsson D. SHAM——a simulation model for designing straw fuel delivery systems. Part 1：model description [J]. Biomass and Bioenergy，1999，16（1）：25-38.

[28]　Tao L，Luis F R，Yogendra N S，et al. GIS-enabled biomass-ethanol supply chain optimization：model development and *Miscanthus* application [J]. Biofuels，Bioproducts and Biorefining，2013，7（3）.

[29]　李建新. 秸秆资源的收储运模式及生物质燃料化利用分析 [J]. 农机使用与维修，2022（5）：24-26.

[30]　徐亚云，侯书林，赵立欣，等. 国内外秸秆收储运现状分析 [J]. 农机化研究，2014，36（9）：60-64.

[31]　丛宏斌，姚宗路，赵立欣，等. 中国农作物秸秆资源分布及其产业体系与利用路径 [J]. 农业工程学报，2019，35（22）：132-140.

[32]　刘城宇，贺正楚，卢小龙. 可持续发展目标下农作物秸秆收集运输的碳减排优化分析 [J]. 农业工程学报，2022，38（10）：239-248.

[33]　杨军香，林海. 我国畜禽粪便集中处理的组织模式 [J]. 中国畜牧杂志，2017，53（6）：148-152.

[34]　王鑫，杜婷婷. 市政污泥管道运输方式的探讨 [J]. 市政技术，2019，37（4）：218-220.

[35]　Rao N R H，Granville A M，Wich P R，et al. Detailed algal extracellular carbohydrate-protein characterisation lends insight into algal solid-liquid separation process outcomes [J]. Water Research，2020，178：115833.

[36]　Taşkin A，Demir N. Life cycle environmental and energy impact assessment of sustainable urban municipal solid waste collection and transportation strategies [J]. Sustainable Cities and Society，2020，61：102339.

[37]　田宜水，徐亚云，侯书林，等. 储存方式对生物质燃料玉米秸秆储存特性的影响 [J]. 农业工程学报，2015，31（9）：223-229.

[38]　张红彦. 畜禽规模养殖场粪便污染综合治理方法 [J]. 畜牧业环境，2019（11）：12.

[39]　王晓洁，张鹏帅，石昕玉，等. 温度及时间对污泥和餐厨垃圾保存特性的影响 [J]. 环境工程学报，2019，13（7）：1735-1742.

[40]　李强. 生物质利用产业系统演化与发展研究 [D]. 北京：清华大学，2012.

[41]　Kee S H，Chiongson J B V，Saludes J P，et al. Bioconversion of agro-industry sourced biowaste into biomaterials via microbial factories——a viable domain of circular economy [J]. Environmental Pollution，2021，271：116311.

[42]　Evidente A. Fungal bioactive macrolides [J]. Natural Product Reports，2022，39（8）：1591-1621.

[43]　孙堂磊. 木质纤维素类生物质定向热解产物分布规律及实验研究 [D]. 郑州：河南农业大学，2021.

[44]　戴贡鑫. 生物质热解机理及选择性调控研究 [D]. 杭州：浙江大学，2020.

［45］　廖益强，黄彪，陆则坚. 生物质资源热化学转化技术研究现状［J］. 生物质化学工程，2008（2）：50-54.

［46］　仇利，姚宗路，赵立欣，等. 生物质热化学转化提质及其催化剂研究进展［J］. 化工学报，2020，71（8）：3416-3427.

［47］　申瑞霞，赵立欣，冯晶，等. 生物质水热液化产物特性与利用研究进展［J］. 农业工程学报，2020，36（2）：266-274.

第2章
生物质废弃物水热转化原理

2.1 概述

水热转化是水在一定的温/压热力学条件下将生物质废弃物进行分解/转化的技术[1]。生物质废弃物主要以固体有机质为主,水热转化利用高温液态水的独特热力学性质,使得生物质主要发生以降解为主的热解、水解和溶解反应以及氧化/还原反应[2]。此技术具有处理范围广、反应速率快、效率高、节约能源和便于固液分离等优点。并且此技术对生物质原料的含水率没有严格要求,反应前无须进行干燥处理,生物质转化率高,转化成本低[3]。水热处理的降解和转化程度取决于水热反应条件,如温度、反应时间及氧化/还原剂用量等。生物质目标产物的组成和比例由反应参数确定。

2.1.1 水的热力学性质与水热转化原理

如图2-1所示,根据水的热力学特性,存在一条临界曲线(干饱和蒸汽曲线)[1,2]。这条临界曲线从三相点开始:正常大气压0.1MPa、100℃的水处于固/液/气特性共存的三相状态,体积膨胀约100倍。温度>100℃、压力大于临界压力的水被称为加压过热水。随着压力上升,水的临界温度也将升高。1MPa对应水的临界温度为181℃,体积膨胀约170倍;10MPa对应水的临界温度为312℃,体积膨胀约12倍。到达22.1MPa时水的临界温度为374℃,此时水蒸气的密度与水相同,体积无膨胀,水的介电常数和离子积K_w($K_w = [H^+]$

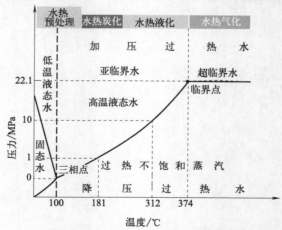

图2-1 水的热力学状态与水热转化技术关系示意图

(依据文献 [1, 2, 4] 绘制)

〔OH⁻〕）显著降低。此点称为临界点。以此临界点为依据，在满足在其附近状态的一定区域，包括亚/超临界，还被称为近临界状态。低于该临界温度但高于临界压力的加压状态称为水的亚临界状态；高于该温度和压力的状态称为水的超临界状态。这条曲线将温度大于标准大气压下沸点（100℃）的水称为过热水；而高于该曲线压力的水称为加压过热水，与此相反则是降压过热水（过热蒸汽）。而水热处理技术一般使用加压过热水（亚/超临界水）。

　　处于临界点附近的水（近临界水，包括亚/超临界水）其密度、溶解性、电导率等性质都发生了很大的变化，具有较高的反应活性，可作为绿色的环境友好溶剂和催化剂，从而减少或替代对环境有害溶剂或催化剂的使用。如表 2-1 所示[5,6]，水在不同温度和压力下的特性差异很大，常温常压下水的介电常数是 78.5，而在 350℃、25MPa 时，水的介电常数仅为 14.07。说明水的相对介电常数从常温升至超临界水状态时，水慢慢由极性溶剂逐步变为弱极性溶剂。另外，水的离子积随温度升高也变化明显，250℃、5MPa 时，水的离子积是常温常压状态下的 1000 倍，从而使亚临界水中富含氢离子和氢氧根离子，可以在水热液化过程中进行酸或碱的催化反应。临界点附近的水还有比较低的黏度和表面张力，有利于传质和渗透，可以提高有机物质提取效率。

表 2-1　水在不同状态下的特性

特性	常态水	亚临界水		超临界水
温度/℃	25	250	350	400
压力/MPa	0.1	5	25	50
密度/(g/cm³)	1	0.8	0.6	0.58
介电常数/(F/m)	78.5	27.1	14.07	10.5
离子积 pK_w	14.0	11.2	12	11.9
比热容/[kJ/(kg·K)]	4.22	4.86	10.1	6.8
动力黏度/mPa·s	0.89	0.11	0.064	0.07

　　究其原因，随着温度及压力等条件的变化，水的许多性质将随之改变。在始终保持液体状态下（30MPa），水的密度、离子积和介电常数随温度变化的曲线如图 2-2 所示：随温度

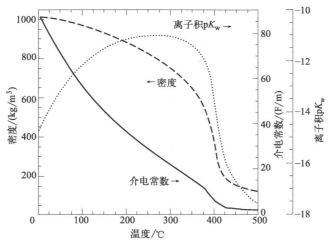

图 2-2　水的密度、介电常数和离子积随温度的变化
（依据文献〔7〕绘制）

的升高，水的密度和介电常数持续降低，离子积先升高后降低[7-9]。室温时，水的介电常数为 80 左右，300℃时接近 20，超过临界点后介电常数小于 5。由于离子积可以随着温度以及压力的升高而增大（图 2-2），在高温下的水具有非极性，对碳氢化合物具有极好的溶解性。表 2-1 进一步列出了不同状态下水的特性指标。标准状况下水的离子积为 10^{-14}，300℃达到极大值（$>10^{-12}$），这意味着 H^+ 和 OH^- 的浓度为通常状况的 10 倍以上，相当于弱酸和弱碱的环境，这将有利于有机物水解。水在亚临界条件下能够促进离子反应的进行。水的黏度随温度的升高而降低（与介电常数变化规律相似），而扩散系数随温度升高而升高（图 2-2）。因此高温高压水有利于化学反应突破传质阻力，使受扩散过程影响的反应速率加快。水的这些性质使其不仅可以成为反应过程中的优良媒介，而且可以作为反应物和酸碱催化剂直接参与反应。

　　由于介电常数较低，亚临界状态的水仍然保持液态（称为高温液态水）与某些常温下的极性有机溶剂（如丙酮、乙醇）相当，因而对憎水性有机化合物的溶解度有所增加；而其离子积较之常温常压状态增加 1~2 个数量级，并在 227~327℃达到最大（图 2-2）。因此，可作为酸/碱催化剂发挥重要作用；同时，并不太低的介电常数使其能够强化促进离子（异裂）反应，因而亚临界状态的水不仅可为诸多合成反应提供良好的反应媒介，也有利于生物质（废物）的水解、液化[10]。

　　超临界状态的水扩散系数高、黏度极低，而介电常数和离子积的进一步下降导致其性质与非极性溶剂相似，能实现与诸多非极性有机化合物和气体的完全混相[8,11]。因而超临界水处理能实现生物质废弃物与气体的均相反应（如有机质与空气或氧气的氧化反应），类似于在常温常压有机溶剂体系发生的 C—C 键形成[7,10]。

　　超临界水还具有很高的热容，可以实现有效的热传递。饱和碳连接杂原子官能团的化合物分子在超临界水中同时发生水解和热解反应。其中，超临界水中的水解依赖于高压产生的溶剂性质（密度、介电常数和溶解度），水解反应速率和选择性随着水密度增加和矿物盐的添加而有所提高；但离子积较低，离子型物种如无机盐的溶解性很差，因而超临界处理更倾向于自由基（均裂）反应类型[7]。添加低剂量矿物盐能够加快水解速率而对热解反应速率无影响；逐渐增加矿物盐用量，水解速率先逐渐升高至最大又降低至不添加矿物盐水平，这主要是由溶液的相行为所决定的[12-14]。

　　水热处理技术是对生物质废弃物的降解和转化过程，主要包括解聚、水解、氧化/还原、气化、缩合等。水热处理能使生物细胞脱水裂解，胞内物质释放，固体基质溶解，难生物降解有机物料向可生物降解物质转化；同时还发生热解，最终改善生物质（废物）生物利用度，实现其资源化[9,10]。其中水解主要促使固体有机质颗粒和有机大分子分解形成有机小分子溶解进入水相；在水解反应中，水同时作为溶剂、反应物、催化剂前体物（自身电离）[8,11]。水在高温高压下的电离增加，能够促进酸或碱催化剂的电离，从而加速反应进行[15]。而添加其他的酸或碱催化剂对于抑制副反应的发生很有必要[12-22]。在亚/超临界水体系中，水的主要作用根据温度的变化不尽相同。在亚/超临界水体系中，水通常能作为反应物、媒介及催化剂等产生类似于溶剂和催化的效应。如：亚临界水通常能呈现酸催化的相关作用，而超临界水作为反应介质同时也作为反应物直接参与反应产生氢气[8,11,23]。

2.1.2　水热转化产物特性与应用

　　可以通过调整主要热力学参数得到尽可能多的某种目标产物[2,24]。如图 2-3（a）所示，仅仅贴近于临界曲线之上（即过热水加压），是水热转化技术主要选择的温度和压力区域。需要在图中指出如下几点：①水热预处理。区别于图 2-1，图 2-3 中忽略了小于 100℃ 的热力学特征线，所指水热预处理是指在液体状态下的热水解，包含高温液态水和低温液态水。②水热制氢。此技术不仅包括较低温度下的水相（及水蒸气）重整制氢，还包括高温超临界水气化制氢。③水热气化制气态烷烃。包含在近临界状态附近的亚临界水制备低碳烃及超临界水制备甲烷，甲烷是主要目标产物。④水热转化制备化学品（平台化合物）。该技术一般针对生物质单组分，对于真实生物质一般先经过组分分离然后再进行转化。

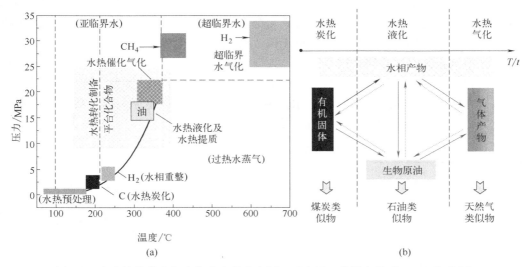

图 2-3　水热转化技术与产物分布的基本原理示意图（依据文献［24，25］绘制）

由图 2-3（b）还可知，每种水热技术的背后对应着某种主要产物，如水热炭化的主要产物是类似于煤炭的水热焦炭，水热液化的主要产物是类似于石油的生物原油，而水热气化的主要产物是天然气类似物。因而从某一种程度上来说水热技术是在模拟化石燃料的生成[26-28]。类似于石油地质化学过程，水热转化过程的目标产物占主导，但是与其他产物总是伴随性的，而且几乎不可避免[29]。生物质水热转化的本质就是在四相产物转化的平衡上进行选择。如图 2-3（b）所示，水热液化需要在炭化和气化之间做出平衡，以尽量避免副反应促进反应路径朝着成油路径进行。四相产物的分布与反应过程的动力学有关[30-32]。通过基于文献数据中四种水热产物分布的三元等高线图分析，可以清楚地看到原料起决定性作用，工艺参数可以在一定范围内显著影响其分布[33]。通过研究潜在的水热反应网络路径，可揭示主要反应方向和路径，有助于了解水热反应网络。随着反应开始，气体、水溶物和生物原油的产量随着固体减少而增加，表明从固体降解为其他产物；固体与水溶物的反应包括细胞内蛋白质和碳水化合物的释放以及随后在亚临界水下的分解；从固体到生物原油的途径可能代表细胞壁的分解。细胞内脂质也随着反应的进行而释放和水解。随着反应的进行，水溶物和生物原油很可能继续形成气体；生物原油提供了一些在裂解反应过程中形成的气态化合物。如果发生二次反应，从生物原油/水到固体的路径可能是可逆的。生物原油也可能生成水溶物[30-32]。例如，甘油三酯和磷脂被水解形成水溶性甘油和磷酸盐。水热反应网络对反应动力学有进一步的意义，该过程在很大程度上取决于生物质成分的组成和过程操作条件，因而对生物质的水热过程操作流程具有一定的指导意义。例如，开发了一种独特的两步顺序藻类水热液化技术，用于同时生产增值多糖和生物原油[34-37]；高蛋白微藻的两级水热转化，用于降低生物原油中的氮浓度，以满足常规炼油工艺中的用油需求[38]。

生物原油一般都需要通过有机溶剂萃取得到[39]。而溶剂的选择在一定程度上影响产物的组成成分特别是会影响生物原油的回收[39-43]。对非极性溶剂（十六烷、癸烷、己烷和环己烷）和极性溶剂，即甲氧基环戊烷、二氯甲烷和氯仿进行了分离生物原油的试验。结果表明，十六烷和癸烷（非极性溶液）的生物原油产量最高；然而，碳含量低于极性溶剂（氯仿和二氯甲烷）[40]。在第3.2.7节将对溶剂的影响进一步讨论。

表2-2列出了固体有机质水热转化所产生的四种主要产物特性及其应用[44]。由表可知，生物质经过水热转化后，无论其参数如何变化都含有液相（包含水溶相、油相）、固体和气体。但操作参数的不同会影响其产物分布比例[45]。水作为提供生物质水热环境的重要反应物、媒介和溶剂，其对水热转化过程无疑是关键的。水相产物是不同水热转化技术的共有重要产物，其他三相物质一般是基于水解所得水相产物通过调控水热参数定向获得[25]。如水热炭化（HTC）以水热炭为目标产物，水热液化（HTL）以生物原油为主要目标产物，而水热气化（HTG）以还原性燃气为目标产物。

表2-2　固体有机质水热转化产物特性及利用方式

产物	主要元素	主要化合物	利用方式	参考文献
水相产物（水解液）	N、C、Na、K	含氮化合物，小分子酸、醇、醛、酮等	养藻，厌氧发酵、微生物/电化学氧化或气化制氢等	[46-57]
油相产物（生物原油）	C、H、O、N	烃类、酰胺类、酚类、酸酯类、醛类化合物等	提质后作为交通燃料，或制备高附加值材料和化学品	[1-3,58-70]
固体产物（水热碳/金属盐）	C、O及贵/重金属盐	（多孔）焦炭、金属氧化物或金属盐	直接作为燃料，改性后可作为吸附材料，以及作催化剂载体等	[71-77]
气体产物（可燃气和CO_2）	C、H、O	氢气、一氧化碳、低碳烃和CO_2	燃烧、气体肥料和水热还原制有机酸等	[78-85]

正因为水相产物的不可或缺和反应后必须要处理的现实，很多学者提出了应用途径[46-57]。其中将水相产物再次循环水热转化利用，是一条比较有意义的途径[29,86-89]。①首先，利用水热炭化水相溶液再循环可以提高固体水热焦得率[88,89]。如：黑麦、火炬松分别水热炭化的水相溶液再循环一次后就可使固体产物得率增加[90,91]。这是因为水相产物中糖类化合物、醋酸类化合物在水热炭化过程中再次循环会发生沉积，且部分能与生物质木质纤维组分发生共聚反应；而小分子乙酸等则随循环次数的增加有累积的现象[92]。②其次，水相循环还可以应用到水热液化过程[29]。水热液化的水相产物中一般富含甲酸和乙酸有利于水热液化[93]。随着将水相产物循环回用到水热液化反应的循环次数增加，有机酸逐渐富集，酸性的增强能够达到提升生物原油产率及品质，加快反应进程的目的；有机酸的存在加快了纤维素的水解，细胞破裂而其内容物更容易被释放出来而降解为生物原油。水相产物循环后生物原油的增长率可能还与原料成分相关[93,94]。有机酸在水热液化过程中有两种生成路径[92,95-99]：一种是碳水化合物转化成糠醛产生的有机酸副产物[100]；另一种是蛋白质水解生成的氨基酸经过脱羧生成有机酸[101-103]。由于藻类及酒糟中蛋白质含量高，因此生成的水相产物中酸性来源有两方面而有机酸的含量较高。对于木质纤维素生物质来说，水相产物循环中乙酸的存在，促进了半纤维素的水解并加快了纤维素的暴露，使得木质纤维素发生组分分离及糖化，将大大缩短HTL反应时间[104]。目前并不明确累积循环次数是否越多效果越好。为了得到最佳循环次数[105-107]，需要进行深入探索。以玉米秸秆为原料，将水相产

物累积循环 3 次，发现水相循环可以产生有机酸的富集效应，促进酚/酮类转化为生物原油[93,94]。对低脂大藻进行水热液化的水相产物循环 2 次后，生物原油产率分别增加了 8.1%～8.89%[108]；将干酒糟水热液化的水相进行 9 次循环，发现生物原油的产率从 35% 增加到 55%，同时循环后的水相体积更小，浓度更高[109]；将海藻与锯末共液化并循环水相 3 次，使得生物原油的产率提升 9.48%[110]。③最后，水相中部分小分子有机物在循环过程中还对温度敏感，易分解气化[92]。水相产物虽然经过循环回用，但是一般还达不到直接环境排放的标准。为了对水相产物实现彻底的净化，可采用超临界水热气化（HTG）和水热氧化或水热燃烧的技术。

生物质经 HTL 成油可大大提高能量密度，液体产物生物原油主要成分是含氧有机物，其种类较多，如醚、酯、醛、酮、酚、有机酸、醇等；但因含氧量高而其品位仍较低、稳定性差及有酸腐蚀性等，因此生物原油在利用前必须进行精制[111,112]。目前精制生物原油的方法主要有催化加氢和催化裂解[113]。催化加氢是通过提高生物油的氢碳比、脱除生物油中的氧达到对生物油精制的目的；催化裂解是在常压下进行，不需要使用还原性气体。水热提质法就是在水热环境下通过加氢进一步催化生物原油使其逐步达到原油的特性[114,115]，水热提质生物原油可以与原油炼制工艺进行耦合[63]。

2.1.3　水热转化技术的分类

根据水热力学状态（图 2-1）的不同，可分为亚/超临界水热处理（加压过热水）和过热蒸汽处理（降压过热水）。一般没有特别说明的水热处理指的是在惰性，甚至还原性（在于更好地脱除杂原子）气氛下的亚/超临界转化，其目标在于产品的能源化。在特定的温度和压力下，在反应器中直接将生物质和水按一定比例混合后，反应生成气体、液体、固体三相产物。如图 2-3 所示，根据得到的主要能源目标产品还可以进一步划分为：水热炭化（HTC）、水热液化（HTL）和水热气化（HTG）以及针对原料进行水热预处理（HTP）。

针对原料特性对技术的适应性调研分析（表 2-3）发现[116]：目前木质纤维素类和富含碳水化合物的生物质、水生生物质的水热转化技术（包括 HTP、HTC、HTL 和 HTG）已经基本全覆盖。其中 HTC 已广泛应用于木质纤维素和富含碳水化合物的生物质和藻类，但对富含蛋白质生物质缺乏研究。脂质类生物质更适合用于直接提取与转化来生产生物柴油，而对 HTC 和 HTG 缺乏研究。

表 2-3　不同生物质的水热处理工艺的总结（依据文献［116］）

生物质类型	水热处理技术			
	HTP	HTC	HTL	HTG
木质纤维素或碳水化合物	√	√	√	√
水生生物质/藻类	√	√	√	√
富含脂质生物质	√	N/A	√	N/A
富含蛋白质生物质	√	N/A	√	√

注：1. "√"代表目前存在对该技术的研究；N/A：未获得有效信息。
　　2. HTP：水热预处理；HTC：水热炭化；HTL：水热液化；HTG：水热气化。

利用亚/超临界状态水与溶剂极性相似的特点可实现与同极性有机化合物及氧化/还原性气体的完全混相，从而提升氧化/还原效率[1,2]。如氧化剂在近临界水中的溶解度增大，可极大地增强物料的氧化能力。氧化则是实现有机质破坏的最终途径，生物质废弃物水热处理中使用氧化剂可实现彻底无害化[1,117]。目前，水热氧化处理技术主要用于处理废水中难降解的污染物。在不存在氧化剂的条件下，生物质废弃物经水热反应形成焦炭（HTC）同时伴随气化（HTG）过程，气化反应能使部分有机质转化为挥发性有机化合物和CO；若添加氧化剂有机质能完全转化为CO_2和H_2O。对于一些含卤代化合物（含Cl和Br）和氟化物的生物质废弃物，以及含杂原子（含N和S）化合物的油脂或生物油则需要使用还原剂脱除。水热还原技术可用于含卤代物的废弃有机物处理、对废弃油脂或热解油/水热生物原油的提质[1,2]。

　　除此以外，若近临界水中离子积较低，离子型废弃物中无机盐的溶解性很差，就可以通过改变温/压条件沉淀制备具有某些特定结构和功能的颗粒[118]，从而实现无机盐的固化、有机物与无机物的分离及水体脱盐等[119-127]。

　　因此，本章将根据水的热力学特性及生物质转化的主要目标对各项技术展开介绍。包括：水热预处理、水热炭化、水热液化、水热气化、水热还原、水热氧化、过热蒸汽转化。其实水热各技术由于存在热力学上的紧密联系，因而也存在着密切的关系。各技术的分类关系结构如图2-4所示。水热各技术也将在后续章节逐一展开讨论。

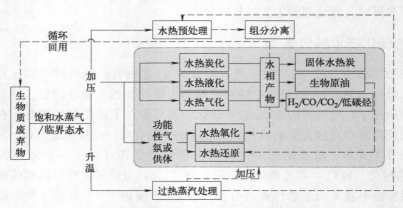

图 2-4　水热转化技术分类关系示意图

2.2　水热预处理

　　生物质预处理是根据后续转化的需要而加入的一个重要技术环节，用于解除后续处理环节的降解障碍。水热预处理高效，特别适合对接后续各种湿法转化工艺，如水热转化、酶解和发酵等技术[128]。深度的生物质水热预处理（热水解）的主要目标则是将固体有机质转化为可溶解性的液相有机物，以便后续阶段的水相处理或回收；而固液分离得到剩余固体实现预处理有利于下阶段的进一步转化。

2.2.1　基本原理

　　生物质预处理的研究目前主要用于提高生物酶水解效率[129]。其主要作用包括去除灰分、解除木质素的阻碍和保护层及打破纤维素的聚合/结晶结构。由于木质纤维素材料中纤维素被木质素和半纤维素包裹缠绕且具有很高的结晶度，纤维素直接酶解效率很低，通常不会超过20%。因此，必须通过预处理解除半纤维素和木质素对纤维素的障碍，破坏纤维素的结晶结构以增加纤维素酶与纤维素的接触面积，才能提高纤维素的酶解效率[130,131]。预处理的主要目的是对生物质废弃物的大分子结构造成破坏，使其分子间变得蓬松、分子量变小等，从而尽可能避免产生其他反应，其产物仅仅为水溶性物质和处理后的固体生物质。水热预处理主要利用水在一定热力学条件下较强的溶解性可以部分替代酸碱水解，从而减少对设备的腐蚀。水热预处理有时候又称为热水解[2]，如对污泥、餐厨垃圾及屠宰废料等先经过热水解将可溶性部分脱除，有利于后续阶段对生物质废弃物的进一步资源化。水热预处理是在 120～260℃ 高温下加压保持高温液态水（亚临界水）进行预处理的一种方法[129,132-134]。在水热预处理过程中，半纤维素中的乙酰基不断被水解为乙酸[135,136]，乙酸作为催化剂与溶剂水共同催化半纤维素水解[136,137]。

2.2.2　技术特点

目前所应用的预处理方法中[138]，稀酸预处理木质纤维素仍被很多人认为是最接近实用化的预处理技术。稀酸处理能有效去除灰分、分离半纤维素和改变纤维素的物料可及度，而碱处理则主要能溶解木质素。经预处理后的生物质水解率都显著提高[139-141]。但是该方法对后续的酶解和发酵设备腐蚀严重，成为规模化应用的瓶颈之一。蒸汽爆破方法对设备腐蚀小，但对设备要求高，处理效果不稳定。水热转化条件相比于生物转化过程，程度更剧烈、转化效率更高。从技术可行性上来说，低温液态水处理、高温液态水（亚临界水）处理、水热氧化等技术都可以根据预处理目标进行适当选择用于水热预处理。水热预处理经过合理设计可同时兼具稀酸预处理和蒸汽爆破预处理的优点，是一种很有前景的木质纤维素预处理方法。

表 2-4 针对不同生物质预处理技术对组分影响的特点进行分析。综合分析表明，这些技术特点对实现组分分离有重要意义。通过调控 pH 的热水法、高温液态水法（水热法，160～240℃）、非催化蒸汽爆破法可用于分离半纤维素[164-167]；碱-水热、近临界水热法（350～

表 2-4　不同预处理技术与水热处理对木质纤维素处理效果的对比分析

作用 方法	增加 表面积	去半纤维素	去木质素	改变木质素结构	纤维素脱晶	参考文献
热水	显著	显著	很弱	弱	不确定	
热水（调 pH）	显著	显著	很弱	不确定	不确定	[132,142]
热水（流动）	显著	显著	弱	弱	不确定	
高温液态水 （亚临界水）	显著	显著	弱	弱	显著	[133,143-146]
稀酸	显著	显著	很弱	显著	很弱	
稀酸（流动）	显著	显著	弱	显著	很弱	[142,147-150]
碱法 （石灰/碱溶液/氨水）	显著	弱	显著	显著	不确定	
非催化蒸汽爆破	显著	显著	很弱	弱	很弱	
气爆	显著	弱	显著	显著	显著	[151,152]
气渗	显著	弱	显著	显著	显著	
有机溶剂法	显著	强	选择性强		强	[153-157]
低共熔溶剂 离子液体	显著	弱	高选择性，强溶解		选择性强	[137,158,159]
生物法	不能	部分细菌具 有高选择性	白腐菌提纯酶有选择性 （纯度影响其选择性）		褐腐菌有较 高选择性	[147,160-163]

400℃）联合溶剂热法可分离木质素[168-172]；催化水热法（180～260℃）可用于溶解纤维素[173-175]。以上分析表明，利用水在不同热力学条件下的性质以及适当加入辅助剂，将水热法进一步升级后可在木质纤维素生物质三组分的分离中发挥重要作用。

2.2.3 应用现状

生物质原料预处理是高效转化的必要手段，目前主要用于对木质纤维素的预处理，如甘蔗渣、柳枝稷、大豆秸秆和油菜秸秆等，预处理可促进纤维素酶解发酵[129-131,161,176-178]。水热预处理反应装置主要有间歇式和流动式两种[132]。流动式水热预处理能够实时将半纤维素、木质素分解产物转移到反应装置之外，解除了产物抑制作用，以及在一定程度上避免木质素分解产物对反应的阻碍作用。但流动式水热预处理对装置要求较高，放大较困难，必须配备能够提供较高压力的输液泵，制作成本较高。间歇式水热预处理方法不能将半纤维素和木质素的分解产物实时转移至装置之外，但设备成本较低，易于放大。为控制单糖（主要为半纤维素单糖）的降解，水热预处理时需调节 pH 以减少木糖在酸性条件下分解。在 200℃间歇式水热预处理 15min 杨木，纤维素酶解率从未处理的 3％提高到 67％[176]，在 230℃水热预处理后杨木的酶解率可达到 70％。采用两步法水热预处理可以获得极高的纤维素酶解率。如桉木在第一阶段 180℃下处理 20min（木糖得率为 86.4％），第二阶段 200℃处理20min 后的纤维素酶解率可达到 96.63％。

如表 2-4 对预处理技术的讨论，结合分步水热预处理技术可以进一步发展为生物质的组分分离技术。生物质组分分离对于解决生物质工程化利用过程中的原料瓶颈具有重要的战略意义[179-182]。相关研究表明，水热法在 160～240℃加压后几乎可以完全溶解半纤维素，并回收 70％～90％的半纤维素衍生糖，同时去除部分木质素，剩余的纤维素其聚合度和结晶度也可以降低，可及度提高[142]。通过对木质纤维素的两阶段水热分离即可实现三组分分离：第一阶段，在中温（约 160℃，30min）分离水解半纤维素以获得含呋喃量较高的液体产品；第二阶段，在较高温度下较长时间（约 300℃，10min）降解木质素[155,183,184]。要想实现对各组分的高效分离还有待改进工艺。比如，对第二阶段为了强化木质素溶解可加入醇、碱及氧化剂等[185]，甚至可以结合微波[186-188]或超声波[178,189]等手段。

水热预处理技术还可以用于处理组分更加复杂的生物质废弃物，将其水热深度处理后实现油/水/渣的初步相分离，对于后续资源化很有帮助。如：餐厨垃圾的组成比较复杂，含有碳水化合物（糖类、淀粉和纤维）、蛋白质残留和动植物油脂等，经过水热处理可以将组分逐步分离溶解，有利于分级利用[2,190]。苏州市餐厨垃圾处理厂采用清华大学研发的餐厨垃圾水热预处理（湿热水解）资源化成套技术，可日处理 100t。具体工艺如下：收运来的餐厨垃圾经管道送入处理车间，分选出杂物，通过压榨将油和固形物分别分离出来。废油炼制成高价值的脂肪酸甲酯（可作为生物柴油、增塑剂和生物航油等）。固形物通过水热预处理可以将里面的油水渣进一步转化分离，其中分离后的固体好氧发酵制成饲料；产生的高浓度有机污水经过厌氧发酵沼气发电，供给本厂用电，剩余沼气通入锅炉燃烧产生生产用蒸汽。厌氧发酵后的废水经好氧生化处理作为液态肥供当地农用。整套工艺污染零排放，废油回收率达 85％以上。另外，西宁餐厨垃圾处理厂将水解液水热氧化后还可以直接制取有机酸[2]。

研究显示，水热预处理对木质纤维素[133,147,160,161,191-197]、藻类[134]和废弃物[176,185,198]等生物质水热液化成油都有一定促进效果。目前在这方面的研究主要聚焦于采用稀碱预处理木质纤维素使木质素和纤维结构松散，并使得半纤维素和木质素适度溶解[149,150,199]。研究表明：柏木碱预处理后在 300℃ 水热液化条件下，生物原油产率从 27.5% 提高到 48.4%；预处理对比未处理的柏树水热液化的结果表明，预处理有助于抑制再聚合反应。但碱预处理可能导致柏木的晶体结构增强，纤维素的最适分解温度提高[150]。另外，热碱预处理柏树后还对水热（280℃）生物原油中的不同组分的含量有显著影响[149]。桉树木片经过温和的 NaOH 水溶液预处理后，在水/四氢萘混合溶剂中水热液化，最高液化率可提升至 97.3%[148]。

2.3　加压水热转化技术

如图 2-1 所示，加压（压力在临界曲线之上）后使得常压下处于沸腾的高温（＞100℃）水蒸气仍然为液态状。加压后不沸腾的高温水可称为"高温液态水"。加热过程中相同温度的液态水变为水蒸气产生的相变会带来热损失，因而加压水蒸气有利于节能。如图 2-5 所示，增压后水的相变焓值大幅度减小[3]。相比于 100℃ 的常压蒸汽，加压到 25MPa 的高压后水以液态方式升温至 300℃ 还可节约由相变而损耗的热量。即通过加压减小潜热损失而提高能量效率。因而加压水热转化过程的热损失更小、热效率更高。目前火电厂也开始探索提高水蒸气输送压力，但是这对整体系统材料提出了更高的要求。

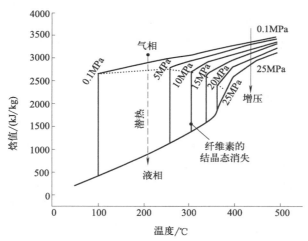

图 2-5　水在不同压力水平下温度与焓值的变化
（依据文献 [3，200] 绘制）

2.3.1　基本原理与技术特点

(1) 基本原理

水热液化是温度在 280～380℃ 亚/近临界水条件下，生物质或废弃物等高分子有机物经过 10～60min 解聚、断键、脱羧等作用转变为液态有机小分子的过程。而后这些不稳定的小分子再重新聚合生成液态产物，分离后的液体燃料称为生物原油[3]。水热液化本质是一种加速模拟自然成油的热化学转化过程[25-27]。

(2) 技术特点

与其他生产液体原料技术（油脂萃取或裂解等）相比，水热液化技术有其显著特点[3]：

① 成油机理不同。水热液化不同于利用油脂制备生物柴油，该技术不仅可以利用生物质中的脂肪，还可以利用其中的碳水化合物、蛋白质等，可以实现生物质的全转化。

② 原料来源广。藻类、秸秆、畜禽粪便、食品废弃物和餐厨垃圾等都可以进行水热转化。对于藻类生物质而言，水热液化能实现藻细胞所有有机组分资源化，此技术可以弥补利用藻类生产生物柴油对高脂藻类原料限制问题。水热液化技术目前被认为是最适合将湿性低脂生物质转化生产可替代化石液体燃料的新技术。

③ 原料含水率高。与热裂解技术不同，水热液化可以将含水率70%以上的生物质作为原料，无须对原料进行干燥预处理。由于该过程无须干燥，且不存在水的相变焓，因此可以节约热能，能量效率大为提高。以上优点可以减少能源消耗，进一步降低液化成本，这一点对于水生藻类尤为重要。

④ 产物无毒害。水热液化在高温高压下进行，可以消灭原料中的致病菌等。因此，生物质水热液化产物不含细菌和病原体等有害物质，产物清洁、无毒害作用。较高的反应温度可使得任何有毒蛋白质在较短时间内水解，这对于易产生藻毒素的水华微藻、病死畜禽等废弃物而言显得特别重要。而生物质水热液化可将生物毒素、病原体和细菌等有毒有害物质完全转化。

⑤ 生物质转化速率快，反应较为完全。由于高温高压水具有类似液体的密度、类似气体的扩散系数以及特殊的溶解性能，有利于生物质大分子水解以及中间产物与气体和催化剂的接触，减小或消除相间传质阻力。

⑥ 产物分离方便。常态水对生物质转化得到的碳氢化合物溶解度很低，分离过程中可免去精馏和萃取操作，这样大大降低了产物分离的难度，节约了能耗和成本。

2.3.2　技术研发现状与推广

(1) 研究现状

自20世纪学界认识到亚/超临界水在氧化、水解、降解和合成中具有特殊性以来，国内外学者对此进行了大量研究[201-203]。目前水热液化研究大多集中在生物质原料的种类、压力、反应温度、停留时间和升温速率对生物质的水热转化产物得率和所得生物质油的物化特性的影响等方面[45]，并进行反应机理方面的研究[7,25,204-207]。限于条件，这些基础研究一般都是在间歇式反应釜中进行的。原料依然是该领域首先关注的焦点，通过模型组分的研究，逐步深入对该技术的理解。在此基础上，可以展开对真实生物质的研究与过程放大。

其中，木质纤维素生物质因其分布最广泛，先受到关注[113,201,208,209]。相关研究结果表明，纤维素的转化率最大，木质素最低；纤维素和木质素液化油中主要含2-甲氧基-苯酚、棕榈酸和硬脂酸等。随着温度（180～280℃）升高，液化转化率逐渐升高；而停留时间（15～60min）的延长导致产生缩合反应，其液体产率有所降低[210]。麦秆在不同温度下水热液化显示其纤维素和半纤维素液化主要发生200℃左右，木质素分解发生在205～300℃[211]。虽然木质纤维素的来源广泛，但要想实现连续化扩大生产，需要首先解决其可泵性。通常会将其与制浆造纸工业进行结合[212]，这对于解决连续化进料很有帮助。随后，水生植物因其含水率高而适合水热转化也受到关注。包括一些组成结构复杂的植物[13,213]，也包括深入水体中生长的大藻和微藻[25,214-216]。而对于微藻的研究热情是最高的，不仅因其环境友好，而且其单细胞的生物特性对于连续化方法生产过程中最关键的可泵性非常友好。另外，一些生物质废弃物也因含水率高而适合水热转化。该类物质由于来源多样，组成成分和供应量依赖于工农林业生产[212,217-224] 和日常消费[190,225] 等方面产生的废弃物。一些物质因为经过了初级处理（生化转化）而容易粉碎制浆、可泵性强，这对于生产放大是很有利的。如酒糟可溶物、污泥和粪便等。牛粪在亚临界水中的产油量最大可达 48.38%；油中所含成分主要为甲苯、乙苯和二甲苯，与汽油和柴油所含成分相似；平均热值达 35.53MJ/kg[226]。

（2）技术放大

如前所述，水热转化的规模化推广首先要考虑原料供应。将处理工/农业和生活废弃物结合起来首先被进行技术放大，后来随着藻类能源具有环境友好的特点，逐步加大对藻类生物质的研发力度。目前根据处理量这些连续式系统的运行规模可达到半连续、实验室连续、台架连续、中试和商业化等规模[227]。

随着基础研究的不断突破，基于应用考虑的连续化运行逐渐开始研发与测试[228]。其中反应器的改造是实现应用的关键[229]。研究开始基于间歇式反应器进行连续化改造，产生了几种半连续式反应器；随后基于提升生产率的考虑，完全连续化反应器正不断被研制出来。阻流式反应器（SFR）类似于改造后一个上方带有入口和出口的间歇式高压釜，属于半连续反应器。SFR 具有适当体积的容纳室对浆料进行搅拌、快速升温加热、浆料平均停留时间一定等特点。与 SFR 类似的半连续反应器还包括连续式搅拌反应器（CSTR）。CSTR 的劣势在于生成产物中会包含少量未反应的生物质和反应中间体。固定床式反应器（FBR）由顶部进料，反应产物从底部排出，是连续式生物质 HTL 系统中最为常见的一种反应器类型（表 2-5）。管式流动反应器（PFR）是以推流流动形式进行化学反应的反应器。PFR 的结构可以实现更高的加热速率。PFR 可由几个空心盘管串联而成，浸没到加热流化床中。但该反应器的盘管可能易于堵塞。

木质纤维素类生物质、藻类和一些有机废弃物已经实现中试规模，而木质纤维素类生物质在半连续、实验室连续、台架连续、中试和工业规模上都进行了测试（见表 2-5）。目前的测试主要是对连续式反应器的测试，并不包含全套系统。对于连续式系统，HTL 技术由于四相产物（固相、水相、油相和气相）都会产生，因而对产物分离的连续化生产提出一定挑战。因此 HTL 技术的放大可以在一定程度上反映水热转化技术的发展水平。

20 世纪（1970~2000 年）的 HTL 开发工作为水热液化的推广做出了很多开创性的工作[227,228]。代表性的工作包括美国匹兹堡能源研究中心（PERC）、劳伦斯伯克利实验室（LBL）和荷兰壳牌研究所（SRI）创制了水热提质工厂。PERC（1970 年）的高压反应工艺过程实际在富油的液相中进行，LBL 的研究改进在水相中进行碱/酸催化的测试。美国的环境保护署水工程研究实验室开发了污泥制油反应器系统（sludge-to-oil reactor system，STORS）系统，用于处理城市污水污泥，其规模达到 30 L/h[230,231]。德国汉堡应用技术大学（Hamburg HAW，1994 年）开发了直接一步法（direct one-step，DoS）工艺，用于木质纤维素生物质（如木材、稻草）水热液化，其系统的整体热效率约为 70%。荷兰 SRI（1981~1988 年）基于在石化行业研发的水热提质（hydrothermal upgrading，HTU®）工艺推进水热液化技术对商业化运行的新认识。但是仅经过几百小时的台架规模连续操作后就中断了，直至 1997 年 11 月，SRI 和 Stork Engineers & Contractors 公司合作继续对 HTU工艺改进持续到 2000 年底；HTU 主要用于处理生活垃圾，其规模为每年 25000t 干基生物质；后来，许多不同的生物质在 HTU 系统工艺中进行了验证并进行了系统优化[232,233]。

进入新世纪，丹麦 SCF 技术公司（2010 年）开发了规模为 20L/h 的 CatLiq 工艺，主要用于处理干酒糟及其可溶物、各种微生物、污水污泥、植物材料或含氮废弃物以及生产生物

表 2-5　不同生物质连续水热液化的研究概览

生物质类型	反应器		试验规模	处理能力 /(L/h)	固体含量(质量分数)/%	催化剂	试验过程条件			最大油产率(质量分数)/%	参考文献
	类型	容积/mL					T/℃	p/MPa	保持时间/min		
木质纤维素类											
芒草	PFR	约20000	中试	100.0	15.0	1.4%(质量分数)KOH	350	22	20	26.2	[234]
杨木	Semi-CFR	10000	台架连续	N/A	17.5	2.5%(质量分数)NaOH	400	30	N/A	43.0	[235]
木质素	CSTR	700	台架连续	0.9~2.1	3.0	无	300~350	20	20~47	50.7	[236]
水生藻类											
鞘藻(大藻)	PFR	4500~7500	中试	90.0	2.0~5.0	无	300~350	12~20	3~5	25.0	[237]
海带(大藻)	PFR	1000	台架	1.5	5.3~21.7	无	350	20	40	27.7	[238]
栅藻	CSTR	190	N/A	0.6	18.2	无	350	20	15	51.0	[239]
微拟球藻	PFR	1000	台架连续	1.5~2.2	17.0~35.0	无	350	20	27~60	54.8	[240]
	PFR	2	微型连续反应	N/A	1.5	无	300~380	18	0.5~4	53.2	[241]
小球藻	PFR	98	中试	2.5	10.0	无	350	18.5	1.4	38.0	[242]
	PFR	2000	中试	N/A	1.0~10.0	无	250~350	15~20	3~5	39.7	[243]
拟南芥	CSTR	1	微型连续反应	0.6	5.0	无	350	24	15	41.7	[244]
螺旋藻	PFR	约20000	中试	100.0	16.4	无	350	22	20	36.2	[234]
废水养殖混合藻	PFR	50	实验室连续	0.2~0.4	5.0	无	300~340	16.0~16.5	7~17	31.5	[245]
	PFR	N/A	中试	N/A	3.0~5.0	无	325~350	20	3~9	32.9	[246]
有机废弃物											
猪粪	CSTR	2000	台架连续	N/A	20.0	无	285~325	9.0~12.1	40~60	70.0	[247,248]
污水污泥	PFR	约20000	中试	100.0	4.0	无	350	22	20	24.5	[235]
酒糟及其可溶物	FBR	N/A	中试	30	25.0	K_2CO_3 & ZrO_2	280~370	25	N/A	33.9	[249]
	PFR	608	N/A	约1.5	20.0	0.2%(质量分数)K_2CO_3	350	25	15	38.9	[250]
葡萄渣	PFR	1000	台架连续	2.1	16.8	1.0%(质量分数)Na_2CO_3	350	20	29	41.0	[251]

注：N/A—未能从文献中获得相关信息。CFR—连续流动式反应器。

乙醇的废料[227,252,253]。美国太平洋西北国家实验室（PNNL）开发了适用于微藻、大型藻类、食物垃圾、污水污泥和消化固体的连续式小型系统[228,240,251]。澳大利亚的悉尼大学建立了 15~90L/h 的海藻处理 HTL 系统[237]，丹麦的奥胡斯大学开发了中试规模 HTL 连续式反应器 Hydrofaction™ 系统，其规模高达 100L/h，是目前公开报道中最大的中试装置，已接近商业化[254]；Cat-HTR 工艺的商业示范工厂已在建设中[227]。

　　然而目前 HTL 系统基本尚未达到完全连续化操作，其规模也没有实现真正意义上的工业化生产[255]。一个真正符合未来发展趋势的连续化生产装置，首先应该符合生产环节的完全连续化；其次符合化工生产过程的节能环保等"绿色"要求。目前的研发技术储备完全能够实现连续式生物质水热转化系统[116]。有相关学者提出了一种高度集成、完全连续式运行系统（图 2-6）。该系统提供了实现完全连续式的一种可能性希望，并且在过程中可以结合完全连续的环节，尤其是产物分离中水相产物的热回收与系统回用，提升了该系统面向未来的环保和节能的特性[116,232,233,252]。随着未来技术的发展，该系统可以进一步兼容各种其他新能源技术（如太阳能、风电技术），进一步降低系统能耗。此外，更加高效的水热催化剂的出现也会进一步推动系统转化效率的提升。系统带有预处理功能，各环节能完全实现连续化运行，并带有废水回用和热交换功能的一套"绿色"系统。生物质原料经过预处理装置进行粉碎、研磨，生产出固体含量高、泵送性好的生物质浆料；并通过喂料、泵送系统将生物质浆料泵送到水热反应器。在生物质浆料泵入反应器前，先经过热交换器和预热器进一步加

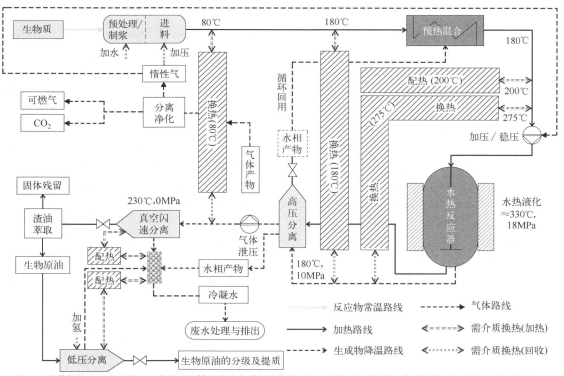

注：生成的气体或分离出的水相产物可以替代换热介质与换热器直接实现热量回收(在图中直接穿过换热器)，而高含量的浆料和反应后混合物则需要专用换热介质(如导热油／熔融盐，采用双箭头表示)。

图 2-6　带换热器完全连续式水热液化系统运行示意图

（依据文献［116，232，233，252］绘制）

热。反应结束后，冷却、减压，最后经连续式产物分离设备分离收集各相产物。为了保证该连续式系统模式满足其功能，每个关键部件的设计都需要满足它们各自的功能[116]。

参 考 文 献

[1] 关清卿，宁平，谷俊杰. 亚/超临界水技术与原理 [M]. 北京：冶金工业出版社，2014.

[2] 聂永丰，岳东北. 固体废物热力处理技术 [M]. 北京：化学工业出版社，2016.

[3] 骆仲泱，王树荣，王琦. 生物质液化原理及技术应用 [M]. 北京：化学工业出版社，2013.

[4] Möller M, Nilges P, Harnisch F, et al. Subcritical water as reaction environment：fundamentals of hydrothermal biomass transformation [J]. ChemSusChem, 2011, 4 (5)：566-579.

[5] 田纯焱. 富营养化藻的特性与水热液化成油的研究 [D]. 北京：中国农业大学，2015.

[6] Yu G. Hydrothermal liquefaction of low-lipid microalgae to produce bio-crude oil [D]. Urbana-Champaign：University of Illinois at Urbana-Champaign, 2012.

[7] Peterson A A, Vogel F, Lachance R P, et al. Thermochemical biofuel production in hydrothermal media：a review of sub- and supercritical water technologies [J]. Energy & Environmental Science, 2008, 1 (1)：32-65.

[8] Akiya N, Savage P E. Roles of water for chemical reactions in high-temperature water [J]. Chemical Reviews, 2002, 102 (8)：2725-2750.

[9] Akizuki M, Fujii T, Hayashi R, et al. Effects of water on reactions for waste treatment, organic synthesis, and bio-refinery in sub- and supercritical water [J]. Journal of Bioscience and Bioengineering, 2014, 117 (1)：10-18.

[10] Savage P E. Organic chemical reactions in supercritical water [J]. Chemical Reviews, 1999, 99 (2)：603-622.

[11] Brunner G. Hydrothermal and supercritical water processes [M]. Elsevier, 2014.

[12] Savage P E. A perspective on catalysis in sub- and supercritical water [J]. The Journal of Supercritical Fluids, 2009, 47 (3)：407-414.

[13] Yeh T M, Dickinson J G, Franck A, et al. Hydrothermal catalytic production of fuels and chemicals from aquatic biomass [J]. Journal of Chemical Technology & Biotechnology, 2013, 88 (1)：13-24.

[14] Chen Y, Wu Y, Ding R, et al. Catalytic hydrothermal liquefaction of D. *tertiolecta* for the production of bio-oil over different acid/base catalysts [J]. AIChE Journal, 2015, 61 (4)：1118-1128.

[15] Yin S, Tan Z. Hydrothermal liquefaction of cellulose to bio-oil under acidic, neutral and alkaline conditions [J]. Applied Energy, 2012, 92：234-239.

[16] Li L, Coppola E, Rine J, et al. Catalytic hydrothermal conversion of triglycerides to non-ester biofuels [J]. Energy & Fuels, 2010, 24 (2)：1305-1315.

[17] Xu Y, Yu H, Hu X, et al. Bio-oil production from algae via thermochemical catalytic liquefaction [J]. Energy Sources, Part A：Recovery, Utilization, and Environmental Effects, 2013, 36 (1)：38-44.

[18] Biller P, Riley R, Ross A B. Catalytic hydrothermal processing of microalgae：decomposition and upgrading of lipids [J]. Bioresource Technology, 2011, 102 (7)：4841-4848.

[19] Shanks B H. Conversion of biorenewable feedstocks：new challenges in heterogeneous catalysis [J]. Industrial & Engineering Chemistry Research, 2010, 49 (21)：10212-10217.

[20] Duan P, Savage P E. Hydrothermal liquefaction of a microalga with heterogeneous catalysts [J]. Industrial & Engineering Chemistry Research, 2011, 50 (1)：52-61.

[21] Shi F, Wang P, Duan Y, et al. Recent developments in the production of liquid fuels via catalytic

conversion of microalgae: experiments and simulations [J]. RSC Advances, 2012, 2 (26): 9727.

[22] Christensen P R, Mørup A J, Mamakhel A, et al. Effects of heterogeneous catalyst in hydrothermal liquefaction of dried distillers grains with solubles [J]. Fuel, 2014, 123: 158-166.

[23] Promdej C, Matsumura Y. Temperature effect on hydrothermal decomposition of glucose in sub- and supercritical water [J]. Industrial & Engineering Chemistry Research, 2011, 50 (14): 8492-8497.

[24] Kruse A, Funke A, Titirici M. Hydrothermal conversion of biomass to fuels and energetic materials [J]. Current Opinion in Chemical Biology, 2013, 17 (3): 515-521.

[25] Tian C, Li B, Liu Z, et al. Hydrothermal liquefaction for algal biorefinery: a critical review [J]. Renewable and Sustainable Energy Reviews, 2014, 38: 933-950.

[26] 何生. 根据阿伦尼乌斯方程用时间-温度指数图模拟石油生成 [J]. 地质科学译丛, 1992 (3): 37-45.

[27] Hunt J M. Petroleum geochemistry and geology [M]. WH Freeman, 1979.

[28] Hunt J M. 石油地球化学和地质学 [M]. 北京: 石油工业出版社, 1986.

[29] 高传瑞, 田纯焱, 李志合, 等. 生物原油炼制: 副产物内循环及水热自催化 [J]. 化工进展, 2021, 40 (10): 5348-5359.

[30] Valdez P J, Dickinson J G, Savage P E. Characterization of product fractions from hydrothermal liquefaction of *Nannochloropsis sp.* and the influence of solvents [J]. Energy & Fuels, 2011, 25 (7): 3235-3243.

[31] Valdez P J, Tocco V J, Savage P E. A general kinetic model for the hydrothermal liquefaction of microalgae [J]. Bioresource Technology, 2014, 163: 123-127.

[32] Valdez P J, Savage P E. A reaction network for the hydrothermal liquefaction of *Nannochloropsis sp.* [J]. Algal Research, 2013, 2 (4): 416-425.

[33] Tian C, Liu Z, Zhang Y. Hydrothermal liquefaction (HTL): a promising pathway for biorefinery of algae [M] //GUPTA S K, MALIK A, BUX F. Algal biofuels: recent advances and future prospects. Cham: Springer International Publishing, 2017: 361-391.

[34] Lyu H, Chen K, Yang X, et al. Two-stage nanofiltration process for high-value chemical production from hydrolysates of lignocellulosic biomass through hydrothermal liquefaction [J]. Separation and Purification Technology, 2015, 147: 276-283.

[35] Luo J, Xu Y, Zhao L, et al. Two-step hydrothermal conversion of Pubescens to obtain furans and phenol compounds separately [J]. Bioresource Technology, 2010, 101 (22): 8873-8880.

[36] Chakraborty M, Miao C, Mcdonald A, et al. Concomitant extraction of bio-oil and value added polysaccharides from *Chlorella sorokiniana* using a unique sequential hydrothermal extraction technology [J]. Fuel, 2012, 95: 63-70.

[37] Miao C, Chakraborty M, Chen S. Impact of reaction conditions on the simultaneous production of polysaccharides and bio-oil from heterotrophically grown *Chlorella sorokiniana* by a unique sequential hydrothermal liquefaction process [J]. Bioresource Technology, 2012, 110: 617-627.

[38] Jazrawi C, Biller P, He Y, et al. Two-stage hydrothermal liquefaction of a high-protein microalga [J]. Algal Research, 2015, 8: 15-22.

[39] Yang X, Lyu H, Chen K, et al. Selective extraction of bio-oil from hydrothermal liquefaction of *Salix psammophila* by organic solvents with different polarities through multistep extraction separation [J]. BioResources, 2014, 9 (3): 5219-5233.

[40] Yuan X, Wang J, Zeng G, et al. Comparative studies of thermochemical liquefaction characteristics of microalgae using different organic solvents [J]. Energy, 2011, 36 (11): 6406-6412.

[41] Kouzu M, Saegusa H, Hayashi T, et al. Effect of solvent hydrotreatment on product yield in the

coal liquefaction process [J]. Fuel Processing Technology, 2000, 68 (3): 237-254.

[42] Singh R, Bhaskar T, Balagurumurthy B. Effect of solvent on the hydrothermal liquefaction of macro algae *Ulva fasciata* [J]. Process Safety and Environmental Protection, 2015, 93: 154-160.

[43] Liu Z, Zhang F. Effects of various solvents on the liquefaction of biomass to produce fuels and chemical feedstocks [J]. Energy Conversion and Management, 2008, 49 (12): 3498-3504.

[44] 卢建文. 畜禽粪便水热液化过程元素迁移与成油机制 [D]. 北京：中国农业大学，2019.

[45] Akhtar J, Amin N A S. A review on process conditions for optimum bio-oil yield in hydrothermal liquefaction of biomass [J]. Renewable and Sustainable Energy Reviews, 2011, 15 (3): 1615-1624.

[46] Bartelt-Hunt S L, Singh R P, Kolok A S. Water conservation, recycling and reuse: issues and challenges [M]. Singapore: Springer Singapore, 2019.

[47] Watson J, Wang T, Si B, et al. Valorization of hydrothermal liquefaction aqueous phase: pathways towards commercial viability [J]. Progress in Energy and Combustion Science, 2020, 77: 100819.

[48] Pedersen T H, Grigoras I F, Hoffmann J, et al. Continuous hydrothermal co-liquefaction of aspen wood and glycerol with water phase recirculation [J]. Applied Energy, 2016, 162: 1034-1041.

[49] Chen H, He Z, Zhang B, et al. Effects of the aqueous phase recycling on bio-oil yield in hydrothermal liquefaction of *Spirulina Platensis*, α-cellulose, and lignin [J]. Energy, 2019, 179: 1103-1113.

[50] Biller P, Ross A B, Skill S C, et al. Nutrient recycling of aqueous phase for microalgae cultivation from the hydrothermal liquefaction process [J]. Algal Research, 2012, 1 (1): 70-76.

[51] Zhou Y, Schideman L, Yu G, et al. A synergistic combination of algal wastewater treatment and hydrothermal biofuel production maximized by nutrient and carbon recycling [J]. Energy & Environmental Science, 2013, 6 (12): 3765.

[52] Pham M, Schideman L, Scott J, et al. Chemical and biological characterization of wastewater generated from hydrothermal liquefaction of Spirulina [J]. Environmental Science & Technology, 2013, 47 (4): 2131-2138.

[53] Letellier S, Marias F, Cezac P, et al. Gasification of aqueous biomass in supercritical water: a thermodynamic equilibrium analysis [J]. The Journal of Supercritical Fluids, 2010, 51 (3): 353-361.

[54] Hognon C, Delrue F, Texier J, et al. Comparison of pyrolysis and hydrothermal liquefaction of *Chlamydomonas reinhardtii*. Growth studies on the recovered hydrothermal aqueous phase [J]. Biomass and Bioenergy, 2015, 73: 23-31.

[55] Panisko E, Wietsma T, Lemmon T, et al. Characterization of the aqueous fractions from hydrotreatment and hydrothermal liquefaction of lignocellulosic feedstocks [J]. Biomass and Bioenergy, 2015, 74: 162-171.

[56] Zhang L, Lu H, Zhang Y, et al. Nutrient recovery and biomass production by cultivating *Chlorella vulgaris* 1067 from four types of post-hydrothermal liquefaction wastewater [J]. Journal of Applied Phycology, 2015.

[57] Li C, Yang X, Zhang Z, et al. Hydrothermal liquefaction of *Desert Shrub Salix psammophila* to high value-added chemicals and hydrochar with recycled processing water [J]. BioResources, 2013, 8 (2): 2981-2997.

[58] Fabíola F C, Deborah T D O, Yrvana P B, et al. Lignocellulosics to biofuels: an overview of recent and relevant advances [J]. Current Opinion in Green and Sustainable Chemistry, 2020, 24.

[59] 陈伦刚，赵聪，张浅，等. 国外生物液体燃料发展和示范工程综述及其启示 [J]. 农业工程学报，2017, 33 (13): 8-15.

[60] 朱锡锋. 生物油制备技术与应用 [M]. 北京：化学工业出版社，2013.

［61］ 胡徐腾. 液体生物燃料：从化石到生物质［M］. 北京：化学工业出版社，2013.

［62］ 马隆龙. 生物航空燃油［M］. 北京：科学出版社，2017.

［63］ Gupta R B，Demirbas A. Gasoline，diesel and ethanol biofuels from grasses and plants［M］. Cambridge University Press，2010.

［64］ 陆强，赵雪冰，郑宗明. 液体生物燃料技术与工程［M］. 上海：上海科学技术出版社，2013：428.

［65］ 魏玮. 中国液体生物燃料产业成长机制与政策选择［M］. 西安：西安交通大学出版社，2014.

［66］ Ramirez J，Brown R，Rainey T. A review of hydrothermal liquefaction biocrude properties and prospects for upgrading to transportation fuels［J］. Energies，2015，8（7）：6765-6794.

［67］ Guo Y，Yeh T，Song W，et al. A review of bio-oil production from hydrothermal liquefaction of algae［J］. Renewable and Sustainable Energy Reviews，2015，48：776-790.

［68］ Xu D，Lin G，Guo S，et al. Catalytic hydrothermal liquefaction of algae and upgrading of biocrude：a critical review［J］. Renewable and Sustainable Energy Reviews，2018，97：103-118.

［69］ Audo M，Paraschiv M，Queffélec C，et al. Subcritical hydrothermal liquefaction of microalgae residues as a green route to alternative road binders［J］. ACS Sustainable Chemistry & Engineering，2015，3（4）：583-590.

［70］ Wang C，Zhang X，Liu Q，et al. A review of conversion of lignocellulose biomass to liquid transport fuels by integrated refining strategies［J］. Fuel Processing Technology，2020，208：106485.

［71］ Mäkelä M，Benavente V，Fullana A. Hydrothermal carbonization of lignocellulosic biomass：effect of process conditions on hydrochar properties［J］. Applied Energy，2015，155：576-584.

［72］ Xiao L，Shi Z，Xu F，et al. Hydrothermal carbonization of lignocellulosic biomass［J］. Bioresource Technology，2012，118：619-623.

［73］ Baskyr I，Weiner B，Riedel G，et al. Wet oxidation of char-water-slurries from hydrothermal carbonization of paper and brewer's spent grains［J］. Fuel Processing Technology，2014，128：425-431.

［74］ Titirici M. Sustainable carbon materials from hydrothermal processes［M］. New Jersey：Wiley，2013.

［75］ Hoekman S K，Broch A，Robbins C，et al. Process development unit（PDU）for hydrothermal carbonization（HTC）of lignocellulosic biomass［J］. Waste and Biomass Valorization，2014，5（4）：669-678.

［76］ Heilmann S M，Jader L R，Harned L A，et al. Hydrothermal carbonization of microalgae Ⅱ. Fatty acid，char，and algal nutrient products［J］. Applied Energy，2011，88（10）：3286-3290.

［77］ Heilmann S M，Davis H T，Jader L R，et al. Hydrothermal carbonization of microalgae［J］. Biomass and Bioenergy，2010，34（6）：875-882.

［78］ Madsen R B，Christensen P S，Houlberg K，et al. Analysis of organic gas phase compounds formed by hydrothermal liquefaction of dried distillers grains with solubles［J］. Bioresource Technology，2015，192：826-830.

［79］ Gassner M，Vogel F，Heyen G，et al. Optimal process design for the polygeneration of SNG，power and heat by hydrothermal gasification of waste biomass：thermo-economic process modelling and integration［J］. Energy & Environmental Science，2011，4（5）：1726.

［80］ Gassner M，Vogel F，Heyen G，et al. Optimal process design for the polygeneration of SNG，power and heat by hydrothermal gasification of waste biomass：process optimisation for selected substrates［J］. Energy & Environmental Science，2011，4（5）：1742.

［81］ Muangrat R. A review：utilization of food wastes for hydrogen production under hydrothermal gasification.［J］. Environmental Technology Reviews，2013，2（1）：85-100.

［82］ He C，Chen C，Giannis A，et al. Hydrothermal gasification of sewage sludge and model compounds for renewable hydrogen production：a review［J］. Renewable and Sustainable Energy Reviews，2014，

39：1127-1142.

[83] Elliott D C，Hart T R，Neuenschwander G G. Chemical processing in high-pressure aqueous environments. 8. Improved catalysts for hydrothermal gasification [J]. Industrial & Engineering Chemistry Research，2006，45 (11)：3776-3781.

[84] Guan Q，Wei C，Savage P E. Hydrothermal gasification of *Nannochloropsis* sp. with Ru/C [J]. Energy & Fuels，2012，26 (7)：4575-4582.

[85] Jin F. Hydrothermal reduction of carbon dioxide to low-carbon fuels [M]. CRC Press，2018.

[86] 孟繁梅. 芦苇亚临界水热自催化及多种有机酸协同催化预处理工艺 [D]. 天津：天津大学，2016.

[87] 吕春柳. 木薯秸秆两步水热自催化及强化预处理工艺研究 [D]. 天津：天津大学，2018.

[88] Usman M，Chen H，Chen K，et al. Characterization and utilization of aqueous products from hydrothermal conversion of biomass for bio-oil and hydro-char production：a review [J]. Green chemistry，2019，21 (7)：1553-1572.

[89] 李长军. 沙柳水热转化制备生物油和生物碳的研究 [D]. 上海：复旦大学，2013.

[90] Stemann J，Putschew A，Ziegler F. Hydrothermal carbonization：process water characterization and effects of water recirculation [J]. Bioresource Technology，2013，143：139-146.

[91] Uddin M H，Reza M T，Lynam J G，et al. Effects of water recycling in hydrothermal carbonization of loblolly pine [J]. Environmental Progress & Sustainable Energy，2014，33 (4)：1309-1315.

[92] Kruse A，Funke A，Titirici M M. Hydrothermal conversion of biomass to fuels and energetic materials [J]. Curr Opin Chem Biol，2013，17 (3)：515-521.

[93] Yin S，Zhang N，Tian C，et al. Effect of accumulative recycling of aqueous phase on the properties of hydrothermal degradation of dry biomass and bio-crude oil formation [J]. Energies，2021，14 (2)：285.

[94] 尹思媛，田纯焱，李艳美，等. 水相循环对玉米秸秆水热液化成油特性影响的研究 [J]. 燃料化学学报，2020，48 (3)：275-285.

[95] Balat M. Mechanisms of thermochemical biomass conversion processes. Part 3：reactions of liquefaction [J]. Energy Sources，Part A：Recovery，Utilization，and Environmental Effects，2008，30 (7)：649-659.

[96] Changi S，Pinnarat T，Savage P E. Mechanistic modeling of hydrolysis and esterification for biofuel processes [J]. Industrial & Engineering Chemistry Research，2011，50 (22)：12471-12478.

[97] Kang K，Quitain A T，Daimon H，et al. Optimization of amino acids production from waste fish entrails by hydrolysis in sub- and supercritical water [J]. Canadian Journal of Chemical Engineering，2001，79 (1)：65-70.

[98] 张婷，周玉杰，张建安，等. 木质纤维原料各组分温和液化行为 [J]. 清华大学学报（自然科学版），2006 (12)：2011-2014.

[99] 胡见波，杜泽学，闵恩泽. 生物质水热液化机理研究进展 [J]. 石油炼制与化工，2012 (4)：87-92.

[100] Yan X，Jin F，Tohji K，et al. Hydrothermal conversion of carbohydrate biomass to lactic acid [J]. AIChE Journal，2010，56 (10)：2727-2733.

[101] Houser T J，Tiffany D M，Li Z，et al. Reactivity of some organic compounds with supercritical water [J]. Fuel，1986，65 (6)：827-832.

[102] Shen Z，Zhou J，Zhou X，et al. The production of acetic acid from microalgae under hydrothermal conditions [J]. Applied Energy，2011，88 (10)：3444-3447.

[103] Klussmann M，Iwamura H，Mathew S P，et al. Thermodynamic control of asymmetric amplification in amino acid catalysis [J]. Nature，2006，441 (7093)：621-623.

[104] Mahmood H，Moniruzzaman M，Iqbal T，et al. Recent advances in the pretreatment of lignocellulosic biomass for biofuels and value-added products [J]. Current Opinion in Green and Sustainable Chemistry，2019，20：18-24.

[105] Zhu Z，Rosendahl L，Toor S S，et al. Hydrothermal liquefaction of barley straw to bio-crude oil：effects of reaction temperature and aqueous phase recirculation [J]. Applied Energy，2015，137：183-192.

[106] Ramos-Tercero E A，Bertucco A，Brilman D W F W. Process water recycle in hydrothermal liquefaction of microalgae to enhance bio-oil yield [J]. Energy & Fuels，2015，29 (4)：2422-2430.

[107] Klemmer M，Madsen R B，Houlberg K，et al. Effect of aqueous phase recycling in continuous hydrothermal liquefaction [J]. Industrial & Engineering Chemistry Research，2016，55 (48)：12317-12325.

[108] Parsa M，Jalilzadeh H，Pazoki M，et al. Hydrothermal liquefaction of *Gracilaria gracilis* and *Cladophora glomerata* macro-algae for biocrude production [J]. Bioresource Technology，2018，250：26-34.

[109] Biller P，Madsen R B，Klemmer M，et al. Effect of hydrothermal liquefaction aqueous phase recycling on bio-crude yields and composition [J]. Bioresource Technology，2016，220：190-199.

[110] Hu Y，Feng S，Bassi A，et al. Improvement in bio-crude yield and quality through co-liquefaction of algal biomass and sawdust in ethanol-water mixed solvent and recycling of the aqueous by-product as a reaction medium [J]. Energy Conversion and Management，2018，171：618-625.

[111] Duan P，Wang B，Xu Y. Catalytic hydrothermal upgrading of crude bio-oils produced from different thermo-chemical conversion routes of microalgae [J]. Bioresource Technology，2015，186：58-66.

[112] Wang Z，Adhikari S，Valdez P，et al. Upgrading of hydrothermal liquefaction biocrude from algae grown in municipal wastewater [J]. Fuel Processing Technology，2016，142：147-156.

[113] 王伟，闫秀懿，张磊，等. 木质纤维素生物质水热液化的研究进展 [J]. 化工进展，2016，35 (2)：453-462.

[114] Biddy M，Davis R，Jones S，et al. Whole algae hydrothermal liquefaction technology pathway：a technical reports of office of scientific and technical information (PNNL-22314) [R]. Richland：Pacific Northwest National Lab，2013.

[115] Jones S B，Zhu Y，Anderson D B，et al. Process design and economics for the conversion of algal biomass to hydrocarbons：whole algae hydrothermal liquefaction and upgrading：a technical reports of office of scientific and technical information (PNNL-23227) [R]. Richland：Pacific Northwest National Lab，2014.

[116] 李艳美，田纯焱，柏雪源，等. 完全连续式生物质水热转化系统的研发趋势 [J]. 化工进展，2021，40 (2)：736-746.

[117] 唐受印，戴友芝. 废水处理水热氧化技术 [M]. 北京：化学工业出版社，2002.

[118] Fang Z. Rapid-production of micro- and nano-particles using supercritical water [M]. Verlag Berlin Heidelberg：Springer，2010.

[119] Feng S，Yuan Z，Leitch M，et al. Hydrothermal liquefaction of barks into bio-crude——effects of species and ash content/composition [J]. Fuel，2014，116：214-220.

[120] Patwardhan P R，Satrio J A，Brown R C，et al. Influence of inorganic salts on the primary pyrolysis products of cellulose [J]. Bioresource Technology，2010，101 (12)：4646-4655.

[121] Leng L，Yuan X，Huang H，et al. The migration and transformation behavior of heavy metals during the liquefaction process of sewage sludge [J]. Bioresource Technology，2014，167：144-150.

[122] Schubert M. Catalytic hydrothermal gasification of biomass：salt recovery and continuous gasification

of glycerol solutions ［D］. Zurich：ETH Zurich（Swiss Federal Institute of Technology），2010.

[123] 邓自祥. 超富集植物收获物"水热液化"脱除重金属及生物油转化研究［D］. 长沙：中南大学，2014.

[124] Roberts G W，Sturm B S M，Hamdeh U，et al. Promoting catalysis and high-value product streams by in situ hydroxyapatite crystallization during hydrothermal liquefaction of microalgae cultivated with reclaimed nutrients ［J］. Green Chem，2015，17（4）：2560-2569.

[125] Reza M T，Lynam J G，Uddin M H，et al. Hydrothermal carbonization：fate of inorganics ［J］. Biomass and Bioenergy，2013，49：86-94.

[126] 邓自祥，杨建广，李焌源，等. 垂序商陆茎叶收获物"水热液化"脱除重金属及生物质转化［J］. 环境工程学报，2014（9）：3919-3926.

[127] 邓自祥，杨建广，李焌源，等. 蜈蚣草茎叶收获物"水热液化"脱除重金属及生物油转化［J］. 中南大学学报（自然科学版），2015（1）：358-365.

[128] Ruiz H A，Thomsen M H，Trajano H L. Hydrothermal processing in biorefineries：production of bioethanol and high added-value compounds of second and third generation biomass ［M］. Springer International Publishing AG，2017.

[129] Ahmad F，Silva E L，Varesche M B A. Hydrothermal processing of biomass for anaerobic digestion：a review ［J］. Renewable and Sustainable Energy Reviews，2018，98：108-124.

[130] Kumar B，Bhardwaj N，Agrawal K，et al. Current perspective on pretreatment technologies using lignocellulosic biomass：an emerging biorefinery concept ［J］. Fuel Processing Technology，2020，199：106244.

[131] Wei-Chien T，Jason P H. Recent advances in the pretreatment of lignocellulosic biomass ［J］. Current Opinion in Green and Sustainable Chemistry，2019，20（C）.

[132] Ruiz H A，Conrad M，Sun S，et al. Engineering aspects of hydrothermal pretreatment：from batch to continuous operation，scale-up and pilot reactor under biorefinery concept ［J］. Bioresource Technology，2020，299：122685.

[133] 余强，庄新姝，袁振宏，等. 木质纤维素类生物质高温液态水预处理技术 ［J］. 化工进展，2010，29（11）：2177-2182.

[134] Patel B，Guo M，Izadpanah A，et al. A review on hydrothermal pre-treatment technologies and environmental profiles of algal biomass processing ［J］. Bioresource Technology，2016，199：288-299.

[135] 王才威. 生物质水热热解制备木醋液研究 ［D］. 上海：上海理工大学，2020.

[136] 秦梦华. 木质纤维组分的水热和甲酸分离及其应用 ［M］. 北京：科学出版社，2020.

[137] Tan Y T，Chua A S M，Ngoh G C. Deep eutectic solvent for lignocellulosic biomass fractionation and the subsequent conversion to bio-based products：a review ［J］. Bioresource Technology，2020，297：122522.

[138] Haldar D，Purkait M K. A review on the environment-friendly emerging techniques for pretreatment of lignocellulosic biomass：mechanistic insight and advancements ［J］. Chemosphere，2021，264：128523.

[139] Liu X，Wu X，Wang J. Substantial upgrading of a high-ash lignite by hydrothermal treatment followed by Ca(OH)$_2$ digestion/acid leaching ［J］. Fuel，2018，222：269-277.

[140] Mursito A T，Hirajima T，Sasaki K. Alkaline hydrothermal de-ashing and desulfurization of low quality coal and its application to hydrogen-rich gas generation ［J］. Energy Conversion and Management，2011，52（1）：762-769.

[141] Reza M T，Emerson R，Uddin M H，et al. Ash reduction of corn stover by mild hydrothermal pre-

processing [J]. Biomass Conversion and Biorefinery, 2015, 5 (1): 21-31.

[142]　Mosier N, Wyman C, Dale B, et al. Features of promising technologies for pretreatment of ligno-cellulosic biomass [J]. Bioresource Technology, 2005, 96 (6): 673-686.

[143]　徐明忠. 高温液态水预处理木质纤维素类生物质的实验研究 [D]. 广州：中国科学院广州能源研究所, 2008.

[144]　余强. 高温液态水法水解木质纤维素类生物质的研究 [D]. 北京：中国科学院大学, 2011.

[145]　吕双亮, 庄新姝, 余强, 等. 渗滤与间歇高温液态水预处理甘蔗渣的对比研究 [J]. 太阳能学报, 2015, 36 (3): 664-670.

[146]　Lyu H, Zhang J, Zhou J, et al. A subcritical pretreatment improved by self-produced organic acids to increase xylose yield [J]. Fuel Processing Technology, 2019, 195: 106148.

[147]　胡秋龙, 熊兴耀, 谭琳, 等. 木质纤维素生物质预处理技术的研究进展 [J]. 中国农学通报, 2011, 27 (10): 1-7.

[148]　Li Z, Hong Y, Cao J, et al. Effects of mild alkali pretreatment and hydrogen-donating solvent on hydrothermal liquefaction of eucalyptus woodchips [J]. Energy & Fuels, 2015, 29 (11): 7335-7342.

[149]　Liu H M, Wang F Y, Liu Y L. Characterization of bio-oils from alkaline pretreatment and hydrothermal liquefaction (APHL) of cypress [J]. BioResources, 2014, 9 (2): 2772-2781.

[150]　Liu H, Wang F, Liu Y. Alkaline pretreatment and hydrothermal liquefaction of cypress for high yield bio-oil production [J]. Journal of Analytical and Applied Pyrolysis, 2014, 108: 136-142.

[151]　秦梦华. 木质纤维素生物质精炼 [M]. 北京：科学出版社, 2018: 537.

[152]　蒋建新, 卜令习, 于海龙. 木糖型生物质炼制原理与技术 [M]. 北京：科学出版社, 2013: 421.

[153]　Ferreira J A, Taherzadeh M J. Improving the economy of lignocellulose-based biorefineries with or-ganosolv pretreatment [J]. Bioresource Technology, 2020, 299: 122695.

[154]　Asawaworarit P, Daorattanachai P, Laosiripojana W, et al. Catalytic depolymerization of organo-solv lignin from bagasse by carbonaceous solid acids derived from hydrothermal of lignocellulosic com-pounds [J]. Chemical Engineering Journal, 2019, 356: 461-471.

[155]　Li J, Feng P, Xiu H, et al. Morphological changes of lignin during separation of wheat straw com-ponents by the hydrothermal-ethanol method [J]. Bioresource Technology, 2019, 294: 122157.

[156]　Tan X, Zhang Q, Wang W, et al. Comparison study of organosolv pretreatment on hybrid pennise-tum for enzymatic saccharification and lignin isolation [J]. Fuel, 2019, 249: 334-340.

[157]　赵孟姣. 木质纤维素的绿色溶剂预处理及过程强化研究 [D]. 大连：大连理工大学, 2020.

[158]　徐环斐, 彭建军, 孔毅, 等. 低共熔溶剂（DES）在木质纤维素类生物质预处理领域的研究进展 [J]. 中华纸业, 2020, 41 (8): 22-29.

[159]　张筱仪, 刘慰, 刘华玉, 等. 基于低共熔溶剂的木质纤维生物质预处理及其高值化利用的研究进展 [J]. 中国造纸, 2020, 39 (8): 85-93.

[160]　杨海艳. 木质纤维生物质的预处理技术 [M]. 北京：化学工业出版社, 2019: 171.

[161]　谷峰, 王旺霞, 李恒业. 木质纤维素预处理及其高值化应用 [M]. 北京：化学工业出版社, 2019: 188.

[162]　曲音波. 非粮生物质炼制技术-木质纤维素生物降解机理及其酶系合成调控 [M]. 北京：化学工业出版社, 2017: 305.

[163]　曲音波. 木质纤维素降解酶与生物炼制 [M]. 北京：化学工业出版社, 2011: 260.

[164]　Monteiro C R M, Ávila P F, Pereira M A F, et al. Hydrothermal treatment on depolymerization of hemicellulose of mango seed shell for the production of xylooligosaccharides [J]. Carbohydrate Poly-mers, 2021, 253: 117274.

[165] 陈冰玉，郝国夏，张瀚文，等. 木质素水热解聚研究进展 [J]. 化学与黏合，2018，40（6）：435-439.

[166] 段嫒. 木质纤维超临界水解糖化特性及机理的研究 [D]. 广州：华南理工大学，2012.

[167] 徐丰. 水热法杨木半纤维素的分离与预水解液中低聚木糖的纯化 [D]. 济南：齐鲁工业大学，2019.

[168] Choi J, Park S, Kim J, et al. Selective deconstruction of hemicellulose and lignin with producing derivatives by sequential pretreatment process for biorefining concept [J]. Bioresource Technology, 2019, 291: 121913.

[169] Li J, Feng P, Xiu H, et al. Wheat straw components fractionation, with efficient delignification, by hydrothermal treatment followed by facilitated ethanol extraction [J]. Bioresource Technology, 2020, 316: 123882.

[170] Toscan A, Fontana R C, Andreaus J, et al. New two-stage pretreatment for the fractionation of lignocellulosic components using hydrothermal pretreatment followed by imidazole delignification: Focus on the polysaccharide valorization [J]. Bioresource Technology, 2019, 285: 121346.

[171] 修慧娟，李静宇，李金宝，等. 水热-二元催化乙醇法分离麦草组分及结构解析 [J]. 中国造纸，2020，39（10）：27-32.

[172] 李金宝，冯盼，修慧娟，等. 麦草组分水热-乙醇两步法处理过程中木素在纤维表面的沉积形态 [J]. 中国造纸，2019，38（11）：9-15.

[173] 宋川. 基于离子液体体系和氨水水热体系生物质组分的高效分离与研究 [D]. 北京：北京化工大学，2015.

[174] 乔颖，腾娜，翟承凯，等. 化学法催化纤维素高效水解成糖 [J]. 化学进展，2018，30（9）：1415-1423.

[175] 张欢欢，高飞虎，张玲. 固体酸催化纤维素水解制备葡萄糖的研究进展 [J]. 食品工业，2018，39（9）：250-254.

[176] Kim D, Lee K, Park K Y. Enhancement of biogas production from anaerobic digestion of waste activated sludge by hydrothermal pre-treatment [J]. International Biodeterioration & Biodegradation, 2015, 101: 42-46.

[177] Tian S, Zhao R, Chen Z. Review of the pretreatment and bioconversion of lignocellulosic biomass from wheat straw materials [J]. Renewable and Sustainable Energy Reviews, 2018, 91: 483-489.

[178] Passos F, Carretero J, Ferrer I. Comparing pretreatment methods for improving microalgae anaerobic digestion: thermal, hydrothermal, microwave and ultrasound [J]. Chemical Engineering Journal, 2015, 279: 667-672.

[179] Alonso D M, Hakim S H, Zhou S, et al. Increasing the revenue from lignocellulosic biomass: maximizing feedstock utilization [J]. Science Advances, 2017, 3 (5): e1603301.

[180] 陈洪章，李冬敏. 生物质转化的共性问题研究——生物质科学与工程学的建立与发展 [J]. 纤维素科学与技术，2006（4）：62-68.

[181] 陈洪章，邱卫华. 生物质原料预处理、组分分离到结构选择性拆分——生物质原料工程学的发展 [J]. 生物产业技术，2009（增刊）：1-5.

[182] 陈龙，余强，庄新姝，等. 木质纤维素类生物质组分分离研究进展 [J]. 新能源进展，2017，5（6）：450-456.

[183] 李金宝，宋特，冯盼，等. 不同催化剂对麦草组分乙醇溶剂热分离效果的影响 [J]. 中国造纸，2019，38（6）：27-32.

[184] 胡立斌，许勇，解思卓，等. 毛竹原生生物质中各组分的溶剂热分步热解转化 [C]. 成都：中国化学会第28届学术年会，2012.

[185] Hii K, Baroutian S, Parthasarathy R, et al. A review of wet air oxidation and thermal hydrolysis

technologies in sludge treatment [J]. Bioresource Technology, 2014, 155: 289-299.

[186] Yuan Y, Zou P, Zhou J, et al. Microwave-assisted hydrothermal extraction of non-structural carbo-hydrates and hemicelluloses from tobacco biomass [J]. Carbohydrate Polymers, 2019, 223: 115043.

[187] López-Linares J C, García-Cubero M T, Lucas S, et al. Microwave assisted hydrothermal as green-er pretreatment of brewer's spent grains for biobutanol production [J]. Chemical Engineering Jour-nal, 2019, 368: 1045-1055.

[188] Hoang A T, Nižetić S, Ong H C, et al. Insight into the recent advances of microwave pretreatment technologies for the conversion of lignocellulosic biomass into sustainable biofuel. [J]. Chemo-sphere, 2021, 281.

[189] 廖长君，卢友志，蒋林伶，等. 微波和超声波预处理对蔗渣碱木质素提取的影响 [J]. 广东化工，2018，45 (18)：24-26.

[190] 陈冠益. 餐厨垃圾废物资源综合利用 [M]. 北京：化学工业出版社，2018.

[191] Choi J, Choi J W, Suh D J, et al. Production of brown algae pyrolysis oils for liquid biofuels depen-ding on the chemical pretreatment methods [J]. Energy Conversion and Management, 2014, 86: 371-378.

[192] Qiao W, Yan X, Ye J, et al. Evaluation of biogas production from different biomass wastes with/without hydrothermal pretreatment [J]. Renewable Energy, 2011, 36 (12): 3313-3318.

[193] Li C, Zhang G, Zhang Z, et al. Hydrothermal pretreatment for biogas production from anaerobic digestion of antibiotic mycelial residue [J]. Chemical Engineering Journal, 2015, 279: 530-537.

[194] Zhang G, Li C, Ma D, et al. Anaerobic digestion of antibiotic residue in combination with hydro-thermal pretreatment for biogas [J]. Bioresource Technology, 2015, 192: 257-265.

[195] Di Girolamo G, Grigatti M, Barbanti L, et al. Effects of hydrothermal pre-treatments on *Giant reed* (*Arundo donax*) methane yield [J]. Bioresource Technology, 2013, 147: 152-159.

[196] Fernández-Cegrí V, Ángeles De La Rubia M, Raposo F, et al. Effect of hydrothermal pretreatment of sunflower oil cake on biomethane potential focusing on fibre composition [J]. Bioresource Tech-nology, 2012, 123: 424-429.

[197] Zieminski K, Romanowska I, Kowalska-Wentel M, et al. Effects of hydrothermal pretreatment of sugar beet pulp for methane production [J]. Bioresource Technology, 2014, 166: 187-193.

[198] Costa A G, Pinheiro G C, Pinheiro F G C, et al. The use of thermochemical pretreatments to im-prove the anaerobic biodegradability and biochemical methane potential of the sugarcane bagasse [J]. Chemical Engineering Journal, 2014, 248: 363-372.

[199] Hu Y, Gong M, Feng S, et al. A review of recent developments of pre-treatment technologies and hydrothermal liquefaction of microalgae for bio-crude oil production [J]. Renewable and Sustainable Energy Reviews, 2019, 101: 476-492.

[200] 彭文才. 农作物秸秆水热液化过程及机理的研究 [D]. 上海：华东理工大学，2011.

[201] Elliott D C, Beckman D, Bridgwater A V, et al. Developments in direct thermochemical liquefac-tion of biomass: 1983—1990 [J]. Energy & Fuels, 1991, 5 (3): 399-410.

[202] Miya S S. Hydrothermal reactions for materials science and engineering: an overview of research in Japan [M]. Elsevier Science Publishers Ltd, 1989.

[203] Lobachev A N. Crystallization processes under hydrothermal conditions [M]. New York: Consult-ants Bureau, 1973: 300-307.

[204] Huang H, Yuan X. Recent progress in the direct liquefaction of typical biomass [J]. Progress in Energy and Combustion Science, 2015, 49: 59-80.

[205] Tekin K，Karagoz S，Bektas S. A review of hydrothermal biomass processing [J]. Renewable and Sustainable Energy Reviews，2014，40：673-687.

[206] Toor S S，Rosendahl L，Rudolf A. Hydrothermal liquefaction of biomass：a review of subcritical water technologies [J]. Energy，2011，36（5）：2328-2342.

[207] 温从科，乔旭，张进平，等. 生物质高压液化技术研究进展 [J]. 生物质化学工程，2006，40（1）：32-34.

[208] Kang S，Li X，Fan J，et al. Hydrothermal conversion of lignin：a review [J]. Renewable and Sustainable Energy Reviews，2013，27：546-558.

[209] Wettstein S G，Alonso D M，Gürbüz E I，et al. A roadmap for conversion of lignocellulosic biomass to chemicals and fuels [J]. Current Opinion in Chemical Engineering，2012.

[210] Karagoz S，Bhaskar T，Muto A，et al. Comparative studies of oil compositions produced from sawdust, rice husk, lignin and cellulose by hydrothermal treatment [J]. Fuel，2005，84（7-8）：875-884.

[211] Yuan X Z，Tong J Y，Zeng G M，et al. Comparative studies of products obtained at different temperatures during straw liquefaction by hot compressed water [J]. Energy & Fuels，2009，23（6）：3262-3267.

[212] Areeprasert C，Zhao P，Ma D，et al. Alternative solid fuel production from paper sludge employing hydrothermal treatment [J]. Energy & Fuels，2014，28（2）：1198-1206.

[213] Ruiz H A，Rodríguez-Jasso R M，Fernandes B D，et al. Hydrothermal processing，as an alternative for upgrading agriculture residues and marine biomass according to the biorefinery concept：a review [J]. Renewable and Sustainable Energy Reviews，2013，21：35-51.

[214] Changi S M，Faeth J L，Mo N，et al. Hydrothermal reactions of biomolecules relevant for microalgae liquefaction [J]. Industrial & Engineering Chemistry Research，2015，54（47）：11733-11758.

[215] Savage P E. Algae under pressure and in hot water [J]. Science，2012，338（6110）：1039-1040.

[216] López Barreiro D，Prins W，Ronsse F，et al. Hydrothermal liquefaction（HTL）of microalgae for biofuel production：state of the art review and future prospects [J]. Biomass and Bioenergy，2013，53：113-127.

[217] Gan J，Yuan W，Johnson L，et al. Hydrothermal conversion of big bluestem for bio-oil production：the effect of ecotype and planting location [J]. Bioresource Technology，2012，116：413-420.

[218] Mørup A J，Christensen P R，Aarup D F，et al. Hydrothermal liquefaction of dried distillers grains with solubles：a reaction temperature study [J]. Energy & Fuels，2012，26（9）：5944-5953.

[219] Pavlovič I，Knez Zeljko，Škerget M. Hydrothermal reactions of agricultural and food processing wastes in sub- and supercritical water：a review of fundamentals，mechanisms，and state of research [J]. Journal of Agricultural and Food Chemistry，2013，61（34）：8003-8025.

[220] Prado J M，Forster-Carneiro T，Rostagno M A，et al. Obtaining sugars from coconut husk，defatted grape seed，and pressed palm fiber by hydrolysis with subcritical water [J]. The Journal of Supercritical Fluids，2014，89：89-98.

[221] Shahid S A，Ali M，Zafar Z I. Characterization of phenol-formaldehyde resins modified with crude bio-oil prepared from *Ziziphus mauritiana* endocarps [J]. BioResources，2014，9（3）：5362-5384.

[222] Theegala C S，Midgett J S. Hydrothermal liquefaction of separated dairy manure for production of bio-oils with simultaneous waste treatment [J]. Bioresource Technology，2012，107：456-463.

[223] Xiu S，Shahbazi A，Shirley V，et al. Hydrothermal pyrolysis of swine manure to bio-oil：effects of operating parameters on products yield and characterization of bio-oil [J]. Journal of Analytical and

Applied Pyrolysis, 2010, 88 (1): 73-79.

[224] Sugano M, Takagi H, Hirano K, et al. Hydrothermal liquefaction of plantation biomass with two kinds of wastewater from paper industry [J]. Journal of Materials Science, 2008, 43 (7): 2476-2486.

[225] Déniel M, Haarlemmer G, Roubaud A, et al. Energy valorisation of food processing residues and model compounds by hydrothermal liquefaction [J]. Renewable and Sustainable Energy Reviews, 2016, 54: 1632-1652.

[226] Yin S, Dolan R, Harris M, et al. Subcritical hydrothermal liquefaction of cattle manure to bio-oil: effects of conversion parameters on bio-oil yield and characterization of bio-oil [J]. Bioresource Technology, 2010, 101 (10): 3657-3664.

[227] Castello D, Pedersen T, Rosendahl L. Continuous hydrothermal liquefaction of biomass: a critical review [J]. Energies, 2018, 11 (11): 3165.

[228] Elliott D C, Biller P, Ross A B, et al. Hydrothermal liquefaction of biomass: developments from batch to continuous process [J]. Bioresource Technology, 2015, 178: 147-156.

[229] Knorr D, Lukas J, Schoen P. Production of advanced biofuels via liquefaction-hydrothermal liquefaction reactor design: a technical reports of office of scientific and technical informatin (NREL/SR-5100-60462) [R]. Golden: National Renewable Energy Lab, 2013.

[230] Chen W, Haque M A, Lu T, et al. A perspective on hydrothermal processing of sewage sludge [J]. Current Opinion in Environmental Science & Health, 2020, 14: 63-73.

[231] Molton P M, Fassbende A G, Brown M D. Stors, The sludge-to-oil reactor system [R]. US Environmental Protection Agency, 1986.

[232] Feng W, van der Kooi H J, de Swaan Arons J. Biomass conversions in subcritical and supercritical water: driving force, phase equilibria, and thermodynamic analysis [J]. Chemical Engineering and Processing: Process Intensification, 2004, 43 (12): 1459-1467.

[233] Feng W, van der Kooi H J, de Swaan Arons J. Phase equilibria for biomass conversion processes in subcritical and supercritical water [J]. Chemical Engineering Journal, 2004, 98 (1-2): 105-113.

[234] Anastasakis K, Biller P, Madsen R, et al. Continuous hydrothermal liquefaction of biomass in a novel pilot plant with heat recovery and hydraulic oscillation [J]. Energies, 2018, 11 (10): 2695.

[235] Jensen C U, Rosendahl L A, Olofsson G. Impact of nitrogenous alkaline agent on continuous HTL of lignocellulosic biomass and biocrude upgrading [J]. Fuel Processing Technology, 2017, 159: 376-385.

[236] Kristianto I, Limarta S O, Park Y, et al. Hydrothermal liquefaction of concentrated acid hydrolysis lignin in a bench-scale continuous stirred tank reactor [J]. Energy & Fuels, 2019, 33 (7): 6421-6428.

[237] He Y, Liang X, Jazrawi C, et al. Continuous hydrothermal liquefaction of macroalgae in the presence of organic co-solvents [J]. Algal Research, 2016, 17: 185-195.

[238] Elliott D C, Hart T R, Neuenschwander G G, et al. Hydrothermal processing of macroalgal feedstocks in continuous-flow reactors [J]. ACS Sustainable Chemistry & Engineering, 2014, 2 (2): 207-215.

[239] Barreiro D L, Gómez B R, Hornung U, et al. Hydrothermal liquefaction of microalgae in a continuous stirred-tank reactor [J]. Energy & Fuels, 2015, 29 (10): 6422-6432.

[240] Elliott D C, Hart T R, Schmidt A J, et al. Process development for hydrothermal liquefaction of algae feedstocks in a continuous-flow reactor [J]. Algal Research, 2013, 2 (4): 445-454.

[241] Patel B, Hellgardt K. Hydrothermal upgrading of algae paste in a continuous flow reactor [J].

Bioresource Technology, 2015, 191: 460-468.

[242] Biller P, Sharma B K, Kunwar B, et al. Hydroprocessing of bio-crude from continuous hydrothermal liquefaction of microalgae [J]. Fuel, 2015, 159: 197-205.

[243] Jazrawi C, Biller P, Ross A B, et al. Pilot plant testing of continuous hydrothermal liquefaction of microalgae [J]. Algal Research, 2013, 2 (3): 268-277.

[244] Guo B, Walter V, Hornung U, et al. Hydrothermal liquefaction of *Chlorella vulgaris* and *Nannochloropsis gaditana* in a continuous stirred tank reactor and hydrotreating of biocrude by nickel catalysts [J]. Fuel Processing Technology, 2019, 191: 168-180.

[245] Wagner J L, Le C D, Ting V P, et al. Design and operation of an inexpensive, laboratory-scale, continuous hydrothermal liquefaction reactor for the conversion of microalgae produced during wastewater treatment [J]. Fuel Processing Technology, 2017, 165: 102-111.

[246] Cheng F, Jarvis J M, Yu J, et al. Bio-crude oil from hydrothermal liquefaction of wastewater microalgae in a pilot-scale continuous flow reactor [J]. Bioresource technology, 2019, 294: 122184.

[247] Ocfemia K S, Zhang Y, Funk T. Hydrothermal processing of swine manure into oil using a continuous reactor system: development and testing [J]. Transactions of the ASABE, 2006, 49 (2): 533-541.

[248] Ocfemia K S, Zhang Y, Funk T. Hydrothermal processing of swine manure to oil using a continuous reactor system: effects of operating parameters on oil yield and quality [J]. Transactions of the ASABE, 2006, 49 (6): 1897-1904.

[249] Toor S S, Rosendahl L, Nielsen M P, et al. Continuous production of bio-oil by catalytic liquefaction from wet distiller's grain with solubles (WDGS) from bio-ethanol production [J]. Biomass and Bioenergy, 2012, 36: 327-332.

[250] Mørup A J, Becker J, Christensen P S, et al. Construction and commissioning of a continuous reactor for hydrothermal liquefaction [J]. Industrial & Engineering Chemistry Research, 2015, 54 (22): 5935-5947.

[251] Elliott D C, Schmidt A J, Hart T R, et al. Conversion of a wet waste feedstock to biocrude by hydrothermal processing in a continuous-flow reactor: grape pomace [J]. Biomass Conversion and Biorefinery, 2017, 7 (4): 455-465.

[252] Larsen T. Chp plant based on catalytic liquid conversion process: catliq final report [R]. Valby: SCF Technologies A/S, 2005.

[253] Toor S S. Modelling and optimization of Catliq® liquid biofuel process [D]. Denmark: Aalborg University, 2010.

[254] Jensen C U, Rodriguez Guerrero J K, Karatzos S, et al. Fundamentals of Hydrofaction[TM]: renewable crude oil from woody biomass [J]. Biomass Conversion and Biorefinery, 2017, 7 (4): 495-509.

[255] Beims R F, Hu Y, Shui H, et al. Hydrothermal liquefaction of biomass to fuels and value-added chemicals: products applications and challenges to develop large-scale operations [J]. Biomass and Bioenergy, 2020, 135: 105510.

第 3 章
水热液化影响因子识别与预测模型

生物质（废弃物）的水热液化过程主要包括组分解聚、水解、液化，并伴随气化和缩合副反应。其中水解是液化的关键，主要促使固体有机大分子解聚，然后水解形成有机小分子溶解进入水相。在水解反应中，水同时作为溶剂/媒介、反应物和催化剂前体物，通过添加酸/碱催化剂可以抑制副反应。高温高压液态水的状态容易电离并促进酸/碱催化剂电离，从而进行催化反应。因此探索影响生物质水热转化的因素是非常重要的工作。这些因素主要包括：原料性质、反应体系的操作参数，如温度、压力、气体氛围、停留时间、催化剂/溶剂类型等。基于原料特性和过程参数可研制出水热液化成油的模型，用于实现可控目标。

3.1 原料性质

生物质（废弃物）由于来源不同而在物理化学结构和性质方面存在巨大差异，这种差异会影响物料组分与加压过热水的反应难易程度。为了利用复杂真实生物质，需要从模型化合物开始对原料组分的水热液化机理进行研究，然后基于单组分模型化合物逐步展开组分间及真实生物质的水热液化机理研究。

3.1.1 单组分（模型化合物）水热液化

单组分（模型化合物）是指由单体聚合形成的组分。包括有共同单体的碳水化合物、无定形分类单体组成的木质素、氨基酸组成的蛋白质及油脂。虽然无机元素不能被直接液化，但是对转化过程会产生影响。不仅不同组分的水热液化行为有巨大差异，具有共同单体的组分其水热行为也不尽相同。例如：对于由同样的单体结构组成的三种碳水化合物（纤维素、淀粉和半纤维素）而言，水热行为有差异也有共同点。虽然淀粉和纤维素的单体都是由六碳糖组成，但是淀粉是无定形态，而纤维素是结晶态。淀粉因为无定形状态占优且氢键较少使其水解速率比纤维素要快，纤维素因为其氢键的微纤维晶体结构而影响其水解速率，而半纤维素虽然也是无定形状态，因其组成单体还包括五碳糖而水解特性介于两者之间。

3.1.1.1 碳水化合物

碳水化合物一般都具有葡萄糖的单体结构，根据形态差异可分为纤维素、淀粉和半纤维素。由于三者在结构形态上存在差异，其水热转化机制也存在一定差异。

碳水化合物（纤维素、淀粉和半纤维素）的水热液化机理存在相似路径。如图 3-1 所示，碳水化合物的三大组分都能水解成 C_6 单糖，区别在于刚开始水解时的特性。半纤维素因为还含有 C_5 糖，因此其反应相对更复杂一些。三者都存在葡萄糖的水解与水热转化。纤维素和半纤维素有别于淀粉的解聚与转化过程将会在各节分别论述，而三者关于葡萄糖水热转化的共同转化机制（葡萄糖和果糖异构及转化）将在淀粉相关一节中展开论述。当三种碳

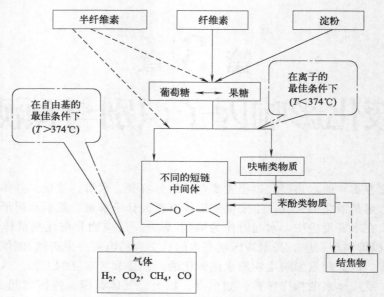

图 3-1 碳水化合物的水热液化途径与产物分布示意图
(依据文献 [1-3] 绘制)

水化合物完成水解后，其单糖在水解液中小于 374℃ 的亚临界水中形成不同的短链中间体并开始成油。随着温度的升高和转化速率的加快，油状物可能二次分解成气态物质，并开始有固体焦炭（胡敏素）生成。当碳水化合物完全降解，水相含碳量达到最高值。随后，水解液成油占主导，并达到最高产油率。随着温度升高（最佳温度是大于 374℃）或时间继续延长，生物原油二次降解为气体并伴随焦炭生成。

(1) 纤维素

水解是纤维素分解的主要步骤。如图 3-2 所示，在亚临界水相体系中，仅表面区域的纤维素晶体（纤维素Ⅰ）发生简单水解而无溶胀或溶解反应，此时纤维素晶体的总体转化率很低；只有当水处于近临界和超临界状态，晶体结构才发生溶胀和溶解，形成无定形纤维素分子而水解成低聚合度的纤维素和纤维低聚糖。部分水解产物可以通过氢键网络的断裂由高聚物相迁移至水相，而其他水解产物仍然只能停留在固相表面。释放至水相的水解产物可水解生成水溶性单糖，也可以再结晶生成不溶性纤维素Ⅱ。总体来说，近/超临界水相体系中微晶纤维素的总体转化速率相对亚临界环境得到大幅提高。因此，纤维素晶体学性质的差异对纤维素水解的路径基本无影响，如超临界水热处理 10s，纤维素Ⅰ产率 32%，纤维素Ⅱ产率 48%；但葡萄糖产率会有差异。

纤维素水热分解的机理与酸相似。但是纤维素经无催化剂的水热解聚还是比酸催化的热水解程度低，葡萄糖产率也较低。但即使无催化剂在近临界水（290~400℃）中能在 96s 就快速水解为葡萄糖、果糖、赤藓糖、二羟基丙酮、甘油酸、丙酮醛和纤维二糖至六糖的低聚物。纤维素晶体分子间平行排列同时形成分子间氢键网络。若不降低其结晶程度，则仅表面区域的纤维素晶体发生简单水解而无溶胀或溶解反应，使其水热转化率很低[4]。

总体来说，纤维素水热解聚主要路径包括（图 3-3）：①纤维素在亚临界和超临界水中的反应需要额外破解纤维素晶体，此时晶体中的纤维素分子间平行排列同时形成分子间氢键网络。纤维素水解时首先发生溶胀和溶解，但当温度升高而压力下降时，糖苷键则通过热解

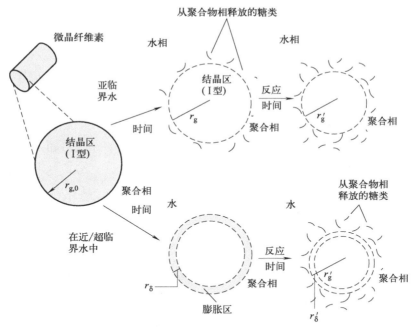

图 3-2　微晶纤维素在亚/超临界水中的降解路径示意图
（依据文献［4］绘制）

断裂、部分逆羟醛缩合对还原型末端葡萄糖脱水解聚。②葡萄糖在水热条件下与果糖异构互变。③异构化的果糖更容易形成羟甲基糠醛。④羟甲基糠醛进一步脱水形成 1：1 的甲酸和乙酰丙酸。⑤乙酰丙酸脱水形成当归内酯。⑥葡萄糖或果糖的逆羟醛缩合反应形成甘油醛和赤藓糖。⑦上述中间体进一步反应生成丙酮醛、乙醇醛和小分子羧酸。葡萄糖的水热转化过程与淀粉水解后的转化过程几乎完全一致。

（2）淀粉

淀粉主要存在于植物的种子、果实和根茎部分，是植物中广泛存在的储存性葡萄糖。淀粉的基本化学组成和结构在植物中有差异，但都是葡萄糖以 β-1,4 或 α-1,6 键连接的高聚体。其中 α-直链淀粉（1,4-连接葡萄糖链）约占 10%～35%，α-支链淀粉（带有 1,6-连接葡萄糖支链的 1,4-连接葡萄糖链）约占 65%～90%。淀粉水解产物根据条件可生成葡萄糖、甲烷、乙醇和乳酸。与纤维素相比，淀粉经水热处理更易水解生成葡萄糖单糖。其中升温速率是最为关键的影响因素，较快的升温速率可使淀粉在 180℃下快速溶解，但对葡萄糖的产率并无明显影响。淀粉可在 180～240℃的温度下借助于催化剂降解。甘薯（主要成分为淀粉）进行水热液化时，在 200℃下反应 15min 葡萄糖产率只有 4%。但当加入 CO_2 后水解速率大幅加快，且与体系中 CO_2 浓度正相关。而在 210℃下反应 3～4min，葡萄糖的产率达到 43.8%。

如图 3-4 所示，生成的葡萄糖与果糖异构化后会进一步快速降解，可生成甲酸、乙酸、乳酸、5-羟甲基糠醛（5-HMF）和乙酰丙酸等重要平台化合物。对该过程的转化机理的研究系统总结如下：①葡萄糖与 D-果糖之间可以互相转化，它们溶解在水中，都会以 3 种形式存在：长链、吡喃环和呋喃环。因此当葡萄糖或果糖溶解在水中后，至少有 6 种单糖的存在形式（图 3-4）。与葡萄糖或果糖的分解相比，其他异构体的生成速率要慢一些[8]。②果

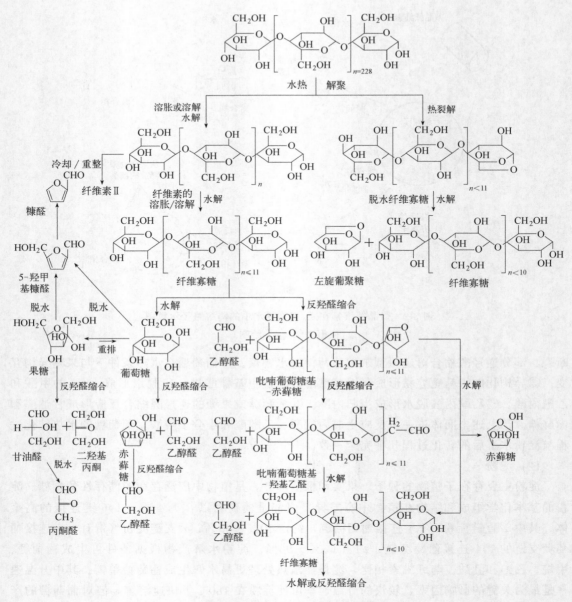

图 3-3   纤维素的水热反应机理

（依据文献［5-7］绘制）

糖被认为比葡萄糖具有更高的分解活性。对以葡萄糖或果糖为初始原料的分解机理进行研究发现：在水热条件下，葡萄糖异构为果糖的反应速率较大；而由果糖异构为葡萄糖的速率很低，几乎可忽略[9]。在水热条件下果糖相比葡萄糖具有更高的分解活性[10]。③由于葡萄糖和果糖之间的相互转化速率低于它们的分解速率，因此当分别以葡萄糖或果糖作初始原料时，分解产物存在着很大的差异。葡萄糖一般分解为小分子产物，如乙醇醛、丙酮醛、甘油醛；而果糖可分解生成脱水产物 5-羟甲基糠醛[11]。如图 3-4 所示，如果用果糖作初始原料，果糖转化的 5-羟甲基糠醛（最高达 46%）可进一步转化为间苯三酚或乙酰丙酸。

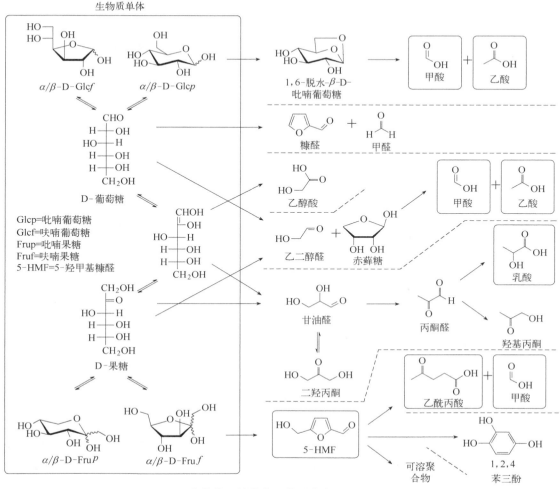

图 3-4　葡萄糖和果糖在亚临界水中的主要反应途径

（依据文献［12］绘制）

(3) 半纤维素

半纤维素是木质纤维素类生物质中的第二大组分，约占木质纤维素生物质组成的
20%～30%。半纤维素的高效、低成本转化是实现木质纤维素类生物质转化工艺实用化的一
个技术关键。半纤维素是由五碳糖（木糖或阿拉伯糖）和六碳糖（半乳糖、葡萄糖或甘露
糖）组成的杂聚物，包括木糖、甘露糖、葡萄糖和半乳糖等[13]。半纤维素的结晶度较低，
降解温度相对较低。当温度高于 180℃时，半纤维素就能在水中溶解并开始分解；各种木材
和草本生物质原料中的半纤维素在 230℃、34.5MPa 的水热条件下反应 2min 可接近 100%
水解[14]。木聚糖往往作为半纤维素的模型化合物进行水热机理研究。因为组成半纤维素的
单糖在水热条件下的液化机制与木糖是相似的。如：阿拉伯糖在 340℃和 27.5MPa 水热液
化生成乙醇醛、甘油醛和糠醛，这与木糖的主要产物相一致[11]。半纤维素的一种重要单体
是木糖，它是一种五碳单糖。大多数的糠醛都是从半纤维素中的木糖生产的。在水中，木糖
以吡喃糖、呋喃糖或开环的形式存在。

木糖水热液化的主要路径（图 3-5）包括：脱水、反羟醛缩合和醛糖/酮糖的相互转

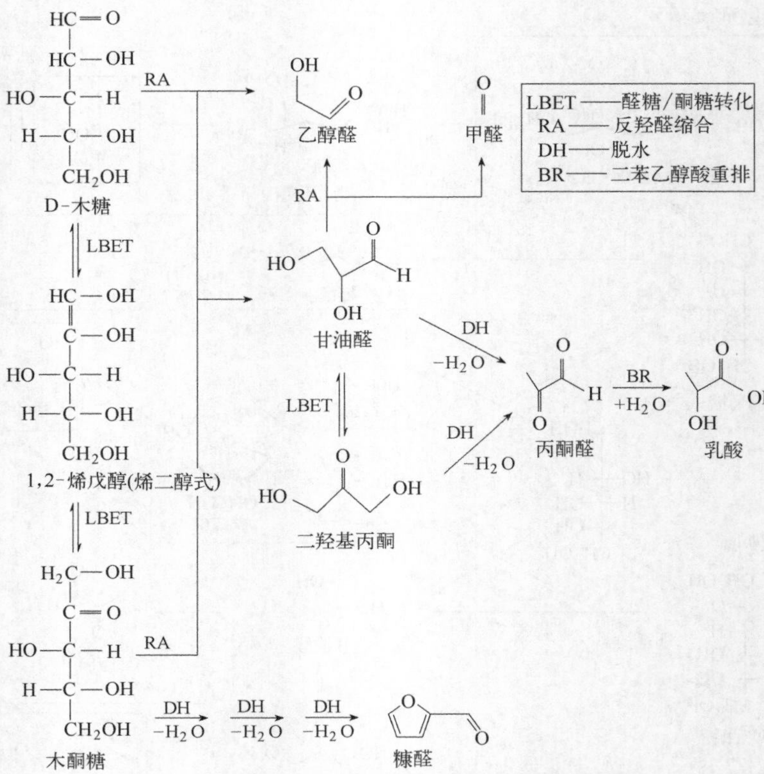

图 3-5 D-木糖的水热反应途径示意图
(依据文献 [15] 绘制)

化[15]。木糖可能通过呋喃糖环开环生产糠醛,其副产物主要有甘油醛、丙酮醛、乳酸、乙醇醛、甲酸和丙酮醇等,也可以部分转化为芳烃化合物[16]。糠醛在水热条件下也会进一步分解,但分解速率低于从木糖转化而来的速率[17]。

一般来说,半纤维素的水热降解主要有两种反应类型[18]:①大分子化合物在较低温度下逐步降解、分解、结焦;②较高温度下发生快速挥发,伴随左旋葡萄糖的生成。半纤维素在化学性质上与纤维素相似,半纤维素的水解,其路径基本与纤维素水解模型类似[19-21]。

3.1.1.2 木质素

木质素是由甲基化程度不同的三种羟基肉桂醇单体(对香豆醇、松柏醇、5-羟基松柏醇)通过醚键或碳-碳键连接组成的复杂无定形酚类多聚体,是具有三维结构的芳香族高分子化合物。不同的木质素单元之间连接方式很多,形成的木质素结构蓬松而不定形;木质素含有羟基、甲氧基和碳基等多种官能团,化学性质稳定;木质素很难水解成单糖,并在纤维素与半纤维素周围形成保护层,从而也影响纤维素和半纤维素水解[22]。由于碳-碳键比糖苷键断裂要困难得多,因此,在相同的反应条件下,生物质中木质素的含量越高则越难被液化,生成焦炭的量也越多[23,24]。选择木质素相关单体(香兰素、4-苄氧基苯酚、2,2-二羟基联苯)在 370℃ 和 390℃ 水热液化,通过对其液化产物分析,提出了木质素的水热液化路径(图 3-6)[25]。

在接近临界和超临界水相体系木质素才能溶解、水解生成酚类化合物单体。纯木质素一

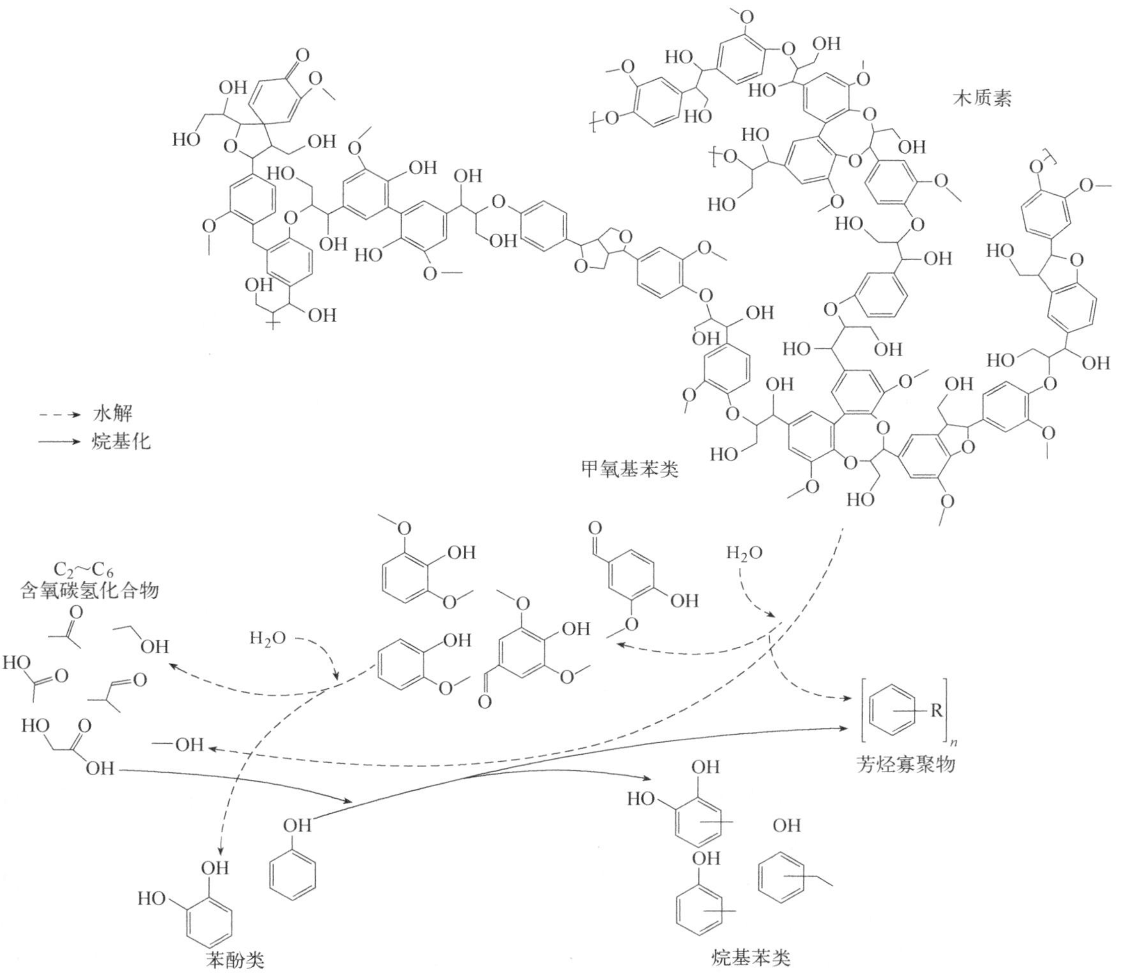

图 3-6　木质素水热液化可能的降解路径示意图

（依据文献［19，25］绘制）

般在近临界条件（350～400℃）才能完全水热分解[26]。木质素液化的产物主要是酚类物质，部分酸、醇等小分子及碳氢化合物[27]；其降解产物有机物主要以水溶形式存在[28]。木质素在水热液化的过程中降解和解聚同时发生，且存在着竞争反应。苯环相对稳定，水热液化往往首先发生在苯环的取代基团上。酚/醚键不容易断裂，如 2-甲氧基苯酚的主要水热液化产物为邻苯二酚和苯酚，而不是邻甲酚[29]。核桃壳在 200～300℃水热碱性液化可以检测到酚的衍生物，如 2-甲氧基苯酚、3,4-二甲氧基苯酚和 1,2-苯二酚，证明木质素水解产生的甲氧基可以继续水解[30]。

　　木质素水热液化制备生物原油的产物可分为四相：油相，以芳香烃和重质烷烃为主；水相，含有各种酸、醛、醇和酚类；气相，含氢气、碳氧化物和轻质烷烃；固体残渣。随着研究的深入，木质素水热成油的途径逐渐清晰（图 3-7）。木质素的水热液化反应历程主要包括[18]：①具有醚键的可溶化合物水解生成单环酚类，例如丁香酚、愈创木酚、儿茶酚等；②丁香酚和愈创木酚进一步水解和脱烷基生成水溶性的甲醇和儿茶酚；③少量儿茶酚进一步分解为苯酚和芳香烃，而芳香烃可进一步缩聚生成聚合芳香烃以及芳香残渣；④木质素及其

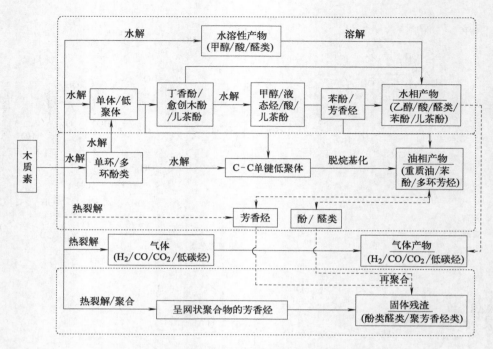

图 3-7   木质素水热液化机理与产物分布路径示意图
(依据文献 [18，24] 绘制)

寡聚体在高温下可发生 C—C 键断裂生成单环或多环酚；⑤木质素热解的难溶性物质通过自由基反应进一步热解为气体、烷烃、酚类和可溶性的甲醇、酸及醛类。

木质素的降解需要在反应温度和停留时间之间进行平衡，以防止产物的进一步缩合；也可以向反应体系中引入氢源或稳定剂来抑制中间产物发生缩聚等反应[23,24,31]。另外，影响木质素水解反应的关键是水相密度。一般来说，反应体系中水的密度越高越有利于木质素降解。木质素分子结构中连接单体的氧桥键和单体苯环上的侧链键相对较弱，受热时易发生断裂形成活泼的含苯环自由基，这些产物又极易与其他分子或自由基发生缩合反应，生成结构更为稳定的大分子，进而炭化结焦。当温度大于 250℃ 时木质素开始降解生成一些中间产物，这种中间产物不稳定，温度过高会进一步发生缩合。停留时间过长时，油组分中的重质组分也会发生缩聚生成固体残留物[32]。

3.1.1.3   蛋白质

蛋白质是广泛存在于动物和微生物中的一类大分子化合物，也是食品废弃物的重要化学组分。是由氨基酸通过肽键连接形成的多聚物，蛋白质的肽键较纤维素和淀粉中的糖苷键稳定。由于氨基酸的商业价值很高，所以对水热法从富含蛋白质的原料中提取氨基酸的研究很多。蛋白质的水热解聚是蛋白质肽键上的氮原子质子化导致其断裂，形成碳正离子和氨基，然后解离 OH^- 攻击碳正离子形成羧基[33]。以苯丙氨酸为例[34]：在 130～190℃ 温度段下很难发生反应；在 220～280℃ 下苯乙胺是苯丙氨酸先脱羧水热转化的主要产物；随着反应温度升高和反应时间加长，苯乙胺经脱氨生成苯乙烯；苯乙烯进一步加成生成少量苯乙醇。大部分氮元素先经脱羧反应转移到苯乙胺中，进一步由脱氨反应转移到水溶性较强的 NH_4^+ 中。牛血清蛋白，一种蛋白质的重要模型化合物，在亚临界水中降解时[35]：在 290℃ 水解

65s 后氨基酸的产率最大；330℃下反应 200s 后几乎全部分解成羧酸（乙酸、丙酸、正丁酸和异丁酸等）和含氮有机物（乙胺、鸟氨酸），而绝大多数的氮元素以氨气的形式逸出。

蛋白质热水解产生氨基酸的最适温度约为 310℃。蛋白质在 250℃、25MPa 水热反应 30s 生成的氨基酸产率仅 3.7%，鼓入 CO_2 作为催化剂条件下氨基酸产率亦只有 15%[33,36]；进一步升高反应温度和压力，氨基酸将通过脱氨基和脱羧作用形成烃类、胺类、醛类和小分子有机酸，即"生物原油"。蛋白质的一个特点是含有相对较高的氮元素，这些氮元素会在一定程度上保留到所制得的生物原油中，导致恶臭、易燃等特性[1,37]。

3.1.1.4　脂类

脂类（油脂或甘油三酯）主要存在于油脂类生物质中，不同来源的脂类物质在脂肪酸的碳链长度和不饱和键的数目上存在一定差异。例如动物肝脏、油泥等，主要是由丙三醇与脂肪酸通过酯键连接形成的憎水性物质，其中脂肪酸占脂类总质量的 93%～98%。在植物类生物质（废弃物）油脂中，常见的脂肪酸有月桂酸、肉豆蔻酸、棕榈酸、硬脂酸、油酸和亚油酸。虽然常温条件下脂类并不溶于水，但在临界区域内水的介电常数大幅降低、极性减小，对脂类的溶解度也大幅上升[38]。在水热反应体系中即使没有催化剂，甘油三酯也易水解成脂肪酸和甘油，而即使在亚临界的水中，游离脂肪酸也很稳定。油脂与水在高温下互溶的特性，主要是指脂肪酸而不是甘油三酯[39]。通过一个透明的可视窗对大豆油（主要成分为甘油三酯）在 330～340℃、13.1MPa 下水热反应体系的相态观察发现：在 339℃时相界面消失，达到临界状态；此时反应速率明显加快，最终所制得的游离脂肪酸产率在 90% 以上[40]。

油脂的水解反应主要发生在油相中，并且在一定条件下达到反应平衡。油脂水解反应存在一个诱导期，且与水在甘油三酯和游离脂肪酸中的溶解度不同有关。甘油三酯的极性弱于游离脂肪酸，因此水在甘油三酯中的溶解性比在游离脂肪酸中的溶解性差。随着油脂水解反应的进行，油相中游离脂肪酸的含量逐渐增加，这就提高了油相中水的溶解度，油脂的水解速率也随之提高。

游离脂肪酸是油脂水解的一种产物，在水热条件下比较稳定，但在高温下会发生分解反应。对比硬脂酸在 400℃的热解与水热液化发现：此时硬脂酸的分解反应受到抑制，并且烯烃的产生量多于烷烃，低于 C_{16} 的有机物的产量也相对较低。但是，当在水热体系中加入碱（NaOH 或 KOH）时，硬脂酸的分解速率迅速上升且烷烃重新成为产物的主要部分[41]。

甘油是油脂水解的另一种产物。在水热条件下甘油并不是被转化为油相产物，而是水相产物。在温度 360℃、压力 34MPa 的亚临界水中，以硫酸锌为催化剂，甘油会被转化为丙烯醛，但没有说明液相的其他成分以及气相组成[42]。在 349～475℃和 25～45MPa 的管式反应器中甘油的最高水热转化率为 31%，产物主要包括甲醇、乙醛、丙醛、丙烯醛、烯丙醇、乙醇和甲醛等，气体主要的组分是 CO、CO_2 和 H_2；其他醇类，如丙二醇、丁二醇等在类似的条件下也会被转化为醛[43]。

3.1.1.5　无机灰分

对于大部分生物质而言，无机元素是其不可或缺的生长元素。如天然藻类的生长会受到铁元素的限制[44]。微藻在生长过程中需要摄入一定的 Al、Fe、Ca、K、Na、Mg、Mn、Zn 等无机元素[45-48]。生物质灰分是对生物质中无机元素的一类统称，是指生物质煅烧后剩余的无机物，主要是一些金属氧化物或金属盐。

通过"水热液化"处理还可以有效脱除金属盐，因其在超/亚临界水或者酸性介质的作用下的溶解度随着反应温度升高而增大。因而通过水热改性除去灰分中的金属盐和杂原子，可用于提升焦炭性能。生物质灰分能够抑制微藻的水解和水热炭化的缩合和芳构化，影响其碳产物的官能团的组成和理化性质[49]。对天然微藻脱灰后水热炭产率提升了 26%，且吸附基团的相关基团改善提升其品质；而灰分还会促进氮元素向液相转移[50]；但将藻中 $CaCO_3$ 的量从 16.5% 减少到 11.0%，却能抑制氮元素转移至水相；而生物油中回收的氮元素从 16.8% 增加到了 34.3%[51]。

近临界水（水热液化）可以专门用来处理和回收这些生物质胞内的贵金属及重金属污染物元素[52-54]。生物质灰分根据其在生物质细胞中存在的位置可以分为胞外灰分和胞内灰分：藻细胞进行生理代谢而摄入的无机盐最终将以螯合物等形式稳定存在于细胞内部，而细胞外部由于藻细胞具有特殊含负电荷有机官能团的大量存在，会影响最终原料的灰分含量。一般先采用非破坏性方式移除胞外灰分，然后通过水热液化实现对胞内灰分元素的回收[55]。利用超富集植物，如蜈蚣草（主要富集砷元素）、垂序商陆（主要富集锰元素）和东南景天（主要富集锌元素）可清除土壤重金属污染。到目前为止已经被发现的超富集植物种类达数百种。其中镍的超富集植物就达到 300 多种。贵/重金属在超富集植物体内存在形态是其与纤维素、半纤维素、木质素、蛋白质和有机小分子形成的配合物，即胞内灰分[56]。

虽然可以通过水热法对贵重金属实现"湿法冶金"，但是由于大部分生物质灰分作为无机物质一般很难被直接利用，因此生物质中含有较高灰分将直接降低其原料品位。生物质的热化学能源化利用过程中，灰分也会产生不利影响[55]。如果操作过程不当，经过水热液化之后生物原油中也可检测到一些金属的存在，虽然其含量极少。总体来讲，灰分对于生物质水热产油的影响表现在以下方面：

① 降低反应过程的能耗和效率。原料中灰分过多对产油总体是不利的。灰分的存在使得有机组分在接受外界热传递的过程中受到阻碍[57]。过多灰分限制生物质与反应介质之间的传热传质而抑制成油，且降低生物原油的品质。通过对比研究天然微藻和脱灰藻的水热产油效率，发现天然藻的生物油产率为 17.59% ~ 22.09%，脱除灰分后提升了 6.71% ~ 9.05%[58]。

② 金属盐的不明和不可控催化作用。虽然金属盐可充当催化剂[59]，但是水热过程中的灰分行为与原料种类、溶液 pH、处理温度、反应器固体负荷有密切关系[60,61]。有研究表明，许多金属盐对热化学过程有催化作用，如 K、Na、Ca 等碱金属或碱土金属。但金属盐对产油率的贡献并不一定总是积极的，金属反应器壁面所含金属元素，如 Ni、Fe、Cr 反而有可能利于气化[62]。研究认为，灰分对生物质水热气化影响更显著[63,64]。在 500℃ 下烟秆、玉米秆、棉秆、葵花秆等自身内部的矿物质会对水热气化特性产生影响。因为烟秆和葵花秆中 3 组分含量相似，但是二者的气体产率（分别为 24.7% 和 59.2%）和气体组分都明显不同，而且烟秆气化气中 CH_4 和 CO_2 的含量明显高于葵花秆[65]。无机矿物质（$KHCO_3$）添加剂对生物质模型化合物（玉米淀粉溶液）在 600℃、25MPa 下的连续式水热气化反应有明显的催化作用，且随着 $KHCO_3$ 的加入增多，生物质气化气体产率从 82% 增加到 92%[66]。

③ 灰分在热化学反应器中的积聚和腐蚀作用[57]。水热反应器运行时要求具有足够耐高温高压的特性。此时一些金属盐，如 Al、Mg、Ca、K、Na 的硫酸盐、磷酸盐及卤化物，

尤其是在酸性条件下影响其溶解性，易造成对反应器的热化学腐蚀[67-72]。金属盐的这种溶解性在更高温度时影响更为显著。

3.1.2　组分交互的水热液化机理

基于对单组分物质的水热行为理解的基础，可进一步展开对关键组分间的交互作用水热行为的研究。如涉及真实木质纤维素生物质，需研究半纤维素、纤维素、木质素三者之间的相互作用。对于水生生物质，其组分相对较为复杂，如含有蛋白质，有些藻类还含有油脂。因而选择分别研究碳水化合物与蛋白质、碳水化合物/蛋白质和脂类的交互作用具有重要意义。另外，生物质在生长过程中富集特性及收获过程会影响灰分含量。研究灰分与有机组分的水热交互行为也是有意义的。

3.1.2.1　木质纤维素组分的交互作用

为了探究半纤维素/纤维素/木质素的交互作用，可通过将模型化合物纤维素、半纤维素、木质素相互混合以及将葡萄糖与三组分相互混合水热转化。纤维素和木糖生物原油的组成与单个化合物水热液化生物原油的组成类似，两者间几乎无交互作用；但是木质素的添加比例将影响其 HTL 成油[73]。数据显示，纤维素、木糖和木质素三重组合生物原油产率相对偏低。当纤维素或木糖与木质素的比例由 5∶1 提升至 10∶1 时，HTL 生物原油产率将提高；但是若在碱性条件下，或者选用的原料是碱木质素时，纤维素或木糖分别和木质素 HTL 对生物原油产量则有协同效应，可能是纤维素在碱性条件下结晶度降低及木质素在碱性条件下有利于溶解，从而有利于 HTL 成油。

有研究进一步阐释提出了木质纤维素的水热转化机理（图 3-8）[74]：①将纤维素、半纤维素和木质素近似按照小麦秸秆中相应组分的质量比进行两两混合及三组分混合，将

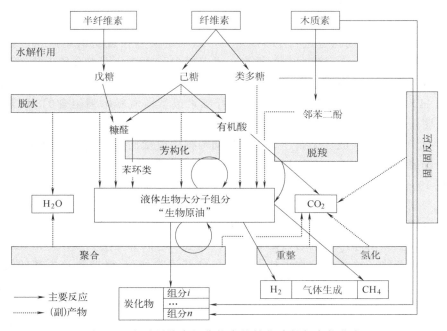

图 3-8　木质纤维素组分的水热转化路径与产物分布
（依据文献［75，76］绘制）

其在 220℃、120min 的水热环境下分别炭化，其中三组分混合方式的水热焦炭中，碳元素的质量分数最高，约为 55.35％。三组分混合后由于相互之间的影响，进一步提高了水热焦炭的芳香化程度，也具有更好的热稳定性。②研究水热转化中间产物葡萄糖对生物质三组分可产生协同影响，在 220℃、120min 的水热环境下，葡萄糖含量开始逐步增大时，和纤维素存的混合物其水热焦具有更好的热稳定性；而葡萄糖含量累积到一定值后，对木聚糖与木质素存在的混合物发生的扩散和降解反应有一定程度的阻碍作用。③通过模拟麦秆反应溶液中还原糖浓度，研究了葡萄糖在生物质三组分水热结焦过程中所起的作用。葡萄糖的存在对含有木质素成分的混合物有着很大的影响，但并未明显改变各混合组分的水热反应路径。

　　为了探究真实木质纤维素生物质的水热液化行为，通过对半纤维素、纤维素、木质素之间的相互作用系统进行分析，总结出三者的交互作用[75]，如图 3-8 所示。若将其与图 3-3 结合将能更好地理解木质纤维素水解成有机可溶物并成油的过程[75]。综合上一节对更单组分的水热降解行为分析，将其综合考虑后，可知三组分间的主要影响因素在于木质素。参考图 3-7，当固体生物质在水热体系中水解为液体后，水解物与水体系进而发生均相反应，将不受传热传质的限制。特别是木质素被降解成苯酚类物质后，与水解糖一起重新进行分子间构建聚合。分子的水热解聚不仅包括简单的水解，还有复杂的热裂解、脱羧基和氢解等。聚合过程包括脱水、脱羧，一定分子量的酮类和酚类的混合物代表水热液化的液体产物"生物原油"。不仅木质素的酚类可以生成芳烃，单糖脱水芳构化也可以生成环烷烃。当分子构建聚合到一定程度，形成的缩合物会再次结焦。另外，水溶物通过水相重整能产生氢气，可以加速分子构建过程的氢化作用。由于自由基反应在接近水的临界点时变得更加重要，水相产物的分子继续断链会加速气体的生成。根据强烈的程度产物逐步由低碳烃向甲烷和氢气转变（图 3-3）。

3.1.2.2　蛋白质与碳水化合物/木质纤维素的交互

　　为了进一步探究真实含蛋白生物质的水热液化行为，可通过对蛋白质分别与碳水化合物/木质纤维素的模型化合物组合进行 HTL 研究，以确定模型化合物水热液化过程中的协同或拮抗作用。结果表明，大豆蛋白与纤维素、大豆蛋白与木糖分别组合的生物原油产率比其单独产油计算的加和高，表明它们在产油上具有协同效应[73]。但是，蛋白质/纤维素/木糖三者组合的 HTL 生物原油产率低于蛋白质和纤维素或蛋白质和木糖组合的 HTL 生物原油产率。这表明蛋白质对 HTL 成油的贡献要比碳水化合物更高。进一步研究证实蛋白质与葡萄糖比例存在于一个最佳值。比如：蛋白质与葡萄糖的质量比从 0.5∶1 增加到 4∶1 时，其混合液化生物原油产率从 4.0％ 增加到 22％；但是当其质量比继续增加到 5∶1 时，生物原油产率降到 19％。

　　蛋白质与碳水化合物的交互关系总结如图 3-9[1] 所示。生物质废弃物（如脱脂微藻）中的蛋白质水解的氨基酸、碳水化合物水解的糖之间可进行美拉德反应（羰氨反应）[77,78]。这类反应可生成含氮的环形有机物，比如吡啶、吡咯，它们都是生物质水热液化得到的生物原油中常见的化合物。这些化合物也被称作"自由基清除剂"，能抑制自由基的链反应，而这些链反应与亚/超临界水中气体的生成有关。该研究进一步扩充了对生物质的认识，但依然不能完全解释对水生藻类生物质的水热反应机制。

　　对于低脂微藻的水热液化，该反应过程是很常见的。有研究对该过程的发生和发展机制进行了详细的观测和分析推测[79]。他们的研究可总结为图 3-10。在低温（200℃）下，蛋白质转化的主要化学途径是通过水解和热解聚的方式解聚产生大量的二甲醚萜类化合物（DKP）。

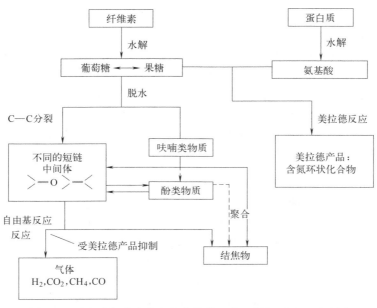

图 3-9　蛋白质与碳水化合物美拉德反应（羰氨反应）示意图

（依据文献 [1] 绘制）

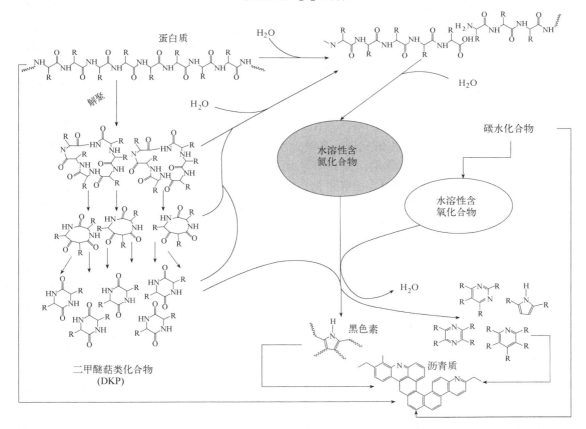

图 3-10　蛋白质与碳水化合物间美拉德反应分子作用机制示意图

（依据文献 [79] 绘制）

肽的解聚是一个渐进的环化过程，形成逐渐变小的环状寡肽，直到形成 DKP。特别是在较苛刻的条件下，DKP 和较长的寡肽将会存在。即使在低至 200℃的温度下，碳水化合物和蛋白质也可以被分解成更小的胺/醛类化合物，从而形成美拉德产物。该产物中包括黑色素和吡咯类物质及其衍生物缩聚形成的沥青质物质。这些缩聚物将会抑制碳水化合物的进一步分解（图 3-9）。在更高的温度（300℃）下，蛋白质和碳水化合物的反应在质量上有所提高，对水热液化成油更为重要。随着反应的进行，蛋白质和碳水化合物的热分解所产生的"类似热解"的产物（如氨基酸侧链或 2-甲基环戊烯酮）以及来自美拉德反应的产物（如吡咯类）有很大的增加。

3.1.2.3　脂类与其他组分的交互

为了探究真实水生藻类的水热液化行为，在之前对碳水化合物/木质纤维素和蛋白质的相互作用的理解基础上，研究脂类化合物与它们的交互作用（包含协同作用与拮抗作用），将能更进一步建立对真实生物质的水热液化行为认识。

大豆油分别与大豆蛋白、纤维素及木质素/纤维素/木糖混合组合的生物原油产率与根据其单独水热液化产油率计算的加和相似，表明它们之间几乎不存在相互作用[73]。其中大豆油与纤维素混合后的 HTL 生物原油完全与这两种模型化合物单独水热液化产生的生物原油组分相同，证明两者之间完全没有交互作用。即便如此，当对生物原油组成进一步鉴定后发现，还是存在一定的交互作用的，即便在产率上不能体现。如大豆油与木糖混合 HTL 生物原油中的脂肪酸与大豆油生物原油中的脂肪酸相同，但其中的一些酮类物质与木糖生物原油中的组分不同，则两者间可能存在交互作用。由大豆油中的脂肪酸与大豆蛋白中的氨可以发生交互作用[80]，向大豆油中加入大豆秆共同液化可以有效促进大豆秆脱氧反应；而大豆秆水热液化产生的自由基可以促进大豆油中 C—C 和（C=O）—O 键的断裂。当大豆油与纤维素/木糖/木质素共同液化时，这些木质纤维素的添加也会促进其脱氧反应的发生。

大豆油与木质素组合的生物原油产率比其单独计算的加和低，说明两者之间在生物原油的贡献上存在拮抗作用[73]。有研究进一步通过两者模型化合物（亚麻油酸和愈创木酚）组合 HTL 也证实两者存在拮抗作用。大豆油与木质素生物原油中的脂肪酸和酚类物质与其单独液化所得生物原油中组分类似，但其中的烷基苯是单独液化生物原油中没有的，这些烃类物质可能是脱氧反应生成的，因为大豆油与木质素生物原油中氧含量低于其单独液化生物原油中氧含量的加和。这些氧可能是由水热液化过程中的脱水或脱羧反应脱除掉的。此外，这些氧的脱除也造成了大豆油与木质素在生物原油产率上的拮抗作用。

有研究通过对脂类、蛋白质和碳水化合物三者的相互作用进行系统分析[81,82]，总结出如图 3-11 所示的反应路径图。图中依据反应温度针对亚临界水热液化所得生物油和水相产物的有机组分为主要因素（关于温度的影响因素将在第 3.2.2 节展开论述）展开讨论。总体反应过程随反应温度升高而不断推进。前两个阶段主要是各组分的单独转化。关于这部分研究还可参考第 3.1.1.1 节、3.1.1.3 节和 3.1.1.4 节的相关内容。其反应过程包括各组分解聚成单体和各单体的转化两部分。①组分的水热解聚与水解。在 100℃以下三组分就开始发生水解反应。蛋白质水解生成氨基酸，脂质水解生成丙三醇和具有较长碳链的脂肪酸，（非纤维）碳水化合物水解生成还原糖和非还原糖。②组分水解单体的转化。在 100～200℃反应温度区间，氨基酸、脂肪酸和还原糖等水解中间产物将进一步发生分子键断裂重聚。一部分氨基酸中羧基官能团通过脱羧基反应生成胺类化合物；脱掉的羧基官能团生成气相副产物，在该反应过程中部分氧原子脱除。另外一部分氨基酸通过脱氨基反应生成有机羧酸，脱

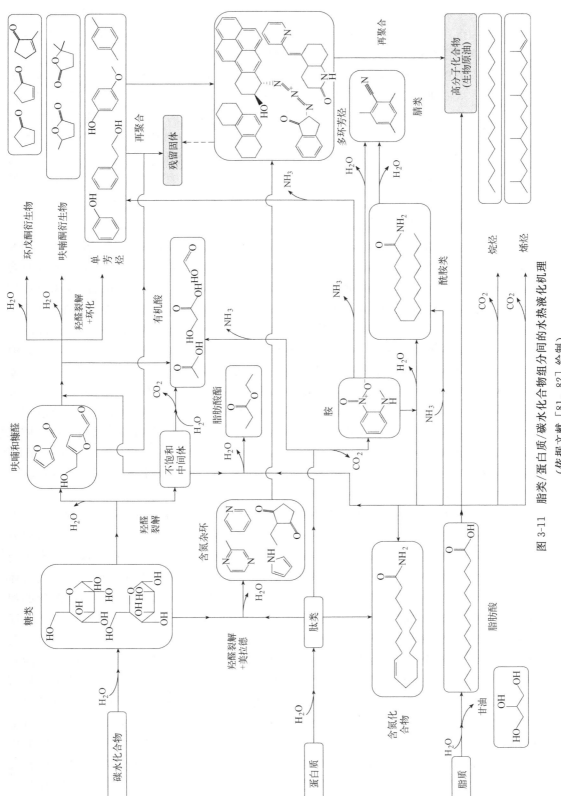

图 3-11 脂类/蛋白质/碳水化合物组分间的水热液化机理

（依据文献 [81, 82] 绘制）

掉的氨基官能团生成氨气相副产物,该反应过程中部分氮原子脱除。另外,脂质水解所得部分长链脂肪酸和蛋白质水解所得氨基酸脱氨反应后生成的有机羧酸进一步脱羧基反应生成烷烃类和烯烃类碳氢化合物。同时部分还原糖分子键断裂重聚生成环氧化合物。

蛋白质、脂质和碳水化合物的水解中间产物由于具有化学不稳定性将发生更多解聚、重聚和二次反应,从而使整个反应过程变得更加复杂。在200℃以上反应区间,脂质水解所得部分长链脂肪酸羧基,与蛋白质水解所得氨基酸脱氨基后生成的氨反应生成脂肪胺类有机物;部分长链脂肪酸与蛋白质水解的氨基酸发生脱氨基反应,这些脂肪酸还可与中间醇类有机物反应生成脂类有机物。蛋白质水解所得氨基酸和碳水化合物水解所得还原糖发生反应生成多种氮氧杂环化合物,包括吡咯、吡咯烷、吡咯烷二酮、吡啶、咪唑及相应衍生物。另外,部分生成的氮氧杂环化合物与脂质水解的长链脂肪酸反应生成吡咯烷基脂肪酸。

3.1.2.4　复杂生物质组分间的水热液化机理

通过以上研究基础的积累,逐步开始攻克对复杂生物质组分间的水热液化行为的理解。研究将考虑其他交互作用的影响,包括木质素和灰分。研究表明:多种模型化合物混合时,模型化合物之间的交互反应表现在成油过程中既有协同作用也有拮抗作用[73]。协同作用如:大豆油中的脂肪酸与大豆蛋白中的氨解反应、葡萄糖和氨基酸的美拉德反应。拮抗作用主要表现在:木质素不易降解且其水解苯酚类物质会与脂类或碳水化合物糖单体反应朝着不利于成油的方向进行。

模拟猪粪的模型化合物混合 HTL 研究认为[73]:若不考虑交互作用的计算值,实验值远高于通过单个化合物生物原油产率计算的加和,组分间的交互反应总体是协同的。研究显示:大豆油(类似于蓖麻油、葵花籽油)和大豆蛋白(类似于酪蛋白)的水热液化产油率分别为82.0%和21.1%;木质纤维素模型化合物,纤维素、木糖和木质素的 HTL 产油率分别为4.6%、6.6%和1.4%,要比蛋白 HTL 产油低得多。脂类的产油率明显高于蛋白质或碳水化合物。将模型化合物大豆油(15%)、大豆蛋白(30%)、纤维素(25%)、木糖(25%)和碱木质素(5%)这五种组分模拟猪粪混合的生物原油产率为34.5%,这与真实猪粪的生物原油产率类似。

因此,全面考虑各组分间的相互作用将更能准确地模拟真实生物质废弃物的情况,比如天然生长微藻[55,83,85]和畜禽粪便[73,84]等。总体来讲,生物质大分子组分如脂肪、蛋白质和碳水化合物等首先分别分解成脂肪酸、氨基酸和单糖等小分子单体;然后通过脱水、脱羧、脱氨基、美拉德反应、环化或聚合等反应形成生物原油、固体残渣、水相产物及气体等。其过程总结归纳后如图3-12所示。图3-12箭头的粗细代表化合物分布在不同阶段的相对数量。①最初,脂类、蛋白质、碳水化合物和木质素被水解成其相应的单体。②随着反应温度的升高,这些单体被分解。氮和氧可以通过从羧基和氨基中去除,同时,可能会发生美拉德反应。氨基酸与还原糖结合,可产生黑色素。③当温度高于220℃时,可能会发生氨解反应。脂肪酸或氨基酸的羧酸衍生物可能与胺或氨反应,形成酰胺。水解和氨解反应之间还可能存在竞争。④温度>250℃时氨解反应之间液化的竞争变得更加激烈,与醇、氨和氨基酸有关的环化反应可能会出现,产生环状胺衍生物。同时,聚合和卤化也可能发生,生成烷烃卤化物和环状碳氢化合物。⑤当反应温度不断提高时,烷烃卤化物可能发生脱氢卤化,在大约300℃时产生炔烃。在更高温度下获得的生物原油可以有较低沸点的产品,有利于减少后期的油提质工作。同时,含氮化合物可以进一步降解为有价值的水溶性化学品,如尿素。

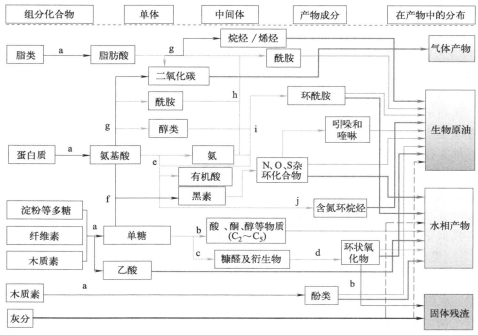

图 3-12　生物质组分间的主要水热反应路径及产物分布示意图

(根据文献 [83，84] 绘制)

a—水解；b—分解；c—脱水；d—聚合；e—脱氨基；

f—美拉德反应；g—脱羧；h—氨解；i—环化；j—卤化

3.1.3　真实物质的水热液化

多组分真实生物质原料研究比较广泛。主要包括：木质纤维素为主的农林废弃物、高蛋白的水生藻类和其他有机垃圾，如畜禽粪便、餐厨垃圾、污泥及人工塑料等。以下将列举几种代表性的真实生物质的水热液化研究进展。

3.1.3.1　木质纤维素

木质纤维素生物质的水热液化过程中，可形成油相（生物原油）、水相（水解液）和气相（富含 CO_2）。不同的木质纤维素生物质原料水热液化的成油率不同。含纤维素/半纤维素较多的成油率也较高。如樱桃树因含纤维素/半纤维素较柏树高，其水热生成的生物油含量更高[86]。在 280℃ 的低温下水热液化木屑、稻壳、纤维素和木质素，得到的生物油产量不高，残渣量较高。4 种木质纤维素生物质中木屑的产油率最高，但也只有 8.6%；木质素的残渣量最多，达到 60.0%。木屑的水热液化油中主要产物为 4-甲基苯酚、2-甲氧基苯酚和糠醛，而稻壳产生的生物油中酚类物质高于木屑[87]。不同木材（杉木、水曲柳、马尾松和毛白杨）的水热液化的重油产率受温度和木材木质素含量的影响[88]。

不同的木质纤维素生物质原料水热液化的生物原油成分也有差异[87]。生物油除含有碳、氢、氧外，通常还含有少量的氮和硫。生物油含量与生物质原料的组成特性有关。商业木质素水热处理（280℃，15min）得到的酚类化合物包括：2-甲氧基苯酚、1,2-苯二醇、4-甲基-1,2-苯二醇、3-甲基-1,2-苯二酚和苯酚[87]。玉米秸秆的水热液化产物包括：4-乙基苯酚、1-(4-羟基-3,5-二甲氧基苯基)-乙酮、2-羟基-3-甲基-2-环戊烯-1-酮、2,5-己二酮和 1-羟基-2-

丙酮；白杨木（经 1‰稀硫酸处理）在相同水热液化条件下其产物中未曾检测到酚类化合物；经 1‰的稀硫酸处理的白杨木的水热液化产物中的 3-甲基-2-环戊烯-1-酮、3-甲基-苯酚和 2-甲氧基-4-丙基苯酚未曾在玉米秸秆的液化产物中检测出[89]。对天然草地多年生植物的混合物进行水热液化，液化产物主要是芳烃、酮、醛、羧酸、酯、含氮化合物以及它们的衍生物；而液化经稀酸预处理过的该混合物，产物中的糠醛含量很高（约占总液化产物的 9.9%）；水热液化该混合物提取的木质素，其液化产物含有高浓度的单环芳烃，如愈创木酚和 4-乙基愈创木酚[90]。

半纤维素往往在较低的温度下开始降解，而木质素却要在高温下进行液化，采用一锅法就会使不同组分间发生更多副反应，不利于成油最大化。为获得高产量的生物油，还可采取两段甚至多段液化工艺[91,92]。发展两段或多段水解，在水热条件下使用连续流动反应器，分别回收半纤维素、纤维素和木质素产生的生物油，以获得较高的总生物油产量。

在各模型化合物水热液化机理的基础上，发展木质纤维素生物质在水热条件下分解的数学模型[93]。模型预测可基于木质纤维素生物质液化产物的组成，并有目的性地提高目标产物的产率。

3.1.3.2　水生藻类

藻类生物质（以下简称"藻类"）属于水生生物质，具有生长速率快、不占用耕地、高效固碳、吸收水体中的氮/磷营养元素等显著优势。藻类主要含有蛋白质、脂质和糖类等有机组分，藻类品种繁多，按照形态大小可分为大藻（巨藻）和微藻，不同品种的藻类的组成相差较大。其特有的化学组成和结构特性使它成为制取生物燃料的优良原料来源，利用藻类获得的燃料被称为第三代生物燃料，是目前替代石油生产最理想的技术[94]。近年来，藻类的水热转化在国际上受到极大的关注[95]。

总体来看，受到世界原油价格的影响，微藻水热液化的研究经历了开拓期、平静期和近年来的复苏[96]。1994～1999 年微藻水热液化研究最早在日本开展。他们探讨高脂微藻（Botryococcus braunii）、低脂藻（Dunaliella tortiolecta）水热液化制生物原油的可能性，转化后的生物原油品质与日本标准 2 号燃油相当[97]。Dote 等[98]（1994）对高脂葡萄球藻（Botryococcus braunii）进行高压液化所得产油率为 57%～64%，油质与石油相当。Saway-ama 等[99]（1999）比较了不同原料组成对液化产率以及产物品质的影响。而在 2004～2006 年，国际上几乎未见相关文章的公开发表，这跟石油价格下跌有关。

进入 2009 年之后微藻水热液化研究开始繁荣起来。世界上逐渐形成了很多著名的水热液化研究团队。这些研究团队主要来自于美国、欧洲和中国，还有澳大利亚、印度和日本等国家和地区。这些研究团队侧重于不同研究方向，如：美国西北太平洋实验室（Elliott DC）的研究团队注重反应器[100-104] 的研究；清华大学（吴玉龙）团队早在 2009 年就开始对藻类水热催化剂液化进行研究[105-109]；丹麦的奥尔堡大学（Lasse Rosendahl）团队[110] 及奥胡斯大学[111,112]团队对水热液化工艺及反应器研究较多；美国 Georgia 大学（Das）团队以螺旋藻（Spirulina platensis）和工业废水养殖的混合微藻为原料进行直接液化试验研究[113-117]；美国 Savage（先后就职密歇根大学和宾夕法尼亚大学以及与国内学者的合作研究）团队则在他们多年对超临界水特性和水热催化研究的基础上[118-120]，系统开展了水热反应的液化[121,122]、水热气化[123]、油提质[124,125] 和水热液化动力学及模型构建[126-129] 的相关研究；英国 Leeds 大学（A. B. Ross）团队则专注水热液化技术中各种酸/碱催化[130-133]。

美国 Washington 大学团队（Chen Shulin）则研究两步连续水热提取[134-136]。该法是首先在 160℃的亚临界水条件下提取多糖，利用乙醇分离；然后在 300℃下进行水热液化得到生物油。最终产油率达到 24%，而多糖的得率有 26%。而通过一步法液化的方式产油率也仅仅达到 28%，且此法能降低残留物生成。此法不仅对生物油产率影响很小，同时还得到附加品，并减少残留炭的生成。通过系统研究各分步工艺中反应条件的影响因素，如反应温度、反应时间、含固量对两步法的影响。他们认为第一步最佳条件为 160℃、20min、含固量为 1/9 时，能得到最大多糖产率 32%；第二步操作为 240℃、20min、料水比为 1/9，能使油产率达到 30%以上。此法与直接液化方法相比总能高出约 5%的产油率，减少 50%残留炭的生成，在能量消耗方面也更低，相比减少约 15%的能源投入。

美国 UIUC 团队（Yuanhui Zhang，张源辉）则活跃于对低脂藻类和农业生物质废弃物等湿生物质的水热液化研究。他们研究低脂藻类的蛋白核小球藻、钝顶螺旋藻等[137]，开展的研究包括不同反应条件对试验结果的影响、反应过程的能量衡算以及有机元素在反应中的分布问题等[138]。Vardon 等[139]（2011）在 300℃、10~12MPa、反应 30min 条件下对螺旋藻、猪粪和厌氧消化污泥分别进行水热液化。其中产油率最高的为螺旋藻，厌氧消化污泥的转化率最低。生物原油的分子量主要由稳定烃的含量决定，其顺序为螺旋藻<猪粪<厌氧消化污泥。生物原油的分子量变化趋势与产油率趋势相反，与其沸点和油脂链脂肪族化合物含量趋势则相同。随后他还通过与伊利诺伊油页岩对比，研究了水热液化（300℃，10~12MPa）与缓慢热解（50℃/min 的速率升温至 450℃）螺旋藻和去脂栅藻的特性（Vardon 等，2012）。研究显示：能量消耗率方面水热液化技术占优势；相比油页岩 41MJ/kg 的热值，微藻的水热生物原油热值可达 35~37MJ/kg；生物原油的分子量明显高，低值沸点化合物比例也相对高[139]。

近年来，张源辉教授还与中国农业大学等单位合作研发，在全球倡导以高湿生物质水热液化技术为核心的"环境增值能源"理念[138,140]（图 3-13）。该构想就是利用低脂微藻速生高生物量、可净化废水及固碳的特性，采用水热液化为核心转化技术，将湿生物质转化成生物能源和化学品。同时利用转化过程中产生的富营养废水、含 CO_2 废气养殖微藻，从而可以实现物质的循环使用。该过程不仅可以获得经过净化的水资源、生物能源或化学品，还通过物质的循环使用，实现了生产能源的同时达到环境增值的目的。目前，该思想逐步受到大家的认可与关注，很多团队也在持续跟进微藻水热液化-水相循环养藻-微藻再液化[141-147]研究，通过水相循环来实现生物量增大和资源可持续。

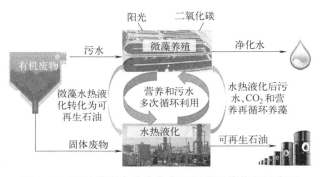

图 3-13　通过藻类水热液化实现环境增值能源示意图
（依据文献 [55] 绘制）

3.1.3.3　有机废弃垃圾

有机废弃垃圾包含两类，一类是经过生化等过程而产生的排放物，典型物质包括畜禽粪便和废水消化污泥。这类原料因为经过生物化学的初步降解而转化相对更容易。将畜禽粪便水热液化可以转化为生物原油，而且其中的病菌和寄生虫等在高温高压下都可以被完全杀死[148]，从而能有效防止疾病的传播。另外一类是人工合成的工业有机废弃物。包括废弃的塑料、橡胶及复合材料等。这一类物质根据人工合成材料的强度不同，其水热处理难度差异很大。

针对生化处理垃圾，我们以畜禽粪便为例进行回顾。牛粪水热液化生物原油中的主要非极性化合物包括苯和酚类物质[149,150]。猪粪水热液化生物原油的主要成分为 $C_6 \sim C_{28}$ 化合物，包括酚类、羧酸、羰基和含氮化合物[151]；除了得到生物原油外，水相产物则类似水肥，有大量的氮磷元素[152]。水热处理猪粪回收氮磷受温度和 pH 的影响，在酸性条件下提取效果更好；氮的提取受温度影响更大；氮和磷在水相中的最大回收率可超过 90%[153]。猪粪储藏时间的长短对生物原油的形成并没有明显的影响[154]。猪粪连续式水热液化的生物原油热值可达到 31.09MJ/kg，有机质转化为生物原油的产率最高为 70%[155,156]。

有机垃圾包括废弃的塑料、橡胶和纤维增强复合材料（fiber reinforced plastic，FRP）等。在亚/超临界水中，有机垃圾的水热解聚是一个复杂的物理和化学过程[157,158]。以纤维增强复合材料（FRP）为例，FRP 是热固性聚酯树脂与无机填料复合形成的一种新型材料。由于 FRP 中的热固性树脂在最终固化后很难改造，而无机填料亦使 FRP 难于通过简单焚烧进行处理，因而 FRP 很难实现回收利用。但 FRP 经 380℃亚/超临界水热处理 5min 就实现几乎完全分解[159]。通过 FRP 塑料亚临界水热回收工艺可回收 70%热固性聚酯树脂；水热溶液可回收分离丙二醇、富马酸和苯乙烯等。

3.1.3.4　混合共液化

共液化通过协同作用能提高生物原油产率。木质纤维素生物质常与其他物质进行混合共液化的研究包括以下方面：稻秆分别与餐厨废弃油脂[160]、塑料[161,162]和次烟煤[163]，玉米秸秆和褐煤[164]，稻壳与蛋白核小球藻[165]，木片与甘油[166]，小麦秸秆与塑料[167]。针对微藻的混合水热液化研究包括：微藻与稻秆[168]、微藻和大藻[169]，以及不同微藻之间[55]混合。畜禽粪便与其他生物质混合液化也有很多，包括对猪粪添加粗甘油[170-172]。他们还进一步研究了混合液化的相关机制[173]，如猪粪与藻类混合水热液化[174]。对有机人工合成废弃垃圾的混合研究，包括稻壳与锯末[175]、稻草与木屑[176]、煤[177]、木屑[178]。进行共液化基本都可以利用协同作用来提高产油率。这可能是由于降解产生的中间体或者自由基促进了混合对象，如煤的解聚，并且这些中间体和自由基可快速降解和氢化。但是，目前相关共液化的协同作用机理还不清晰，有待进一步研究。

3.1.4　含固量

含固量的大小对于水热液化中水的含量有影响。含固量越多越有利于提高一次处理的量。但是系统对每次进料的含固量并不是没有限制的。实际上，采用连续流动式进料对含固量的要求比较高。因为太高的含固量不利于系统运行的稳定，容易导致堵塞。较小的含固量则有利于反应过程的充分，也对系统运行稳定提供了更高的宽容度。水热液化过程中水扮演的作用包括既可作为溶剂也可作为反应物或催化剂，因而对生物质中大分子降解有影响[179]。此外，含固量大小还对反应器的最终的压强及体系的传热有影响，因此对产油率也有影响。

研究表明：当含固量从 10％增加到 20％时，螺旋藻的生物原油产率从 32.5％增长到 39.9％，在含固量继续升高到 50％时，生物原油产率几乎不变[116]。这与含固量对褐海带的产油率影响类似[131,132]。褐海带在含固量 9％以下时，生物原油产率较低，而从 9％增加到 14％时，产油率变化很小。

含固量虽然是用来表征原料含水特性的一个指标，但是对水热反应系统的运行影响极大，因而也会被作为一个操作过程参数来看待。反应器的形式还将影响含固量的取值。对于批式反应器而言，相对宽容；但是对于连续式，特别是连续流动式反应器，对物料的可泵性有很高的要求以防止堵塞。比如，对于一般的连续流动式反应器（CFR），一般将含固量控制在 5％左右[180]。

如想提高进料的含固量能力以处理具有较高固体负荷的水浆，需要系统地进行考虑。一般来讲，可以通过调整以下四个环节进行改善[180]：①添加天然增稠剂将有助于减轻藻类颗粒的沉淀；②增加主反应器和过滤系统之间的管道尺寸可以进一步降低堵塞的风险；③安装一个热交换器将允许回收从冷却步骤中损失的热量，以预热原料流；④改善油水分离。生物原油的黏度很高，如果不使用有机溶剂来获得生物原油将导致油-水分离器的出口堵塞，系统将无法连续运行。污水中的低废水藻类原料的脂质含量低，降低了获得清晰的油水分离的可能性，从而导致整体生产率的降低。

3.2　操作过程参数

影响生物质成油过程的首要因素是原料组成特性，同时对操作过程的选择也会对成油过程产生重要影响。水热液化过程中的关键操作参数主要集中于研究原料含固量、过程温度、保持时间等关键因素对产油率的影响。近年来逐渐意识到其他三相产物如固体残渣、水相产物及气体与生物原油生产的相互关系，即水热液化产物分布的问题。

不同藻类在几个关键过程条件的产物分布存在着显著差异，图 3-14 总结了几个有代表性的研究成果[55,94]。由图可知，对于过程参数的关注一般都集中在含固量、反应过程中的温度以及反应时间。其中含固量与时间都与工作的处理效率相关，而温度是决定反应过程的关键参数。另外，反应时间、温度以及含固量都对反应系统的关键运行设备提出了相关要求。比如，流动管式反应器含固量不能太高、反应时间不宜过长；而温度的保持对反应器的加热方式提出了要求。从图 3-14 可知，不同微藻在同样操作参数条件下的产物分布差异巨大，就连在同一参数的变化趋势都不尽相同。因此，针对不同原料设计合理的反应系统、调整优化针对不同物料的运行参数，是很重要的工作。另外，由图还可知，温度整体对水热转换的趋势变化［图 3-14（e）～（h），纵向比较］影响最显著。从产物分布的变化趋势（横向比较）来看，有机固体的变化最显著，其他相产物的波动也很明显。因而，研究水热转化反应的动力学，并基于此开发预测模型很有意义。

3.2.1　运行时间

运行时间对水热液化的产物分布也有一定影响。如图 3-15（间歇式）和图 3-16（连续流动管式反应器，CFR）所示，根据系统的不同，准确的时间意义与反应系统有关系，包括进料、预热、升温、温度保持、降温及产物分离等各环节。而一般意义上是指保持温度的时

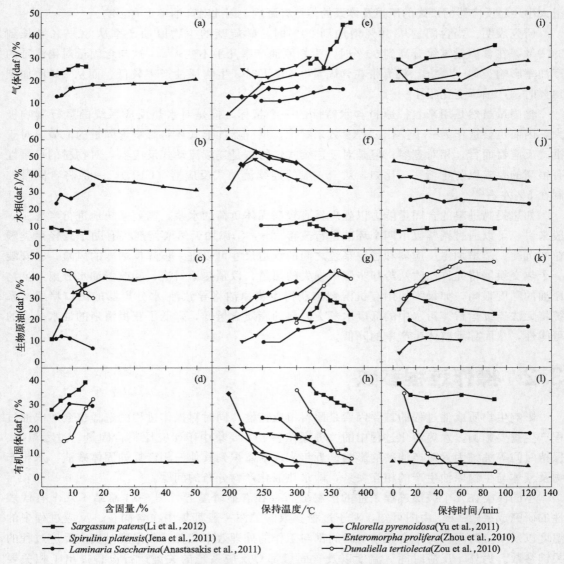

图 3-14　微藻在不同操作条件下水热液化产物分布（依据文献［55］绘制）

间，特指反应器到达设定温度后到反应器开始降温这一段时间的长度，反应器的升温和降温时间不算在内。

适宜的反应停留时间不仅可以获得良好的处理效果，还可以节省能源。反应混合物在反应器中的停留时间将影响产物的分布和反应的具体过程。当反应停留时间较长时，液态产物的停留时间也较长，这可促进水解产物的二次反应，增加油和焦炭的产率，而总糖及其水解转化衍生产物的产率将会下降；反应物的停留时间较短（通常数秒）时，焦炭和气体等热解产物产量很小。如较长的水热反应停留时间能够提高纤维素和半纤维素物料中葡萄糖和木糖单糖的回收率，但水解单糖回收率有所降低，因为水解单糖会发生进一步降解转化。

由图 3-15 升温需要约 48～50min（以刚到达批式反应器控制的温度波动范围内开始计时）；降温阶段所需时间约 20min。对于间歇式反应器（图 3-15）而言，对温度和压力的控制都不如连续流动管式反应器（图 3-16）稳定。即使如此，一般而言，限于条件限制，采

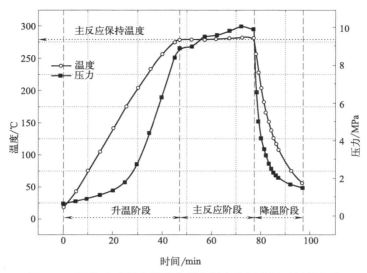

图 3-15　间歇式进料水热反应器中温度和压力随时间的变化
（依据文献［81］绘制）

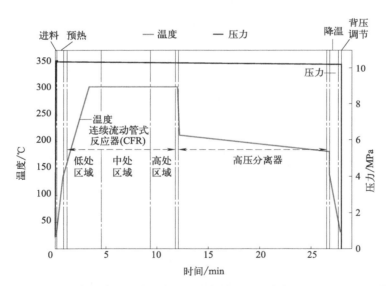

图 3-16　连续流动管式水热反应系统中各单元的温度与压力随时间的变化
（依据文献［180］绘制）

用批式反应器是完全足够的。参考图 3-12（全部在批式反应器中完成的研究），排除升降温时间，完全完成固体的稳定降解和成油主反应大概还需要 10～50min。当反应时间低于50min 时，杜氏盐藻生物原油产率随着滞留时间的延长而提高，但当滞留时间高于 50min，生物原油产率变化不明显，说明 50min 对于杜氏盐藻的产油是足够的，这主要是因为水热液化两大反应（水解和聚合反应）在 50min 内已完成[105]。而对于褐海带来说，15min 是其获得最佳产油率的滞留时间，反应时间继续增加时生物原油产率开始下降[132]，此时的时间延长会引起再聚合反应。

　　但是由于两种反应器对物料的转移方式不同，在控制物料反应时间上的能力是不一样的。参考本书表 2-5，对于温度敏感的反应，需要将物料迅速转移则要采用 CFR。通过控制流速与长度设计，管式流动反应器（PFR，CFR 的一种）可把时间控制在 0.5～60min（表 2-5），体现该装置配置的灵活性，因而得到最多研究。因而反应停留时间长短直接决定反应器容积，时间延长则反应器容积相应增大，而处理生物质（废物）的有机负荷相应降低。

PFR 系统控制的主反应时间实际约为 10min（图 3-16）。这样的连续式系统实现最终的连续稳定运行，需要一小段时间的运行调试直至稳定。经过运行调试，通过检测在 HTL 水相中 C 和 N 的产率变化，显示大约 70min 后才达到稳定状态。这里测试的藻类浆液的固体负荷仍然低于 20%（质量分数）的预期，这代表了要在原料脱水成本和 HTL 反应之间做出合理权衡。

如图 3-17 所示，进一步揭示停留时间与温度之间的关联性，即升温速率和降温速率与水热转化还存在关联性，这些问题将在后续逐步展开讨论。

3.2.2　温度

图 3-17 展示了温度、加热速率和停留时间的相互依存关系。根据最终的反应温度，生物质水热转化过程可以分为三个阶段：碳化（约 180～250℃）、液化（250～400℃）和气化（＞400℃），每个过程之间没有绝对分界（流动过渡）。

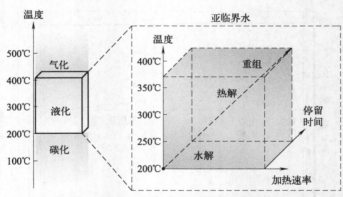

图 3-17　温度对生物质水热液化影响的示意图
（依据文献［181，182］绘制）

在水热液化过程中，生物质的分解从低反应温度下开始以水解为主的解聚，在温度上升后开始热解重组。水热条件下，水解反应的起始温度约比热解温度低 100℃。在高温条件下，解聚和重组反应的竞争发生在较短的时间，因此有必要缩短停留时间以达到高转化率。随着停留时间的延长，生物原油的分子量下降。在慢速加热的情况下，生物质经历一步一步的水解而降解。如果温度升高，还会发生重组和二次裂化反应。因为温度上升期较长，停留时间和冷却速率对转化率的影响不大。当加热速率增加时，反应途径似乎更加复杂。生物质被瞬间加热到所需的温度，这将导致同时发生水解和热解裂解。任何一种途径的主导地位都取决于最终的温度。在最终温度较高的情况下，较长的停留时间将导致液体中间物的重新组合和二次裂解。在这种情况下，冷却速率对转化率的影响不大，因为系统将达到一个准平衡状态。在最终温度低和停留时间短的条件下，冷却速率会对生物质转化产生影响。缓慢的冷却过程将延长反应温度下的时间，也就是说，分解可以持续稍长的时间。

3.2.2.1 维持温度

反应温度的变化对生物质组分的分解再聚合起很大作用，从而对生物原油产率产生显著影响。不同的生物质由于组成不同，其获得最高的产油率反应温度有所不同。Zhou 等研究发现浒苔水热液化的生物原油产率在 220～300℃时随温度的升高而升高，从 9.6％增加到 20.4％，在 320℃时略有下降。猪粪的生物原油产率在 260℃到 340℃时随温度的升高而升高，产油率从 14.9％增加到 24.2％。

关于温度与生物油产率之间的关系，目前学界结论基本一致。即：首先随着温度的上升，生物油的产率增大；而当温度超过某一值后，产率又随温度的升高而下降（图 3-14）。较高的温度可以补偿断键所需要的能量势垒，使多数生物质解聚，增加反应体系中自由基的浓度，但同时也使小分子碎片发生再聚合。所以温度升高是大分子化合物的水解、解聚以及再聚合之间的竞争平衡过程。在反应的初级阶段，生物质的解聚占主要作用；在反应的后期，高活性小分子碎片的再聚合占据主要作用。

图 3-18 揭示了水相成油随温度的迁移规律。由图可知，水相与油相的元素回收率显示出高度的关联性[138]。水热液化生物原油和水溶液的碳回收及氮回收也受到维持温度的明显影响。使用小球藻作为原料的生物原油产量在温度增加到 350℃时趋于非常缓慢地增加，然后随着在更高的温度下形成更多的气体而下降。随着温度的升高，生物原油的碳回收率和氮回收率下降，但水相产物增加。经过水热液化藻类原料中的部分碳和氮仍然留在水相中。生物原油和水溶物的碳回收率之和可达到约 91％（少量碳迁移至固体甚至气体中），而氮回收率之和在 300℃时接近 100％。这一结果表明，碳和氮元素在 300℃左右的质量转移主要是通过生物原油和水相进行的。该研究揭示了水相成油路径的重要性。

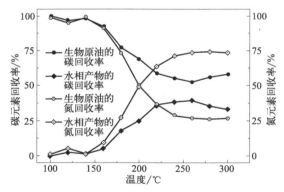

图 3-18　温度对生物质水热液化产物元素回收的影响
（依据文献［81，94，138］绘制）

具体而言，对于木质纤维素生物质的组分（纤维素、半纤维素及木质素），温度对其影响如下[18]：在约 250℃时先分解生成葡萄糖、果糖等单元结构；随后在 250～300℃纤维素和半纤维素率先降解成油；温度升至 300℃后，木质素的降解速率达最大。所以在 250～300℃，生物油产率显然会随着温度的升高而增大。但是由于木质素在裂解后会再一次发生聚合反应，同时超过 300℃后，已生成的生物油组分还会逐渐通过蒸汽转化反应生成焦炭，而导致生物油产率的降低，同时能耗大幅上升。所以过高的温度对于水热液化反而不利，多数反应的最佳温度略高于 300℃。而就油产率而言，大多数生物质液化的最佳温度大多在 300～350℃附近。如杨树木水热液化的油收率从 250℃开始上升到 320℃时达最大，此后再下降[183]；猪粪的水热液化也发现了类似的趋势，其最佳温度为 295～305℃[184]。

目前还很难对真实生物质一步水热处理就实现对各组分转化进行优化。木质纤维素中的半纤维素在 180℃ 即开始分解，而纤维素分解的最低温度为 230℃，葡萄糖在＞230℃时将发生快速分解。若纤维素和半纤维素联合水解，葡萄糖的分解将不可避免，若以回收单糖为目的，则有必要研发基于生物质各化学组分的分离而提高水解单糖回收率的工艺。两阶段水热水解工艺的具体内容为[185]：为达到较高的水解单糖产率，采用连续式反应器，水解产物需要迅速冷却以减少糖类的进一步分解。180～200℃ 几乎 100％半纤维素能够溶解，从而实现其中半纤维素分解产生的单糖回收（回收率 80％～90％），接着升温至 230℃ 回收残留固体水解产生的葡萄糖。

3.2.2.2 升温速率

由传热方式决定的加热速率是放大过程中需要考虑的一个重要因素。通常用于水热液化的批式压力容器的典型加热时间为 30～60min。热力学上，复杂的反应组分取决于路径，因此加热速度可能会影响液体产物的产量和组成。假设传热模式在动力学研究中成为一个不受控制的变量，并可能严重影响系统放大。为了证实这一假设并最小化这些因素与传热相关的不利影响，需要进行相关研究验证。

不同的反应器升温速率不同。如 100mL 批式反应釜通过电加热的升温速率约为 6～10℃/min。在反应器到达设定温度（如 300℃）之前，原料其实已经发生很多反应，所以即使滞留时间为 0min，也有一定的产油率。小反应器加热速率比较快。如采用沙浴的加热方式，4mL 的水热反应器加热速率可达到约 400℃/min[186]。高的升温速率有利于木质纤维素的分解并防止固体残渣的生成。在杨木水热液化过程中，当升温速率从 5℃/min 提高到 140℃/min 时，其液相产率从 50％增加到 70％[89]。因此，相比热解，水热成油对加热速率的变化并不是很敏感。温和的加热速率就足以克服传热限制并保证生物原油的产率[187,188]。

总体而言，虽然加热速率对液体产品的组成没有显著影响，但是液体产量取决于加热速率。与生物质热裂解液化相似，较高的反应速率可以促进生物质的分解，同时抑制焦炭的生成。而升温速率对水热液化产物分布的影响相比热裂解液化要小得多。其原因在于生物质分解产生的小分子碎片在高温加压水中具有很好的溶解度以及稳定性。这一点与热裂解技术类似，一定量的水分的存在可以抑制焦炭的生成并提高生物油的产率。较低的加热速率会导致水热液化中间产物的二次反应而生成焦炭；而过高的加热速率也会促使二次反应发生，所不同的是提高了气体产率[182]。高的加热速率能够缩短生物质的停留时间，进而减少葡萄糖等水解单糖的进一步分解，焦油和焦炭生成大幅降低。由于纤维素在水热状态下的均相和非均相反应路径不同，纤维素经无催化剂的 350℃ 亚临界水热分解，不同的加热速率虽然都主要产生焦炭，但会影响炭化产物特性。采用较低的加热速率（0.18℃/s）反应多为非均相"纤维素炭化"反应；而采用较高的加热速率（＞2.2℃/s）的反应多为均相"纤维素炭化"反应[189]。采用沙浴进行模型化合物快速水热液化研究表明[73]：快速水热液化较恒温水热液化可以提高木糖和木质素的生物原油产率；快速水热液化可使得反应器内部升温速率快，高的升温速率利于生物质组分的分裂并抑制焦炭的生成。

3.2.2.3 降温速率

反应完毕后的降温过程与升温过程相反。间歇式反应釜虽然关闭了加热源，但由于反应器加热方式的设计，在反应器内部物料的温度不会迅速降低至室温（图 3-15）。反应物在这段降温时间内相当于延长了继续反应的时间，且降温速率越慢时间越长。虽然降温过程其实会发生很多反应，包括结焦或缩合反应，表现为固体残渣增多，但相关研究结果证实，改变冷却速率没有显示出对成油过程有明显的影响效果[89]。连续式反应器为让物料迅速移动至分离器可以设计快速冷却式换热器（图 3-16），将会更有效避免因为降温的问题而产生的副反应和副产物。

3.2.3　压力

根据操作过程的可控性程度，可分为不可控的初始压力输入、工作压力可控状态。

3.2.3.1　初始压力

不同的初始压力会影响水热液化反应的最终压力。以反应温度为标尺，340℃时，当 N_2 初压从 0psi 增加到 150psi（1.03MPa）时，水热液化最终的压力从 2300psi（15.86MPa）升高到 2580psi（17.79MPa）。猪粪水热液化时随着初始压力从 0psi 升高到 100psi（0.69MPa），生物原油产率从 11.9％增加到 24.2％；但是初始压力继续升高至 150psi（1.03MPa）生物原油产率降低到 18.8％。表明压力太高，一些缩合反应的发生使一些生物原油转化成了固体残渣[151]。

如图 3-19 所示，微藻的水热液化受初始压力的影响并不大[81]。当初始压力由 0.6MPa 升高至 0.7MPa 时其产油率还开始了略微下降。牛粪水热液化不同于微藻，其过程受初始压力 0~0.5MPa 的影响显著[150]，且气氛性质对此规律影响不大。这可能与微藻和牛粪的组分特性有巨大差异有关。总体来说，水热液化需要约 0.5MPa 的初始压力以便水热环境能维持亚临界水状态，水不处于水蒸气状态。过高的初始压力会使得反应时的压力维持过高，反而不利于成油过程，而有利于结焦生成固体产物。

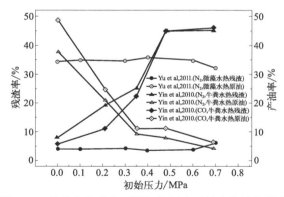

图 3-19　几种生物质在不同初始压力下的水热转化效率
（依据文献 [81，94，138，150] 绘制）

3.2.3.2　工作压力

如图 3-20 所示，反应期间系统的最大压力与初始顶空气体压力呈近似线性关系。气体产物的分压不随初始压力的增加而变化，这意味着不同初始压力条件下的气体产量应保持不变。图 3-20 中的符号 Δp_s 和 Δp_n 分别表示系统最大压力和氮气分压的增加，当初始压力从 0 增加到 0.69MPa 时，Δp_n 值约为 93.4％，表明系统总压力的增加主要是由氮气分压的增加引起的[81]。

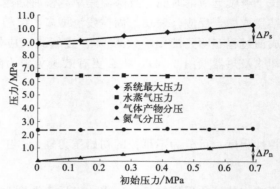

图 3-20　水热体系下不同初始压力的系统压力与分压力关系解析
（依据文献 ［81］ 绘制）

在达到相同温度的条件下，压力的提高可以减小热量的投入。这是因为溶剂的相变焓值随压力的升高而急剧减小。而在超临界条件下则为零。压力对反应的影响主要体现在高压阶段，尤其是临界区域。随着液化反应体系的压力升高，水的密度一般变大，溶解性增强，并能有效地渗透进生物质组分中，有利于水解；而在达到超临界后，压力的影响更加显著。此时压力的微小变化将造成流体密度、黏度等性质的极大改变。微小的压力变化可使反应速率常数发生几个数量级的改变，从而增加生物质的转化效率。较高的压力可以抑制气体产物的生成，从而有利于获得液体产物。通过改变压力不仅可以改变反应速率，还可以控制产物的溶解度，实现不同相的分离以得到目标产物。

压力的选取还要考虑总经济成本。过高的压力对反应促进程度弱，且在超临界区域，密度的增大反而会产生"水笼效应"而抑制 C—C 键断裂，从而不利于生物质组分的分解。过高的压力使得能耗提高，对设备提出更高的要求，导致运行和维护成本的上升。所以综合考虑反应效果与经济性，一般水热液化体系的压力控制在 15～35MPa。

3.2.4　气体氛围

水热液化加 H_2 可与反应中的含氧官能团发生加氢和氢解反应。通过加氢反应，不饱和的化学键可转变为饱和的化学键；通过氢解反应生物质氧原子可通过生成水而被去除，从而提高产物油的热值。因此，在氢气的作用下，加压液化生成的产物具有更小的化学极性并与实际的燃料油更相似，也更易被萃取出来。

与氢气气氛不同，引入 CO 气氛主要是配合与加强催化剂的作用。以碳酸盐催化剂为例，CO 可与其反应生成氢自由基，以增强和稳定生物质分解出来的活性中间产物，从而抑制残渣的生成，提高油产率。此外，生物质在液化过程中可能也会反应产生 H_2，CO 就会与 H_2 在催化剂的作用下发生费托合成反应而提高生物原油中烷烃的产率。CO 作为反应气氛的另外一个优点在于，相对氢气来说要更为便宜，可降低生物质液化的成本；但缺点也很明显，CO 有一定毒性。

对牛粪在不同气氛（CO、H_2 和 N_2）的水热液化行为研究（图 3-21）表明：油产率均在 310℃ 达到最大。还原性气体 CO 和 H_2 对反应的促进效果明显，其中在 CO 气氛下其产油率甚至接近 50%[150]。CO 的还原性效果略高于直接使用氢气，可能是 CO 通过水汽变换产生的氢活泼性比直接加氢的活泼性更强[190]。气氛在加压液化中的作用主要是稳定小分子

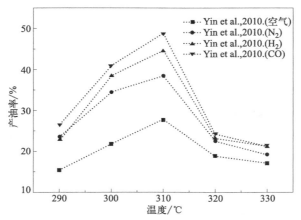

图 3-21　生物质在几种不同气氛下的水热成油率对比

（依据文献 ［94，150］ 绘制）

物质，防止其进一步缩合、环化或再聚合，从而减少焦炭的生成。生物质加压水热液化既可以在还原性气体中进行，也可以在惰性气体或者空气中进行。总体来看还原性气体还是更有利于生物质的降解、提高液化率并改善产物的性质。

总体来说，液化反应可以在惰性气体或还原性气体中进行。使用还原性气体有利于生物质降解、提高液体产物的产率、改善液体产物的性质，但在还原性气氛下液化生产成本相对较高。在还原性气体氢气气氛下液化时，提高氢气压力可以明显减少液化过程中焦炭生成量。多数水热液化试验在 N_2 的氛围下进行，但是不同的气体氛围对产油率也有一定的影响。

通常还原性气体一般还与催化剂配合使用。在不同气氛（N_2、H_2、CO）对非催化和催化条件下纤维素水热液化进行系统研究的结果表明[191]：在非催化条件下，不同气氛对纤维素的水热液化影响较小，还原性气氛（H_2 和 CO）并不具备明显的活性。在 KOH 催化条件下，还原性气氛有利于纤维素水热液化转化率及液相产物的产率和品质的提高，特别是在 CO 气氛下。随后，对不同碱性催化剂（NaOH、KOH、Na_2CO_3 和 K_2CO_3）在 CO 气氛下对玉米秆水热液化（380℃、30min）的研究再次证明[192]：碳酸盐的催化活性高于氢氧化物，Na 的催化活性高于 K。碱性催化剂促进 CO 转化的机制可能与促进了 CO 与 H_2O 的反应过程有关，因为 CO 作为羰基化试剂可参与脱羧反应直接脱氧并产生活泼氢[190-192]。

3.2.5　催化剂

虽然水热液化过程已被证明可以在无催化剂的体系下进行，但绝大多数学者仍然认为催化剂的研究非常有必要。与所有化学反应一样，催化剂的引入是非常有意义的，催化剂会影响水热液化过程中的化学反应速率、产物组成及生物原油产率和品质等。一般来说，催化剂对生物质液化的作用主要在于通过改变反应路径而降低总反应的活化能，使得液化反应可以在相对较低的温度下进行而减少能耗；同时，借助催化剂的选择性可以进行定向催化降解，并抑制缩聚、重聚等副反应，减少大分子固体残渣的生成，从而得到更多的目标产物。催化剂还能适度地降低反应温度、压力，并加快反应速率，改变生物油的组成[193,194]。在生物质液化过程中催化剂有助于降解生物质、抑制缩聚/重聚等副反应，可减少大分子固态残留物的生成量，抑制液体产物的二次分解，提高液体产物的产率。常用的催化剂有碱、碱金属的碳酸盐和碳酸氢盐、碱金属的甲酸盐、酸催化剂，还有系列加氢催化剂等[193-195]。均相

（酸、碱、盐等）和非均相（金属氧化物、分子筛等）催化剂在水热液化中均有使用（表 3-1）。目前两类催化剂的使用均有不足，无法相互替代。当采用碱性催化剂时，反应结束后，由于碱和反应过程中产生的酸发生中和反应生成了水，所以无法将催化剂回收。而使用金属作为多相催化剂时，反应结束后可以将产物与固体催化剂分离，但是由于产物中也含有固体，所以分离也并不容易。同时固体催化剂极易结焦失活，不利于连续性生产。结合表 3-1 来看，有机酸类均相催化剂、碳基型、复合氧化物型、分子筛型异相催化剂都具有较好的定向催化制备生物原油的作用，但是催化剂（如 Na_2CO_3）并不一定对水热液化是正向积极的作用。

表 3-1　生物质水热催化制备生物原油的总结（参考文献 [201] 绘制）

	催化剂	原料	过程条件	产油率影响	对生物原油催化效果						参考文献
					C	H	O	N	S	HHV	
均相催化剂	氢氧化钾	玉米芯	340℃,60min	+49%(TO)	−22%	−9%	+67%	+33%	N/A	N/A	[202]
	碳酸钾	木屑	280℃,15min	+136%(HO)	N/A	N/A	N/A	N/A	N/A	N/A	[203]
	碳酸钠	水葫芦		−50%(HO)	N/A	N/A	N/A	N/A	N/A	N/A	[204]
	碳酸钠	微拟球藻	300℃,60min	−21%(TO)	+4%	−4%	−92%	+2%	+70%	−0.9%	[205]
	碳酸钠	泡桐	300℃,10min	+18%(HO)	+5%	+2%	−13%	N/A	N/A	+7%	[206]
	碳酸钠	螺旋藻	350℃,60min	−11%(TO)	+3%	+17%	−16%	−34%	+0.5%	−5%	[207]
				+29%(HO)	−2%	+11%	+16%	−14%	−3%	+3%	[115]
	甲酸		380℃,120min	+28%(TO)	−1%	−12%	+18%	−27%	N/A	−7%	[207]
	盐酸	纤维素	300℃,0min	+21%(LO)	N/A	N/A	N/A	N/A	N/A	N/A	[197]
非均相催化剂	铁粉	泡桐	340℃,10min	+51%(HO)	+10%	+20%	−29%	N/A	N/A	+20%	[206]
	硼酸钙石粉	山毛榉	300℃,0min	+89%(HO)	+4%	−4%	−6%	N/A	N/A	+3%	[208]
	沸石	微绿球藻	350℃,60min	+29%(TO)	−8%	−7%	+3%	+4%	−12%	−8%	[209]
	Pt/Al₂O₃			−12%(TO)	+9%	+16%	−37%	−12%	N/A	+11%	[210]
	Ni/Al₂O₃			−47%(TO)	+13%	+7%	−46%	−12%	N/A	+11%	[210]
	Co/Mo/Al₂O₃			−26%(TO)	+13%	+1%	−51%	+12%	N/A	+9%	
	CoMo/γ-Al₂O₃			+54%(TO)	+1%	+1%	−7%	+3%	−31%	+1%	
	Ni/SiO₂-Al₂O₃			+44%(TO)	0	0	−6%	−11%	−100%	−1%	
	Pt/C			+34%(TO)	+1%	+6%	−8%	−3%	−14%	+3%	[209]
	Ru/C			+43%(TO)	−4%	+1%	+2%	−17%	−63%	−3%	
	Pd/C			+63%(TO)	−3%	+6%	−2%	−7%	−38%	+0.3%	
				+4%(HO)	N/A	N/A	N/A	N/A	N/A	N/A	
	Pt/C	小球藻	280℃,30min	+6%(HO)	N/A	N/A	N/A	N/A	N/A	N/A	[211]
	Pd/Al₂O₃			+8%(HO)	N/A	N/A	N/A	N/A	N/A	N/A	
	Ce/HZSM-5		300℃,20min	+47%(LO)	+15%	+52%	−10%	−97%	N/A	+40%	[212]
	HZSM-5			+3%(LO)	+4%	+25%	−2%	−38%	N/A	+15%	
	HZSM-5	螺旋藻	380℃,120min	+7%(TO)	−0.07%	−5%	−0.8%	+9%	N/A	−2%	[207]
	Ni-Mo/Al₂O₃	微拟球藻	340℃,30min	+41%(TO)	+1%	+5%	−9%	−6%	N/A	+3%	[213]
	Ni-Cu/γ-Al₂O₃	纸铝塑	330℃,30min	+54%(HO)	+5%	−1%	−21%	N/A	N/A	+7%	[214]
	FeHZSM-5	玉米秸秆	340℃,30min	+25%(HO)	N/A	N/A	N/A	N/A	N/A	N/A	[215]

注：TO——基于总油产率，HO——基于重质油产率，LO——基于轻质油产率，N/A——信息不可获取。

均相催化剂和其催化的反应物处于同一种相态（针对水热液化则是液态）。酸和碱都可作为加压液化的催化剂[196]。酸催化剂又可分为弱酸（磷酸、乙二酸、乙酸、甲酸）和强酸（高氯酸、盐酸、硫酸）。研究表明，弱酸中以磷酸效果最好；强酸中硫酸效果最佳，盐酸略次之。酸性催化剂的酸强度、酸用量等均会对加压液化过程产生影响。无机酸，如 HCl、H_2SO_4 等[197] 的酸性较强，能够破解生物质的大分子、加快降解，但是易对反应器造成腐蚀。有机酸包括 HCOOH、CH_3COOH 等[133,198]，反应条件较为温和。相比较而言，目前学者们普遍认为碱性催化剂的催化效果最好。有机酸/碱催化剂对水热液化产油率影响大小顺序为[133]：$Na_2CO_3 > CH_3COOH > KOH > HCOOH$。目前所采用的有：KOH、NaOH、LiOH、Ca（OH）$_2$、K_2CO_3、Na_2CO_3、$RbCO_3$、Cs_2CO_3、$KHCO_3$、$NaHCO_3$ 和 CH_3ONa 等[18]。其中，碱性催化剂 Na_2CO_3[199] 受到的关注度较高。碱性催化剂确保水热液化过程中反应体系呈碱性，抑制脱水、重聚等反应，减少固体产物生成，从而提高生物原油产率。碱性催化剂并不能总是提升产油率，还有可能对产油形成负作用[115,200]，但是对于油品在脱氮方面有一定帮助[115]。

相比均相催化剂，非均相催化剂最大的优势是易与产物分离回收。非均相催化剂主要以活性炭、氧化铝、分子筛、沸石等作为载体负载过渡金属或贵金属的催化剂为主。多相催化剂和其催化的反应物处于不同的相态。目前非均相催化剂主要用于生物质的气化过程。这类催化剂可以在较低的温度下显著增强气化反应。在水热液化过程中，生物质的气化也占有重要的地位，因为氧元素主要是依靠气化进行脱除。但过强的气化反应会在一定程度上减少液体产物的收率。金属镍催化剂可以增加甲烷和二氧化碳的产率；而在金属钯和金属铂的催化下，主要产出氢气和二氧化碳[193,194,196,216,217]。此外，金属催化剂容易发生结焦失活，所以一般和还原性气氛一起使用。目前采用的金属活性组分包括 Fe、Co、Ni、Mo、Zn、Cu、Pt、Pd。载体主要有 Al_2O_3 和沸石分子筛等[18]。使用非均相催化剂可以提高产油率，降低生物原油黏度，通过脱氧作用提升油品[209,212,218]。负载了金属的氧化物在水热催化液化中具有良好的水热稳定性，能提高产油率，脱氮除硫，提升生物原油的油品。Pt/Al_2O_3、Ni/Al_2O_3、$Co/MoAl_2O_3$、$Ce/HZSM-5$ 具有良好的脱氧活性[210,212]；Pd/Al_2O_3、$Ni/SiO_2-Al_2O_3$、$Ni-Mo/Al_2O_3$、$CoMo/\gamma-Al_2O_3$、zeolite、$Ce/HZSM-5$ 能够提升产油率[209,211-213]；Pt/Al_2O_3、$Ni/SiO_2-Al_2O_3$、Ni/Al_2O_3、$Ni-Mo/Al_2O_3$、$CoMo/\gamma-Al_2O_3$、$HZSM-5$ 适用于催化脱氮[209,210,212,213]；$Ni/SiO_2-Al_2O_3$、$CoMo/\gamma-Al_2O_3$、沸石具有良好的脱硫性能[209]。

3.2.6　产物分离

水热反应产物的分离影响下游的产物特性，分离程序是 HTL 下游的一个关键因素。HTL 产品分离的标准目前还没有被很好地确立。到目前为止，很少有研究系统关注这个话题。目前实验室采用的 HTL 产物分离方案有多种，主要包括常规有机溶剂萃取、水萃取、蒸馏、膜分离、化学萃取和分子蒸馏等。概括起来，有三种模式（图 3-22）[94]。这些模式的分类是根据水相回收的不同处理方法进行的，这些模式会对未来设备的扩大与应用提供一种启示。

① 模式 A 中，先分离气体，然后再进行固液分离。固体中主要是生物原油和固体残渣的混合物（并含有水分），液体中主要是水相产物及部分轻油组分。使用合适的溶剂，可以

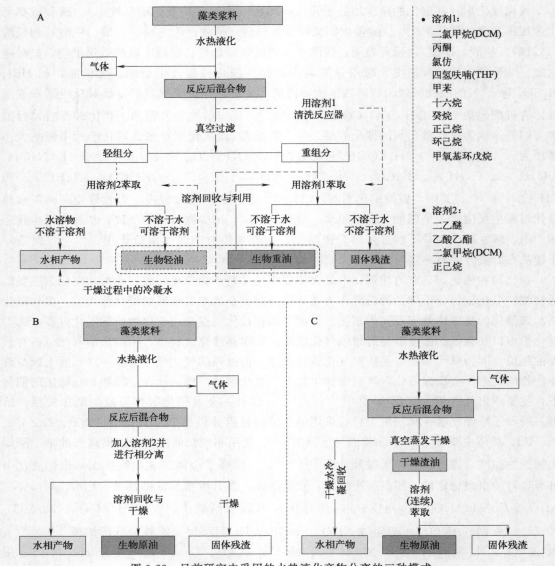

图 3-22 目前研究中采用的水热液化产物分离的三种模式
（依据文献［94］绘制）

分别获得重生物原油和轻生物原油。可通过真空过滤[114,219,220]或索氏提取[137,138,221,222]回收重生物原油。这些程序主要用于通过一些溶剂提取后的真空过滤回收生物原油。实际操作中，溶剂提取后直接抽滤的生物原油通常都含有水。为了降低回收产品中油的含水率一般采用索氏提取法。在使用索氏提取法回收生物原油之前，应干燥渣油（原油和残渣的混合物）。实际上根据美国材料测试协会（ASTM）的相关石油测试标准，可以进行类似模式 A 的原油产品回收程序[81]。根据该方法，混合物首先在真空下过滤，分离成轻馏分和重馏分，重馏分保留在过滤器上；将重质馏分（渣油）干燥，然后通过甲苯萃取分离成重质生物原油和固体残渣[137,138]。这里介绍的生物原油主要是指重生物原油，因为在许多情况下轻生物原油未与水产品分离，没有进行统计计算。实际上，轻质生物原油不溶于水，高于水相，可以通过使用一些疏水溶剂，如乙醚或正己烷进行提取[220]。该模式因更具有灵活性而相对受到更多关注。

② 模式 B 在排除气体后直接添加疏水性有机溶剂（例如二氯甲烷和丙酮）对混合产物进行萃取，利用相分离实现固-油-水分离[126,128,129,223]：顶层由轻质生物原油组成，中间为水产品，底部包括重质生物原油和固体残渣。通过分液漏斗将自然分层的三层产物实现分离。水产品通过重力相分离回收，生物原油通过真空过滤进一步回收。固体残留物留在过滤器上。该模式是通过重力进行的，因此该程序成本低，但工作效率存在问题。该模式应用简单，通过对水/溶剂的亲疏性实现油水分离，并利用重力实现固液分离。在实验室中，可以通过分液漏斗将分层物质分别转移出来，为了提高效率还可以使用离心的方法。而更高效率的是使用三相离心分离器[224]，但暂时未见应用至水热液化产物分离。这可能是因为目前三相离心分离器的使用条件还并不满足模式 B 目前产物的性质。

③ 模式 C 通过真空蒸发干燥首先除去水，然后对除水后的反应混合物溶剂提取后固液分离[225]。但该法在研究中不太流行。这种方法的优点是干燥后的混合物易于使用各种溶剂进一步提取，并且生物原油的水分含量很低；缺点是水溶性物质仍然可能存在于萃取残渣中，由此可能造成排放污染或资源浪费。该模式将水作为萃取的干扰物，先干燥将水分脱除。通常为了减少热激发性挥发性物质的损失采用真空干燥。干燥后的混合物可以不断用不同溶剂、按照不同萃取顺序进行多次萃取操作。该模式对于研究不同溶剂对生物原油产物组分的溶解性有帮助。

目前大多数连续式系统工艺不包括实现直接收获生物原油的分离环节，采用有机溶剂萃取生物原油都是分批离线进行的[226-229]。目前实现了产物初步分离的连续式系统，主要是初步的固液分离，包括连续式过滤和离心。不过以上装置应用于连续式生产中，固液分离出的固体物质仍然类似于渣油，需要进一步通过有溶剂萃取分离出重质油。Elliott 等[102-104]设计并采用了一种在线产物连续分离装置对 HTL 四相产物进行分离，其组成包括固体分离/过滤器、双液收集系统、气体收集系统三部分。HTL 产物先通过固体分离/过滤器将固体产物分离出来；之后经过换热器冷却，液体产物进入双液样采集系统，通过重力直接分离成为水相和生物原油相；气体产物经过背压调节器后到达排气口，之后进行计量和采样。采用离心重力分离法来分离 HTL 产物与实验室普遍采用的离心重力分离方式相同[110]。该模式避免了使用有机溶剂进行相分离，同时回收生物原油中固体产物的含量低。

综合目前研发状况并借鉴石化分离工艺，结合目前的研究与连续化生产的实现，未来可依据分离理论继续投入研发。包括：①优先发展在线分离与热交换深度结合技术。利用余压实现物质的循环有助于提高分离效率。固液分离的主要目标产物是干燥的渣油，有利于与传统石油炼制工艺相融合；另外，水相产物实现脱热分离后更符合环保排放要求，没有热污染或者可以进一步回用到反应系统进料。②结合不同需求选择离线产物分离方式。利用 HTL 各相产物密度差异大的特性，三相螺旋离心机可用来实现分离"油/水/渣"三相产物。三相螺旋离心机用于分离互不相溶的两相液体和固体混合物[224]，其优点是可以连续工作，对物料要求不高，结构紧凑、占地面积小，单位处理量大等；但是如何有效与反应系统的水热产物的下游环节对接仍然有一定挑战[230]。③考虑生物原油的炼制。目前使用最为普遍的原油炼制是分馏塔分离。HTL 生物原油成分复杂，先进行分段分馏可以更好地进行下一步炼制[231]。分馏分离利用液体混合物沸点的不同，加热实现分离目的。分馏塔是该分离工艺的主要设备组成。分馏塔一般以从塔顶分离出全部或大部分低沸点杂质为目的，以求在塔底得到杂质含量相对较低的产品来进一步处理[232]。分馏塔分离法虽没有引入有机溶剂的使用，但是需要热量来提供不同温度分离出不同沸点物质。

3.2.7　萃取溶剂

　　萃取溶剂是指用来萃取生物原油的有机溶剂，不同的有机溶剂极性不同，其萃取得到的生物原油成分也就不同，因此萃取溶剂对生物原油产率也有较大影响（图3-23）[73]。有机萃取剂对微拟球藻水热液化产油的影响中，十六烷和癸烷比其他极性溶剂获得的生物原油产率高[233]。而浮萍水热液化后，极性溶剂获得的生物原油产率高于非极性溶剂，然而非极性溶剂得到的生物原油中碳氢含量高于极性溶剂得到的生物原油；而氮氧含量呈相反趋势[234]。沙柳水热液化过程中，四氢呋喃萃取得到的生物原油的产率最高，而正己烷得到的生物原油产率最低[235]。污泥水热液化时，中等极性溶剂（二氯甲烷和氯仿）得到的生物原油产率最高[236]。萃取剂对生物原油产率的不同影响可能是由于不同原料得到的水热液化产物组成不同，除了萃取剂的极性，其结构等也会影响其萃取的成分。对不同生化组成的三种藻类生物原油萃取中，二氯甲烷萃取小球藻产油率最高，甲苯萃取微拟球藻产油率最高，而浒苔在用丙酮萃取后生物原油产率最高[237]。

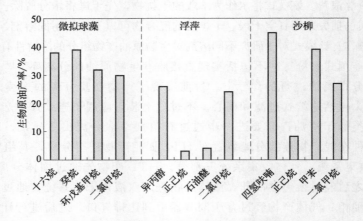

图 3-23　不同萃取溶剂对生物原油产率的影响
（来自文献［73］）

　　卢建文[73]（2019）针对不同的模型无水热液化后对不同溶剂的溶解性进行了系统研究。在350℃、30min条件下将含固量为20％的不同模型化合物水热液化后直接用不同的萃取溶剂对其进行萃取。结果显示：①在常温（约25℃）下使用有机溶剂对模型化合物直接进行萃取，其中大豆油在三种有机溶剂中完全溶解而纤维素和木质素几乎不能被三种有机溶剂萃取，其产率低于0.3％。大豆蛋白生物原油在二氯甲烷、丙酮和甲基叔丁基醚中的产率分别为0.61％、0.65％和0.37％。丙酮提取的木糖生物原油产率为1.65％，明显高于其他两种溶剂（＜0.2％）。②五种单一模型化合物水热液化后，丙酮萃取得到的生物原油产率最高。其中，当丙酮作为萃取溶剂时，木质素生物原油产率为14.4％，比二氯甲烷和甲基叔丁基醚作萃取溶剂时的生物原油产率（1.4％和2.8％）高。丙酮的极性高于二氯甲烷，而二氯甲烷的极性高于甲基叔丁基醚，这也说明了生物原油产率并不是随着萃取溶剂极性的增大而升高。纤维素生物原油和木糖生物原油主要成分为酮类和酚类，都为极性化合物，并且丙酮也是一种酮类物质，根据相似相溶原理，纤维素或木糖水热液化产物容易被丙酮萃取。

3.3　生物质水热液化成油预测模型

　　预测模型包括两个方面：①基于原料组成特性，按照其水热转化的最大潜力进行预测；②基于水热转化的系统平台，对过程所需操作参数，运用计算流体力学（CFD）进行模拟研究后可对转化平台基于开始输入条件进行运行过程特性的预测，以最终实现过程可控与自动化。

3.3.1　原料组成与水热成油模型

　　生物质的生化组成包括脂肪、蛋白质和碳水化合物等组分，是决定其水热液化产油潜力的关键因素。近年来，基于生物质原料的生化组成来预测其生物原油产率的研究不断涌现。根据原料生化组成预测其水热液化产油的研究已经展开并取得进展。现已有几个被验证的模型可以在某一特定水热液化条件下预测生物原油的产率[130,238,239]，但因为条件有局限性，无法推广。基于反应路径及动力学建立的模型则可以预测更广泛范围内生物原油的产率[93,240,241]。其中一些模型考虑了脂肪、蛋白质及碳水化合物之间的交互作用以修正产油率，但若考虑这些交互作用他们的模型反而不能准确预测[238-240]。虽然包含交互作用可能使产油率的预测不理想，但是水热液化中不同生物质大分子间交互反应确实存在。比如，蛋白质与碳水化合物的生物原油产率超过它们单独产油率的计算值，完全不能忽略[238]。添加一定量的葡萄糖可以促进蛋白质生物原油产率的提高[242]。单体糖、氨基酸和脂肪酸之间都存在协同作用，比如葡萄糖-甘氨酸、葡萄糖-亚油酸、甘氨酸-亚油酸这三种两两混合的生物大分子之间在生物原油的生产中也存在协同作用。但是葡萄糖-愈创木酚、甘氨酸-愈创木酚及愈创木酚-亚油酸之间在生物原油生产上存在拮抗作用。[80,81,83,243,244]

　　预测模型目前未考虑灰分等因素对产物的影响，目前的模型仅仅可揭示各有机组分在水热液化反应过程中发挥的作用[93,245]。Biller 等[130] 研究发现模型化合物的产油率排序为：脂肪＞蛋白质＞碳水化合物，并首次提出了基于原料组成预测生物原油产率的线性叠加模型（表 3-2，BillerP 公式）。

表 3-2　基于原料组成的水热液化成油的几种预测模型

模型公式名称	预测目标	模型公式	参考文献
BillerP 公式	产油率	$0.80 \times L + 0.18 \times P + 0.06 \times C$	[130]
TeriG 公式		$0.95 \times L + 0.33 \times P + 0.06 \times C$	[238]
LeowS 公式		$0.97 \times L + 0.42 \times P + 0.17 \times C$	[245]
ShengL 公式		$0.9L + 0.385P + 0.025C + 0.052LP/|L-P| + 0.093LC/|L-C| + 0.003PC/|P-C|$	[239]
LuJ 公式	Y	$\sum\limits_{i} a_i X_i + \sum\limits_{i}\sum\limits_{j} a_{ij} X_i X_j$	[73]

　　注：公式名称基于研究第一人命名。

　　L：脂肪，P：蛋白质，C：碳水化合物。

　　Y：生物原油产率及其中的 C、H 或 N 含量的预测值。

　　X_i，X_j：原料中的生化组分 i 和 j 的质量分数（基于干燥无灰基）。

　　a_i：单个模型化合物水热液化产率（查表 3-3）。

　　a_{ij}：模型化合物水热液化时的相互协同或拮抗作用系数（查表 3-3）。

表 3-3　生物原油预测模型参数值（来自文献 [73]）

参数	产率/%	C/%	H/%	N/%
a_{lipid}	82.0	75.6	11.7	0.22
$a_{protein}$	21.1	74.3	9.41	6.34
$a_{cellulose}$	4.57	72.8	6.84	0.23
$a_{hemiellulose}$	6.57	73.2	6.48	0.12
a_{lignin}	1.39	70.1	7.48	0.29
$a_{lip-pro}$	0	0	3.11	0
$a_{lip-cell}$	0	6.5	7.57	0
$a_{lip-hemi}$	0	0	9.25	0
$a_{lip-lig}$	−73.9	9.24	4.45	0
$a_{pro-cell}$	47.9	9.01	0	14.5
$a_{pro-hemi}$	46.2	8.63	0	14.9
$a_{pro-lig}$	45.6	0	0	3.5
$a_{cell-hemi}$	0	8.49	2.33	0
$a_{cell-lig}$	111.1	24.9	0	0
$a_{hemi-lig}$	67.5	13.1	0	0

　　他们根据三种模型化合物（葵花油、大豆蛋白和淀粉）在反应温度为 350℃、滞留时间为 60min 的条件下单独水热液化的产油率得到预测模型。脂肪的产油率大于 90%，蛋白质的产油率为 30%～35%，而碳水化合物的产油率为 10%～15%。大多数情况下，模型化合物组合的产油率与通过单一模型化合物计算的产油率相当，但是，碳水化合物和蛋白质的组合产油率（＞30%）比其单一模型化合物计算所得的产油率高。因此，他们在考虑了各组分之间可能发生的交互作用之后对 BillerP 公式（表 3-2）进行了修正，得到了预测模型 TeriG 公式（表 3-2）。

　　在对不同生化组成的微拟球藻进行了水热液化试验后，通过多元线性回归法也对 BillerP 公式（表 3-2）进行了修正，得到了 LeowS 公式（表 3-2）。将 LeowS 公式的三个预测模型的预测值与发表文献中微藻水热液化产油率进行了比较，发现模 TeriG 公式与 LeowS 公式的预测值均比试验值小。说明生物质组分间的交互作用很强，并不能完全由模型化合物组合之间的交互作用来代替。相比之下，通过微拟球藻试验值所得预测模型的系数更大，预测更准确些，但是其 R^2 值也仅为 0.463。基于动力学研究假设，脂质、蛋白质和碳水化合物单组分转化过程符合一级动力学反应，两组分之间的相互作用符合二阶反应[240]。在此基础上，建立了一种修正的涉及微藻中生化组成之间相互作用的水热液化生物原油产率的模型 ShengL 公式（表 3-2），结果表明，微藻中不同组分之间的相互作用促进了生物原油的产生，该模型对生物原油产率预测模型涉及的交叉相互作用比以前的模型更准确，R^2 高达 0.981。当蛋白质和碳水化合物的比例在 3 左右时，生物原油中的交叉相互作用和氮杂环化合物的生成都会达到最高程度[239]。

　　卢建文[73]（2019）则在这些研究的基础上建立了一种具有更多功能的新模型（LuJ 公式），该模型将碳水化合物分为 C₅ 和 C₆ 碳水化合物以及木质素，并考虑模型化合物水热液化时的协同或拮抗作用。该模型方程的第一项分别描述了脂质、蛋白质、纤维素（C₆ 糖或多糖）、半纤维素（C₅ 糖或多糖）和木质素的贡献，第二项描述了模型化合物水热液化时的协同或拮抗作用。该模型可以预测生物原油产率及其中的 C、H 或 N 含量。其中：X_i 是原料中的生化组分 i 的质量分数（基于干燥无灰基），可以通过相关标准测得，a_i 来源于单个模型化合物水热液化产率，而 a_{ij} 系数的值则考虑了模型化合物水热液化时的协同或拮抗作用。系数 a_i 和 a_{ij} 的值都可以通过表 3-3 获得。对于协同作用或拮抗作用不明显的二重组合（实验和计算的生物油产率、碳、氢或氮含量分别相差不到 3%、1.5%、0.5% 和 0.1%），将 a_{ij} 的值设为零。

　　在对模型进行数值模拟时，还存在以下问题，可以进一步提高改善：①目前主要以六碳糖（如葡萄糖）、纤维素或淀粉来代表碳水化合物进行研究。组成半纤维素的单体五碳糖和组成木质素单体的模型化合物潜在的交互作用、与其他分子在水热液化过程中的潜在反应尚不明确。②未考虑真实生物质还存在灰分等干扰物的问题。③由于产物的分离与回收工艺没有明确的标准，导致实验数据无法进行统一修正，而相似工艺得到的生物原油还因为有机溶剂的选择差异对生物原油的产率和品质有很大影响。统一产物分离工艺，并建立不同产物分离工艺间的偏差值，可以使模型更精确。

3.3.2　过程参数与水热成油模型

　　为了设计和优化水热反应器及系统，基于动力学参数研究获得可以通过输入操作参数而输出反应器及系统的运行特性也是有意义的。搭建此类模型首先要有实验测试平台获取足够准确的数据，然后基于计算流体力学（CFD）利用现有数据进行建模，最后需要对建模的预测值与实际平台实验值进行对比。只有当预测值与实验值存在足够小的偏差，预测模型才准确。

　　通过搭建管式连续反应系统，并进行生物质的水热液化实验，就可以基于系统运行基础数据建立计算流体动力学模型[246]。该模型通过输入反应器内的操作温度、原料储存温度和停留时间等参数，相应地可输出包括反应速率、温度分布以及努塞尔数在内的一系列参数。通过使用 FLUENT 模拟，模型的准确性得到确认。

　　同样是模拟管式连续水热反应系统的，一个针对重油模型化合物十六烷在连续流反应器中水热转化的真实动力学模型也得到成功模拟[247]。该模型考虑了水热反应器中层流条件下产生的径向效应。此外，通过与相同条件下的实验数据进行比较，确定的速率参数被用来验证该模型，并成功预测了转化率。开发的模型与实验数据显示出良好的一致性。

　　根据云杉木在亚临界水热液化的实验过程中的热动力学参数数据[248] 与生物质水热液化实验数据建立联系进行模拟，建立了相应的数学模型；通过产物及元素分析对该模型进行优化，最终该模型能够预测在不同操作参数条件下的产物分布和固体残渣的组分[249]。

参 考 文 献

[1] Kruse A，Maniam P，Spieler F. Influence of proteins on the hydrothermal gasification and liquefaction of biomass. 2. Model compounds [J]. Industrial & Engineering Chemistry Research，2007，46 (1)：87-96.

[2] Toor S S，Rosendahl L，Rudolf A. Hydrothermal liquefaction of biomass：a review of subcritical water technologies [J]. Energy，2011，36 (5)：2328-2342.

[3] Kruse A，Gawlik A. Biomass conversion in water at 330~410℃ and 30~50MPa. Identification of key compounds for indicating different chemical reaction pathways [J]. Industrial & Engineering Chemistry Research，2003，42 (2)：267-279.

[4] Sasaki M，Adschiri T，Arai K. Kinetics of cellulose conversion at 25MPa in sub- and supercritical water [J]. AIChE journal，2004，50 (1)：192-202.

[5] Yukihiko M，Mitsuru S，Kazuhide O，et al. Supercritical water treatment of biomass for energy and

material recovery [J]. Combustion Science and Technology, 2006, 178 (1-3).

[6]　Yun Y, Xia L, Hongwei W. Some recent advances in hydrolysis of biomass in hot-compressed water and its comparisons with other hydrolysis methods [J]. Energy & Fuels, 2008, 22 (1).

[7]　Huber G W, Iborra S, Corma A. Synthesis of transportation fuels from biomass: chemistry, catalysts, and engineering. [J]. Chemical Reviews, 2006, 106 (9).

[8]　Antal M J, Mok W S, Richards G N. Mechanism of formation of 5- (hydroxymethyl)-2-furaldehyde from D-fructose an sucrose [J]. Carbohydrate Research, 1990, 199 (1).

[9]　Kabyemela B M, Adschiri T, Malaluan R M, et al. Kinetics of glucose epimerization and decomposition in subcritical and supercritical water [J]. Industrial & Engineering Chemistry Research, 1997, 36 (5).

[10]　Feridoun S A, Hiroyuki Y. Acid-catalyzed production of 5-hydroxymethyl furfural from D-fructose in subcritical water [J]. Industrial & Engineering Chemistry Research, 2006, 45 (7).

[11]　Srokol Z, Bouche A, Van Estrik A, et al. Hydrothermal upgrading of biomass to biofuel: studies on some monosaccharide model compounds [J]. Carbohydrate Research, 2004, 339 (10): 1717-1726.

[12]　Möller M, Nilges P, Harnisch F, et al. Subcritical water as reaction environment: fundamentals of hydrothermal biomass transformation [J]. ChemSusChem, 2011, 4 (5): 566-579.

[13]　Bobleter O. Hydrothermal degradation of polymers derived from plants [J]. Progress in Polymer Science, 1994, 19 (5).

[14]　Mok W S L, Antal M J. Uncatalyzed solvolysis of whole biomass hemicellulose by hot compressed liquid water [J]. Industrial & Engineering Chemistry Research, 2002, 31 (4).

[15]　Aida T M, Shiraishi N, Kubo M, et al. Reaction kinetics of d-xylose in sub- and supercritical water [J]. The Journal of Supercritical Fluids, 2010, 55 (1): 208-216.

[16]　Antal M J, Leesomboon T, Mok W S, et al. Mechanism of formation of 2-furaldehyde from D-xylose [J]. Carbohydrate Research, 1991, 217.

[17]　Qi J, Xiuyang Lü. Kinetics of non-catalyzed decomposition of glucose in high-temperature liquid water [J]. Chinese Journal of Chemical Engineering, 2008, 16 (6).

[18]　骆仲泱, 王树荣, 王琦. 生物质液化原理及技术应用 [M]. 北京: 化学工业出版社, 2013.

[19]　王伟, 闫秀懿, 张磊, 等. 木质纤维素生物质水热液化的研究进展 [J]. 化工进展, 2016, 35 (2): 453-462.

[20]　温从科, 乔旭, 张进平, 等. 生物质高压液化技术研究进展 [J]. 生物质化学工程, 2006, 40 (1): 32-34.

[21]　胡见波, 杜泽学, 闵恩泽. 生物质水热液化机理研究进展 [J]. 石油炼制与化工, 2012 (4): 87-92.

[22]　陶用珍, 管映亭. 木质素的化学结构及其应用 [J]. 纤维素科学与技术, 2003 (1): 42-55.

[23]　Kang S, Li X, Fan J, et al. Hydrothermal conversion of lignin: a review [J]. Renewable and Sustainable Energy Reviews, 2013, 27: 546-558.

[24]　Fang Z, Sato T, Smith R L, et al. Reaction chemistry and phase behavior of lignin in high-temperature and supercritical water [J]. Bioresource Technology, 2008, 99 (9): 3424-3430.

[25]　Barbier J, Charon N, Dupassieux N, et al. Hydrothermal conversion of lignin compounds. A detailed study of fragmentation and condensation reaction pathways [J]. Biomass and Bioenergy, 2012, 46: 479-491.

[26]　Tungal R, Shende R V. Hydrothermal liquefaction of pinewood (*Pinus ponderosa*) for H_2, biocrude and bio-oil generation [J]. Applied Energy, 2014, 134: 401-412.

[27]　薄采颖, 周永红, 胡立红, 等. 超 (亚) 临界水热液化降解木质素为酚类化学品的研究进展 [J].

高分子材料科学与工程，2014 (11)：185-190.

[28]　林鹿，何北海，孙润仓，等. 木质生物质转化高附加值化学品 [J]. 化学进展，2007 (Z2)：1206-1216.

[29]　Wahyudiono，Kanetake T，Sasaki M，et al. Decomposition of a lignin model compound under hydrothermal conditions [J]. Chemical Engineering & Technology，2007，30 (8).

[30]　Liu A，Park Y，Huang Z，et al. Product identification and distribution from hydrothermal conversion of walnut shells [J]. Energy & Fuels，2006，20 (2).

[31]　Liu X，Jiang Z，Feng S，et al. Catalytic depolymerization of organosolv lignin to phenolic monomers and low molecular weight oligomers [J]. Fuel，2019，244：247-257.

[32]　Saisu M，Sato T，Watanabe M，et al. Conversion of lignin with supercritical water-phenol mixtures [J]. Energy & Fuels，2003，17 (4)：922-928.

[33]　Brunner G. Near critical and supercritical water. Part I. Hydrolytic and hydrothermal processes [J]. The Journal of Supercritical Fluids，2009，47 (3)：373-381.

[34]　陈裕鹏，黄艳琴，谢建军，等. 藻类蛋白质模型化合物苯丙氨酸的水热反应 [J]. 燃料化学学报，2014，42 (1)：61-67.

[35]　Tim R，Sonja H，Gerd B. Production of amino acids from bovine serum albumin by continuous subcritical water hydrolysis [J]. The Journal of Supercritical Fluids，2005，36 (1).

[36]　Tim R，Kaiyue L，Tobias A，et al. Hydrolysis kinetics of biopolymers in subcritical water [J]. The Journal of Supercritical Fluids，2007，46 (3).

[37]　Kruse A，Krupka A，Schwarzkopf V，et al. Influence of proteins on the hydrothermal gasification and liquefaction of biomass. 1. Comparison of different feedstocks [J]. Industrial & Engineering Chemistry Research，2005，44 (9)：3013-3020.

[38]　Pramote K，Shuji A，Ryuichi M. Solubility of saturated fatty acids in water at elevated temperatures [J]. Bioscience，Biotechnology，and Biochemistry，2002，66 (8).

[39]　Petra K，Herbert V. Hydrolysis of esters in subcritical and supercritical water [J]. The Journal of Supercritical Fluids，2000，16 (3).

[40]　Jerry W K，Russell L H，Gary R L. Hydrolysis of soybean oil in a subcritical water flow reactor [J]. Green Chemistry，1999，1 (6).

[41]　Masaru W，Toru I，Hiroshi I. Decomposition of a long chain saturated fatty acid with some additives in hot compressed water [J]. Energy Conversion and Management，2006，47 (18).

[42]　Vanessa L，Michael S，Lothar O，et al. Catalytic dehydration of biomass-derived polyols in sub- and supercritical water [J]. Catalysis Today，2006，121 (1).

[43]　Bühler W，Dinjus E，Ederer H J，et al. Ionic reactions and pyrolysis of glycerol as competing reaction pathways in near- and supercritical water [J]. The Journal of Supercritical Fluids，2002，22 (1)：37-53.

[44]　Imai A，Fukushima T，Matsushige K. Effects of iron limitation and aquatic humic substances on the growth of *Microcystis aeruginosa* [J]. Canadian Journal of Fisheries and Aquatic Sciences，1999，56 (10)：1929-1937.

[45]　肖毅宏，李敬. 微囊藻与水体沉积物中重金属间的相互影响 [J]. 科技创新导报，2013 (18)：121.

[46]　苏彦平，杨健，刘洪波. 太湖南泉水域水体及水华蓝藻中常量元素 Ca、Na、Mg、K 和 Al 的特征和变化 [J]. 农业环境科学学报，2011，30 (3)：539-547.

[47]　苏彦平，杨健，陈修报，等. 太湖水华蓝藻中元素的组成及其环境意义 [J]. 生态与农村环境学报，2010，26 (6)：558-563.

[48]　Cavet J S，Borrelly G P M，Robinson N J. Zn，Cu and Co in cyanobacteria：selective control of metal

availability [J]. FEMS Microbiology Reviews, 2003, 27 (2-3): 165-181.

[49] Liu H, Chen Y, Yang H, et al. Hydrothermal treatment of high ash microalgae: focusing on the physicochemical and combustion properties of hydrochars [J]. Energy & Fuels, 2020, 34 (2): 1929-1939.

[50] Liu H, Chen Y, Yang H, et al. Hydrothermal carbonization of natural microalgae containing a high ash content [J]. Fuel, 2019, 249: 441-448.

[51] Chen W T, Zhang Y T, Zhang J X, et al. Hydrothermal liquefaction of mixed-culture algal biomass from wastewater treatment system into bio-crude oil [J]. Bioresource Technology, 2014, 152.

[52] 邓自祥, 杨建广, 李煖源, 等. 蜈蚣草茎叶收获物"水热液化"脱除重金属及生物油转化 [J]. 中南大学学报 (自然科学版), 2015 (1): 358-365.

[53] 邓自祥, 杨建广, 李煖源, 等. 垂序商陆茎叶收获物"水热液化"脱除重金属及生物质转化 [J]. 环境工程学报, 2014 (9): 3919-3926.

[54] 王夏蕾. 重金属高富集植物水热转化过程研究 [D]. 杭州: 浙江大学, 2018.

[55] 田纯焱. 富营养化藻的特性与水热液化成油的研究 [D]. 北京: 中国农业大学, 2015.

[56] 邓自祥. 超富集植物收获物"水热液化"脱除重金属及生物油转化研究 [D]. 长沙: 中南大学, 2014.

[57] Hupa M. Ash-related issues in fluidized-bed combustion of biomasses: recent research highlights [J]. Energy & Fuels, 2012, 26 (1): 4-14.

[58] Liu H, Chen Y, Yang H, et al. Conversion of high-ash microalgae through hydrothermal liquefaction [J]. Sustainable Energy & Fuels, 2020, 4 (6): 2782-2791.

[59] Rather M A, Khan N S, Gupta R. Catalytic hydrothermal carbonization of invasive macrophyte *Hornwort (Ceratophyllum demersum)* for production of hydrochar: a potential biofuel [J]. International Journal of Environmental Science and Technology, 2017, 14 (6): 1243-1252.

[60] Mäkelä M, Fullana A, Yoshikawa K. Ash behavior during hydrothermal treatment for solid fuel applications. Part 1: Overview of different feedstock [J]. Energy Conversion and Management, 2016, 121: 402-408.

[61] Mäkelä M, Yoshikawa K. Ash behavior during hydrothermal treatment for solid fuel applications. Part 2: Effects of treatment conditions on industrial waste biomass [J]. Energy Conversion and Management, 2016, 121: 409-414.

[62] Löffler G, Wargadalam V J, Winter F. Catalytic effect of biomass ash on CO, CH_4 and HCN oxidation under fluidised bed combustor conditions [J]. Fuel, 2002, 81 (6): 711-717.

[63] Schubert M, Regler J W, Vogel F. Continuous salt precipitation and separation from supercritical water. Part 1: type 1 salts [J]. The Journal of Supercritical Fluids, 2010, 52 (1): 99-112.

[64] Kruse A, Faquir M. Hydrothermal biomass gasification-effects of salts, backmixing and their interaction [J]. Chemical Engineering & Technology, 2007, 30 (6): 749-754.

[65] Yanik J, Ebale S, Kruse A, et al. Biomass gasification in supercritical water: Part 1. Effect of the nature of biomass [J]. Fuel, 2007, 86 (15): 2410-2415.

[66] D'jesús P, Boukis N, Kraushaar-Czarnetzki B, et al. Gasification of corn and clover grass in supercritical water [J]. Fuel (Guildford), 2006, 85 (7): 1032-1038.

[67] Leusbrock I, Metz S J, Rexwinkel G, et al. The solubility of magnesium chloride and calcium chloride in near-critical and supercritical water [J]. The Journal of Supercritical Fluids, 2010, 53 (1-3): 17-24.

[68] Leusbrock I, Metz S J, Rexwinkel G, et al. The solubilities of phosphate and sulfate salts in supercritical water [J]. The Journal of Supercritical Fluids, 2010, 54 (1): 1-8.

[69] Khan M S, Rogak S N. Solubility of Na_2SO_4, Na_2CO_3 and their mixture in supercritical water [J]. The Journal of Supercritical Fluids, 2004, 30 (3): 359-373.

[70] Rincón J, Camarillo R, Martín A. Solubility of aluminum sulfate in near-critical and supercritical water [J]. Journal of Chemical & Engineering Data, 2012, 57 (7): 2084-2094.

[71] Leusbrock I, Metz S J, Rexwinkel G, et al. Quantitative approaches for the description of solubilities of inorganic compounds in near-critical and supercritical water [J]. The Journal of Supercritical Fluids, 2008, 47 (2): 117-127.

[72] Armellini F J, Tester J W, Hong G T. Precipitation of sodium chloride and sodium sulfate in water from sub- to supercritical conditions: 150 to 550℃, 100 to 300 bar [J]. The Journal of Supercritical Fluids, 1994, 7 (3): 147-158.

[73] 卢建文. 畜禽粪便水热液化过程元素迁移与成油机制 [D]. 北京: 中国农业大学, 2019.

[74] 王折折. 生物质三组分混合水热碳化特性的试验研究 [D]. 郑州: 中原工学院, 2019.

[75] Kruse A, Funke A, Titirici M. Hydrothermal conversion of biomass to fuels and energetic materials [J]. Current Opinion in Chemical Biology, 2013, 17 (3): 515-521.

[76] Funke A. Hydrothermal Carbonization of biomass e reaction mechanisms and reaction heat [D]. Berlin: Technische University, 2012.

[77] Peterson A A, Lachance R P, Tester J W. Kinetic evidence of the maillard reaction in hydrothermal biomass processing: glucose—glycine interactions in high-temperature, high-pressure water [J]. Industrial & Engineering Chemistry Research, 2010, 49 (5): 2107-2117.

[78] 王莹. 美拉德反应的工艺条件优化及其产物的 GC/MS 鉴定、卷烟加香应用研究 [D]. 郑州: 河南农业大学, 2009.

[79] Torri C, Garcia Alba L, Samorì C, et al. Hydrothermal treatment (HTT) of microalgae: detailed molecular characterization of HTT oil in view of HTT mechanism elucidation [J]. Energy & Fuels, 2012, 26 (1): 658-671.

[80] 盖超. 低脂微藻水热液化生物油实验研究与机理分析 [D]. 济南: 山东大学, 2014.

[81] Yu G. Hydrothermal liquefaction of low-lipid microalgae to produce bio-crude oil [D]. Urbana-Champaign: University of Illinois at Urbana-Champaign, 2012.

[82] López Barreiro D, Beck M, Hornung U, et al. Suitability of hydrothermal liquefaction as a conversion route to produce biofuels from macroalgae [J]. Algal Research, 2015, 11: 234-241.

[83] Chen W. Hydrothermal liquefaction of wastewater algae mixtures into bio-crude oil [D]. Urbana-Champaign: University of Illinois at Urbana-Champaign, 2013.

[84] Wang Z. Reaction mechanisms of hydrothermal liquefaction of model compounds and biowaste feedstocks [D]. Illinois: University of Illinois at Urbana-Champaign, 2011.

[85] Kuo C T. Harvesting natural algal blooms for concurrent biofuel production and hypoxia mitigation [D]. Urbana-Champaign: University of Illinois at Urbana-Champaign, 2010.

[86] Bhaskar T, Sera A, Muto A, et al. Hydrothermal upgrading of wood biomass: influence of the addition of K_2CO_3 and cellulose/lignin ratio [J]. Fuel, 2008, 87 (10-11): 2236-2242.

[87] Karagoz S, Bhaskar T, Muto A, et al. Comparative studies of oil compositions produced from sawdust, rice husk, lignin and cellulose by hydrothermal treatment [J]. Fuel, 2005, 84 (7-8): 875-884.

[88] Zhong C, Wei X. A comparative experimental study on the liquefaction of wood [J]. Energy, 2004, 29 (11): 1731-1741.

[89] Zhang B, Von Keitz M, Valentas K. Thermal effects on hydrothermal biomass liquefaction [J]. Applied Biochemistry and Biotechnology, 2008, 147 (1-3): 143-150.

[90] Zhang B, Von Keitz M, Valentas K. Thermochemical liquefaction of high-diversity grassland perennials [J]. Journal of Analytical and Applied Pyrolysis, 2009, 84 (1): 18-24.

[91] Muranaka Y, Iwai A, Hasegawa I, et al. Selective production of valuable chemicals from biomass by two-step conversion combining pre-oxidation and hydrothermal degradation [J]. Chemical Engineering Journal, 2013, 234: 189-194.

[92] Luo J, Xu Y, Zhao L, et al. Two-step hydrothermal conversion of Pubescens to obtain furans and phenol compounds separately [J]. Bioresource Technology, 2010, 101 (22): 8873-8880.

[93] Kumar R. A review on the modelling of hydrothermal liquefaction of biomass and waste feedstocks [J]. Energy Nexus, 2022, 5: 100042.

[94] Tian C, Liu Z, Zhang Y. Hydrothermal liquefaction (HTL): a promising pathway for biorefinery of algae [M]//Gupta S K, Malik A, Bux F. Algal biofuels: recent advances and future prospects. Cham: Springer International Publishing, 2017: 361-391.

[95] Savage P E. Algae under pressure and in hot water [J]. Science, 2012, 338 (6110): 1039-1040.

[96] Tian C, Li B, Liu Z, et al. Hydrothermal liquefaction for algal biorefinery: a critical review [J]. Renewable and Sustainable Energy Reviews, 2014, 38: 933-950.

[97] Minowa T, Yokoyama S, Kishimoto M, et al. Oil production from algal cells of *Dunaliella tertiolecta* by direct thermochemical liquefaction [J]. Fuel, 1995, 74 (12): 1735-1738.

[98] Dote Y, Sawayama S, Inoue S, et al. Recovery of liquid fuel from hydrocarbon-rich microalgae by thermochemical liquefaction [J]. Fuel, 1994, 73 (12): 1855-1857.

[99] Sawayama S, Minowa T, Yokoyama S. Possibility of renewable energy production and CO_2 mitigation by thermochemical liquefaction of microalgae [J]. Biomass and Bioenergy, 1999, 17 (1): 33-39.

[100] Elliott D C. Review of recent reports on process technology for thermochemical conversion of whole algae to liquid fuels [J]. Algal Research, 2016, 13: 255-263.

[101] Elliott D C, Biller P, Ross A B, et al. Hydrothermal liquefaction of biomass: developments from batch to continuous process [J]. Bioresource Technology, 2015, 178: 147-156.

[102] Elliott D C, Hart T R, Neuenschwander G G, et al. Hydrothermal processing of macroalgal feedstocks in continuous-flow reactors [J]. ACS Sustainable Chemistry & Engineering, 2014, 2 (2): 207-215.

[103] Elliott D C, Hart T R, Schmidt A J, et al. Process development for hydrothermal liquefaction of algae feedstocks in a continuous-flow reactor [J]. Algal Research, 2013, 2 (4): 445-454.

[104] Elliott D C, Schmidt A J, Hart T R, et al. Conversion of a wet waste feedstock to biocrude by hydrothermal processing in a continuous-flow reactor: grape pomace [J]. Biomass Conversion and Biorefinery, 2017, 7 (4): 455-465.

[105] Shuping Z, Yulong W, Mingde Y, et al. Production and characterization of bio-oil from hydrothermal liquefaction of microalgae *Dunaliella tertiolecta* cake [J]. Energy, 2010, 35 (12): 5406-5411.

[106] Zou S, Wu Y, Yang M, et al. Bio-oil production from sub- and supercritical water liquefaction of microalgae *Dunaliella tertiolecta* and related properties [J]. Energy & Environmental Science, 2010, 3 (8): 1073.

[107] 秦岭, 吴玉龙, 邹树平, 等. 杜氏盐藻在亚/超临界水中液化制生物油 [J]. 太阳能学报, 2010 (9): 1079-1084.

[108] Zou S, Wu Y, Yang M, et al. Thermochemical catalytic liquefaction of the marine Microalgae *Dunaliella tertiolecta* and characterization of bio-oils [J]. Energy & Fuels, 2009, 23 (7):

3753-3758.

[109]　邹树平，吴玉龙，杨明德，等. 微藻热化学催化液化及生物油特性研究 [J]. 太阳能学报，2009
　　　　（11）：1571-1576.

[110]　Toor S S，Rosendahl L，Nielsen M P，et al. Continuous production of bio-oil by catalytic liquefac-
　　　　tion from wet distiller's grain with solubles（WDGS）from bio-ethanol production [J]. Biomass and
　　　　Bioenergy，2012，36：327-332.

[111]　Mørup A J，Becker J，Christensen P S，et al. Construction and commissioning of a continuous reac-
　　　　tor for hydrothermal liquefaction [J]. Industrial & Engineering Chemistry Research，2015，54
　　　　（22）：5935-5947.

[112]　Mørup A J，Christensen P R，Aarup D F，et al. Hydrothermal liquefaction of dried distillers grains
　　　　with solubles：a reaction temperature study [J]. Energy & Fuels，2012，26（9）：5944-5953.

[113]　Jena U，Das K C. Production of biocrude oil from microalgae via thermochemical liquefaction process
　　　　[C]. Bellevue：Bioenergy Engineering Conference，2009.

[114]　Jena U，Das K C. Comparative evaluation of thermochemical liquefaction and pyrolysis for bio-oil
　　　　production from microalgae [J]. Energy & Fuels，2011，25（11）：5472-5482.

[115]　Jena U，Das K C，Kastner J R. Comparison of the effects of Na_2CO_3，$Ca_3(PO_4)_2$，and NiO cata-
　　　　lysts on the thermochemical liquefaction of microalga *Spirulina platensis* [J]. Applied Energy，
　　　　2012，98：368-375.

[116]　Jena U，Das K C，Kastner J R. Effect of operating conditions of thermochemical liquefaction on bio-
　　　　crude production from *Spirulina platensis* [J]. Bioresource Technology，2011，102（10）：
　　　　6221-6229.

[117]　Costanzo W，Hilten R，Jena U，et al. Effect of low temperature hydrothermal liquefaction on cata-
　　　　lytic hydrodenitrogenation of algae biocrude and model macromolecules [J]. Algal Research，2016，
　　　　13：53-68.

[118]　Akiya N，Savage P E. Roles of water for chemical reactions in high-temperature water [J]. Chemi-
　　　　cal Reviews，2002，102（8）：2725-2750.

[119]　Changi S M，Faeth J L，Mo N，et al. Hydrothermal reactions of biomolecules relevant for microal-
　　　　gae liquefaction [J]. Industrial & Engineering Chemistry Research，2015，54（47）：11733-11758.

[120]　Savage P E. Organic chemical reactions in supercritical water [J]. Chemical Reviews，1999，99
　　　　（2）：603-622.

[121]　Xu D，Savage P E. Characterization of biocrudes recovered with and without solvent after hydrother-
　　　　mal liquefaction of algae [J]. Algal Research，2014，6：1-7.

[122]　Yang L，Li Y，Savage P E. Catalytic hydrothermal liquefaction of a microalga in a two-chamber re-
　　　　actor [J]. Industrial & Engineering Chemistry Research，2014，53（30）：11939-11944.

[123]　Brown T M，Duan P，Savage P E. Hydrothermal liquefaction and gasification of *Nannochloropsis*
　　　　sp. [J]. Energy & Fuels，2010，24（6）：3639-3646.

[124]　Li Z，Savage P E. Feedstocks for fuels and chemicals from algae：treatment of crude bio-oil over
　　　　HZSM-5 [J]. Algal Research，2013，2（2）：154-163.

[125]　Duan P，Savage P E. Upgrading of crude algal bio-oil in supercritical water [J]. Bioresource Tech-
　　　　nology，2011，102（2）：1899-1906.

[126]　Valdez P J，Dickinson J G，Savage P E. Characterization of product fractions from hydrothermal liq-
　　　　uefaction of *Nannochloropsis* sp. and the influence of solvents [J]. Energy & Fuels，2011，25
　　　　（7）：3235-3243.

[127]　Valdez P J，Nelson M C，Wang H Y，et al. Hydrothermal liquefaction of *Nannochloropsis* sp.：

systematic study of process variables and analysis of the product fractions [J]. Biomass and Bioenergy, 2012, 46: 317-331.

[128] Valdez P J, Savage P E. A reaction network for the hydrothermal liquefaction of *Nannochloropsis* sp. [J]. Algal Research, 2013, 2 (4): 416-425.

[129] Valdez P J, Tocco V J, Savage P E. A general kinetic model for the hydrothermal liquefaction of microalgae [J]. Bioresource Technology, 2014, 163: 123-127.

[130] Biller P, Ross A B. Potential yields and properties of oil from the hydrothermal liquefaction of microalgae with different biochemical content [J]. Bioresource Technology, 2011, 102 (1): 215-225.

[131] Anastasakis K, Ross A B. Hydrothermal liquefaction of four brown macro-algae commonly found on the UK coasts: an energetic analysis of the process and comparison with bio-chemical conversion methods [J]. Fuel, 2015, 139: 546-553.

[132] Anastasakis K, Ross A B. Hydrothermal liquefaction of the brown macro-alga *Laminaria Saccharina*: effect of reaction conditions on product distribution and composition [J]. Bioresource Technology, 2011, 102 (7): 4876-4883.

[133] Ross A B, Biller P, Kubacki M L, et al. Hydrothermal processing of microalgae using alkali and organic acids [J]. Fuel (Guildford), 2010, 89 (9): 2234-2243.

[134] Chakraborty M, Mcdonald A G, Nindo C, et al. An α-glucan isolated as a co-product of biofuel by hydrothermal liquefaction of *Chlorella sorokiniana* biomass [J]. Algal Research, 2013, 2 (3): 230-236.

[135] Chakraborty M, Miao C, Mcdonald A, et al. Concomitant extraction of bio-oil and value added polysaccharides from *Chlorella sorokiniana* using a unique sequential hydrothermal extraction technology [J]. Fuel, 2012, 95: 63-70.

[136] Miao C, Chakraborty M, Chen S. Impact of reaction conditions on the simultaneous production of polysaccharides and bio-oil from heterotrophically grown *Chlorella sorokiniana* by a unique sequential hydrothermal liquefaction process [J]. Bioresource Technology, 2012, 110: 617-627.

[137] Yu G, Zhang Y, Schideman L, et al. Hydrothermal liquefaction of low lipid content microalgae into bio-crude oil [J]. Transactions of the ASABE, 2011, 54 (1): 239-246.

[138] Yu G, Zhang Y, Schideman L, et al. Distributions of carbon and nitrogen in the products from hydrothermal liquefaction of low-lipid microalgae [J]. Energy & Environmental Science, 2011, 4 (11): 4587.

[139] Vardon D R, Sharma B K, Scott J, et al. Chemical properties of biocrude oil from the hydrothermal liquefaction of *Spirulina* algae, swine manure, and digested anaerobic sludge [J]. Bioresource Technology, 2011, 102 (17): 8295-8303.

[140] Zhou Y, Schideman L, Yu G, et al. A synergistic combination of algal wastewater treatment and hydrothermal biofuel production maximized by nutrient and carbon recycling [J]. Energy & Environmental Science, 2013, 6 (12): 3765.

[141] Garcia Alba L, Vos M P, Torri C, et al. Recycling nutrients in algae biorefinery [J]. ChemSusChem, 2013, 6 (8): 1330-1333.

[142] Hognon C, Delrue F, Texier J, et al. Comparison of pyrolysis and hydrothermal liquefaction of *Chlamydomonas reinhardtii*. Growth studies on the recovered hydrothermal aqueous phase [J]. Biomass and Bioenergy, 2015, 73: 23-31.

[143] Hietala D C, Godwin C M, Cardinale B J, et al. The individual and synergistic impacts of feedstock characteristics and reaction conditions on the aqueous co-product from hydrothermal liquefaction [J]. Algal Research, 2019, 42: 101568.

[144] Maddi B, Panisko E, Wietsma T, et al. Quantitative characterization of the aqueous fraction from hydrothermal liquefaction of algae [J]. Biomass and Bioenergy, 2016, 93: 122-130.

[145] Leng L, Li J, Wen Z, et al. Use of microalgae to recycle nutrients in aqueous phase derived from hydrothermal liquefaction process [J]. Bioresource Technology, 2018, 256: 529-542.

[146] Gai C, Zhang Y, Chen W, et al. Characterization of aqueous phase from the hydrothermal liquefaction of *Chlorella pyrenoidosa* [J]. Bioresource Technology, 2015, 184: 328-335.

[147] Sundar Rajan P, Gopinath K P, Arun J, et al. Hydrothermal liquefaction of *Scenedesmus abundans* biomass spent for sorption of petroleum residues from wastewater and studies on recycling of post hydrothermal liquefaction wastewater [J]. Bioresource Technology, 2019, 283: 36-44.

[148] Makris K C, Quazi S, Punamiya P, et al. Fate of arsenic in swine waste from concentrated animal feeding operations. [J]. Journal of Environmental Quality, 2008, 37 (4).

[149] Theegala C S, Midgett J S. Hydrothermal liquefaction of separated dairy manure for production of bio-oils with simultaneous waste treatment [J]. Bioresource Technology, 2012, 107: 456-463.

[150] Yin S, Dolan R, Harris M, et al. Subcritical hydrothermal liquefaction of cattle manure to bio-oil: effects of conversion parameters on bio-oil yield and characterization of bio-oil [J]. Bioresource Technology, 2010, 101 (10): 3657-3664.

[151] Xiu S, Shahbazi A, Shirley V, et al. Hydrothermal pyrolysis of swine manure to bio-oil: effects of operating parameters on products yield and characterization of bio-oil [J]. Journal of Analytical and Applied Pyrolysis, 2010, 88 (1): 73-79.

[152] Mitchell M, Yuanhui Z, Lance S, et al. Product and economic analysis of direct liquefaction of swine manure [J]. BioEnergy Research, 2011, 4 (4).

[153] Ekpo U, Ross A B, Camargo-Valero M A, et al. Influence of pH on hydrothermal treatment of swine manure: impact on extraction of nitrogen and phosphorus in process water [J]. Bioresource Technology, 2016, 214: 637-644.

[154] Wang Z, Zhang Y, Christianson L, et al. Effect of swine manure source and storage time on bio-crude oil conversion using hydrothermal process [C]. Nevada: American Society of Agricultural and Biological Engineers, 2009.

[155] Ocfemia K S, Zhang Y, Funk T. Hydrothermal processing of swine manure into oil using a continuous reactor system: development and testing [J]. Transactions of the ASABE, 2006, 49 (2): 533-541.

[156] Ocfemia K S, Zhang Y, Funk T. Hydrothermal processing of swine manure to oil using a continuous reactor system: effects of operating parameters on oil yield and quality [J]. Transactions of the ASABE, 2006, 49 (6): 1897-1904.

[157] 聂永丰, 岳东北. 固体废物热力处理技术 [M]. 北京: 化学工业出版社, 2016: 445.

[158] 关清卿, 宁平, 谷俊杰. 亚/超临界水技术与原理 [M]. 北京: 冶金工业出版社, 2014.

[159] Motonobu G. Chemical recycling of plastics using sub- and supercritical fluids [J]. The Journal of Supercritical Fluids, 2008, 47 (3).

[160] Zhang C, Han L, Yan M, et al. Hydrothermal co-liquefaction of rice straw and waste cooking-oil model compound for bio-crude production [J]. Journal of Analytical and Applied Pyrolysis, 2021, 160.

[161] Yuan Z, Jia G, Cui X, et al. Application of Box-Behnken design in optimizing product properties of supercritical methanol co-liquefaction of rice straw and linear low-density polyethylene [J]. Fuel Processing Technology, 2022, 232.

[162] Yuan Z, Jia G, Cui X, et al. Effects of temperature and time on supercritical methanol co-liquefac-

tion of rice straw and linear low-density polyethylene wastes [J]. Energy，2022，245.

[163]　Hengfu S，Qingqing J，Zhengyi C，et al. Co-liquefaction of rice straw and coal using different cata-
lysts [J]. Fuel，2013，109.

[164]　Shui H，Shan C，Cai Z，et al. Co-liquefaction behavior of a sub-bituminous coal and sawdust [J].
Energy，2011，36 (11)：6645-6650.

[165]　Gai C，Li Y，Peng N，et al. Co-liquefaction of microalgae and lignocellulosic biomass in subcritical
water [J]. Bioresource Technology，2015，185：240-245.

[166]　Pedersen T H，Jasiūnas L，Casamassima L，et al. Synergetic hydrothermal co-liquefaction of crude
glycerol and aspen wood [J]. Energy Conversion and Management，2015，106：886-891.

[167]　Wang B，Huang Y，Zhang J. Hydrothermal liquefaction of lignite，wheat straw and plastic waste in
sub-critical water for oil：product distribution [J]. Journal of Analytical and Applied Pyrolysis，
2014，110：382-389.

[168]　Xia J，Han L，Zhang C，et al. Hydrothermal co-liquefaction of rice straw and nannochloropsis：the
interaction effect on mechanism，product distribution and composition [J]. Journal of Analytical and
Applied Pyrolysis，2022，161.

[169]　Jin B，Duan P，Xu Y，et al. Co-liquefaction of micro- and macroalgae in subcritical water [J].
Bioresource Technology，2013，149：103-110.

[170]　Xiu S，Shahbazi A，Shirley V B，et al. Swine manure/crude glycerol co-liquefaction：physical prop-
erties and chemical analysis of bio-oil product [J]. Bioresource Technology，2011，102 (2)：
1928-1932.

[171]　Xiu S，Shahbazi A，Shirley V，et al. Effectiveness and mechanisms of crude glycerol on the biofuel
production from swine manure through hydrothermal pyrolysis [J]. Journal of Analytical and Ap-
plied Pyrolysis，2010，87 (2)：194-198.

[172]　Xiu S，Shahbazi A，Wallace C W，et al. Enhanced bio-oil production from swine manure co-lique-
faction with crude glycerol [J]. Energy Conversion and Management，2011，52 (2)：1004-1009.

[173]　Ye Z，Xiu S，Shahbazi A，et al. Co-liquefaction of swine manure and crude glycerol to bio-oil：
model compound studies and reaction pathways [J]. Bioresource Technology，2012，104：783-787.

[174]　Chen W，Zhang Y，Zhang J，et al. Co-liquefaction of swine manure and mixed-culture algal biomass
from a wastewater treatment system to produce bio-crude oil [J]. Applied Energy，2014，128：209-
216.

[175]　Yuan X，Cao H，Li H，et al. Quantitative and qualitative analysis of products formed during co-liq-
uefaction of biomass and synthetic polymer mixtures in sub- and supercritical water [J]. Fuel Pro-
cessing Technology，2009，90 (3)：428-434.

[176]　曹洪涛，袁兴中，曾光明，等. 超/亚临界水条件下生物质和塑料的共液化 [J]. 林产化学与工业，
2009，29 (1)：95-99.

[177]　缪春凤，梅来宝，张东明. 废塑料与煤共催化液化的研究进展 [J]. 精细石油化工进展，2005
(2)：41-44.

[178]　杨丹，袁兴中，曾光明，等. 塑料和木屑的共液化以及催化液化实验研究 [J]. 太阳能学报，2010
(6)：676-681.

[179]　Akizuki M，Fujii T，Hayashi R，et al. Effects of water on reactions for waste treatment，organic
synthesis，and bio-refinery in sub- and supercritical water [J]. Journal of Bioscience and Bioengineer-
ing，2014，117 (1)：10-18.

[180]　Cheng F，Le Doux T，Treftz B，et al. Modification of a pilot-scale continuous flow reactor for hy-
drothermal liquefaction of wet biomass [J]. MethodsX，2019，6：2793-2806.

[181] Huang H，Yuan X. Recent progress in the direct liquefaction of typical biomass [J]. Progress in Energy and Combustion Science，2015，49：59-80.

[182] Brand S，Hardi F，Kim J，et al. Effect of heating rate on biomass liquefaction：differences between subcritical water and supercritical ethanol [J]. Energy，2014，68：420-427.

[183] Beckman D，Elliott D C. Comparisons of the yields and properties of the oil products from direct thermochemical biomass liquefaction processes [J]. The Canadian Journal of Chemical Engineering，1985，63（1）：99-104.

[184] Hc B J，Zhang Y，Fank T L，et al. Thermochemical conversion of swine manure，an alternative process for waste treatment and renewable energy production [J]. Transactions of the ASAE，2000，43（6）：1827-1833.

[185] Mochidzuki K，Sakoda A，Suzuki M. Liquid-phase thermogravimetric measurement of reaction kinetics of the conversion of biomass wastes in pressurized hot water：a kinetic study [J]. Advances in Environmental Research，2002，7（2）.

[186] Jimeng J，Phillip E S. Influence of process conditions and interventions on metals content in biocrude from hydrothermal liquefaction of microalgae [J]. Algal Research，2017，26.

[187] Bach Q，Sillero M V，Tran K，et al. Fast hydrothermal liquefaction of a Norwegian macro-alga：screening tests [J]. Algal Research，2014，6，Part B：271-276.

[188] Faeth J L，Valdez P J，Savage P E. Fast hydrothermal liquefaction of *Nannochloropsis* sp. to produce biocrude [J]. Energy & Fuels，2013，27（3）：1391-1398.

[189] Fang Z，Minowa T，Smith R L，et al. Liquefaction and gasification of cellulose with Na_2CO_3 and Ni in subcritical water at 350℃ [J]. Industrial & Engineering Chemistry Research，2004，43（10）：2454-2463.

[190] Subagyono D J N，Marshall M，Jackson W R，et al. Reactions with CO/H_2O of two marine algae and comparison with reactions under H_2 and N_2 [J]. Energy & Fuels，2014，28（5）：3143-3156.

[191] 伍超文，吴诗勇，彭文才，等. 不同气氛下的纤维素水热液化过程 [J]. 华东理工大学学报（自然科学版），2011（4）：430-434.

[192] 彭文才，伍超文，吴诗勇，等. CO 气氛下玉米秆催化水热液化研究 [J]. 太阳能学报，2012（12）：2021-2025.

[193] Savage P E. A perspective on catalysis in sub- and supercritical water [J]. The Journal of Supercritical Fluids，2009，47（3）：407-414.

[194] Yeh T M，Dickinson J G，Franck A，et al. Hydrothermal catalytic production of fuels and chemicals from aquatic biomass [J]. Journal of Chemical Technology & Biotechnology，2013，88（1）：13-24.

[195] Shanks B H. Conversion of biorenewable feedstocks：new challenges in heterogeneous catalysis [J]. Industrial & Engineering Chemistry Research，2010，49（21）：10212-10217.

[196] Chen Y，Wu Y，Ding R，et al. Catalytic hydrothermal liquefaction of D. *tertiolecta* for the production of bio-oil over different acid/base catalysts [J]. AIChE Journal，2015，61（4）：1118-1128.

[197] Yin Sudong，Tan Zhongchao. Hydrothermal liquefaction of cellulose to bio-oil under acidic，neutral and alkaline conditions [J]. Applied Energy，2011，92.

[198] Yang Wenchao，Li Xianguo，Zhang Dahai，et al. Catalytic upgrading of bio-oil in hydrothermal liquefaction of algae major model components over liquid acids [J]. Energy Conversion and Management，2017，154.

[199] Akhtar J，Amin N A S. A review on process conditions for optimum bio-oil yield in hydrothermal liquefaction of biomass [J]. Renewable and Sustainable Energy Reviews，2011，15（3）：

1615-1624.

[200] Phothisantikul P P, Tuanpusa R, Nakashima M, et al. Effect of CH_3COOH and K_2CO_3 on hydrothermal pretreatment of water hyacinth (*Eichhornia crassipes*) [J]. Industrial & Engineering Chemistry Research, 2013, 52 (14): 5009-5015.

[201] 高传瑞, 田纯焱, 李志合, 等. 生物原油炼制: 副产物内循环及水热自催化 [J]. 化工进展, 2021, 40 (10): 5348-5359.

[202] Khampuang K, Boreriboon N, Prasassarakich P. Alkali catalyzed liquefaction of corncob in supercritical ethanol-water [J]. Biomass & Bioenergy, 2015, 83: 460-466.

[203] Karagoz S, Bhaskar T, Muto A, et al. Hydrothermal upgrading of biomass: effect of K_2CO_3 concentration and biomass/water ratio on products distribution [J]. Bioresource Technology, 2006, 97 (1): 90-98.

[204] Singh R, Balagurumurthy B, Prakash A, et al. Catalytic hydrothermal liquefaction of water hyacinth [J]. Bioresource Technology, 2015, 178: 157-165.

[205] Shakya R, Whelen J, Adhikari S, et al. Effect of temperature and Na_2CO_3 catalyst on hydrothermal liquefaction of algae [J]. Algal research (Amsterdam), 2015, 12: 80-90.

[206] Sun P, Heng M, Sun S, et al. Direct liquefaction of paulownia in hot compressed water: influence of catalysts [J]. Energy (Oxford), 2010, 35 (12): 5421-5429.

[207] Liu C, Kong L, Wang Y, et al. Catalytic hydrothermal liquefaction of spirulina to bio-oil in the presence of formic acid over palladium-based catalysts [J]. Algal Research (Amsterdam), 2018, 33: 156-164.

[208] Tekin K, Karagöz S, Bektaş S. Hydrothermal liquefaction of beech wood using a natural calcium boratemineral [J]. The Journal of supercritical fluids, 2012, 72: 134-139.

[209] Duan P, Savage P E. Hydrothermal liquefaction of a microalga with heterogeneous catalysts [J]. Industrial & Engineering Chemistry Research, 2011, 50 (1): 52-61.

[210] Biller P, Riley R, Ross A B. Catalytic hydrothermal processing of microalgae: decomposition and upgrading of lipids [J]. Bioresource Technology, 2011, 102 (7): 4841-4848.

[211] Yu G, Zhang Y, Guo B, et al. Nutrient flows and quality of bio-crude oil produced via catalytic hydrothermal liquefaction of low-lipid microalgae [J]. Bioenergy Research, 2014, 7 (4): 1317-1328.

[212] Xu Y, Zheng X, Yu H, et al. Hydrothermal liquefaction of *Chlorella pyrenoidosa* for bio-oil production over Ce/HZSM-5 [J]. Bioresource Technology, 2014, 156: 1-5.

[213] Li H, Hu J, Zhang Z, et al. Insight into the effect of hydrogenation on efficiency of hydrothermal liquefaction and physico-chemical properties of biocrude oil [J]. Bioresource Technology, 2014, 163: 143-151.

[214] 朱怡彤. 纸铝塑复合材料在亚/超临界水中制油特性研究 [D]. 西安: 西安理工大学, 2019.

[215] 李润东, 张杨, 李秉硕, 等. 玉米秸秆催化液化制备生物油实验研究 [J]. 燃料化学学报, 2016 (1): 69-75.

[216] Christensen P R, Mørup A J, Mamakhel A, et al. Effects of heterogeneous catalyst in hydrothermal liquefaction of dried distillers grains with solubles [J]. Fuel, 2014, 123: 158-166.

[217] Shi F, Wang P, Duan Y, et al. Recent developments in the production of liquid fuels via catalytic conversion of microalgae: experiments and simulations [J]. RSC Advances, 2012, 2 (26): 9727.

[218] 陈宇. 低脂微藻催化水热液化及过程原位分析的研究 [D]. 北京: 清华大学, 2016.

[219] Tian C, Liu Z, Zhang Y, et al. Hydrothermal liquefaction of harvested high-ash low-lipid algal biomass from Dianchi lake: effects of operational parameters and relations of products [J]. Bioresource Technology, 2015, 184: 336-343.

[220] Li H，Liu Z，Zhang Y，et al. Conversion efficiency and oil quality of low-lipid high-protein and high-lipid low-protein microalgae via hydrothermal liquefaction [J]. Bioresource Technology, 2014, 154：322-329.

[221] Gai C，Zhang Y，Chen W，et al. Energy and nutrient recovery efficiencies in biocrude oil produced via hydrothermal liquefaction of *Chlorella pyrenoidosa* [J]. RSC Advances, 2014, 4 (33)：16958.

[222] Gai C，Zhang Y，Chen W，et al. Thermogravimetric and kinetic analysis of thermal decomposition characteristics of low-lipid microalgae [J]. Bioresource Technology, 2013, 150：139-148.

[223] Valdez P J，Nelson M C，Faeth J L，et al. Hydrothermal liquefaction of bacteria and yeast monocultures [J]. Energy & Fuels, 2014, 28 (1)：67-75.

[224] 李龙. 三相卧螺离心机转鼓动静态分析及参数优化 [D]. 兰州：天华化工机械及自动化研究设计院有限公司，2014.

[225] 彭文才. 农作物秸秆水热液化过程及机理的研究 [D]. 上海：华东理工大学，2011.

[226] Guo B，Walter V，Hornung U，et al. Hydrothermal liquefaction of *Chlorella vulgaris* and *Nannochloropsis gaditana* in a continuous stirred tank reactor and hydrotreating of biocrude by nickel catalysts [J]. Fuel Processing Technology, 2019, 191：168-180.

[227] Barreiro D L，Gómez B R，Hornung U，et al. Hydrothermal liquefaction of microalgae in a continuous stirred-tank reactor [J]. Energy & Fuels, 2015, 29 (10)：6422-6432.

[228] Biller P，Sharma B K，Kunwar B，et al. Hydroprocessing of bio-crude from continuous hydrothermal liquefaction of microalgae [J]. Fuel, 2015, 159：197-205.

[229] Jazrawi C，Biller P，Ross A B，et al. Pilot plant testing of continuous hydrothermal liquefaction of microalgae [J]. Algal Research, 2013, 2 (3)：268-277.

[230] 赵玉强. 三相卧螺离心机的原理及故障判断 [J]. 科技信息，2012 (11)：105-152.

[231] Gupta R B，Demirbas A. Gasoline, diesel and ethanol biofuels from grasses and plants [M]. Cambridge：Cambridge University Press, 2010.

[232] 袁冶，王臣. 谈化工分馏塔工作原理及内件安装 [J]. 中国石油和化工标准与质量，2012, 32 (4)：51.

[233] Peter J V，Jacob G D，Phillip E S. Characterization of product fractions from hydrothermal liquefaction of *Nannochloropsis* sp. and the influence of solvents [J]. Energy & Fuels, 2011, 25 (Jul. /Aug.).

[234] Yan W，Duan P，Wang F，et al. Composition of the bio-oil from the hydrothermal liquefaction of duckweed and the influence of the extraction solvents [J]. Fuel (Guildford), 2016, 185：229-235.

[235] Yang X，Lyu H，Chen K，et al. Selective extraction of bio-oil from hydrothermal liquefaction of *Salix psammophila* by organic solvents with different polarities through multistep extraction separation [J]. Bioresources, 2014, 9 (3)：5219-5233.

[236] Lili Q，Shuzhong W，Phillip E S. Hydrothermal liquefaction of sewage sludge under isothermal and fast conditions [J]. Bioresource Technology, 2017, 232.

[237] Jamison W，Jianwen L，Raquel D S，et al. Effects of the extraction solvents in hydrothermal liquefaction processes：biocrude oil quality and energy conversion efficiency [J]. Energy, 2019, 167.

[238] Teri G，Luo L，Savage P E. Hydrothermal treatment of protein, polysaccharide, and lipids alone and in mixtures [J]. Energy & Fuels, 2014, 28.

[239] Sheng L，Wang X，Yang X. Prediction model of biocrude yield and nitrogen heterocyclic compounds analysis by hydrothermal liquefaction of microalgae with model compounds [J]. Bioresource Technology, 2018, 247：14-20.

[240] James D S，Phillip E S. Modeling the effects of microalga biochemical content on the kinetics and

biocrude yields from hydrothermal liquefaction [J]. Bioresource Technology, 2017, 239.

[241] Pedersen T H, Grigoras I F, Hoffmann J, et al. Continuous hydrothermal co-liquefaction of aspen wood and glycerol with water phase recirculation [J]. Applied energy, 2016, 162: 1034-1041.

[242] Saqib S T, Harvind R, Shuguang D, et al. Hydrothermal liquefaction of *Spirulina* and *Nannochloropsis salina* under subcritical and supercritical water conditions [J]. Bioresource Technology, 2013, 131.

[243] 宋昌成. 超临界水热燃烧的直接数值模拟研究 [D]. 杭州: 浙江大学, 2020.

[244] Changi S M. Hydrothermal reactions of algae model compounds [D]. Michigan: University of Michigan, 2012.

[245] Leow S, Witter J R, Vardon D R, et al. Prediction of microalgae hydrothermal liquefaction products from feedstock biochemical composition [J]. Green Chemistry, 2015, 17 (6): 3584-3599.

[246] Zhang Z. Computational fluid dynamics modeling of a continuous tubular hydrothermal liquefaction reactor [D]. Urbana: University of Illinois at Urbana-Champaign, 2013.

[247] Alshammari Y M, Hellgardt K. CFD analysis of hydrothermal conversion of heavy oil in continuous flow reactor [J]. Chemical Engineering Research and Design, 2017, 117: 250-264.

[248] Mosteiro-Romero M, Vogel F, Wokaun A. Liquefaction of wood in hot compressed water: Part 1—experimental results [J]. Chemical engineering science, 2014, 109: 111-122.

[249] Mosteiro-Romero M, Vogel F, Wokaun A. Liquefaction of wood in hot compressed water Part 2—modeling of particle dissolution [J]. Chemical engineering science, 2014, 109: 220-235.

第4章
催化水热液化类别与分析

生物质水热液化是以水为介质，模拟自然界石油的形成原理，在一定温度（250～400℃）和压力（4～22MPa）下，将生物质在较短时间内（几分钟到数小时）转变为生物油、水相产物、气体及固体残渣的过程。生物质的水热液化过程十分复杂，主要的反应历程如下：首先生物质主要成分被降解为大分子中间体，然后这些中间体经脱氧、脱水、二次裂解等反应后得到活性小分子化合物，这些小分子化合物会发生缩聚反应生成新的化合物，最终形成水热液化的液相、固相和气相三种产物。

由于生物质单纯水热液化过程的生物油产率还不够高，油品质也欠佳，通过引入催化剂对液化过程进行定向调控是解决问题的有效方法。催化剂对生物质水热液化的主要作用如下：①促进生物质降解，抑制小分子缩聚等副反应，减少固态残留物的生成，从而提高生物油产率；②促进中间体的脱氧和裂解反应，减少生物油的含氧量，从而改善生物油的品质；③加快反应速率；④适度降低反应温度、压力，缓和反应条件的苛刻度。如何理性设计并可控制备高效催化剂是生物质水热液化领域的重要课题。

目前，生物质水热液化研究中采用的催化剂包括均相催化剂和多相催化剂，均相催化剂主要包括可溶于溶剂中的酸、碱、碱式盐等，多相催化剂主要包括金属氧化物催化剂、介孔硅基催化剂、碳材料催化剂、分子筛催化剂等。

生物质通常包括农业秸秆、林业废料、牲畜粪便、有机固体垃圾及水生生物等。在水生生物质能源中，藻类具有独特的优势，它在陆地和海洋中分布广泛，具有光合作用效率高、生长周期短、不占用耕地等诸多优点，被认为是具有很大潜力替代化石燃料的可再生资源。它的主要生化组分不同于其他陆生生物质，主要由蛋白质、多糖和脂类三类组分组成。此外，微藻的含水量比较高，水热液化法可以避免原料的干燥和脱水过程所需的能耗，因此与热裂解技术相比，水热液化可以节约大量能耗，是微藻制备液体燃料最为行之有效的途径。若将藻类用于水热液化过程生产生物油，可以实现环境效益与经济效益的统一，因而具有重要的研究意义和社会价值。基于此，本章生物质的催化水热液化内容所选生物质以藻类生物质为主，其他木质纤维素生物质为辅。

生物质（特别是藻类生物质）催化水热液化还处在发展阶段，相关研究比非催化水热液化要少得多，美国密歇根大学的 Phillip E. Savage 教授，国内的清华大学吴玉龙教授、西安交通大学段培高教授等的课题组对该领域的研究较多。

4.1　均相水热催化液化

均相催化剂是指在同一相、没有相界存在的反应中能起均相催化作用的催化剂，包括液体酸/碱催化剂、可溶性过渡金属化合物（盐类和络合物）等。均相催化剂以分子或离子独立起作用，活性中心均一，因而具有高活性和高选择性。水热液化过程以亚/超临界水作为反应介质，相对于非均相催化过程，均相催化剂具有更好的传质和传热优势，在微藻生物质的水热液化过程得到广泛关注。Ross 等[1] 在水热液化螺旋藻时，加入乙酸和甲酸等有机酸，发现酸催化剂可提高生物油的产率，降低沸点分布范围，增强流动性。Yang 等[2] 选用乙酸、硫酸两种催化剂探究了酸催化剂对浒苔水热液化的影响，发现酸催化剂的加入提高了生物油中酮类的含量，降低了烯烃的含量，但是产物中的残渣含量变高，这可能是由于酸性环境抑制了酯质的水解，导致固体残渣增多。酸催化剂由于强腐蚀性限制了其应用，碱催化剂如 KOH、NaOH、Na_2CO_3 和 K_2CO_3 等被认作是更适宜的催化剂，其中又以 Na_2CO_3 的关注程度最高，Na_2CO_3 在水热液化过程中确保了反应体系呈强碱性，可以抑制生物质分子的脱水、重聚等反应的进行，并进一步减少产物中固体残渣的生成，使得生物油的产率提高。

微藻生物质含有 O、N 等杂原子，其中 O 原子主要来自于糖类和蛋白质，而 N 原子则主要来自于蛋白质，这些原子进入生物油中会对生物油的品质产生不利影响。藻类生物质三组分水热成油的容易程度大体如下：脂类＞蛋白质＞糖类。在藻类非催化水热液化过程中，脂类和蛋白质都能够通过合适的反应路径转化为生物油，但是糖类属于高氧含量的物质，在转化过程中大多生成亲水性化合物。在藻类水热液化过程中引入 Na_2CO_3 作为催化剂后，糖类化合物的转化更为有效，这对于提高微藻生物质的利用效率具有重要的意义。

Minowa 课题组[3] 最早将 Na_2CO_3 作为催化剂应用于藻类的水热转化过程，以 5% Na_2CO_3 溶液作为催化剂，考察了微藻 B. braunii 和 D. tertiolecta 的催化水热液化过程。结果表明，引入 Na_2CO_3 催化剂后，生物油的产率和能量密度都得到提升。当 Na_2CO_3 作为催化剂时，M. viridis 水热液化的生物油产率提升显著，而生物油中的 O 含量显著降低 [由 24.2%（质量分数）降低到 19.7%（质量分数）]，表明 Na_2CO_3 作为催化剂可以有效去除 O 等杂原子，这对于提升生物油的品质具有重要的意义。B. braunii 和 D. tertiolecta 等微藻经 Na_2CO_3 的催化作用后所得到生物油的品质相当高，其热值几乎与石化燃油相当[4]。

此外，由于微藻组成复杂，不同催化剂对于不同组分水热液化过程的影响也具有显著差异。Biller 等[5] 研究了无机碱（KOH 和 Na_2CO_3）、有机酸（CH_3COOH 和 HCOOH）等催化剂对微藻水热液化过程的影响机制。结果表明，不同催化剂在水热液化过程中体现了一定的差异，CH_3COOH 和 HCOOH 作为酸性催化剂对生物油的黏度产生了很大的影响，并可以有效地降低生物油的沸点。Na_2CO_3 等碱性催化对生物油产率有很大影响，相对于非催化水热液化过程，生物油的产率明显提高。

总之，从生物油产率和品质的角度来说，均相催化剂存在着一定的优势，特别是以 Na_2CO_3 为代表的固体碱催化剂。然而，在反应结束后均相催化剂难以与水介质分离，催化剂的回收和再利用成为了主要的问题，若直接排放，会对环境带来严重的二次污染。上述不足之处限制了均相催化剂在生物质水热液化过程中的进一步开发和利用，取而代之的非均相催化剂成为了催化微藻水热液化过程今后的发展方向。

4.2　非均相水热催化液化

非均相催化剂指呈现在不同相的反应中，反应物与催化剂不完全（或完全不）处在同一个相内的催化过程，例如固态催化剂作用液态混合反应。与均相催化剂相比，非均相催化剂易与产物分离，经过适当的处理后可以重复利用，对环境污染较小。

在微藻水热液化过程中引入催化剂的目的是调控液化反应路径来提升生物油的产率并改善生物油品质。由于微藻化学组分的复杂性，导致水热液化过程中涉及的化学反应也非常繁杂，因此需要针对藻类不同组分的特点来合理设计和筛选催化剂。在生物质催化水热液化过程中，非均相催化剂主要的作用是降低生物油中的 O/C 比，即通过催化水热液化过程中的脱氧反应来实现对生物油的提质。

Savage 课题组[6] 研究了藻类 *Nannochloropsis* sp. 的非均相催化水热液化，所选用的催化剂主要是活性炭、氧化铝和分子筛作为载体负载的过渡金属或者贵金属。整个水热液化过程是在没有氢气参与的条件下进行的，研究结果表明：Pd 基催化剂对生物油的产率提高非常显著（提高了近 20%），而 Ni 基催化剂的作用则主要体现在脱硫方面。根据所得生物油的物理和化学性质可知，金属负载催化剂对于水热液化过程具有非常重要的影响，所得生物油的黏度较低、颜色较淡、热值较高。

基于水热液化过程采用均相催化剂存在难以分离和重复使用的缺点，非均相催化剂具有显著优势。然而非均相催化剂在水热液化过程中也可能存在结焦等问题，部分催化剂也存在与固体残渣难以分离等不足。同时，水热稳定性问题是水热过程所用非均相催化剂所必须面对的关键问题。因此，设计和开发水热液化所需的非均相催化剂必须综合考虑，解决上述不足。以下对几种主要的生物质水热过程非均相催化剂进行介绍。

4.2.1　金属氧化物催化剂

金属氧化物一般可以直接用作催化剂或者作为催化剂载体，生物质催化水热转化用到的金属氧化物主要包括 $\gamma\text{-}Al_2O_3$、Nb_2O_5、TiO_2 和 ZrO_2 等。$\gamma\text{-}Al_2O_3$ 广泛应用于 Ni、Pd 和 Pt 等金属的负载，Ryan M. Ravenelle 等[7] 分别研究了 $\gamma\text{-}Al_2O_3$ 以及 Ni、Pt 负载 $\gamma\text{-}Al_2O_3$ 在 200℃高温水相和自生压力下的结构变化，结果发现在 10h 后，$\gamma\text{-}Al_2O_3$ 的酸性位和比表面积均大大减小，而 Ni 和 Pt 的负载提升了 $\gamma\text{-}Al_2O_3$ 的水热稳定性，其原理可能是金属负载阻碍了表面羟基与水相的接触，从而阻碍勃姆石的生成。此外，研究也证实了 $\gamma\text{-}Al_2O_3$ 负载的金属催化剂在亚临界条件下显著提升了微藻水热液化的生物油产率。

Nb_2O_5 在水相中具有明显的酸性，有助于催化羟醛缩合和酮基化反应的进行而达到生物油脱氧的目的，同时，小分子产物通过反应生成了较大分子量的产物，可有效避免气相产物的生成。Hien N. Pham 等[8] 研究表明，Pt 负载 Nb_2O_5 在 300℃高温水相催化环戊内酯转化成戊酸时水热稳定性不足，Nb_2O_5 容易转化为大颗粒的结晶态导致比表面积大大降低，硅的引入能够阻碍无定形态向结晶态的转化，从而提升水热稳定性。

TiO_2 和 ZrO_2 常用作催化剂或载体，其中 TiO_2 由于具有特殊的光电性能，在光催化领域作为催化剂应用较多，而在其他催化领域更多充当催化剂载体。ZrO_2 由于具有良好的稳定性和一定的酸性，广泛用作固体酸催化剂的载体，经硫酸等处理过的 ZrO_2 还作为固体超强酸应用于多相催化领域。Duan 等[9] 研究了钛基和锆基材料的水热稳定性，在 250℃下水热测试 60h 后发现钛基材料仍然保持良好的结构，而锆基材料比表面积由水热处理前的 $77g/m^2$ 减少到 $57g/m^2$，比表面积损失将近 26%。当在制备 TiO_2 和 ZrO_2 过程中加入硅元素制备成复合材料后，比表面积明显增大，TiO_2 和 $TiO_2\text{-}SiO_2$ 的比表面积分别为 $52g/m^2$ 和 $128g/m^2$，而 ZrO_2 和 $ZrO_2\text{-}SiO_2$ 的比表面积分别为 $77g/m^2$ 和 $129g/m^2$。水热处理后 $TiO_2\text{-}SiO_2$ 的比表面积为 $111g/m^2$，减小了 13%，$ZrO_2\text{-}SiO_2$ 的比表面积为 $57g/m^2$，减小近 56%。综合比较发现硅的加入能改善 TiO_2 和 ZrO_2 比表面积不足的问题，$TiO_2\text{-}SiO_2$ 具有比 $ZrO_2\text{-}SiO_2$ 更高的水热稳定性和更大的比表面积。

除了上述报道以外，NiO 也被用作微藻水热催化液化的催化剂，然而研究结果表明，引入 NiO 之后反而不利于生物油产率的提升。此外，研究表明 Raney-Ni 对微藻水热液化的催化作用效果不明显，但是当水热过程中加入氢气后，生物油的产率和品质有所改善，由此可以看出加氢催化剂 Raney-Ni 需要在氢气气氛下才能实现对水热过程的促进作用。

4.2.2 非均相酸碱催化剂

从前面均相催化剂部分可以看出，酸碱催化剂对生物质水热液化具有重要的促进作用，但均相催化剂不易分离回用，因此很有必要发展非均相的酸碱催化剂。以典型的非均相酸性催化剂（ZrO_2/SO_4^{2-} 和 HZSM-5）和碱性催化剂［MgO/MCM-41 和 KtB（叔丁基钾）］为例，在催化水热液化杜氏盐藻中，研究发现不同酸碱性的催化剂对杜氏盐藻催化水热液化过程转化率、生物油产率及其产物分布具有明显影响。主要体现为：①在催化水热液化过程中，催化剂具有的酸碱性直接影响液化产物；碱性条件下缩合反应起主导作用，而酸性条件下裂解反应起主导作用；液化过程的传质和传热作用也对水热液化产生了重要的影响；KtB催化水热液化杜氏盐藻所得转化率和生物油产率最佳，分别为 94.33％和 48.89％（质量分数）。②不同酸碱性条件下催化水热液化微藻制备生物油的主要反应机理不同：当以 HZSM-5 和 MgO/MCM-41 作为催化剂时，主要的化学反应为酮基化反应、脱羧反应、脱水反应和氨解反应；当以 ZrO_2/SO_4^{2-} 作为催化剂时，主要的化学反应为环化反应、分解反应、Maillard 反应和酮基化反应；当以 KtB 作为催化剂时，主要的化学反应为脱水反应、氨解反应、Maillard 反应和酮基化反应。不同非均相酸碱催化剂作用下藻类水热液化机理见图 4-1。

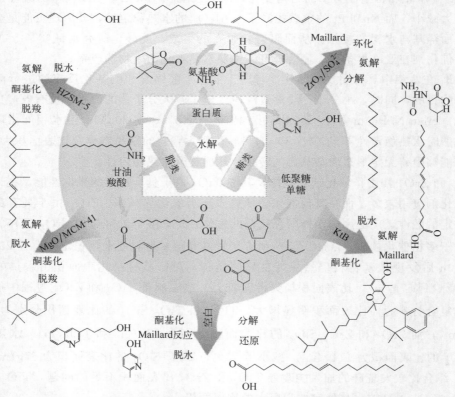

图 4-1 不同酸碱催化剂催化藻类水热液化制备生物油的机理模型

　　酸碱催化剂都对生物质的水热液化具有重要的促进作用，但两者效果不同。在碱性催化剂作用下，生物质水热液化的产油率得到提高，但油品质不佳；而在酸性催化剂作用下，油品质显著改善，但生物质的产油率有所下降。主要原因为：碱性催化剂主要促进生物质水热液化的第一步反应（即生物质的降解），而酸性催化剂则促进第二步反应（即大分子中间体的脱氧和二次裂解）。如果能够在水热体系中引入具有酸碱双功能的催化剂，则有望做到既提高油产率又改善油品质。

　　由于均相催化剂具有难以重复使用、腐蚀性强、污染环境等问题，而且均相酸碱会发生中和反应，无法实现酸碱双功能催化。因此，开发具有酸碱双功能的固体催化剂是生物质水热液化领域今后发展的重要方向。由此可见，如果能够设计一种酸碱双功能介孔分子筛催化剂，在介孔外引入碱性位点，在介孔内引入酸性位点，这样酸碱性活性位点的孔内外差异化分布既能发挥水热液化初始阶段碱性催化剂对生物质组分降解的促进作用，又能使扩散进孔内的中间体活性分子在孔内酸性位作用下发生脱氧和二次裂解反应，从而显著提高水热液化的效率。

　　Huang 等[10] 分别在介孔二氧化硅的内外表面引入 Brønsted 酸和碱活性位，制备得到双功能介孔二氧化硅材料，该种催化剂对 Henry 反应表现出优异的性能。卢建文等[11] 合成了酸碱孔内外差异化分布的硅基材料，以十六烷基三甲基溴化铵（CTAB）为模板剂，正硅酸乙酯和三巯丙基三甲氧基硅烷在碱性条件下发生共缩聚反应得到中间体，从而在介孔的孔内引入巯丙基——SH。下一步，中间体再通过与氨丙基三甲氧基硅烷（APTMOS）后处理方法嫁接—NH$_2$。然后在乙酸（CH$_3$COOH）和 H$_2$O$_2$ 混合溶液中将巯丙基——SH 氧化为—SO$_3$H，最后再去除模板剂 CTAB，制备得到介孔的孔内为酸性位—SO$_3$H，而孔外表面为碱性位—NH$_2$ 的酸碱孔内外差异化分布双功能介孔分子筛。并将金属钴引入催化剂中以提高催化剂的稳定性。催化剂具体制备过程如图 4-2 所示。

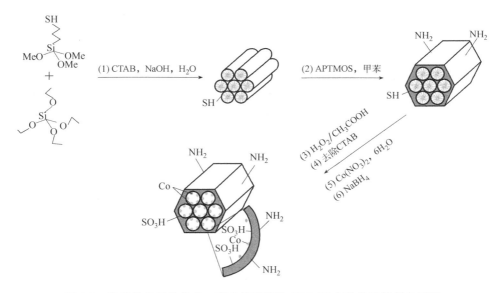

图 4-2　酸碱位差异化分布、高水热稳定性 SBA-15 介孔分子筛制备过程

　　卢建文制备得到几种酸碱孔内外差异化分布的介孔催化剂，并考察了这种催化剂对藻类水热液化的催化效果。研究结果表明，生物油的产率变化不大，而生物油的品质得到显著提

升，具体结果如下：①空白生物油的氢含量和硫含量分别为 8.87％和 1.03％，催化剂的加入使生物油氢含量提高到 9.1％以上，硫含量降低到 0.93％以下。孔内外都是酸性位的催化剂所得生物油热值最高，为 37.48MJ/kg。②空白生物油的含氮化合物峰面积百分比（为 53％）最大，其次为烃类（为 28％）。然而在孔外为碱性活性位、孔内为酸性活性位的非均相催化剂（简称外碱内酸催化剂，以下同）和外酸内碱催化剂得到的生物油中，烃类化合物的峰面积占比（超过 50％）显著增大，而含氮化合物的峰面积百分比与空白生物油相比明显下降（从 53％下降到 40％以下）。③非均相酸碱催化剂能够提高生物油中低沸点组分的含量，从而改善其燃料特性。空白生物油中沸点低于 200℃的化合物仅占 7.8％，而添加催化剂后这部分组分比例增加到 13％以上；外碱内酸催化剂所得生物油中沸点低于 400℃的组分比例为 81％，显著大于空白生物油的 68％。

4.2.3　沸石分子筛催化剂以及非均相催化剂的水热稳定性

在众多非均相催化剂中，沸石分子筛催化剂由于具有高比表面积和独特的孔道结构等优势，在工业中得到了广泛的应用。沸石分子筛催化剂是一类由硅铝氧化物基本单元自组装而成的催化剂，由于其独特的孔道结构，往往能表现出对某类化合物的强吸附，对应而来的则是对某类反应的独特选择性。在实际应用中，常对其表面进行官能团修饰或金属颗粒的负载，以获得双功能效果。

4.2.3.1　子筛催化剂的亲水性能

由于分子筛存在表面官能团（如质子、羟基、羰基等），因此其往往是亲水的，如图 4-3 所示。一方面，这些表面的官能团可以用于前述的在催化剂制备过程中锚定活性金属或金属氧化物，或者它们也可以直接作为某些反应的活性位点。而另一方面，在水热条件的高 K_w 下，这些亲水基团又容易变为 H^+ 或是 OH^- 的进攻位点，使催化剂的结构性质发生改变，从而影响催化的活性和稳定性。因此，围绕着这一特点，近年来学者进行了大量的研究工作。Shi 等[13] 采用在合成前体时添加哌啶的方法合成了 MCM-49 型分子筛，哌啶在其中作为保护剂和结构导向剂，使得催化剂表面的酸位数量得到明显的改善。Ren 等[14] 研究了通过季铵盐阳离子或哌啶保护孔道的方式，在预处理过程中由哌啶占据分子筛中的部分微孔阻止碱与硅氧键的接触，从而制备出孔径分布较为均一、连通性也较好的 HZSM-5 分子筛催化剂。Zhou 等[15] 采用骨架掺杂的方式，通过在合成过程中添加离子液体的方式，在 ZSM-22 分子筛骨架中掺杂了 V，产生了优异的效果。Zhang 等[16] 研究了铜基催化剂催化脂肪酸原位水相加氢制脂肪醇的过程，他们指出，水的加入一方面能抑制烷烃的生成，另一方面能促进酯的水解。

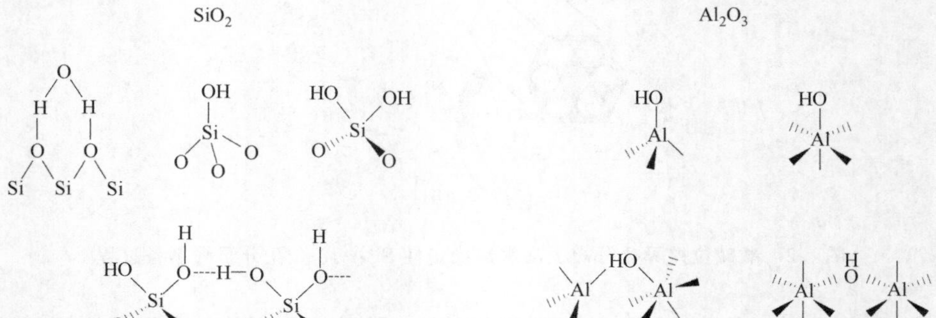

图 4-3　构成分子筛的基本单元[12]

4.2.3.2　分子筛催化剂水热稳定性的影响因素

尽管在新型催化剂设计方面产生了一系列重大进展，但对于分子筛的水热稳定性仍是重要的课题之一，换言之，目前大部分的分子筛催化剂都不具有足够的水热稳定性，这严重影响了其长期的使用性能。解决问题的前提是了解问题，因此，近年来也有多位学者对沸石分子筛催化剂在中高温水热条件下的失活因素进行了综述。Heard 等[17] 对分子筛水热稳定性的影响因素及解决办法进行了详细的总结和阐述。他们指出，分子筛在水热条件下的失活主要是由于分子筛表面水的吸附导致水与分子筛骨架产生了相互作用，因此产生了分子筛的水解现象。

首先，催化剂在水热条件下的稳定性是和体系牢不可分的，最主要的影响就在于温度和压力。低温水和高温水具有本质上的不同，在讨论催化剂的水热稳定性时，这一问题主要体现在 K_w 和密度，以及密闭容器温度升高带来的压力升高这三个层面上。例如，Akizuki 等[18] 发现，TiO_2 在低温、低密度的水溶液中主要体现 Lewis 酸酸度，而在具有高密度的亚临界水中则体现出了相对较强的 Brønsted 酸酸度。而酸度的体现则又与催化剂的水热稳定性高度相关，由于在水热条件中分子筛的亲水性主要体现在铝基团上，这就导致全硅分子筛几乎是不吸水的，且骨架铝浓度对分子筛的吸水性能有着显著的影响。另外，分子筛表面的缺陷以及形成的 B 酸位点也会形成对水的弱吸附，这一现象与表面 Al 位点相竞争，构成了分子筛对水的吸附体系。在低压强下，分子筛对水的主要吸附位点在于表面 B 酸与水的强相互作用，而随着压强的增加，亦能够在表面的缺陷处形成对水的弱吸附，如图 4-4 所示。

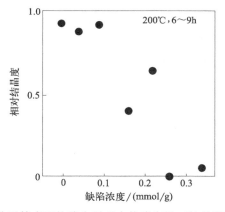

图 4-4　分子筛表面缺陷含量对水热稳定性（结晶度）的影响

因此，表面的亲水基团及 Al 位点是低压或常压下引起水吸附的主要位点。而催化剂在高温水中的失活可以分为可逆失活以及不可逆失活两种。可逆失活指的是由于高温水的高传质效率引发的对反应物及产物的竞争吸附作用，这一作用尽管会影响催化剂的活性，但却不会影响催化剂的稳定性，随着温度的降低即可恢复；引起不可逆失活的因素较多，例如负载金属在水热条件下原位形成的金属氧化物导致的失活，活性金属在高温水的高 H^+ 和 OH^- 进攻下浸出失活，以及催化剂载体结构的破坏失活。前两者事实上涉及的是金属物种在表面负载的稳定性，故不在此进行过多赘述，而最主要的影响便是对分子筛结构的破坏。水的引入对分子筛结构的破坏主要可归因于分子筛骨架的水解导致相应基团的脱落以及分子筛的非晶化转变。研究表明，在分子筛的水解过程中，Si—O—Si 及 Al—O—Si 结构的破坏导致的 Si、Al 原子的脱落及整体晶型的转化是最主要的因素。随着水温度的升高，K_w 的提升十分明显，提高的 H^+ 及 OH^- 浓度会明显加剧 Si—O 键的裂解，从而导致分子筛骨架的坍塌，使其完全非晶化，如图 4-5 所示。

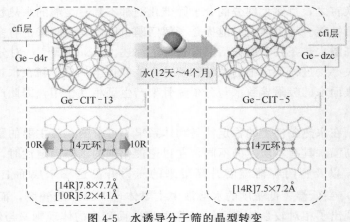

图 4-5　水诱导分子筛的晶型转变

(1Å＝0.1nm)

4.2.3.3　提高分子筛催化剂水热稳定性的方法

　　目前，对分子筛的水解机理也有着多种模型假设。由于采用的计算模型以及研究的侧重点的不同，可分为单水分子模型、多水分子协同模型以及酸/碱催化模型这三种，而在分子筛层面亦有脱硅和脱铝两种途径。由于水分子间存在着质子的传递效应等因素，出于算力的限制，现有的模型几乎都无法完全模拟催化剂在水中的真实情况。对基于不同简化的模型，亦能得到部分简化结论，模拟计算在其中主要起到对实验数据进行补充的作用，而非直接论据。但总体而言，本质上分子筛催化剂水解的核心问题在于反应活性中心的可达性上，即是否容易吸附水分子、能吸附多少水分子，这一点高度影响着催化剂的水解速率，以及结构被破坏后能否通过煅烧恢复活性、恢复多少活性。

　　常温下分子筛快速水解机理见图 4-6。

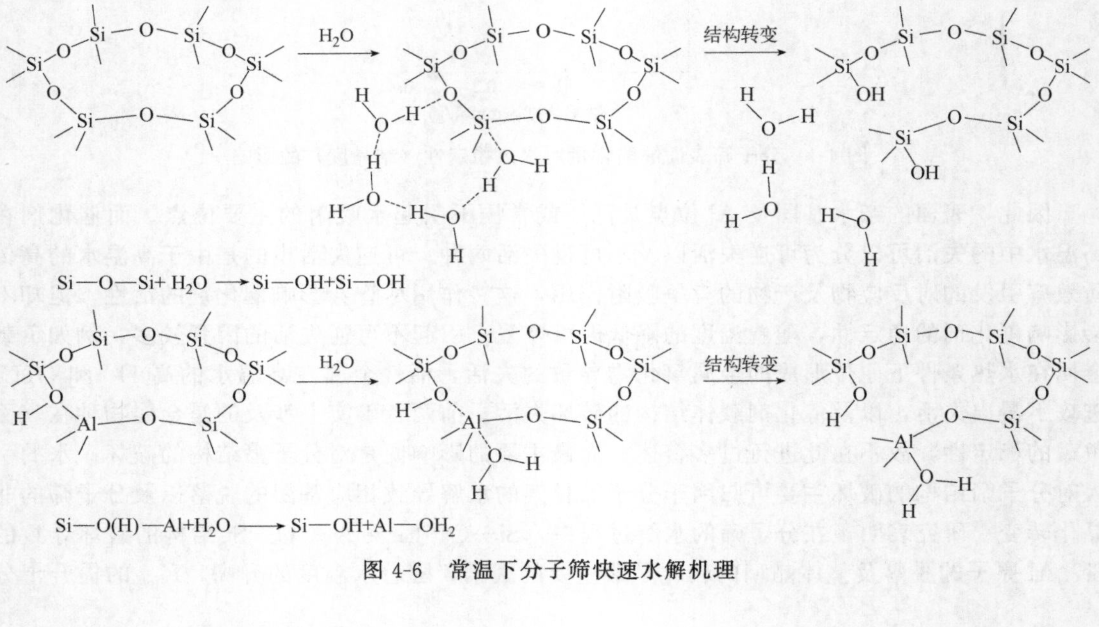

$$Si-O-Si + H_2O \longrightarrow Si-OH + Si-OH$$

$$Si-O(H)-Al + H_2O \longrightarrow Si-OH + Al-OH_2$$

图 4-6　常温下分子筛快速水解机理

基于以上假设，近年来学者在沸石分子筛类催化剂的水热稳定性方面做出了大量的努力，也衍生出了一系列对分子筛催化剂改性的系统性方法。

（1）载体的杂原子掺杂

在高温水中，包括沸石分子筛在内的大多数氧化物均表现出很差的稳定性。而在这些氧化物中引入杂原子（如 La^{3+}、Ga^{3+}、Sm、Ce 和 Ti^{4+} 等）可显著提高其水热稳定性。Zahir 等[19] 比较了介孔 γ-Al_2O_3 膜与单掺杂和双掺杂膜的水热稳定性。观察到过渡（Ga^{3+}）或稀土（La^{3+}）阳离子对介孔 γ-Al_2O_3 的水热稳定性具有明显的改善效果，这种效果在 Ga^{3+}-La^{3+} 双掺杂中亦得到了增强。这一现象可以归因于掺杂的原子因不同的大小以及电子结构，对孔道结构以及亲水中心产生的保护作用。但需要注意的是，一方面，这种方式也会改变表面的酸性质，而酸特性又很大程度地决定很多反应的催化活性；另一方面，过多的掺杂也会过分影响催化剂本身的结构，从而导致水热稳定性进一步降低，因此，选择合适的金属物种以及掺杂量是十分必要的。

（2）表面的官能团修饰

如前所述，分子筛对水的吸附，尤其是在低压情况下，很大程度取决于其表面的亲水官能团，而通过表面改性可以在催化剂的表面引入新的官能团，或去除影响水热稳定性的官能团，从而改变载体的亲疏水性能，以增强其水热稳定性。Wei 等[20] 通过 N-(2-氨基乙基)-3-氨基丙基三甲氧基硅烷（AEAPS）在 SBA-16 载体上的硅烷化，为其表面引入了氨基，制成了氨基化介孔 SBA-16 催化剂。通过氨基对硅烷醇基的取代，该官能化的 SBA-16 样品显示出处理前 SBA-16 载体的疏水性和水热稳定性，而这则与甲硅烷基化程度有关。与金属掺杂不同的是，由于仅改变了表面的游离官能团，所以往往对催化剂的酸位点密度并没有显著的降低，而有机基团的修饰又能够增强生物油中长链脂肪酸在催化剂表面的吸附，因此对特定的反应具有重要的意义。

（3）薄膜涂层

前述提到，Si—O—Si 键的水解是分子筛催化剂在水相中失活的主要原因之一，因此，采用薄膜涂覆的方式对表面对应的位点进行保护则可以有效地抑制其水解并改善水热稳定性。Pagan-Torres 等[21] 采用原子层沉积（ALD）的方式对 SBA-15 催化剂表面进行了 Nb_2O_5 层的沉积（图 4-7），得到的催化剂在本身结构影响不大的前提下，显示出了更好的水热稳定性。然而，ALD 工艺需要与两个单独的反应物进行连续反应并进行多次循环以实现薄膜涂层，操作难度较大，且在高温水存在下仍然不稳定。

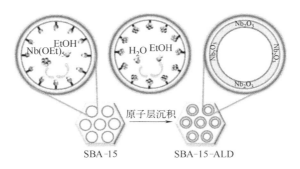

图 4-7　在 SBA-15 孔内制备 Nb_2O_5 薄膜

此外，Samuel Chung 等[22] 通过对多种二氧化硅、混合氧化锆-二氧化硅氧化物和氧化铝等催化剂的碳涂层实验，证明了采用聚糠醇作为前体对 SBA-15 催化剂进行碳涂层，能够在不影响催化剂的平均孔径和表面积的前提下，大幅增强催化剂的水热稳定性。通过碳前体的组成和结构，包含锆改性剂、碳负载和碳化条件的系统性研究，开发出了具有高度水热稳定的碳改性硅酸锆和中孔氧化铝载体。

4.2.3.4　分子筛催化剂在生物质水热液化中的应用

在生物质水热过程中，水热液化的温度范围在 250～400℃之间，在这一温度下，由于水分子电离常数 K_w 的增加，水相中的离子浓度提升较为明显。因此，常规的分子筛催化剂难以在这一条件下保持长久而稳定的催化效果。因此，长久以来，分子筛在该领域的应用都受到了一定限制。为填补这一领域的空白，近年来，陆续有学者开发了具有水热稳定性的分子筛催化剂。

近年来，对商业分子筛在微藻水热液化中利用的报道有增多的趋势。Jazie 等[23] 采用 Hβ 分子筛对低脂褐藻的水热液化过程进行了研究，采用 15%（质量分数）的催化剂用量，在 300℃的反应温度下反应 20min，得到了 27.6%的生物油含量，热值为 38.47kJ/kg。Ma 等[24] 研究了 ZSM-5、Y 型分子筛和丝光沸石对大藻水热液化的影响。结果表明，在 280℃下，采用 15%（质量分数）的 ZSM-5 分子筛能够将生物油的产率提升到 29.3%，热值为 32.2～34.8MJ/kg。然而，这些催化剂都未提到稳定性相关的因素。

也有部分学者尝试对催化剂进行改性，从而增强分子筛催化剂在某一方面的优势，如对特定产物的选择性和水热稳定性等等。Lu 等[25] 采用 NaOH 对 HZSM-5 催化剂进行了脱硅扩孔处理，合成的催化剂在水热条件下具有催化脂肪酸和酰胺混合物芳构化的能力。在 400℃的水热条件下反应 3h，总芳烃产量达到 40.77%。结果表明，扩孔能够强化传质，从而使得对大分子的选择性有所增强。此外，催化剂的稳定性得到了改善，如图 4-8 所示，扩孔后的 HZSM-5 催化剂在前 4 次循环中较为稳定，而在第 5 次循环后明显失活。

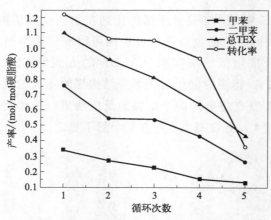

图 4-8　扩孔 HZSM-5 的水热稳定性

Wang 等[26] 研究了甲硅烷基化、水热炭化和连续的水热炭化-热解处理对延长 ZSM-5 稳定性的帮助。结果表明，由甲硅烷基化和水热炭化产生的涂层在大于 300℃的水热条件下并不稳定。相比之下，如图 4-9 所示，通过连续水热炭化-热解形成的涂层在 550℃以及 400℃的超临界水条件下都是稳定的。

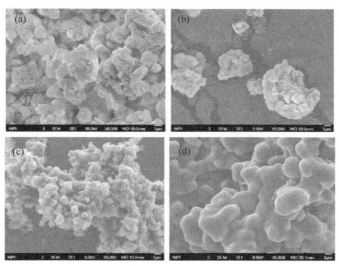

图 4-9　(a) 原始 ZSM-5；(b) 40％葡萄糖水热炭化处理的 ZSM-5；(c) 水热炭化-热解处理的
ZSM-5；(d) 60％葡萄糖水热炭化处理的 ZSM-5 的 SEM 图像

　　近年来，对负载金属活性物种的金属-分子筛双功能催化剂也有了部分报道。负载金属一方面能够增加反应的活性中心，提供加氢/脱氢等反应的活性位点，改善产物的分布；另一方面能够改善表面的酸结构，增加特定物种的选择性以及催化剂的稳定性。Xu 等[27] 采用 ZSM-5 负载的铈基催化剂，研究了其催化的小球藻水热液化过程。与 HZSM-5 相比，Ce/HZSM-5 在分子筛骨架通道中具有显著增强的路易斯酸活性中心，较小的粒径，较大的比表面积，高度分散的 Ce_4O_7 和三价及四价铈，加速了藻类的催化水热液化过程。在反应后，表面的 Ce 物种并未发生明显的团聚现象。Hamidi 等[28] 合成了 Ni 负载的 Y 型分子筛催化剂，生物油产率提高到了 80.0％，焦炭量从 14.3％降至 3.9％。且生物油的 H/C 比增加，O/C 比降低，从而使得热值从 30.04MJ/kg 提高到了 33.13MJ/kg。然而，如图 4-10 所示，催化剂的稳定性仍不理想，由于沸石结构坍塌，Ni 活性位点氧化，焦炭沉积和杂质的存在，催化剂的失活非常明显。

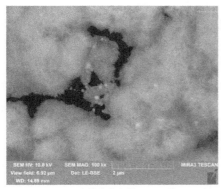
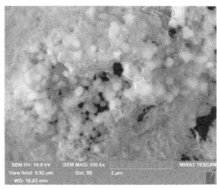

(a) 反应前催化剂的SEM图像　　　　　　　(b) 反应后催化剂的SEM图像

图 4-10　反应前后催化剂的 SEM 图像

　　总体而言，目前分子筛催化剂在生物质的水热液化中的应用仍限于商业分子筛以及进行了一定预处理的分子筛。对气相以及有机体系中常见的负载金属活性基团的金属-分子筛双功能催化剂的应用则较少。金属物种的引入能够提供加氢的活性中心，并调节催化剂表面的酸功能，对水热液化的影响是十分有益的。而导致目前对这一方面的工作研究较少的核心原因就在于催化剂的水热稳定性，除传统分子筛面临着结构坍塌的问题外，金属物种也面临着流失、结焦、氧化等易导致失活的因素，因此金属-分子筛双功能催化剂的开发面临着更为严峻的挑战。截至目前，学界对这一方面的研究仍较为空白，对高水热稳定性的金属-分子筛双功能催化剂的开发也将使得生物质水热液化迈上新的阶梯。

在 473K 以下，沸石分子筛的水热稳定性已不尽人意，因此，在 473K 以上，关于沸石分子筛的研究报道很少。Ravenelle 等系统研究了 Y 型分子筛和 ZSM-5 型分子筛在 423K 和 473K 的水热稳定性，发现 Si/Al 比为 14 或更高时，Y 型分子筛脱铝严重，导致分子筛硅铝比显著增大，分子筛结构遭到破坏，而相同条件下，ZSM-5 型分子筛表现得较为稳定。

4.2.4　介孔硅基催化剂

催化剂孔道大小也对生物质水热液化具有重要影响。微孔分子筛孔径（<2nm）较小，生物质初次水热降解产生的大分子中间体难以进入微孔分子筛的孔道内，容易在催化剂表面活性位的作用下聚合积炭，从而导致催化剂快速失活和生物油产率下降。而介孔分子筛较大的孔径使得这些大分子中间体容易进入分子筛内部，与孔内的酸性位结合，发生脱氧和二次裂解等反应，进一步提高生物油产率和品质。然而，介孔分子筛本身往往存在缺乏催化活性位、水热稳定性差等问题。

硅基多孔材料是一种重要的非均相催化剂材料，介孔分子筛和沸石是主要的硅基多孔材料，其不同在于孔径大小。一般地，沸石孔径小于 2nm，属于微孔材料，如 ZSM-5 等。介孔分子筛的孔径一般在 2～50nm，具有有序规整的孔道结构。介孔材料发展到现在已经有很多成员，其中比较有代表性的是 SBA 系列和 MCM 系列。沸石起源较早，广泛应用于石油化工行业，如 ZSM-5 已较成熟地应用于石油加工的催化裂化和二甲苯异构化等反应。然而，沸石受限于其孔径大小，在反应动力学上并不有利于生物质的主要大分子组分的进入，因此在直接催化生物质水热液化领域使用较少，而介孔材料是采用结构导向剂合成一系列孔径相对于沸石更大的多孔材料，应用于生物质转化前景广阔。介孔材料多是利用模板剂进行"造孔"，SBA、MCM 和 FDU 等系列均是常见的有序介孔分子筛。

由于高温下水对催化剂的破坏作用明显，因此催化剂开发过程中除了考虑催化性能，还需要重点考虑水热稳定性。同时，介孔材料在孔径等方面的优势给了研究者们将其应用于催化生物质转化的想象空间，但现有介孔材料水热稳定性不足却制约了其应用。目前，催化微藻水热液化中非均相催化剂的研究相对较少，仅有部分课题组就现有分子筛、改性分子筛及部分过渡金属或金属氧化物进行了研究。然而，这类介孔硅基催化剂在催化水热液化反应中遇到的水热稳定性不足的问题尚需解决。因此寻找合适的介孔材料改性手段，提升硅基介孔材料的水热稳定性将是未来研究的重点。

Cassiers 等[29] 研究发现，受聚合度和材料壁厚的影响，介孔分子筛水热稳定性排序如下：FSM-16，MCM-41，HMS<MCM-48，PCH<SBA-15<KIT-1。SBA-15 在 673K 水热处理 12h 以后介孔结构完全破坏，比表面积仅为处理前的 4%，损失近 96%。但是经过苯磺酸基表面修饰后，SBA-15 在 453K 下水热稳定性显著提升。Pagán-Torres 等通过气相沉积法将 Nb_2O_5 沉积在 SBA-15 表面和内部孔道中，在 473K 水热处理时发现改性后的 SBA-15 保持了一定的有序介孔结构，并且当 Nb_2O_5 沉积量相当时，水热前后 SBA-15 的比表面积

没有明显损失。

如前所述，SBA-15 在高温水相中水热稳定性较差。其主要原因是介孔孔道内外表面含有大量羟基而使得水分子极易接触到形成有序介孔的骨架结构，从而引起大量 Si-O-Si 键的水解，造成介孔骨架结构的坍塌，而这一水解作用在高温水热环境下尤为显著。通过对 SBA-15 内外表面羟基的改性，使羟基数量减少，可以降低介孔材料的亲水性，从而提高 SBA-15 的水热稳定性。唐寅等[30] 通过硅烷基嫁接法改性 SBA-15 的表面羟基而获得硅烷基化 SBA-15。在三（五氟苯基）硼烷作为催化剂的条件下，分别将二苯基硅烷、聚甲基氢硅氧烷、1,1,3,3-四甲基二硅氧烷、1,1,3,3-四甲基二硅氮烷、二甲基苯基硅烷和三苯基硅烷等六种烷基化试剂嫁接到 SBA-15 介孔分子筛上，嫁接原理如图 4-11 所示。随后对获得的硅烷基化 SBA-15 介孔材料分别在 573K、593K 和 613K 下水热处理 0.5h 进行了水热稳定性测试，最后在温度为 573K、停留时间为 0.5h 的条件下进行杜氏盐藻催化水热液化。研究结果表明：①含氢硅烷类有机化试剂在催化剂的作用下可以有效地嫁接到介孔分子筛上，分子筛上的大部分表面羟基被硅烷基化基团取代；②硅烷基化嫁接过程中，SBA-15 的孔径、壁厚、比表面积、孔体积等孔道结构参数会发生一定变化，但不会破坏原有介孔孔道的有序性；③含氢硅烷类有机化试剂嫁接到分子筛上后，能够改善介孔分子筛的水热稳定性，但要获得水热稳定性显著提高的改性介孔分子筛，含氢硅烷种类的选取很重要；④经过含氢硅烷类有机化改性的介孔材料对于催化杜氏盐藻水热液化生物油的产物分布具有重要的影响。在水热液化过程中，通过抑制氨解反应和 Maillard 反应的进行可以有效地降低生物油中的酰胺和含氮杂环化合物的含量。催化水热液化所得生物油中的主要化合物为 5-羟甲基糠醛及其衍生物，其含量高达 70% 以上。这表明有机化改性介孔材料 SBA-15-X 能够有效地催化糖类定向转化为 5-羟甲基糠醛及其衍生物。

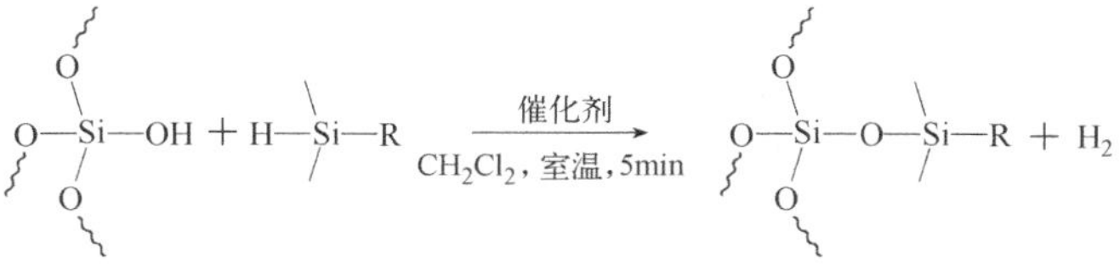

图 4-11　硅烷基化改性 SBA-15 原理

介孔材料的水热稳定性还可以通过原位法或后嫁接法掺杂金属杂原子而增强，掺杂金属的物种类型和摩尔比都能影响介孔材料的水热稳定性。研究表明：金属掺杂改性 SBA-15 在提升介孔材料在高温下的水热稳定性方面表现优异，但从微藻的液化率、产油率及生物油组成来看，其催化效果并不明显。①金属掺杂改性过程中，由于部分金属粒子进入骨架结构，SBA-15 的孔径、壁厚、比表面积、孔体积等介孔孔道结构参数会发生一定变化，部分金属粒子会存在于介孔孔道内，导致孔道均一性降低，但不会破坏原有介孔孔道的有序性；②金属掺杂能够有效改善介孔分子筛的水热稳定性，金属种类和含量是水热稳定性提高效果的重要控制因素；③表面羟基的存在是导致介孔材料水热稳定性差的重要因素，减少表面羟基的数量而改变介孔材料的亲水性能够有效地改善介孔材料的水热稳定性。

此外，Lin 等[31] 还研究了多官能团改性 SBA-15 催化剂。据报道，金属尤其是 Co 的掺杂可以有效提升催化剂的水热稳定性，尽管 SBA-15 在气相中可以耐受 773K 水蒸气长时间的处理，但是在 473K 的高温水相中短时间内就发生坍塌，因此水热稳定性测试应在水热液化条件下进行，可以通过在 533K 及 573K 下水热处理 0.5h 或 1h 来判断催化剂水热稳定性是否符合藻类水热液化标准。林琦淞等针对现有催化剂催化微藻多组分水热液化仍存在活性位点不足、催化效率不高的缺点，通过在金属掺杂 SBA-15 有序介孔分子筛上引入有机酸碱基团，发现可以有效提升其催化水热液化活性。结果表明，金属掺杂可以有效提高有序介孔材料的水热稳定性，而嫁接有机官能团则可以改善其活性。具体结论：①金属 Co 的掺杂有利于提升介孔分子筛的水热稳定性，Co-SBA-15 最高可在 573K 下水热测试 1h 保持有序介孔结构。Co 主要以 Co_3O_4 的形式存在于 SBA-15 基体表面或以杂原子形式进入硅基骨架，SBA-15 的孔径、比表面积、介孔体积等孔道特性参数随着 Co 的引入而改变。②有机官能团的嫁接会进一步改变基体的物理结构，其中磺酸基的引入有利于提升其水热稳定性，而氨基及含 F 磺酸基的嫁接则会产生反作用。其中 SO_3H-Co-SBA-15 和 NH_2-SO_3H-Co-SBA-15 最高可在 573K 下水热处理 1h 保持有序介孔结构，水热稳定性的提高是有机官能团和 Co 共同作用的结果。

4.2.5 碳材料催化剂

碳质材料（如碳纳米管、生物炭以及 C_3N_4 等）具有很好的化学稳定性和水热稳定性，可以用作水热反应的催化剂或者催化剂载体，在水热反应过程中重复利用。此外，碳质材料通常孔隙多、比表面积大，这些碳材料在形成过程中会残留部分官能团，可以作为负载型催化剂的结合位点或催化活性中心，有利于提高生物油品质。

4.2.5.1 碳纳米管催化剂

碳纳米管（CNTs）是由碳元素构成的一个中空管状结构，是由单层或多层石墨六边形网络平面（石墨片）沿手性矢量卷绕而成的无缝、中空的微管，径向尺寸为纳米量级，轴向尺寸为微米量级，管子两端基本由碳原子的五边形封顶，是特殊结构的一维量子材料。碳纳米管根据构成管壁的石墨片层数的不同分为单壁碳纳米管（single-walled carbon nanotubes）和多壁碳纳米管（multi-walled carbon nanotubes）（图 4-12）。碳纳米管由于其特殊的管道结构、多壁碳管之间的石墨层空隙和表面存在大量细孔，比表面积很大，适于用作催化剂载体，负载金属或功能化后极大地提高了催化剂的活性及选择性。此外，碳纳米管由于巨大的长径比，使其具有高度的热力学稳定性，在空气中小于 750℃ 都能稳定存在。因此，将碳纳米管负载的金属催化剂应用于生物质水热液化反应中，能够满足人们对高效水热反应催化剂的要求。

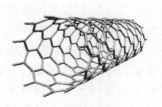

(a) 单壁碳纳米管　　　　(b) 多壁碳纳米管

图 4-12　碳纳米管结构示意图

（1）功能化碳纳米管催化剂对微藻生物质水热液化的研究

碳纳米管具有巨大的分子量，其刚性的结构及管束的存在形式导致其在水中难以分散。然而，将碳纳米管用于催化剂要求其在溶剂中能够有效地分散，从而提高其与底物分子的可及性，加快反应速率。通过对碳纳米管进行功能化修饰，改善其在水溶剂中的分散度，使之易于进一步催化应用。功能化在改善碳纳米管分散性的同时成功引入新的性能。碳纳米管功能化已成为其能够在藻类生物质水热液化中应用的关键问题。近年来，很多研究侧重于制备水溶性的 CNTs 并发展化学功能化的 CNTs。利用浓硝酸与浓硫酸混合酸在不同条件下对碳纳米管的管壁缺陷处进行氧化，制备羧基化 CNTs(CNTs-COOH) （图 4-13）。通过氨水处理将氨基引入碳纳米管，制备氨基化 CNTs(CNTs-NH$_2$)。

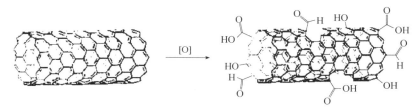

图 4-13　碳纳米管氧化产生羧基化碳纳米管示意图

　　Lu 等[32] 考察了酸、碱官能团功能化碳纳米管的水热稳定性及其对微藻水热液化生物油产率、组分的影响，并阐明了酸、碱功能化碳纳米管在微藻水热液化过程中的作用机制。经过水热（340℃，60min）处理后，CNTs-COOH、CNTs-NH$_2$ 的表面积和孔径几乎没有变化，如图 4-14 所示。说明水热处理并不影响碳纳米管的有序介孔结构，从而证实了酸、碱功能化碳纳米管具有非常高的水热稳定性。

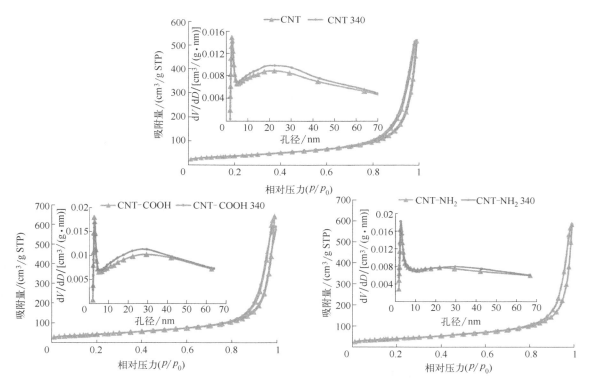

图 4-14　水热处理前后 CNTs 以及酸、碱功能化 CNTs 的 N$_2$ 吸附/脱附等温线和孔径分布

　　酸功能化的 CNTs 催化剂 CNTs-COOH 能够提高生物油中的氢含量，经 CNT-COOH 催化水热液化制得生物油的碳、氢元素含量最高，相应的热值也最高（达到 37.57MJ/kg）。

另外，空白实验所得生物油中胺类和含氮杂环类化合物分别占 42.3％和 10.1％（图 4-15），加入 CNTs-COOH 和 CNTs-NH$_2$ 后，含氮化合物含量明显减小，降至 30％以下，说明 CNTs-COOH 和 CNTs-NH$_2$ 混合催化剂对生物油的脱氮表现出良好的性能，而 CNTs-NH$_2$ 催化剂可以有效降低生物油中的硫含量。

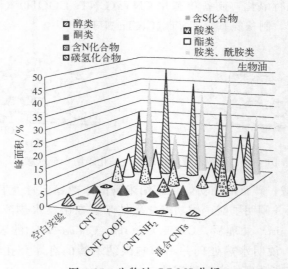

图 4-15　生物油 GC-MS 分析

反应条件：280℃，30min。Mixed CNTs 表示 50％（质量分数）的 CNTs-COOH 和 50％（质量分数）的 CNTs-NH$_2$

无论是酸功能化的 CNTs-COOH 催化剂，还是碱功能化的 CNTs-NH$_2$ 催化剂，均对生物油中 200℃以下馏分有明显提升。不加催化剂时，生物油中 200℃以下馏分的含量仅 7.8％，当加入 CNTs-COOH 或 CNTs-NH$_2$ 催化剂时，该组分含量分别增加至 15.2％和 14.9％（图 4-16）。当将两者混合后用于微藻催化水热液化反应，所得生物油中 200℃以下馏分含量提升至 18.6％。说明酸、碱功能化的 CNTs 能够明显提升生物油的低沸点组分含量，且 CNTs-COOH 和 CNTs-NH$_2$ 对生物油的品质提高具有协同作用。

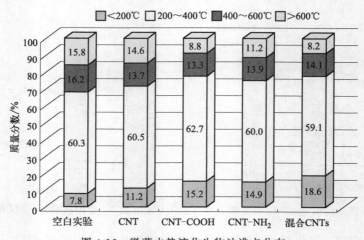

图 4-16　微藻水热液化生物油沸点分布

反应条件：280℃，30min。混合 CNTs 表示 50％（质量分数）的 CNT-COOH 和 50％（质量分数）的 CNT-NH$_2$

（2）碳纳米管负载金属催化剂对微藻生物质水热液化的研究

金属负载型催化剂对微藻催化水热液化具有显著的影响。基于文献报道，过渡金属、贵金属可作为有效的活性组分应用于微藻水热液化过程以达到提高生物油品质的目的。通常，微藻直接水热液化所得生物油中 O 和 N 等杂原子导致生物油具有较低的品质，去除 O 和 N 元素是提高生物油品质的重要方法之一。美国密歇根大学的 Savage 教授课题组对负载型 Pd、Pt、Ru 和 CoMo 等催化剂进行研究，表明微藻经金属负载型催化剂催化水热液化所得生物油具有较低的黏度。此外，Biller 等研究了 CoMo-、Ni 和 Pt-基催化剂，表明催化剂的加入使生物油产率和热值均得到了明显的提升。碳基材料作为载体负载金属催化剂已经应用于催化水热液化过程中，其中 CNTs 作为催化剂载体能够将所负载的活性金属高度分散在其外壁或填充到内壁。

Chen 等[33]通过湿浸渍法制备了一系列负载金属（Co、Ni 和 Pt）的 CNTs 催化剂，考察了负载金属前后 CNTs 的结构变化情况，及其对杜氏盐藻水热液化转化率、生物油产率的影响，以及催化剂的稳定性，并阐明了金属负载碳纳米管在微藻水热液化过程中的作用机制。金属的负载基本没有改变 CNTs 的晶体结构（图 4-17），但是负载金属 CNTs 的 I_D/I_G 比率增加，这表明金属的引入增加了 CNTs 的缺陷和紊乱度。

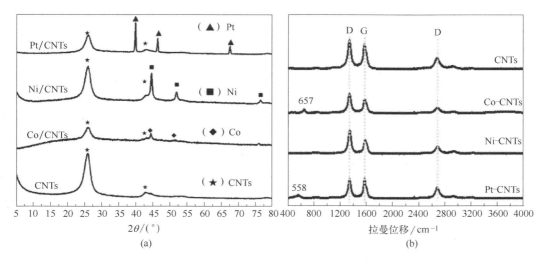

图 4-17　不同金属负载 CNTs 的 XRD 图谱（a）以及拉曼分析图谱（b）

与空白实验相比，加入 CNTs 负载金属催化剂后，微藻水热液化的转化率和生物油产率均显著提高。说明 CNTs 负载金属催化剂对于提高微藻的转化率和生物油的产率有一定的促进作用。负载金属 Co 的碳纳米管（Co/CNTs）催化微藻水热液化的转化率和生物油产率达到最高值，分别为 95.78%（质量分数）和 40.25%（质量分数）（图 4-18），此外，Co/CNTs 还可以提高微藻生物油中的碳氢化合物含量，降低脂肪酸含量。

Co/CNTs 催化杜氏盐藻水热液化所得生物油的化学组分主要有烃类（51.63%）、羧酸（26.38%）、酮类（13.98%）和含氮化合物（8.01%）等（图 4-19），其中烃类化合物含量较高，脂肪酸含量较低。而 Ni/CNTs 和 Pt/CNTs 催化微藻水热液化所得生物油中含有大量羧酸。烃类化合物，比如十一烷、癸烷、十二烷、十三烷、2,6-二甲基十一烷和 7-甲基十三烷等仅在 Co/CNTs 催化杜氏盐藻水热液化所得生物油中检测到，这些化合物可能是由糖

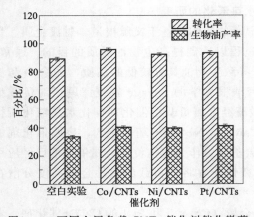

图 4-18 不同金属负载 CNTs 催化剂催化微藻
水热液化转化率和产油率结果
（反应条件：300℃，30min）

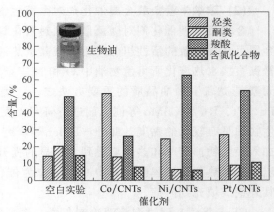

图 4-19 不同催化剂下催化微藻水热液化所得
生物油主要化合物的分类结果
（反应条件：300℃，30min）

类物质在水热液化过程中经历缩合、脱水和脱氧等化学反应所得。因此，Co/CNTs 主要对微藻中糖类物质的转化有促进作用。此外，在碳纳米管负载金属催化剂作用下所得生物油中含氮化合物含量非常少，说明微藻中的氨基酸在催化剂作用下通过脱氨反应生成了其他化合物。因此，金属负载 CNTs 催化剂有利于有效地去除微藻中的氮元素。

元素分析为生物油的元素组成和热值分析提供了十分重要的信息（表 4-1）。结果表明，采用 CNTs 负载金属催化剂催化杜氏盐藻的水热液化能够在一定程度上提高生物油中 C 和 H 含量，并降低 O 和 N 含量。增加的 C 和 H 含量以及降低的 O 含量使生物油的能量密度显著高于微藻原料的能量密度。所得生物油热值在 35～37MJ/kg 之间，远远超出了微藻热裂解所得生物油的热值（约 20MJ/kg），而与石化燃料的热值（42MJ/kg）非常接近。由此，催化水热液化所得生物油具有用于动力燃油的潜力。此外，相比空白实验所得生物油中 N 含量，催化水热液化所得生物油中 N 含量及 O 含量均有所降低，主要原因是催化剂使得液化过程中脱氮反应发生，以及水热液化过程中亚/超临界水的供氢作用导致脱氧反应发生，因此，催化剂的加入对于生物油中 N 含量、O 含量的减少具有一定的促进作用。文献［34］报道 Ni 基催化剂有利于脂类的脱氧反应而 Co 基和 Pt 基催化剂有利于蛋白质和糖类的脱氧，因此，金属负载 CNTs 催化剂可使生物油具有更高的热值和更低的 O、N 含量，故通过催化水热液化可能实现一步生成具有更高品质的生物油。

表 4-1 不同催化剂下催化水热液化所得生物油的元素分析和热值结果

元素分析	空白实验	Co/CNTs	Ni/CNTs	Pt/CNTs
C（质量分数）/%	75.22	76.10	75.93	75.28
H（质量分数）/%	8.64	8.68	8.63	8.62
O（质量分数）/%[①]	10.87	10.35	10.20	10.96
N（质量分数）/%	5.27	4.87	5.24	5.14
H/C	1.38	1.37	1.36	1.37
O/C	0.11	0.10	0.10	0.11
经验式	$CH_{1.38}O_{0.11}N_{0.06}$	$CH_{1.37}O_{0.1}N_{0.05}$	$CH_{1.36}O_{0.1}N_{0.06}$	$CH_{1.37}O_{0.11}N_{0.06}$
热值/（MJ/kg）	35.80	36.25	36.14	35.77

① 差值法计算。

(3) 金属负载 CNTs 催化水热液化杜氏盐藻的反应机理研究

在杜氏盐藻水热液化制备生物油的过程中，所应用的催化剂显著影响原料的转化率、生物油产率和生物油的组分分布。催化剂在水热液化过程中改变大分子化合物的反应路径，从而导致生物油化学组分的改变。可能的 CNTs 负载金属催化水热液化微藻的反应途径如图 4-20 所示。Ni/CNTs 和 Pt/CNTs 催化微藻所得生物油中具有较低的链烃含量，且生物油中酮类含氮化合物含量较少，而羧酸类化合物较多。这些链烃主要由呋喃衍生物经历缩合和脱水反应得到，即 Ni/CNTs 和 Pt/CNTs 催化剂不利于糖类化合物的转化，同时抑制了羧酸和氨之间的氨解反应。

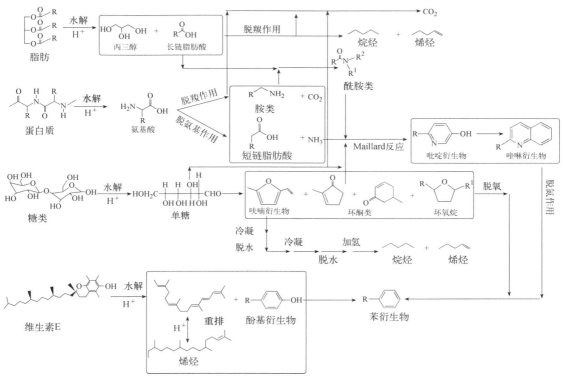

图 4-20　金属负载 CNTs 催化水热液化杜氏盐藻的可能反应路径

总之，碳纳米管负载金属催化剂 M/CNTs（M＝Co、Ni 和 Pt）有利于提高水热液化过程中微藻的转化率和生物油产率，不同金属活性组分对生物油化学组分和沸点分布具有很大的影响，其本质是影响了催化水热液化反应途径。

4.2.5.2　生物热解炭材料

生物炭是指生物质废弃物在缺氧条件下经高温热裂解得到的难溶、稳定且高度芳香化的富含碳素的固体产物，具有丰富的孔隙结构和官能团，具有与负载官能团碳纳米管类似的一些性质。迄今为止，生物炭对微藻水热液化的影响很少受到关注。

卢建文等[35] 等以秸秆、稻壳、花生壳和木屑 4 种木质纤维素的热解生物炭作为小球藻水热液化催化剂，考察了生物炭对小球藻生物油产率和品质的影响。相比于空白实验，除稻壳生物炭外，其他生物炭催化所得生物油中碳和氢的含量均有所增加。木屑生物炭制得的生物油含碳量最高，为 75.21%，而稻壳生物炭催化制得的生物油含碳量低于空白实验所得生物油。这可能是因为稻壳生物炭灰分（31.9％）含量高。一般来说，灰分会影响水热液化过程中有机物的传质和传热，导致固体残渣的产量增加，这也会使固体残渣中的碳含量增加，而生物油中的碳含量减少。此外，与未添加催化剂相比，4 种生物炭均提高了生物油的热值。其中，木屑生物炭催化所得生物油的热值为 37.7MJ/kg，比空白实验所得生物油增加了近 2MJ/kg。

相比于空白实验所得生物油，引入生物炭催化剂可以降低生物油中杂原子的含量（表 4-2）。空白实验所得生物油的含氮量为 6.42％，添加生物炭后，生物油的含氮量降至5.78％～6.11％。花生壳生物炭催化所得生物油中硫含量（0.72％）最低，木屑生物炭催化所得生物油中氧含量（8.54％）最低。因此，生物炭在去除杂原子方面表现出不同的性能。木屑生物炭和稻壳生物炭催化所得生物油分别显示出了最低的 O/C 和 N/C 比，说明生物炭在脱氧、脱氮的方面表现优异。这可能是因为生物炭具有较大的比表面积和孔径（8～18nm），在水热液化过程中生物炭中的碱性碳酸盐或氢氧化物能够促进有机大分子（脂类、蛋白质或碳水化合物）在大孔径内进行转化。生物油的脱氮主要是通过氨基酸的脱氨来实现的，因此，氨在生物炭上的吸附可能起到了关键作用。另外，空白实验所得水相产物中总有机碳（TOC）含量为 22.6mg/mL，说明水相中碳含量较高，一般情况下，藻类水热液化所得水相产物中的 TOC 含量在 12～35mg/mL 之间。生物炭的添加使水相的 TOC 含量降低到了 19.6～22.3mg/mL，这可能是由于生物炭孔隙中吸附了一些有机化合物所致。空白实验所得水相产物中总氮（TN）含量为 14.0mg/mL，生物炭对水相总氮含量无明显影响，水相总氮含量在 13.0～14.0mg/mL 之间，与空白水相基本一致。

表 4-2　不同生物炭条件下生物油及水相产物元素分析（实验条件：280℃，30min）

| 项目 | 生物油 | | | | | | | | | 水相产物 | |
	C/%	H/%	N/%	S/%	O[①]/%	N/C	O/C	H/C	HHV/(MJ/kg)	TOC/(mg/mL)	TN/(mg/mL)
小球藻	50.72	6.89	10.11	1.00	31.33	0.171	0.463	1.630	22.31	—	—
空白试验	72.94	8.87	6.42	1.03	10.73	0.075	0.110	1.459	35.79	22.6	14.0
秸秆生物炭	73.43	9.50	5.92	0.89	10.26	0.069	0.106	1.526	36.98	19.6	13.0
稻壳生物炭	72.55	9.30	5.78	0.81	11.56	0.067	0.093	1.478	36.23	20.9	13.4
花生壳生物炭	73.74	9.06	6.11	0.72	10.37	0.069	0.109	1.554	36.39	21.9	14.0
木屑生物炭	75.21	9.44	5.99	0.82	8.54	0.069	0.089	1.611	37.70	22.3	13.8

① 差量法计算。

生物油在氮气中进行的热重分析可以看作是模拟蒸馏的过程，从而能够估计生物油的沸点范围。生物油的沸点分布如图 4-21 所示。空白实验所得生物油中沸点低于 200℃ 的化合物

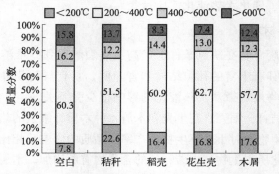

图 4-21　不同生物炭催化所得生物油的沸点分布

含量占 7.8％，而添加生物炭后所得生物油中沸点低于 200℃的化合物占 16％以上，添加秸秆生物炭时，这类化合物的质量分数（22.6％）最高。其中花生壳生物炭催化制得的生物油中沸点低于 400℃的化合物占 79.6％，远高于空白实验所得生物油，说明生物炭可以显著提高生物油的低沸点化合物含量。

4.2.5.3　C_3N_4 催化剂

Lu 等[36] 以 C_3N_4 负载 Au 纳米颗粒（Au/C_3N_4）为催化剂，采用甲酸为外加氢源，对小球藻进行水热液化，所得生物油元素分析及热值如表 4-3 所示。催化剂 Au/C_3N_4 以及甲酸的加入略微降低了生物油的产率，但生物油中的碳、氢元素含量增加，且生物油热值增加，碳的含量由 50.72％（不加催化剂且不加甲酸）增加至 74.66％，生物油的热值由 22.31MJ/kg（不加催化剂且不加甲酸）增加至 38.34MJ/kg。此外，生物油中的 N 含量明显降低。由此，催化剂 Au/C_3N_4 以及甲酸的加入明显提升了生物油的品质。

表 4-3　原料及生物油的元素分析

项目	C/％	H/％	N/％	O[①]/％	N/C	O/C	H/C	HHV/(MJ/kg)
小球藻	50.72	6.89	10.11	31.33	0.171	0.463	1.630	22.31
生物油	73.20	8.56	6.87	11.37	0.080	0.117	1.403	35.20
甲酸	74.05	9.68	6.32	9.95	0.073	0.101	1.569	37.35
甲酸＋Ru/C	74.54	9.54	6.17	9.75	0.071	0.098	1.536	37.36
甲酸＋Au/C_3N_4	74.66	10.13	6.53	8.69	0.075	0.087	1.628	38.34

① 差减法计算。

根据热重分析结果估算了生物油的沸点范围 [图 4-22（a）]。甲酸以及催化剂的加入增加了生物油中低沸点化合物的含量。特别是在小球藻水热液化过程中加入甲酸以及催化剂 Au/C_3N_4 后生物油中沸点低于 200℃的化合物比例由原来的 17％提高到 27％。汽油和柴油是两种重要的运输燃料，其沸点范围分别为 30～220℃和 180～410℃。通过外加氢源甲酸，在 Au/C_3N_4 催化下所得生物油中沸点低于 400℃的化合物含量占 84％，且该生物油中含有大量烃类化合物 [图 4-22（b）]，在这方面，该生物油作为燃料具有很大的潜力。

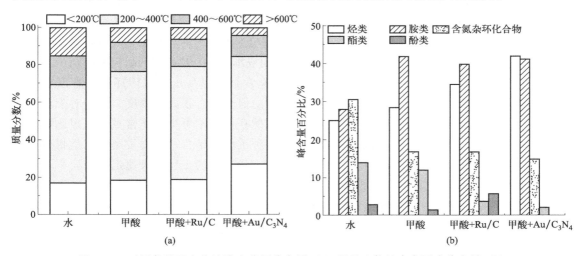

图 4-22　不同条件下生物油沸点范围分布图（a）以及生物油中主要成分含量（b）

加入甲酸以及催化剂条件下，小球藻水热液化反应的可能路径如图 4-23 所示。微藻在水热液化过程中，首先，其主要成分脂类、蛋白质和碳水化合物水解生成脂肪酸、氨基酸和单糖。而甲酸可以促进这一水解过程。其次，脂肪酸通过脱羧、脱羰或加氢脱氧生成碳氢化合物，在水热液化过程中甲酸在 Au/C_3N_4 催化剂作用下可高效分解为氢气和二氧化碳[37]，氢气的产生有利于脂肪酸发生加氢脱氧反应，产生更多的碳氢化合物。另外，氨基酸的脱羧基和脱氨基同时发生，两者之间存在竞争，甲酸的加入可以促进氨基酸的脱氨基生成更多的氨，同时抑制脱羧反应。酰胺可能是通过脂肪酸和氨的氨解形成的，甲酸的引入有利于产生更多的氨，进而导致产生更多的酰胺。单糖与氨基酸发生 Maillard 反应[38] 形成氮杂环化合物。甲酸可以通过加速氨基酸的脱氨作用抑制这一过程，使得只有少量氨基酸与单糖发生反应，从而降低生物油中氮杂环化合物的含量。

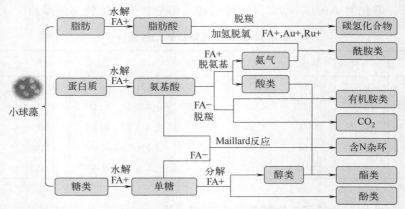

图 4-23　不同条件下微藻中各组分水热液化过程中可能的反应网络

FA、Ru 和 Au 依次表示甲酸、Ru/C 和 Au/C_3N_4。＋表示促进反应，－表示抑制反应

4.3　总结和展望

①　在生物质水热转化过程中引入催化剂可以调控水热液化的路径，从而实现生物油产率和品质的提升。从目前的研究进展来看，催化剂在某种程度上确实能够改善生物质水热液化生物油的品质，但同时也增加了生产成本，选择真正适合生物质水热液化的催化剂，富集目标产物，提高催化剂的选择性和寿命，降低催化剂的使用成本是一个值得深入研究的问题。

②　生物质催化水热液化反应体系十分复杂，通常是高温高压的密闭环境，难以在线监测反应情况，因此水热催化反应过程机理和动力学的研究具有很大的难度。然而对于反应器的放大设计来说，详细反应机制和动力学基本参数的获得必不可少，非常重要。因此有必要通过模化物替代、同位素示踪、理论模拟计算等多种手段相结合，建立发展真实生物质催化水热转化的数学模型，预测生物质液化产物的组成，为过程的工程放大奠定基础。

③　催化剂的水热稳定性非常重要。高温高压的水热环境对用于生物质水热液化非均相催化剂的结构稳定性是一个巨大的挑战。由于传统石化领域发展起来的分子筛类催化剂通常水热稳定性都较差，如何设计筛选具有高水热稳定性的新型催化剂是生物质水热转化领域的重要课题。碳基材料疏水性强，通常具有较好的水热稳定性，是生物质水热转化催化剂的最佳选择之一。

参 考 文 献

[1] Ross A B，Biller P，Kubacki M L，et al. Hydrothermal processing of microalgae using alkali and organic acids [J]. Fuel, 2010, 89 (9): 2234-2243.

[2] Yang Z, Guo R, Xu X, et al. Enhanced hydrogen production from lipid-extracted microalgal biomass residues through pretreatment [J]. International Journal of Hydrogen Energy, 2010, 35 (18): 9618-9623.

[3] Minowa T, Yokoyama S Y, Kishimoto M, et al. Oil production from algal cells of *Dunaliella tertiolecta* by direct thermochemical liquefaction [J]. Fuel, 1995, 74: 1735-1738.

[4] Tsukahara K, Sawayama S. Liquid fuel production using microalgae [J]. J Jpn Pet Inst, 2005, 48: 251-259.

[5] Biller P, Ross A B. Potential yields and properties of oil from the hydrothermal liquefaction of microalgae with different biochemical content [J]. Bioresour Technol, 2011, 102: 215-225.

[6] Valdez P J, Savage P E. A reaction network for the hydrothermal liquefaction of *Nannochloropsis* sp [J]. Algal Research, 2013, 2 (4): 416-425.

[7] Ravenelle R M, Schüßler F, Amico A D, et al. Sievers, Stability of zeolites in hot liquid water [J]. The Journal of Physical Chemistry C, 2010, 114: 19582-19595.

[8] Xiong H, Pham H N, Datye A K, Hydrothermally stable heterogeneous catalysts for conversion of biorenewables [J]. Green Chemistry, 2014, 16: 4627-4643.

[9] Duan J, Yong T K, Hui L, et al. Hydrothermally stable regenerable catalytic supports for aqueous-phase conversion of biomass [J]. Catalysis Today, 2014, 234: 66-74.

[10] Huang Y, Xu S, Lin V S Y. Bifunctionalized mesoporous materials with site-separated Brønsted acids and bases: catalyst for a two-step reaction sequence [J]. Angewandte Chemie International Edition, 2011, 50 (3): 661-664.

[11] Lu J W, Wu J, Zhang L L, et al. Catalytic hydrothermal liquefaction of microalgae over mesoporous silica-based materials with site-separated acids and bases [J]. Fuel, 2020, 279: 118529.

[12] Xiong H, Pham H N, Datye A K. Hydrothermally stable heterogeneous catalysts for conversion of biorenewables [J]. Green Chem, 2014, 16 (11): 4627-4643.

[13] Shi Y C, Xing E H, Xie W H, et al. Simultaneous recrystallization and post-synthesis of MCM-49 zeolite by TEAOH/piperidine: implication on the acidity and catalytic alkylation performance [J]. Microporous and Mesoporous Materials, 2016, 220: 7-15.

[14] Ren X Y, Cao J P, Zhao X Y, et al. Enhancement of aromatic products from catalytic fast pyrolysis of lignite over hierarchical HZSM-5 by piperidine-assisted desilication [J]. ACS Sustainable Chemistry & Engineering, 2017, 6 (2): 1792-1802.

[15] Zhou Y, Ma Z P, Tang J J, et al. Immediate hydroxylation of arenes to phenols via V-containing all-silica ZSM-22 zeolite triggered non-radical mechanism [J]. Nat Commun, 2018, 9 (1): 2931.

[16] Zhang Z H, Zhou Feng, Chen K Q, et al. Catalytic In situ hydrogenation of fatty acids into fatty alcohols over Cu-based catalysts with methanol in hydrothermal media [J]. Energy & Fuels, 2017, 31 (11): 12624-12632.

[17] Heard C J, Grajciar L, Uhlik F, et al. Zeolite (In) stability under aqueous or steaming conditions [J]. Adv Mater, 2020, 32 (44): 2003264.

[18] Akizuki M, Oshima Y. Acid catalytic properties of TiO_2, Nb_2O_5, and NbO_x/TiO_2 in supercritical water [J]. The Journal of Supercritical Fluids, 2018, 141: 173-181.

[19] Zahir M H, Sato K, Mori Hiroshi, et al. Preparation and properties of hydrothermally stable gam-

ma-alumina-based composite mesoporous membranes [J]. Journal of the American Ceramic Society, 2006, 89 (9): 2874-2880.

[20] Wei J W, Shi J J, Pan H, et al. Thermal and hydrothermal stability of amino-functionalized SBA-16 and promotion of hydrophobicity by silylation [J]. Microporous and Mesoporous Materials, 2009, 117 (3): 596-602.

[21] Pagan-Torres Y, Gallo J M R, Pham H N, et al. Synthesis of highly ordered hydrothermally stable mesoporous niobia catalysts by atomic layer deposition [J]. Acs Catalysis, 2011, 1 (10): 1234-1245.

[22] Chung S, Liu Q L, Joshi U A, et al. Using polyfurfuryl alcohol to improve the hydrothermal stability of mesoporous oxides for reactions in the aqueous phase [J]. Journal of Porous Materials, 2017, 25 (2): 407-414.

[23] Jazie A A, Haydary J, Abed S A, et al. Hydrothermal liquefaction of Fucus vesiculosus algae catalyzed by H beta zeolite catalyst for biocrude oil production [J]. Algal Research-Biomass Biofuels and Bioproducts, 2022, 61: 13.

[24] Ma C T, Geng J G, Zhang D. et al. Hydrothermal liquefaction of macroalgae: Influence of zeolites based catalyst on products [J]. Journal of the Energy Institute, 2020, 93 (2): 581-590.

[25] Lu Q, Gong Y Z, Lu J W, et al. Hydrothermal catalytic upgrading of model compounds of algae-based bio-oil to monocyclic aromatic hydrocarbons over hierarchical HZSM-5 [J]. Industrial & Engineering Chemistry Research, 2020, 59 (46): 20551-20560.

[26] Wang Y P, Guerra P, Zaker A, et al. Strategies for extending zeolite stability in supercritical water using thermally stable coatings [J]. ACS Catalysis, 2020, 10 (12): 6623-6634.

[27] Xu Y F, Zheng X J, Yu H Q, et al. Hydrothermal liquefaction of Chlorella pyrenoidosa for bio-oil production over Ce/HZSM-5 [J]. Bioresour Technol, 2014, 156: 1-5.

[28] Hamidi R, Tai L Y, Paglia L, et al. Hydrotreating of oak wood bio-crude using heterogeneous hydrogen producer over Y zeolite catalyst synthesized from rice husk [J]. Energy Conversion and Management, 2022, 255.

[29] Cassiers K, Linssen T, Mathieu M, et al. A detailed study of thermal, hydrothermal, and mechanical stabilities of a wide range of surfactant assembled mesoporous silicas [J]. Chemistry of Materials, 2002, 14: 2317-2324.

[30] Tang Y, Chen Y, Wu Y, et al. Production of mesoporous materials with high hydrothermal stability by doping metal heteroatoms [J]. Microporous and Mesoporous Materials, 2016, 224: 420-425.

[31] Lin Q, Chen Y, Tang Y, et al. Catalytic hydrothermal liquefaction of D. tertiolecta over multifunctional mesoporous silica-based catalysts with high stability [J]. Microporous and Mesoporous Materials, 2017, 250: 120-127.

[32] Lu J, Zhang Z, Fan G, et al. Enhancement of microalgae bio-oil quality via hydrothermal liquefaction using functionalized carbon nanotubes [J]. Journal of Cleaner Production. 2021, 285: 124835.

[33] Chen Yu, Fang Lina, Wu Yulong, et al. Production of bio-oil from the catalytic hydrothermal liquefaction of D. tertiolecta on metal supported CNTs catalysts [J]. AIChE Journal, 2016, 161: 299-307.

[34] Biller P, Riley R, Ross A B. Catalytic hydrothermal processing of microalgae: decomposition and upgrading of lipids [J]. Bioresour Technol, 2011, 102: 4841-4848.

[35] Lu J W, Zhang Z, Zhang L, et al. Catalytic hydrothermal liquefaction of microalgae over different biochars [J]. Catalysis Communications. 2021, 149: 106236.

[36] Lu J W, Wang S S, Li Q Y, et al. Catalytic hydrothermal liquefaction of microalgae to bio-oil with

in-situ hydrogen donor formic acid ［J］. Journal of Analytical and Applied Pyrolysis，2022，167：105653.

［37］ Du X L，He L，Zhao S，et al.，Hydrogen-independent reductive transformation of carbohydrate bio-mass into gamma-valerolactone and pyrrolidone derivatives with supported gold catalysts ［J］. Angew Chem Int Ed Engl，2011，50 （34）：7815-7819.

［38］ Gai Chao，Zhang Yuanhui，Chen Wan Ting，et al. An investigation of reaction pathways of hydro-thermal liquefaction using *Chlorella pyrenoidosa* and *Spirulina platensis* ［J］. Energy Convers Man-ag，2015，96：330-339.

第 5 章
生物原油炼制途径与工艺

随着全球气候不断变暖，寻求清洁低碳能源已成为全球的重要任务之一。生物质水热液化技术是模拟自然界石油形成原理，通过改变温度和压强，在短时间内将生物质转化为一种类似石化原油的液体产物——生物原油[1]。生物原油是一种能量较高的碳中性可再生燃料，具有易储存、运输、燃烧清洁和使用范围广等优势，既可以作为锅炉燃料、高附加值化学品，也可以精炼后作为车用、船用和航空燃料等，具有较大的发展潜力。

生物原油是一种黑色黏稠液体，具有刺激性气味，相比石化原油，生物原油的硫元素含量较少，但氮氧元素含量较多。生物原油的化学组分复杂，除了含有烃类化合物，还包含酸类、醇类、酯类、酮类、酚类和含氮化合物等[2]，深入了解生物原油的各种理化特性，对于建立生物原油生产与炼制的产业、实现生物原油的商业化应用、降低碳排放、实现"碳中和""碳达峰"具有重要意义。

5.1 生物原油特性

5.1.1 物化特性

（1）黏度

黏度是评定油品流动性的重要指标，与油品的运输性能、炼油工艺计算以及燃油的雾化性能密切相关。根据内摩擦剪应力与速度变化率的不同，黏性流体可分为牛顿流体和非牛顿流体，牛顿内摩擦定律表示：流体内摩擦剪应力和单位距离上的两层流体间的相对速率成比例，称为牛顿流体，否则为非牛顿流体。牛顿流体流动时所需剪应力不随流速的改变而改变，纯流体和大分子物质的溶液属于此类；非牛顿流体流动时所需剪应力随流速的改变而改变，高聚物的溶液属于此类[3]。在低浓度时有些溶液能表现出牛顿流体的特性，但随着溶液浓度的提高，其流变特性逐渐转为非牛顿流体，流体黏度随剪切速率的增加明显减小。同时，黏度是流体微观分子内摩擦力的宏观表现，又有运动黏度和动力黏度之分，动力黏度等于同一试样在相同温度下的运动黏度与其密度的乘积。生物原油的流动性受其原料、反应温度、提质方法的影响，一般情况下，生物原油基本都属于非牛顿流体，将乙醇、甲醇或柴油提质混炼制备的生物原油流动性较好，属于牛顿流体。

生物原油的黏度受原料特性、反应参数、催化剂和萃取溶剂等因素的影响较大，如表 5-1 所示，不同生物原油的黏度具有很大的差异[4-6]。研究表明，不同生物质原料制备的生物原油黏度分布在 31.9～30700cP 范围内；缩短保留时间会增加生物原油的黏度；不同萃取溶剂制备的小球藻生物原油的黏度分布在 24～1375cP 范围内；在生物原油中加入氢供体溶剂也会降低黏度。黏度较低的生物原油可直接作为交通燃料使用，黏度较高的生物原油需要分馏或催化裂化然后加工成交通燃料或化学品进行使用。然而黏度太高存在阻塞运输管道、造成炼制管道结渣、降低燃烧效率等风险，因此在生物原油的制备过程中会通过加入催化剂、改变反应参数等方法来降低生物原油的黏度。

表 5-1　不同生物原油的黏度和密度

HTL 原料	反应条件(温度,含固量,时间)	动力黏度/cP	运动黏度/cSt	密度/(kg/m³)
螺旋藻	350℃,22%(质量分数,下同),15min	420～940(40℃)		1250(40℃)
杜氏盐藻	320℃,10%,30min	150～14000(50℃)		1040～1310(15℃)
微拟球藻	300℃,25%,30min	187.1～214.3(40℃)		
鞘藻	300～350℃,2%～5%,3～5min	2500～30700(25℃)		
栅藻	290～335℃,5%～29%,0～240min		70.7～73.8(40℃)	970(20℃)
黑醋栗果渣	290～335℃,5%～29%,0～240min	1700(25℃)		960～990(15℃)
玉米秸秆	370℃,10%～40%,60min		12.18～48.55(40℃)	
硬木	400℃		11.97(40℃)	970.3(15.6℃)
猪粪	340℃,20%,15min	843(50℃)		
榨油机废水	280℃,12%,30min	31.9(20℃)	16.6(40℃)	915.2(20℃)
猪尸	250℃,8.8%,60min	305(20℃)	189(40℃)	1120(20℃)
船用重质燃料油	—		10～700(50℃)	920～1010(15℃)
柴油	—		2～4.5(40℃)	820～850(15℃)
石化原油	—	23(60℃)		

在生物原油的黏度实际测量中，因其动力黏度数据比较稳定、产生的标准误差较小，因此常把动力黏度作为生物原油黏度的主要测量参数。生物原油黏度的测量可参考石油产品黏度的标准测量方法，如 GB/T 265、ASTM D1200、D5002、D2983、D7042 等。实验中常使用旋转黏度计进行测量，该方法具有快速、准确、方便等优点。

（2）密度

密度是评价液体燃料性能的一个重要参数，一般而言，发动机所使用的燃料密度需要控制在一定范围内才能正常工作，燃油密度过大会造成喷油管阻塞、燃烧不完全、燃油消耗增加、气体排放污染物增加等问题[5]。同时，生物原油的密度在其制备、运输和炼制中也有着重要意义。多数生物原油的密度受原料与反应条件的影响，表 5-1 为不同生物质生物原油的密度对比，可以看出多数生物原油的密度比水小，约为 $0.91～0.99g/cm^3$，也有少部分生物原油的密度大于水，约为 $1.04～1.31cm^3$，与船舶重油的密度（$0.92～1.01g/cm^3$）相当，但大于柴油的密度（$0.82～0.85g/cm^3$）。重组分含量较高是生物原油密度较大的主要原因，利用蒸馏技术分离生物原油的轻组分和重组分，可以显著降低轻组分的密度，进而提高生物原油的应用范围。生物油的密度测量可参考标准 DIN1306、GB/T 1884、GB/T 13377、SH/T 0604、全自动密度测定仪，或根据质量和体积计算。密度与黏度相似，也受测试温度的影响，随着测试温度的变化而变化，因此，测量时要记录温度。

（3）含水量

水热液化过程以水为溶剂，在无氧、高温高压的反应器中，生物质经过解聚、断键、脱羧等一系列过程转化为液态有机小分子，而后这些不稳定的小分子再重新聚合生成液态产物，这些液态产物一般经萃取溶剂分离后得到的产物称为生物原油。根据相似相溶原理，生物原油的极性很大程度上取决于所使用的萃取溶剂的极性。生物原油特性受原料及反应条件的影响，所使用的萃取溶剂种类较多，有非极性溶剂也有极性溶剂，因此生物原油的含水率范围也较广，在 1.6％～28.2％范围内[4,7,8]。生物原油的高含水率会影响其热值和燃烧特性，造成点火困难等，并且会影响生物原油的储存稳定性，容易造成生物原油发生老化反应。在生物原油的生产过程中，通过重力分离、离心、过滤、烘干等方法可将生物原油中的水分降低到 1％以内，然而生物柴油的最大含水率为 0.05％，因此在生物原油的后期炼制过程中仍需注意降低其含水率，进而提高其热值和燃烧性能。生物原油的含水率一般利用卡尔费休微量水分测定仪进行测定。

(4) 酸值

生物原油中含有大量酸性化合物，因此生物原油呈酸性。酸性的表示方法主要有两种，一种是直接用 pH 值表示，另一种表示方法是用酸值，即滴定 1g 样品到规定终点时所需的碱量，一般以 mgKOH/g 表示。pH 值适用于水溶性样品，酸值主要用于非水溶性样品。因生物原油在常温下难溶于水，所以一般不用 pH 计直接测量，而用酸值表示。不同原料、不同反应条件下生物原油的酸值存在很大的差异，在 19.7～256.5mgKOH/g 范围内[9]，酸值过高会腐蚀储存容器和炼制仪器，给其储存、运输和加工等环节带来严重的问题。另外，酸性物质可以催化生物原油中的很多化学反应，加快老化速度，因此需采取提质方法将其酸性物质控制在适当的范围内。

生物原油酸性测量方法可以参考石油产品的酸值测量标准，如颜色指示剂法（GB/T 4945）和电位滴定法（GB/T 7304）等[10-12]。颜色指示剂法是根据颜色的变化判断终点，方法比较简单，但对深色油品的终点难以判断，受人为因素影响；而电位滴定法是根据电极电位的变化判断终点，不受溶液颜色的限制，测量结果较准确。

(5) 固体残渣及灰分

在水热液化过程中，原料反应不完全或冷凝、环化以及轻组分再聚合作用会产生固体残渣，固体残渣是生物原油经过溶剂萃取过滤后的固相。固体残渣由无机组分及少量未反应原料的有机组分组成，通常是灰分，其含量主要取决于原料所含的灰分，原料灰分含量越高，固体残渣含量越高，在 0～47％范围内[6]。原料中的灰分在水热液化过程中主要转移到固体残渣中，因此，生物原油经过萃取溶剂提取过滤后基本不含固体残渣和灰分。

然而，在水热液化生物原油的产业化生产中，因溶剂消耗量大，存在污染和浪费，利用溶剂萃取制备生物原油是不现实的，因此，这些固体残渣和灰分将保留在生物原油中，工业上可以利用预处理脱灰、蒸馏技术去除生物原油中的固体残渣和灰分。

(6) 闪点

闪点是液体燃料在储存、运输和使用中防止发生火灾的安全标识，是指在空气条件下液体燃料接触火源后发生闪燃时的最低温度，是液体燃料的重要燃料指标和安全性指标。我国燃油闪点平均值在 43～47℃的范围内，硬木-生物原油的闪点为 39℃[5]，低于传统燃油，属于低闪点燃油产品，在储存使用过程中要注意防范火灾。

燃油闪点的测量方法主要包括闭口杯法和开口杯法等两种。闭口杯法通常用于测定轻质燃油产品，如汽油、柴油、变压器油等。开口杯法通常用于测定闪点较高的重质燃油，如润滑油、焦油等。生物原油闪点的高低取决于油品中轻组分、易挥发分的含量，生物原油沸点及分子量分布范围较广，未经提质的生物原油重质组分较多，因此，可采用开口杯法进行测量闪点。

5.1.2 化学特性

(1) 有机元素及热值

生物原油的主要有机元素组成为 C、H、O，还含有少量的 N、S 元素，来源于生物质原料，然而在水热液化过程中，生物质所含元素不仅转化到生物原油中，还会迁移到固相和水相中，因此，相比生物质原料，生物原油所含的 C、H 元素得到了提高，且降低了 O、N、S 等元素。生物原油的 C 含量为 65%~78%，H 含量为 4%~10%，O 含量为 2%~28%，N 含量为 0~10%，S 含量为 0~1%，各元素含量主要取决于原料特性[6,13,14]。一般而言，藻类生物质制备的生物原油所含的 N 较高，粪便生物质制备的生物原油所含的 C、H 较高，木质纤维素类生物质制备的生物原油所含的 O 较高，但几乎不含 N 和 S 元素。表 5-2 为水热液化生物原油、热解生物油和石化原油等三种油品的元素对比，可以看出，相对热解生物油，生物原油的 C、H 含量较高，更接近于石化原油，而热解生物油 O 含量较高，需要脱氧提质。微藻-生物原油的氮元素含量较高，在燃烧使用中不仅会造成 NO_x 排放，污染环境，同时也会影响它的物理性质。有研究表明，生物原油的黏度、闪点和热值均随含氮量的增加而降低[13]。因此，在生物原油的生产应用中要注意将氮元素的含量控制在合适的范围内。

表 5-2 水热液化生物原油、热解生物油和石化原油的元素对比

油品类别	C/%	H/%	O/%	N/%	S/%	HHV/(MJ/kg)
HTL 生物原油	47.1~84.2	6.0~14.9	0~41.1	0~8.6	0~1.3	23.8~50
热解生物油	38.7~56.4	6.04~7.99	41.8~47.9	0~0.90	0~0.01	15.9~20.9
石化原油	83.0~87.0	11.0~14.0	0.05~2.00	0.02~2.00	0.15~8.00	36.9~43.1

燃料的热值是指单位质量的样品完全燃烧后所释放的热量，分为高位热值（HHV）和低位热值（LHV），一般常用高位热值表示燃料的热值。燃料热值的大小主要取决于其所含的有机元素，C、H 含量越高，热值越高，N、O 含量越高，热值越低。生物原油的热值可用氧弹法测定，也可根据元素含量利用 Dulong Berthelot 公式[15]进行测量，即

$$HHV(MJ/kg)=0.3414C(\%,质量分数)+1.445H(\%,质量分数)-[N(\%,质量分数)+O(\%,质量分数)-1]/8 \tag{5-1}$$

不同原料和工艺制备的生物原油的元素存在一定的差异，因此热值也存在差异，如表 5-2 所示，生物原油的热值在 23.8~50MJ/kg 范围内[6,16]，与石化原油的热值相当，能量较高，可作为石化原油的替代品生产各类燃料。

(2) 有机化合物

生物原油是由上千种化合物组成的混合物，化学组成极为复杂，分子量分布较广，在 50~10000Da 范围内，碳数分布集中在 C_8~C_{50} 范围内[17,18]。通常为了更好地分析了解生物原油的化学组分，可根据官能团种类将生物原油的化学组成进行归类，即烃类、酚类、酮类、醛类、酸类、酯类、醇类和含氮化合物，各类化合物含量受反应原料和反应条件的影响，生物原油的各类化合物相对占比如表 5-3 所示[19-22]。相比石化原油，生物原油中烃类化合物含量较少，但高于热解生物油，其他化合物均为含氧或含氮化合物。相比热解生物油，HTL 生物原油的转化比较完全，因为热解生物油中还含有木质素裂解物、糖及其衍生物等未完全转化的物质，这些物质的存在会造成燃油残炭较多，影响其燃烧性能。在生物原

油的燃烧使用中，适量的含氧化合物因减少外界氧气的供给，可以提高其燃烧性能，但含氧化合物含量较高会降低生物原油的稳定性，在储存过程中会发生变质现象，影响后期的提质和应用。

表 5-3　生物原油中存在的有机化合物

油品类别	烃类/%	酚类/%	酮类/%	醛类/%	酸类/%	酯类/%	醇类/%	含氮化合物/%
HTL 生物原油	0～43	0～65	0～32	0～18	1～75	0～63	0～33	0～41
热解生物油	0～5	0～25	0～25	5～15	5～35	0～1.53	0～2	—
石化原油	＞50	0～5	＜1	＜1	0～50	＜1	＜1	—

生物原油的化合物组成受生物质种类和水热反应条件的影响。图 5-1 所示为生物质各组分在水热液化过程中转化为生物原油的过程，蛋白质主要通过水解和二聚作用转化为含氮化合物，纤维素和半纤维素通过水解和脱水转化为小分子的酮类和醇类化合物，然后通过烷基化和氢化作用转化为大分子的酮类，脂肪主要水解为酸类、酯类化合物，然后和蛋白质产生的含氮化合物合成胺类化合物[23-26]。与此同时，生物质的不同成分之间也存在化学反应，促进或抑制生物原油中化合物的形成。例如纤维素、半纤维素和脂肪可发生协同作用促进生物原油的形成，提高酸类化合物的产率；蛋白质和脂肪会促进酰胺和酯类化合物的形成，这是由于酰胺形成过程中消耗的游离脂肪酸推动脂质水解向游离脂肪酸和单甘油酯形成的方向发展，提高了酯类化合物的产率；半纤维素和脂肪对酸类化合物的产量具有协同作用，主要是因为半纤维素水解降解的中间体（如短链羧酸）有利于脂质水解更完全；纤维素和脂肪可促进烃类和酮类化合物的生成。蛋白质和纤维素对醛和呋喃的产率有拮抗作用，主要是因为糠醛和苯、呋喃在水热条件下都具有很高的反应性，可以同时与蛋白质发生反应生成中间体，降低醛和呋喃的产率；蛋白质和木质素对酚类化合物和二酮哌嗪（DKP）的生成存在拮抗作用；纤维素和木质素之间会发生拮抗作用，降低酚和醛类的产率。

改变水热液化的反应条件也会影响上述反应进行的方向。反应温度升高会加速脂肪的水解过程，生成更多的脂肪酸，这些脂肪酸在碱性条件下容易发生皂化反应，降低生物原油的产率；较长反应时间会促进蛋白质的水解过程，但会抑制蛋白质和脂肪的协同反应；较低的含固量可以降低生物原油的胺类化合物的含量[25]。同时，在水热液化过程中加入催化剂、加氢、改变溶液 pH 值等都会影响生物原油的化合物组成，因此，可通过调控生物质的组分、反应条件等获得富含目标化合物的生物原油。

目前，生物原油的化合物组成主要通过 GC-MS 分析检测，然而生物原油的沸点分布较广，不仅含有低沸点的小分子化合物，还含有高沸点的大分子化合物，沸点范围在 80～600℃范围内，GC-MS 仅能鉴别沸点小于 350℃的组分，约占生物原油组分的 30%～50%，沸点较高的大分子无法被检测到，因此无法准确测定生物原油的全部组分。为了检测生物原油中更多的组分，需要多种分析方法联合使用，如 FT-IR、NMR、FT-ICR MS 等。

（3）无机元素及无机化合物

水热液化的原料十分丰富，包括秸秆、微藻、粪便、塑料、餐厨垃圾、工业废弃物和污泥等，这些原料不仅包含有机元素，还包含硫（S）、磷（P）、铁（Fe）、铜（Cu）、锌（Zn）、锰（Mn）、铅（Pb）、镍（Ni）、铬（Cr）、砷（As）和镉（Cd）等无机元素[27-31]。在水热液化过程中，虽然大部分无机元素转移到了水相和固相中，但仍有一小部分转移到生物原油中。不同种类重金属的迁移率不同，研究发现，水热液化制备生物原油过程中 Cu、Zn、

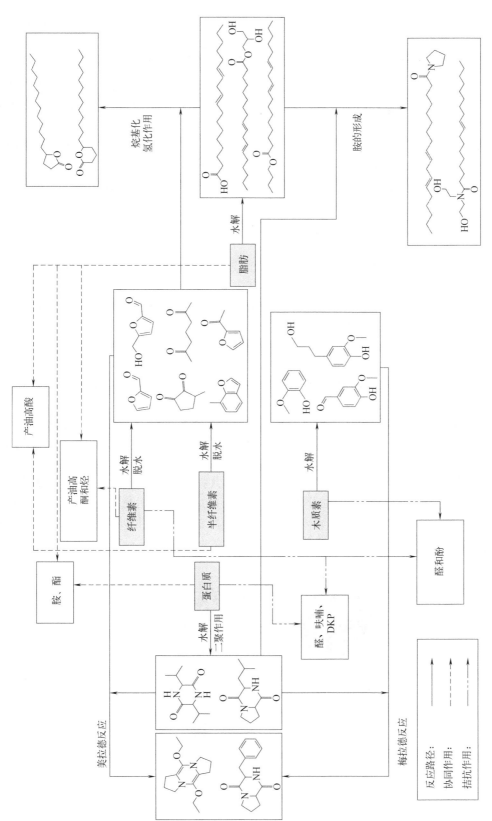

图 5-1　生物质组分转化为生物原油的过程[23]

Cd、Pb 和 Cr 等重金属元素约有 2%~10% 迁移到油相产物中，而约 52% 的 As 迁移到生物原油中[27-29]。重金属在生物原油中的存在状态分为不稳定组分和稳定组分两种，其中 82% 以上的 Cu、Zn、Cr、Pb、Cd 在生物原油中处于稳定状态，约 50% 的不稳定组分为 As。生物原油中重金属的增加会加剧生物原油的老化，造成发动机的腐蚀和磨损，同时燃烧后产生的金属排放也会对周围环境和人类健康有不利影响，因此生物原油中重金属的环境风险需要在生物原油下游运输和利用前进行评估。

传统重金属的检测方法是采用分步萃取法提取样品，然后通过电感耦合等离子体质谱法进行检测，然而这种方法对生物原油中的重金属具有破坏性，不能准确揭示重金属的信息。目前，由于 X 射线吸收光谱可实现无损检测，在研究中可采用精度较高的 X 射线吸收光谱定量分析生物原油中的重金属浓度和化学形态。

5.1.3 稳定性

生物原油在特定时间、环境储存过程中保持其原有物理化学性质不变的能力称为稳定性[32]。常规石油是经过上百年亿年才形成的，其主要成分是饱和烃类化合物，比较稳定。与石化原油不同，生物原油中含有大量的杂原子化合物，如含氧含氮化合物，这些化合物处于不饱和状态，因此在一定环境下这些化合物会互相发生反应，导致生物原油的理化特性发生变化。生物原油的稳定性较差会导致其黏度、密度、酸值和分子量的增加，进而影响运输性能、降低燃烧性能、腐蚀储存容器或燃烧器、阻塞喷气管等，这些现象也称为生物原油的老化[32-38]。生物原油的稳定性是影响水热液化产业化的因素之一，是一个急需解决的问题，目前引起了广大研究学者的重视[39-43]。

生物原油的稳定性主要通过比较其储存前后的理化参数变化率来评价，目前常用的定量评价的参数主要包括黏度、密度、平均分子量、酸度、元素分析、水含量和有机可溶物等；定性分析方法包括热重分析、气相色谱质谱联用仪（GC-MS）、傅里叶变换红外光谱仪（FT-IR）、核磁共振（NMR）、傅里叶变换离子回旋共振质谱仪（FT-ICR MS）等[32-43]。图 5-2 为热解生物油和 HTL 生物原油分别储存 3 个月前后的形态对比，可以看出经长时间储存后，热解生物原油由流体变成了固体，HTL 生物原油的流动性也降低了，表明两种燃油的储存稳定性均较差，需要进一步改善。

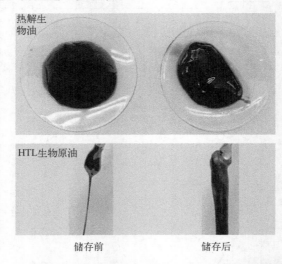

图 5-2 热解生物油和 HTL 生物原油储存 3 个月前后的形态

生物原油的稳定性受其储存环境、水热反应原料种类、反应条件和催化剂等的影响。生物原油的储存环境包括温度、光照、环境气体和其所使用的储存容器的材质等[32-40]。在生物原油的储存过程中，随着温度的升高，容易发生老化反应，导致生物原油的黏度变化率变高，性能变差；较低的储存温度有利于生物原油维持其稳定性，保留时间更长[36,42]。若将生物原油暴露在光照条件下，还会引起光化学反应，促进生物原油的老化。同时，空气中的氧气还可以和生物原油中的多种化合物发生氧化反应和聚合反应，使生物原油的分子量增高，甚至发生固化，失去流动性。由于生物原油含有酸性化合物，当使用金属材质的储存容器时，其所含的金属离子会为生物原油的老化提供催化作用，甚至会和储存容器发生反应，加速生物原油的老化。因此，在实验室研究阶段，将生物原油避光、闭氧、储存在 4℃ 的玻璃瓶中可有效减缓生物原油的老化，保持其原有特性，便于其研究和分析。

储存环境是导致生物原油老化的外在因素，通过环境的调节可减缓其老化过程，然而生物原油的化合物组成是其老化变质的内在因素，也是关键因素。不同生物质原料、反应条件和催化提质对生物原油的化合物组成影响较大，进而造成其稳定性产生差异。猪粪生物原油的稳定性优于螺旋藻生物原油，螺旋藻生物原油的稳定性优于玉米秸秆生物原油，小球藻生物原油的储存稳定性优于螺旋藻生物原油。原料对生物原油稳定性的影响主要归因于生物质所含各组分之间的比例，生物质的生化组分包括脂肪、蛋白质、纤维素、半纤维素和木质素等，这些组分的比例不同将会在水热液化过程中发生不同的化学反应，进而生成不同的生物原油[40]。脂肪含量较高的粪便或藻类生物质制备的生物原油所含化合物的饱和度相对较高，在储存过程中主要发生酯化反应，老化速度较慢。蛋白质含量较高的藻类生物原油的老化是由于含氮化合物和不饱和化合物的存在，它们在储存过程中会发生烷基化反应、聚合反应、缩合反应和氧化反应等，进而造成生物原油黏度和分子量的增加。秸秆类生物质因纤维素、木质素含量较高，其制备的生物原油含有较多的酮类和酚类化合物，容易发生聚合反应生成高分子化合物，随着时间的推移，其流动性逐渐变差，最后变成沥青或焦炭。

生物原油的老化不仅会造成储存容器及反应器的腐蚀，还会给其应用带来挑战，因此开发有效的方法来保持其在储存过程中的稳定性至关重要。延长生物原油储存时间的方法主要分为两种，一种是调控其储存环境，在不改变其原本性能的基础上，从外界减缓其理化性能的变化；另一种是改变其化学成分，从内部调控其性能，例如蒸馏、乳化、催化加氢等。

5.1.4　热特性和燃烧特性

生物原油的热降解性能和燃烧性能对其热处理改性过程和产品应用至关重要，其中，燃烧特性是评价液体燃料实用性的一个最可靠依据。热重分析（TGA）是研究生物原油热特性和燃烧特性的一种常用方法，以氮气为载气分析生物原油的热特性，以空气或氧气为载气模拟生物原油的燃烧特性[44,45]，如图 5-3 所示，生物原油的燃烧过程比热解过程复杂得多。根据热重结果得到生物原油的燃烧过程可分三个阶段：阶段 1 是轻组分化合物（酮、酚、酸和酯类）的蒸发和燃烧，约占 51.66%；阶段 2 是润滑油组分（$C_{20} \sim C_{50}$）以及第一阶段聚合形成的大分子产物的分解、释放和燃烧，约占 22.38%；阶段 3 是残炭的生成和燃烧，并释放 CO_2、CO 等气体。生物原油的热解过程缺少阶段 3，因为在氮气环境下生物原油形成了多孔炭，在 500℃ 左右结束，而在空气环境下，这些多孔炭可以燃烧，在约 550℃ 时燃尽。

根据以下方法确定生物原油的点火温度，即在燃烧（DTG）曲线的峰值处画一条直线，与热解（TG）曲线相交，然后，通过这个交点画出 TG 曲线的切线，另外，根据热重曲线

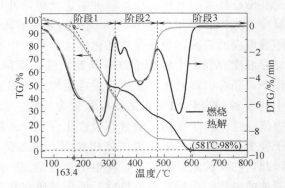

图 5-3　生物原油的热解（TG）和燃烧（DTG）曲线[45]

的初始部分，再画一条切线，这两条切线在某一点相交，该点对应的温度即为点火温度。生物原油的点火温度为 163.4℃，相对柴油较高，其点燃需要更多的能量。燃尽温度定义为在一个燃烧阶段或整个过程中，其转化率达到 98% 的温度，生物原油的燃尽温度为 581℃，表明燃烧过程较快，燃烧比较充分。

为定量评价生物原油的燃烧特性，可定义综合燃烧指数 S，计算公式如下：

$$S = \frac{(dw/dt)_{max}(dw/dt)_{mean}}{T_i^2 T_f} \tag{5-2}$$

式中，$(dw/dt)_{max}$ 为最大失重速率；$(dw/dt)_{mean}$ 为平均失重速率；T_i 为点火温度；T_f 为燃尽温度。

综合燃烧指数 S 越大，表明生物原油的燃烧性能越好[45,46]。如表 5-4 所示，小球藻-生物原油的 S 值在 $(1\sim1.3)\times10^{-6}\ min^{-2}\cdot℃^{-3}$ 范围内，与汽油和柴油相比相差甚远，因为生物原油中含有 25%～33% 的残炭，影响生物原油的燃烧性能。因此，生物原油需要通过蒸馏、加氢催化等工艺进行提质，提高其燃烧性能。

表 5-4　不同燃料油的综合燃烧指数

燃油类别	生物原油	热解生物油	柴油	汽油	2 号燃料油	6 号燃料油
$S/10^{-6}\ min^{-2}\cdot℃^{-3}$	1～1.31	6.6	51.3	1820	64.47	3.11

生物原油的热重分析是一个升温速率较慢的过程，和实际的炉膛燃烧、发动机燃烧还存在很大的差异，因此热重分析只能作为一种初步评价生物原油燃烧性能的方法。生物原油经蒸馏提质后可以作为汽油、柴油和航空燃油使用，利用发动机燃烧对生物原油等效馏分油进行测试是评价其燃烧性能最可靠、最全面的方法。

谢贵镇等[48]以微藻生物原油为燃料与航空燃油混合在自制的定容燃烧装置中进行了燃烧特性研究，发现生物原油-航空燃油混合燃料燃烧时的火焰面为准球形，在航空燃油中加入生物原油可以延长滞燃期，并延长达到稳定燃烧所需的时间（<0.2ms）。

Yang 等[49]对厨余垃圾-生物原油的等效柴油馏分、0 号柴油及二者的 1：1 比例混合燃油在六缸柴油机上进行了燃烧性能测试，三种燃料油不同环境条件下的燃烧火焰图像如图 5-4 所示。生物原油-等效柴油馏分在柴油机内的燃烧过程与 0 号柴油相似性很高，但也存在一定的差异。在高氧浓度条件下，等效柴油馏分因含有含氧化合物，其冷却效果较差而

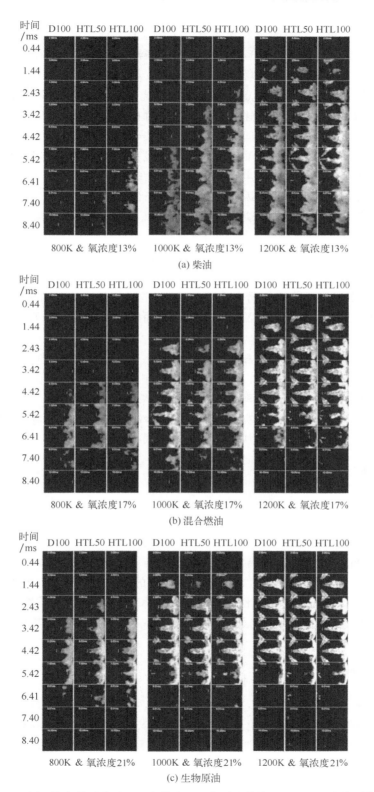

图 5-4　不同环境条件下柴油、混合燃油和生物原油等效柴油馏分的火焰图像[49]

导致点火延迟期略有增加，更长的点火延迟期意味着在火焰产生之前，需要更多的燃料被注入燃烧室，燃料需要更长的时间蒸发和混合。而在低氧浓度条件下，由于生物原油-等效柴油馏分本身含有一定的氧原子，其理论空燃比低于柴油，可以在一定程度上降低燃料对环境氧气浓度的需求，从而抵消低氧环境对火焰产生和发展的抑制作用。因此，在低温低氧条件下，可以大大缩短等效柴油馏分的点火延迟期和燃烧持续时间，使得生物原油-等效柴油馏分燃料可以更快地形成火焰，燃烧速度也更快，同时在柴油中加入等效柴油馏分也可以缩短柴油所在环境温度下的点火延迟时间，并随着等效柴油馏分比例的增加而缩短点火延迟期。然而，在低氧浓度环境下，等效柴油馏分的烟尘光度高峰比柴油高 3.12 倍，表明等效柴油馏分在燃烧过程中会产生更多的烟尘颗粒，但通过调控环境温度和氧含量，等效柴油馏分的烟尘光度高峰可控制在较低水平。因此，在大多数条件下，生物原油除了热值稍低导致放热率略有下降外，其在柴油机内的燃烧特性与柴油相似，具有完全替代柴油、应用于发动机的潜力。

在尾气排放方面，生物原油的等效馏分与产品燃油混合后进入发动机燃烧所产生的颗粒物质量、颗粒物数量和 CO 排放都较低。虽然有研究报道微藻-生物原油因含氮元素含量高，燃烧时的 NO_x 排放较高，但也有研究报道 NO_x 排放也较低，NO_x 的排放与发动机的点火过程有关，因此，想要减少生物原油因含氮化合物而造成的 NO_x 排放问题，需要做进一步深入研究[47-50]。

综上所述，生物原油因含有较高的难挥发性组分，因此是可燃的但不易燃的。生物原油含氧量较高，可以促进发动机燃烧，使其燃烧更充分、更完全。虽然由于生物原油的氧含量高、潜热大等导致其无法像其他可再生能源（如酒精和其他生物柴油）那样减少烟尘排放，但作为一种可再生清洁能源，在解决能源危机、减少碳排放、解决环境污染问题等方面具有较大的发展潜力，同时在液体燃料加工应用方面前景一片光明。

5.1.5　润滑性

燃料的润滑性能是为了避免物与物之间的直接接触，以减少表面的摩擦和磨损，以期达到减少损耗，提高经济效益的目的[51]。现今的生物润滑油主要为含油植物，如大豆、油菜、向日葵和橄榄，或是非食用油，如小桐子油等，都是直接作为润滑油使用或是通过酯化等方式制备为润滑油和生物柴油。水热液化生物原油与原油有着相似的特性，且润滑油组分（275～350℃，C_{13}～C_{27}）占比高达 26%，具有较好的摩擦学性能，在燃烧使用过程中可以减少发动机磨损，具有较好的润滑性。但较高的含氧量和黏度会造成润滑过程中的迟滞效应，因此可能提高其磨损量，建议通过精加工后提高其润滑性能，使其可以直接利用于发动机的燃烧或是润滑工作中[52]。

5.1.6　生物特性

在原油的开采和使用过程中，若发生泄漏、渗透、溢出或是不当排放等进入环境，会造成土壤和水资源的污染，破坏生态环境和生态平衡。造成其降解的原因主要有两个，其一是原油的浓度高，生物毒性强[53]。石化原油主要由链烷烃、环烷烃和芳烃组成。特别是芳烃等结构，在微生物降解过程中，其氧化开环所需的活化能高，不易进行。生物原油相比石化原油具有较多的极性化合物等，其中的亲水基团能够改变油水接触面，一定程度上提高其微生物接触面，降低其浓度。但生物毒性也同样较高，需要筛选出合适的微生物才能提高降解功效。

其二是水溶性较低，微生物难以接触到。生物降解发生在油水界面，微生物生长在水相中而非油相中，且水中含溶解氧，温度适宜。生物原油和石化原油相比，含有较多的活泼极性化合物，在有水的条件下，生物原油可为好氧微生物提供适宜的环境，发生生物降解，避免环境的污染。

5.1.7　毒性

生物原油的毒性由其化学组成所决定，生物质原料特性和水热液化反应条件是影响生物原油化学组成的关键因素。一般而言，生物原油不会通过皮肤接触破坏人体组织，但和眼睛接触会导致严重的损坏，吸入高浓度的生物原油会对肺产生损害。生物原油的毒性来源于其所含的不饱和含氮、含氧化合物，这类化合物具有一定的挥发性和较强的刺激性气味，虽然目前关于生物原油对人体的慢性毒性影响还不清楚，但通过实验和调研发现，部分实验人员或工作人员长期暴露在生物原油的生产环境中会使人产生头晕、头疼、恶心、呼吸不畅等症状，对人体的嗅觉、视觉、呼吸系统和神经系统产生一定的影响。因此，实验研究和工业生产中要做好防护措施，如佩戴防毒面罩，穿着实验服或工作服。

5.2　生物原油炼制产品

水热液化生物原油与传统化石燃料相比，其燃烧产生的温室气体排放量较低，是一种清洁和环保的液体燃料。通过对生物原油的理化特性分析发现，生物原油热值较高、燃烧性能较好、化合物种类丰富，具有多种潜在的用途。相关研究表明，生物原油可作为传统石化原油的替代品用于生产交通燃料、锅炉或涡轮机的供热和发电以及制备高值化产品。根据生物原油的特点及石油炼制工艺，生物原油的应用主要体现在粗燃料、精制燃料和高值化产品制备三个方面。

5.2.1　粗燃料

(1) 锅炉燃料

生物原油有着较高的热值，燃烧后可释放大量能量，物理化学性质对于评估燃料和发动机性能非常重要。生物原油的高黏度、较好的润滑性能和较低的酸值会导致发动机运转时产生腐蚀和不完全燃烧。并且杂原子也会影响生物原油的热值并在燃烧过程中直接向空气中释放 NO_x，较低的 H/C 比和较高的 O/C 比会降低燃烧效率。因锅炉燃烧对燃料的性能要求较低，可以很好地解决生物原油中黏度较低、着火点较高等问题，因此可以将其直接利用于锅炉燃烧。

相比石化原油，生物原油的着火和燃尽温度较低，反映了其具有较好的活性和可燃性。常见的几种原料的燃点和燃尽温度如表 5-5 所示。餐厨垃圾的燃点和燃尽温度与猪粪、粪肥/粗甘油和粪便/游离脂肪酸相比更低，这意味着源自食物垃圾的生物原油具有更高的可燃性[54]。对于燃尽温度而言，粪便/游离脂肪酸和微藻具有较低的燃尽温度，说明它们整体的可燃性较好。混合微藻制备生物原油产物有利于提高其燃烧性能，TG/DTG 分析后发现燃烧开始得更快，超临界条件有利于降低生物原油的活化能，催化剂可以提高小分子的可燃物质含量等[55]。相关学者发现，促进曼尼希反应可以降低生物原油中的含氮化合物，进而降低着火温度和污染物排放，从而获得更好的燃点性能和排放性能[56]。

表 5-5　不同原料水热液化生物原油的着火温度和燃尽温度

生物原油类别	着火温度/℃	燃尽温度/℃
餐厨垃圾生物原油	217	659
猪粪生物原油	251	667
粪肥/粗甘油生物原油	304	838
粪便/游离脂肪酸生物原油	258	569
微藻生物原油	226	569

(2) 船用燃料

发动机根据所使用的燃料类型可分为高速和低速两种，高速发动机使用汽油、煤油和柴油燃料作为动力，如汽车、摩托车、农机装备等；低速发动机主要指应用在发电厂和船舶等工业中以重质燃料油为动力的机器。

船舶运输以重质油燃料为主，重质油燃烧所产生的二氧化碳占排放总量的 80%，是重要的碳排放来源。未经提质处理的水热液化生物原油的理化性质类似于重质油。将生物原油用于低速发动机中几乎不需要精炼的过程，可直接进行燃烧使用。由于船舶发动机测试的平台较少，并对量的要求较高，因此针对其相关的测试非常少[13]。船用燃料通常分为馏分油和船用燃油：馏分油通常根据温度划分为船用轻柴油（marine gas oil，MGO）和船用柴油（marine diesel oil，MDO），船用轻柴油有着较低的黏度和较低的杂质，而船用柴油则会包含着一些残留物；船用燃油则是按照黏度划分，其中重质燃料油是黏度最高、杂质含量最高的残渣燃料[57]。由于燃烧室大，残渣燃料可以完全燃烧。但是，碱金属等灰分会污染管道，导致设备腐蚀。如果生物原油的制备原料杂原子较少，或是其炼制工艺具有除杂效果，它将延长船舶发动机的寿命[58]。

5.2.2　精制燃料

水热液化生物原油通过加氢、加醇、催化、蒸馏、与原油混炼等工艺可实现其等效馏分的产品化，如汽油、煤油（航空燃油）和柴油。生物原油与传统燃料混合炼制得到的交通燃油可以使用现有的发动机，无须发动机改造和新建精炼厂，是一种很有前途的替代燃料，具有较大的发展潜力。目前，利用蒸馏＋混炼的方式对生物原油进行加工处理是制备生物汽油、柴油、煤油等轻质燃油的最常用的方法[59]。然而汽油、柴油、煤油馏分的占比受原料特性、水热反应条件和提质方法的影响。

(1) 汽油

汽油通常指馏程在初馏点至 205℃范围内，含有适当添加剂的精制石油馏分，主要用于汽车、摩托车等装有点燃式发动机（即汽油机）车辆的动力燃料。随着社会经济的发展，汽车销量与日俱增，近年来的汽油使用量也持续增长，2021 年的表观消费量高达 12282 万吨。然而汽油燃烧排放的一氧化碳（CO）、碳氢化合物（THC）、非甲烷总烃（NMHC）、氮氧化物（NO_x）、PM 颗粒等污染物是造成雾霾、气候变暖的一个关键原因，因此，亟需开发清洁可再生的汽油产品[60]。

以骆驼的粪便为原料，利用加氢催化的方法对生物原油进行提质和脱氧处理，利用三级高压闪蒸鼓，分离出水、气和油相，然后对油相进行蒸馏，根据其沸点范围得到三大类液体燃料，包括汽油、航空燃油和柴油。此方法分离出的汽油组分含量较高，约占 47%，其次是煤油、柴油，分别占 27.8%和 1.2%。其中，汽油组分的黏度、密度、平均分子量、辛烷值和十六烷值等大多数性能值都在商业汽油标准的范围内[61]，如表 5-6 和表 5-7 所示。试验研究表明，在生物原油中分离出的生物汽油可直接用于火花引燃内燃发动机，不需要对发动机进行任何改造，也不需要与传统汽油混合。

表 5-6　HTL 生物汽油与传统汽油的理化性能[61]

燃油类别	密度/(kg/L)	动力黏度/(mm²/s)	热值/(MJ/kg)	十六烷值	辛烷值	分子结构	平均分子量/(g/mol)	沸点/℃	闪点/℃	C：H/%
传统汽油	0.7~0.8	0.4~0.8	42~44	80~110	16	$C_2 \sim C_{14}$	60~150	122~158	-35~45	86.5/13.5
驼粪生物汽油	0.78	0.72	41	94.3	16.6	$C_2 \sim C_{10}$	93	112	-22	90.5/9.5

表 5-7　HTL 生物柴油与传统汽油的理化性能[49]

燃油类别	密度/(g/cm³)	动力黏度/(mm²/s)	热值/(MJ/kg)	十六烷值	表面张力/(mN/m)	含氧量(质量分数)/%
传统柴油	0.82~0.86	3.746	42.7	46.1	27.3	—
厨余生物原油	0.81~0.85	1.83~2.39	37.1	—	—	11.9
HTL 生物柴油	0.82~0.85	3.05	41.6	43.6	27	2.38

注：传统柴油中加入 20% 的厨余生物原油。

（2）航空煤油

航空煤油是专门为商用和军用飞机设计的航空燃料。传统的航空煤油的馏程在 150℃ 至 250℃ 的范围内，主要成分为 $C_8 \sim C_{16}$ 的烃类化合物，包括烷烃、异构烷烃、环烷基或环烷基衍生物、芳香族化合物等。由于航空运输不能使用电力或乙醇驱动，且燃油成本较高、碳排放高，因此，寻找低碳生物航空煤油是提高航空产业经济发展、降低碳排放的一种策略。

利用加氢催化联合蒸馏可以使餐厨垃圾、污泥、餐厨垃圾和油脂的混合物、植物油和动物油脂等多种类别的生物质原料制备出 HTL 生物航空燃油，且生物航空燃油的黏度、密度、表面张力、闪点、燃烧热和十六烷值均在航空煤油的理想标准范围内，只有凝固点（-49℃）稍微低于标准范围（-50~52℃），但已经高于 1 号喷气燃油（-47℃）[62]。

以厨余垃圾-生物原油直接进行蒸馏，蒸馏后得到 HTL 生物汽油、生物柴油和生物煤油，各组分的氢碳比、HHV、平均分子量、密度、沸点分布与传统汽油、柴油和煤油燃料相似，但氮碳比、黏度和酸度仍然很高[50]。将生物汽油、生物柴油和生物煤油分别与传统汽油、柴油和煤油以 10%~50% 的比例进行混合，发现生物煤油的氮碳比、黏度和酸度显著降低，并符合航空煤油标准。然而生物汽油和生物柴油并没有显示出有利的结果，需要额外的热催化加工技术（加氢处理、加氢裂化）来提高其性能并进一步满足常规燃料的标准和规格。

（3）柴油

柴油是指馏程在 275~350℃ 范围内，主要用于大型车辆、船舰、发电机、农机装备等装有柴油机的动力燃料。利用废弃生物质制备 HTL 生物柴油，具有不与民争粮、在生命周期内可实现零碳排放的优势，具有较大的发展潜力。

水热液化生物原油的中质和重质组分较多，用于生产 HTL 生物柴油具有较好的效果。在未催化条件下，以木质纤维素-生物原油为原料进行蒸馏得到的 HTL 生物汽油馏分较小，为 12.5%（质量分数），而柴油馏分和航空燃油馏分较大，分别为 25.3%（质量分数）和 16.6%（质量分数）。元素分析和傅里叶红外光谱（FTIR）表明，在汽油馏分和航空燃油中的氧含量较高，而在柴油馏分中的氧含量较低，约为 0.86％（质量分数），表现出较好的燃油特性，但其密度高于柴油规范，需要进一步升级提质[49]。而以木质纤维素生物质为原料进行催化水热处理获得生物原油，在脱硫条件下与石化直馏柴油混合进一步共同加氢处理，在混合比例不高于 20％（质量分数）的情况下，所得 HTL 生物柴油的沸点范围和密度完全符合柴油道路规范（EN590），且多核芳烃和含氧化合物的含量很低，有利于降低发动机燃烧时的污染物排放[46]。另外，HTL 生物柴油与标准柴油混合后可以成功应用到柴油发动机上，无须改造发动机。相关研究以厨余垃圾和畜禽粪便分别为原料制备生物原油，利用蒸馏和酯化的方法成功生产出生物柴油，将生物柴油与标准柴油以 10％和 20％的比例混合得到的新型柴油成功应用于发动机上，发动机测试输出功率为 96％～100％，与普通柴油相比，NO_x 排放量为 101％～102％，CO 排放量为 89％～91％，未燃烧碳氢化合物排放量为 92％～125％，烟尘排放量为 109％～115％[50]。总体而言，这种方法充分展现了生物质制备生物燃料的潜力，可以降低石油消费，减少温室气体排放。另外，该团队将厨余垃圾制备的生物原油柴油馏分以 50％和 100％的比例与柴油混合在同一台发动机上进行了测试，在中、高氧浓度条件下，水热液化生物原油的柴油馏分表现的可燃性能与柴油几乎相同，并且对环境温度不太敏感。通过对燃烧过程的分析可以看出，生物原油具有完全替代柴油应用于发动机的潜力，且无须对现有发动机进行改造[49]。在排放方面，生物原油燃料混合物导致喷雾穿透长度比纯柴油短，但显示出更多的烟灰排放。在混合比例变化的情况下，较低混合比例如 10％时燃烧性能和污染物排放方面的效果最好，也表现出较低的排放水平和最高的热效率[63]。

5.2.3　高值化产品制备

（1）沥青

沥青是重要的道路原料，是高黏度有机液体的一种，表面呈黑色黏稠状，以半液半固的石油形态存在。在土木工程中多应用于屋面、地面和地下结构的防水和防腐，道路工程中主要是和矿物在不同比例下配合后建成不同结构的沥青路面[64]。

水热液化技术也可以制备沥青和沥青黏合剂。众所周知，水热液化产物的特性很大程度上取决于水热液化的原料和反应条件，根据生物原油的特点，可以通过控制水热液化的反应参数和原料来制备沥青。评价沥青的指标主要包括软化度、针入度、延展性、流变特性和老化度等。Borghol 等[65] 通过控制水热液化条件，成功在含固量为 60％，且反应条件为260℃时成功获取了具有较好针入度的生物沥青。

目前，以水热液化技术制备的生物沥青产品多为沥青黏合剂，主要通过与传统沥青黏合剂混合后进行使用。猪粪在特定水热环境（含固量 20％，反应温度 305℃，停留时间80min）下反应制备了生物沥青黏合剂。与传统的沥青黏合剂相比，该生物沥青黏合剂有利于改善传统黏合剂的性能，如较好的延展性和针入度等。以废弃木材为原料制备的生物沥青黏合剂按质量的 5％和 10％分别掺入传统沥青黏合剂中，可以改善沥青产品的疲劳性能。由于水热液化原料的不同特性，食物垃圾的液化产品表现出最适合作为沥青黏合剂的热稳定性和黏度。A.B.Ross 等[66] 研究表明，从大型藻类转化而来的生物原油在性质上与沥青相似。Mahssin 等[67] 使用螺旋藻进行研究，发现水热液化反应温度为 300～350℃时的产物适合制备生物燃料，而当反应温度为 240～260℃时适合制备生物沥青。作为粗产品，将生物原油应用于代替沥青可以降低成本并提高沥青质量。

（2）生物发泡剂

聚氨酯（polyurethane，PU）泡沫是世界上使用最广泛的塑料制品之一，可以被应用于床上用品、运输、储存、建筑等方面。在过去几十年中，对泡沫产品的需求迅速膨胀，因此对制造聚氨酯的多元醇的需求也水涨船高[68]。另外，泡沫的制备原料多来自于特定部分的汽油组分，由于燃料市场的变动、可再生材料的需求及产品的更新换代，对于生物可再生的聚酯泡沫需求也随之增加。

聚氨酯泡沫的生产主要是通过多元醇和异氰酸酯发生放热反应所合成的。表 5-8 介绍了 PU 泡沫（PUF）在密度、泡沫结构（开孔或闭孔）及其应用方面的分类[69]。PU 基材料根据其性能分为硬质、半硬质或软质泡沫。子类别可以通过泡沫密度（表 5-8）确定，从低密度到高密度（25kg/m³ 到高于 1000kg/m³）。传统的 PUF 以及黏弹性和高回弹泡沫分别占产量的 80%、15% 和 5%。在同一类别的泡沫中，泡沫密度与应用之间存在关系。

表 5-8　常见的 PU 发泡分类

PU 发泡特性	PU 发泡行为	密度范围/(kg/m³)	胞体特性	用途
硬质	低密度	25～50	闭孔	隔热
	高密度	80～1000	闭孔	低温隔热
半硬质	低密度	40～80	多种类	皮革、黏合剂和建筑涂料
软质	低密度	40～80	开孔	缓冲减震
	黏滞弹性	60～80	开孔	特定的缓冲/记忆泡沫
	高弹性（弹性超过 50%）	10～90	开孔	缓冲减震
软质	高弹性	320～960		减震、关节、鞋底

然而，多元醇（例如，聚氧乙烯多元醇或聚氧乙烯二醇）和其他发泡成分［例如，甲苯二异氰酸酯（TDI）和聚合亚甲基二苯二异氰酸酯（pMDI）］在这些泡沫中严重依赖不可再生的化石资源，限制了它们的广泛适用性。因此，使用生物基多元醇而不是石油基多元醇制备 PU 产品是有意义的，因为它们来自可再生资源[69]。

可再生多元醇主要是利用富含木质纤维素的生物质进行生产制备，如麦秸、木质素、软木、竹子、甘蔗渣、玉米秸秆等，其重点在于提高其活性羟基的含量[70]。添加甲醇和氢氧化钠等能够有效提高醇基团的含量。有关学者将改性水热液化（添加甲醇-水和氢氧化钠）的生物原油定义为生物多元醇，并成功地用麦秸制作了生物基聚氨酯泡沫塑料（图 5-5），产品表现出良好的导热性。考虑到合成树脂的过程及其老化时会有甲醛的排放，相关学者用玉米淀粉/奎布拉乔单宁/PUF 配方树脂（15∶5∶80，质量比）粘合的胶合板甚至表现出比用商业 PUF 树脂粘合的更好的机械性能，并且通过将玉米淀粉和奎布拉乔单宁引入 PUF 树脂配方中提高了所得黏合剂的耐水性，并有助于降低粘合胶合板的甲醛排放水平。

石化基多元醇和生物基多元醇的结构式见图 5-6。

（3）树脂产品

酚醛作为酚醛树脂最昂贵的原料是工业上由不可再生石油通过氢过氧化异丙苯路线生产的。多元醇，即醇类是制备生物树脂类产品的重要原料，可以同样通过水热液化过程中碳水化合物和木质纤维素的分解和再聚合进行制备[71]。树皮是指维管形成层外部的树木组织，占典型原木体积的 9%～15%。与木材相比，树皮中的木质素和单宁含量更高，可以通过热

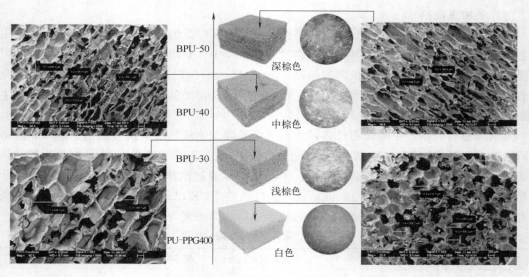

图 5-5　麦秆生物泡沫[70]

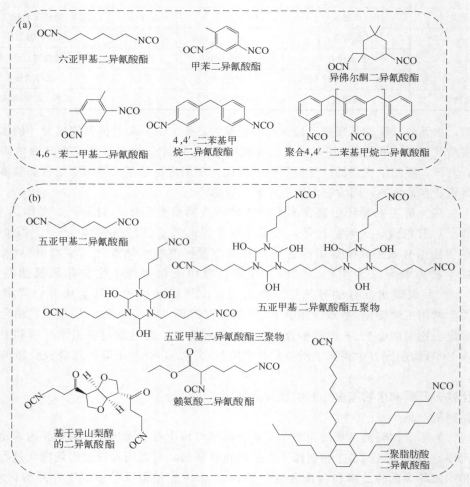

图 5-6　石化基多元醇（a）和生物基多元醇（b）[69]

解、水热液化和更常见的酚解等各种热化学转化过程转化为苯酚替代品。在典型的苯酚分解过程中，树皮/苯酚与酸催化剂的混合物在 120～180℃下加热数小时，然后将含有酚化生物质、固体残渣、游离苯酚和酸的浆液过滤并用甲醇冲洗，通过蒸发去除甲醇会产生一种含有酚化生物质和游离苯酚的黏性液体，可直接用于酚醛树脂合成。酚醛树脂合成过程中树皮种类、催化剂、氢氧化钠的添加会影响酚醛化树皮基 PF 树脂的性能。用于酚类生物原油的木质纤维素生物质的水热液化是提高生物可降解的酚醛树脂合成中苯酚取代率的有前景的途径。相关学者通过在临界水/乙醇的体积比为 1：1 的体系中对东部白松（Pinus Strobus L.）锯末进行水热液化试验，然后使用获得的生物原油替代酚醛树脂合成中高达 75％（质量分数）的苯酚。获得的酚醛树脂表现出化学和固化性能以及胶合板的干/湿粘合强度与纯酚醛树脂相当。图 5-7 表示了典型的生物原油制备生物环氧树脂黏合剂的流程[72]。

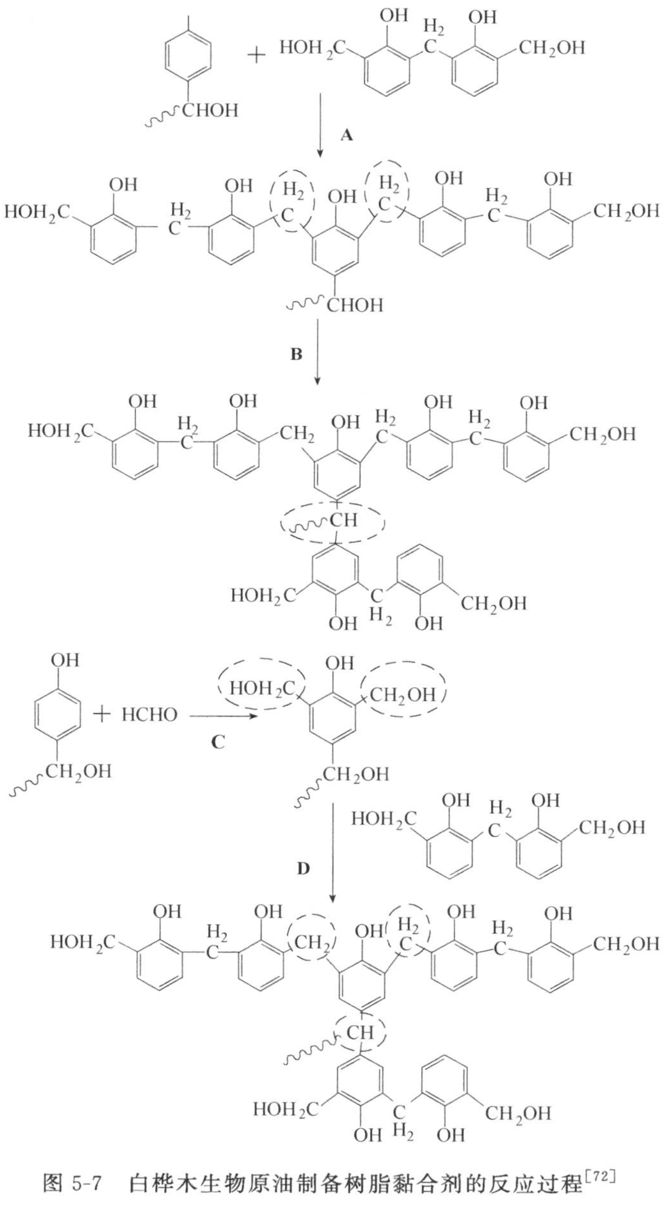

图 5-7　白桦木生物原油制备树脂黏合剂的反应过程[72]

（4）碳量子点

碳量子点（carbon quantum dots，CQDs）是一种直径小于 10nm、球形或准球形的分散体系碳纳米材料，是在 2004 年作为一种副产物在制备单壁碳纳米管时被偶然发现的。量子点由于其具有优异的水溶性、化学惰性、低毒性和抗光漂白能力，且易于官能团化等优势，被人们所关注。并被应用在光化学催化、检测探针、生物成像及药物运输等重要领域。

水热方法作为一种较为便捷的制备碳量子点的方法，以其原料种类多、反应简单、便于控制反应过程等优势受到了学者们的广泛关注[73]。一般性的水热碳量子点制备流程为：将原料、分散剂及溶质等放进高压反应釜，经过一定时间和温度反应后，通过溶剂萃取获得的产物，再通过膜分离获得碳量子点。在水热过程中，高含碳量的原料会先分解成葡萄糖等小分子，随后再逐渐异构化并裂解生成甲醛等，图 5-8 所示为含氮量子点的形成机制[74]。而低含碳量的原料如葡萄糖或是柠檬酸等能够在分子间的氢键作用下异构化并自组装成纳米片层结构，并生成石墨核，随后脱水形成含羟基和羧基的石墨纳米粒子。该纳米粒子在钝化剂的作用下与表面的活泼含氧官能团相结合，完成钝化。在有杂原子掺杂的情况下，如含氮原子时，在形成的羟基、羧基等之间会发生分子内脱水，随后聚合、芳构化和炭化并形成 sp² 碳团簇，同时含氮的如氨基基团会与其团簇反应，形成酰胺键，或是以吡啶、吡咯和季氮直接掺杂在芳香烃架构中，致使氮原子能够进入量子点结构，形成 N-CQDs。选择的氮源不仅能够作为掺杂改性剂，还能同时兼任钝化剂。

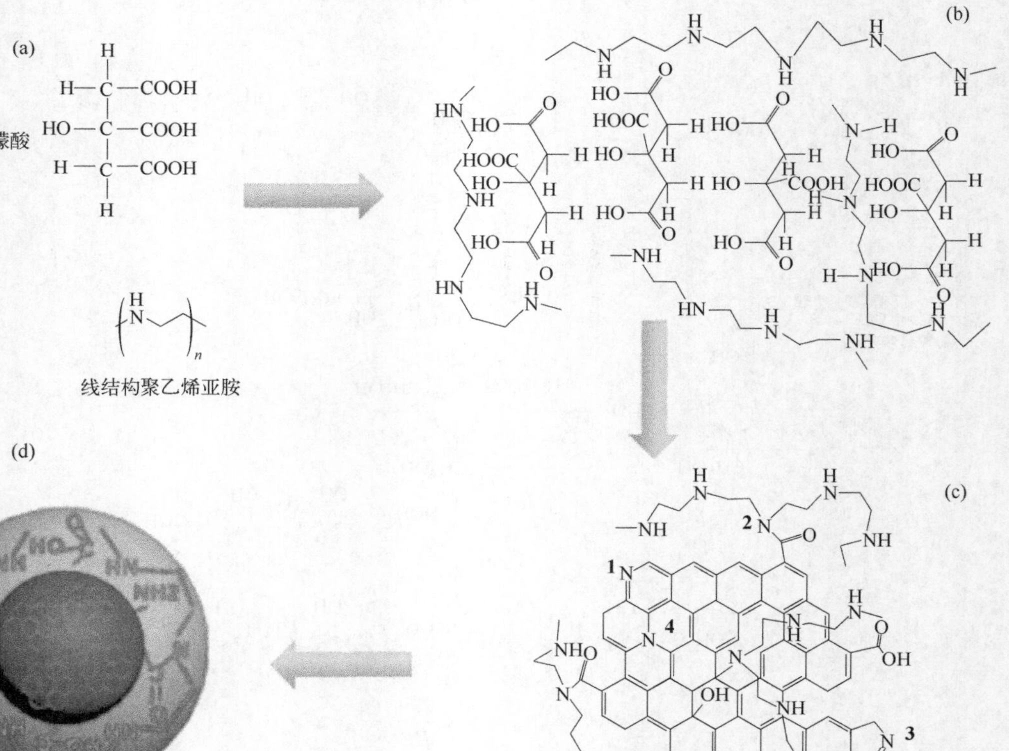

图 5-8　含氮量子点的形成机制[74]

水热量子点的形貌复杂，结构多变，其发光机制尚且不明朗。目前最被认可的发光机理有两种，即表面缺陷态效应和量子尺寸效应。其中表面缺陷态效应是最被认同的发光机制，即碳量子点的光致发光特性是源于其表面态的差异。由于 CQDs 表面氧化程度不同，造成最高占据分子轨道（highest occupied molecular orbital，HOMO）和最低未占分子轨道（lowest unoccupied molecular orbital，LUMO）现象，引起带隙之间的能级逐渐降低，发射峰发生红移，如图 5-9 所示[75]。量子尺寸效应则认为 CQDs 的荧光性质受其粒径尺寸影响。大多数的研究者认为 CQDs 的荧光性质由两者共同决定，即荧光特性与量子点的表面缺陷和尺寸都相关，但这方面还需要更深入的研究[76]。

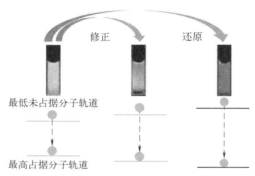

图 5-9 量子点的带隙发光原理[75]

水热法制备量子点一般选择纯物质，如抗坏血酸、三羟甲基氨基甲烷、氨基酸及蛋白质等，减少杂原子的影响。也会使用高碳水化合物的天然原料，如落叶松、柳树皮、甘蔗等。原料的官能团组成对调控 CQDs 的水溶性及荧光性质具有重要的作用。但表面官能团往往会因为各种作用连接在一起，造成量子点的聚合，导致荧光猝灭，因此需要通过表面钝化达到分散的效果。通常而言，水热制备的 CQDs 不经过表面钝化即可实现荧光发射性能，但不稳定的表面缺陷减少了表面电子/空穴对（e^-/h^+）的辐射复合，容易降低量子产率。

通过掺杂杂原子也能够改变量子点特征。添加氨基酸可以为量子点提供氮原子，具有较好的生物相容性，多被用于生物成像。而硫原子掺杂的量子点可以在不同波长的光激发下发射足够覆盖可见光中的大部分区域。内源性的氮掺杂可以直接获得较强荧光的 CQDs，有关学者利用微藻水热合成了内源掺杂了氮元素和硫元素的量子点，显示出了三种不一样的荧光特性，拓宽了碳量子点的应用潜力。

(5) 展望

水热液化生物原油通过蒸馏的方式将产物分馏后进行进一步加工作为液体燃料，其中，HTL 生物燃油与传统燃油混合使用将是未来发展的一个趋势，利用生物原油完全替代传统燃料是不可行的，必须与传统基础燃料进行混合使用，以确保混合燃料可以保持与传统燃料相似的特性，这样不仅无须改造炼油厂设备，也无须改造发动机结构，具有实际可行性。

生物原油的成分复杂，对于部分原料制备的生物原油适用于沥青添加剂、树脂、生物发泡剂、量子点等高值化工产品，如表 5-9 所示，根据产品特点和原料特性可做进一步划分归类，并评价其性能及经济性。石油是不可再生资源，燃烧造成碳排放增加，废弃物任意排放会造成环境污染。为减轻地球的负担，以水热液化生物原油为背景构建的新型化工产业一定会实现并迅速发展。

表 5-9　常见的生物原油高值化工产品归纳

产品	原料	液化条件	分离方法	主产物	性能表现	参考文献
沥青	微藻/餐厨废弃物/大藻/猪粪	温度:200~300℃ 时间:0.5~2.5h 含固率:20%	乙醇溶解、纯化、超声处理、搅拌、蒸发	不溶的残留物	颗粒的平均尺寸为420nm	[65][67] [77][78]
酚醛树脂	白桦树皮 北美白松	温度:300℃ 时间:15~30min 含固率:10% 水:甲醇/1:1	生物原油、水和NaOH、甲醛共热搅拌。 生物原油、苯酚、水、NaOH、乙醇、甲醛共热搅拌。 生物原油、苯酚、水、NaOH、乙醇、甲醛、福尔马林共热搅拌	酚醛树脂	较低的pH值,接近的黏度,较高的游离甲醛,较大的分子量,较低的热稳定性,更好的干拉伸强度; 分子量较宽,化学/热性能相似,PF树脂的典型性能,pH值接近且略高; 游离甲醛的增加导致致凝胶时间更短,黏合强度更好,低温区的热稳定性更好,但高温区的热稳定性降低	[71]、[78] [79]
生物基自固化环氧树脂	松木片	温度:300℃ 时间:15~30min 含固率:10% 水:甲醇/1:1	三乙基苄基氯化铵,NaOH 低温催化	环氧树脂	更高的储存模量(845MPa)和玻璃化过渡温度(96℃)	[80]
生物基聚氨酯泡沫	白桦树皮	温度:300℃ 时间:15min 含固量:10% 水:甲醇/1:1	生物原油微波加热后加入浓硫酸,并稀释。调节pH为中性后过滤除杂。	聚氨酯泡沫	化学结构与传统的PF甲阶/泡沫相似,具有较好的抗压强度,弹性模量,较低的热导率和更均匀的泡孔结构	[76]、[81]
碳量子点	微拟球藻	温度:260℃ 时间:15min 含固量:25%	将生物原油稀释。离心、提纯和浓缩	量子点	N-S碳量子点通过3种不同的激光片表现出优异的多色发光性能,稳定性和溶解性; 高效细胞摄取、强双光子荧光特性和低细胞毒性	[82]
	微藻藻粉	温度:180℃ 停留时间:10h 含固量:25%				
石蜡	塑料	温度:400~450℃ 时间:0.5~4h 原料/水:4/7	将原料和甲苯等水浴加热后,清除过滤残渣等,去除杂质	80%(质量分数)的正链烷烃和20%(质量分数)的α-烯烃	试验过程中没有残炭	[83]

5.3　生物原油炼制工艺与设备

5.3.1　蒸馏

　　原油是一种成分复杂的混合物，可以通过蒸馏的方案按所指定的产品内容将其分割。一般原油蒸馏主要分为直馏汽油、煤油、柴油、各种润滑油馏分、渣油和沥青等。基于蒸馏技术的特点，一般将原油蒸馏作为石油加工的第一道工序，所获得的半成品经适当的精制和调和后，可制成符合现代工业链的产品。同时还可以根据原油的不同特性，制备为各种各样的化学品加工原材料。这是一种节能、经济可行的原油技术，并且有可能将生物原油整合到当前的燃料供应链中。与其他工艺相比，蒸馏具有几个优点：高传热和传质速率、更好的热力学效率、处理各种进料浓度和流速的灵活性[84]。

　　对于生物原油而言，水热液化生物原油具有和原油相似的特点，如高黏度、高稠度及高分子含量等。相比于热解生物油，蒸馏技术可以更有效地应用在生物原油的精炼中。

　　对于蒸馏而言，密度、黏度、元素含量、烟点、倾点和实沸点（ture boiling point，TBP）蒸馏曲线是重要的指标。这些指标是用以研究并设计最佳提质工艺的参数，蒸馏后的生物原油可以和商用原油进行比较参考，用以判断和设计二次加工的步骤和潜力。如果可以准确地确定燃料成分，那么对燃料燃烧行为和化学结构的了解就会得到改善。例如，了解含 S 和 N 的单个化合物可能有助于开发选择性去除它们的方法。不幸的是，由于它们的复杂性，单独检测所有生物原油化合物所需的努力可能大于其价值。蒸馏有助于降低生物原油的复杂性，便于进一步深入分析，其中一种主要的表征方法是在进入 GC-MS 之前将原油按照温度切割成多个组分，但这种分析方法也有局限性，受制于其分析温度范围，无法有效分析重质组分的内容。

　　蒸馏可以通过减少样品化合物的数量来辅助化学分析，因此可以单独分析气体和汽油等单独的馏分，而不是复杂的整体生物原油。蒸馏原理与设备见图 5-10。还有其他研究使用傅里叶变换离子回旋共振质谱（FTICR-MS）或通过溶剂萃取来分离生物原油，也可以通过光谱的方式来表征分析，如 FTIR 等。

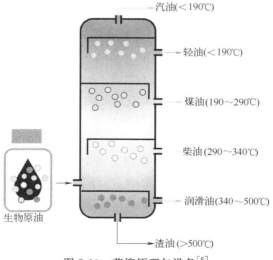

图 5-10　蒸馏原理与设备[6]

(1) 常见设备

现今还未有专门针对生物原油的蒸馏标准，已有的研究是在符合 ASTM 标准或自制蒸馏的装置中进行的。蒸馏装置可以简单地将生物原油分馏成不同温度的馏分，其中一些比标准测试（ASTM D86 和 ASTM D2892）更准确，并且具有分析蒸馏特性的采样能力。现有关于水热液化的蒸馏装置还停留在实验室规模，主要分为简单蒸馏和真空蒸馏。简单蒸馏通常使用实验室规模的蒸馏设备，在较低温度条件下将原油分成 2~3 个组分。但由于缺少塔板和填料等设备，缺乏蒸汽整流平衡的过程，因此无法有效地按照模拟蒸馏的结果进行切割。一般而言，馏出物可以分为两类，一类是极性较强的水溶性化合物，另一类是非极性的重质组分。还有一种通过填料塔和板式塔进行分馏的方式，主要是按照 ASTM D2892D 标准进行，其中生物原油可以根据实沸点蒸馏分为几类馏分，多是按照汽油、煤油、柴油、润滑油和渣油划分。

蒸馏设备种类如图 5-11 所示。

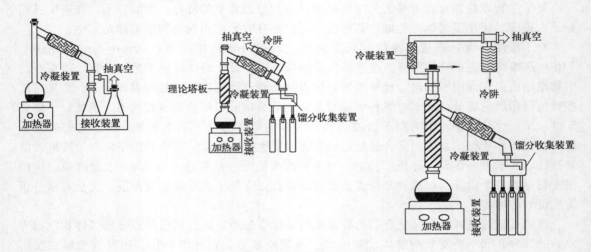

图 5-11 蒸馏设备种类

(2) 加工方案

现有的水热液化蒸馏技术的研究方向主要以微藻原料为主，关于湿垃圾或木质纤维素的文献较少。美国材料与试验协会（ASTM）关于石油产品蒸馏的标准较为细化且完善，如 ASTM D86-20 石油产品和液体燃料在大气压力下蒸馏的标准试验方法、ASTM D1160-18 减压蒸馏石油产品的标准试验方法、ASTM D7344-17a 常压下石油产品和液体燃料蒸馏的标准试验方法（小型方法）和 ASTM D7345-14 石油产品和液体燃料在大气压下蒸馏的标准试验方法（微量蒸馏法）、ASTM D2887-19 用气相色谱法测定石油馏分沸点分布的标准试验方法。主要可按照蒸馏的环境和蒸馏的设备种类进行划分。现有我国的原油蒸馏标准有 GB/T 6536—2010《石油产品常压蒸馏特性测定方法》、GB/T 9168—1997《石油产品减压蒸馏测定法》等。主要参考 ASTM D86 等相关标准订制。

不同温度范围的研究可分为两种，一种是基于实沸点（TBP）蒸馏。这种方法经常参考石油蒸馏将生物原油分离成汽油范围（35~140℃）、煤油范围（140~300℃、180~300℃）、柴油范围（300~325℃、325~370℃）和石油蜡范围（370~482℃），旨在与石油蒸馏进行比较。或者在每个特殊的温度区间收集级分[4]。该方案适合直接类比于现有的原油产品，比较其差异性等。

　　另一种是根据产品的重量，在不同的温度下依次收集馏分。该部分通常是直接蒸馏并回收 90% 的粗生物油，回收的部分按照每 10mL 作为一个组分进行收集，剩下的部分则被认为是生物渣油[5]。由于同一馏分段中随着时间变化而馏出的产物是不一致的，因此该方案更适合细致分析产物的变化情况。

　　另外，原料的特性是决定水热液化生物原油产品特性的重要因素，根据原料的不同，产物也呈现出不同的特点。例如，使用木质纤维素作为原料时，产物的多元醇醛类的成分较多，具备制备生物树脂或发泡剂等的能力。而微藻则因其重质组分较多的特点，具有制备生物沥青的潜力。尽管现有技术可以有效且高效地去除氧气，但从粗制生物油中去除氮仍然是一项具有挑战性的任务，并且取决于粗制生物油中存在的含氮化合物。生物原油的后处理可以通过各种途径完成（图 5-12）[85]。

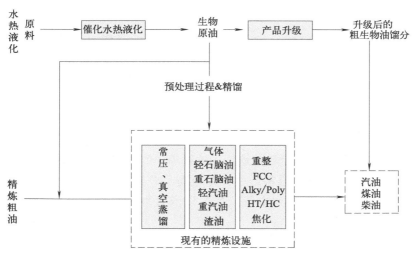

图 5-12　生物原油的后处理加工方案

　　HTL 生物原油在蒸馏过程中的产出物取决于其所含组分的挥发性，然后可以通过对不同馏分的产出物进行分割获得所需的高价值产品。相关学者研究了藻类粗生物油的真空蒸馏过程，发现相比木质纤维素类粗生物油，在 360℃ 时可以蒸馏出 73% 的藻类粗生物油，归因于藻类原料的脂质和蛋白质含量相对较高。此外，真空蒸馏大大提高了粗生物油的质量。推荐方案如图 5-13 所示，该方案可最大限度地利用 ATF 和柴油，并集成残渣裂解，最大限度地提高低沸点和高价值产品的产量。该方案的第一步是将原油分馏，然后对不同馏分进行加氢处理。加氢处理分两个步骤进行：首先是加氢处理（HT-1/HT-2），然后是加氢裂化（HC）。从蒸馏塔分离的轻质馏分主要包括煤油范围内的燃料，该部分组分被送到 HT-1 进行加氢处理，得到的产品属于航空煤油（ATF）类别。从蒸馏塔分离的中间馏分被送至 HT-2 进行加氢处理，得到的产品属于柴油类别。从蒸馏塔底部分馏的残留物随后通过加氢裂化并进一步蒸馏生产 ATF 和柴油类燃料。这种方法的主要优点是通过分馏降低加氢处理的反应程度。较轻的馏分需要较低的处理条件，而较重的馏分需要在较高的反应条件进行处理，利用两步加氢处理装置可以分别生产 ATF 和柴油类燃料。这种配置的主要挑战是各种分馏处理单元的投资成本较高，以及由于特定原料特有的高金属/盐含量而导致 HT/HC 催化剂中毒的可能性。这些问题可以通过使用脱盐剂或预先使用保护床来防止催化剂中毒来解决。

总体而言，该方案由于需要独立的生物炼油厂和独立的单元运营，与炼油厂整合方案相比，预计资本支出会相对较高。但是，即使原料来源远离炼油厂，即使在偏远地区放置此类生物炼油厂的优势也可能超过与炼油厂整合方案相关的运输成本。

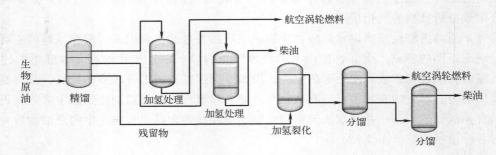

图 5-13   最大化煤油和柴油方案

该工艺经过优化后（图 5-14），可最大限度地利用汽油和柴油，同时集成残渣裂解，最大限度地提高低沸点和高价值产品产量。第一步中的杂原子去除本身使下游加工变得顺畅。主要步骤是前期加氢处理，然后是分馏。第一阶段加氢处理确保去除可能对下游设备造成问题的杂原子。此后，加氢处理的进料分两步分馏，以最大限度地提高汽油和柴油的产率。之后，残渣再次加氢裂化和分馏，得到蒸馏产物。这种特殊的方法最大限度地提高了 HTL 原油生物油中运输燃料的产量。

如前所述，由于需要独立的生物精炼厂，该过程中的关键挑战是高资本支出的要求。这种配置中的另一个要求可能是在原料产生具有较高灰分含量的油的情况下需要预先去除灰分，以防止加氢处理器中的催化剂中毒。这可以通过加氢处理部分前面的脱盐装置轻松实现。

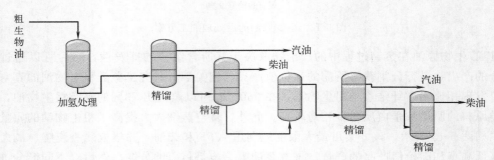

图 5-14   最大化柴油和汽油方案

(3) 蒸馏曲线

原油和原油馏分之间的气液平衡关系通常可以通过三种实验室蒸馏方法来获得，因此会对应绘制出三种蒸馏曲线，为恩氏蒸馏、实沸点蒸馏和平衡气化。

在三种蒸馏方法中，恩氏曲线是最简单的蒸馏，在规格化的仪器和规定的试验条件下进行试验。将馏出温度和馏出量对应作图，就可以得到恩氏蒸馏曲线。其本质是渐次汽化，因此起不到精馏作用，无法显示出油品中各组分的实际沸点，但可以反映油品在一定条件下的汽化性能。某些条件下，科研工作者们会通过热重分析的表征方式来一定程度模拟这部分的试验，是油品的最基本物性参数之一。

　　实沸点蒸馏则是一种实验室间歇精馏，是现今使用最多的一种蒸馏评价方式。该方法可以得到混合物中各个组分的量和对应的沸点结果，其所绘制的实沸点蒸馏曲线也类似于恩氏蒸馏曲线，但会显示出阶梯形状。原油相邻组分有着相似的沸点，同时存在共沸效应，因此无法完全反映出各组分沸点变化的情况，仅能大体上反映各组的沸点变迁。为了简化实沸点蒸馏试验，近些年人们开发出了气相色谱法模拟实沸点蒸馏的方案。但因为该方法仅可获得实沸点蒸馏情况，无法具体测试其馏分的性质，因此具有一定的局限性。

　　将油品加热汽化，使气、液两相在恒定的压力和温度下密切接触一段足够长的时间后迅速分离，即可测得油品在该条件下的平衡汽化分率。在恒压下选择合适的温度进行实验，就可以得到相应的平衡汽化率和温度的关系。根据平衡汽化的曲线，可以确定油品在不同汽化率时的温度、泡点温度和露点温度等。水热液化原油分析指标中，主要使用的还是实沸点蒸馏曲线，因此还需要更为多样化的研究内容才能更好地展示出生物原油的特性。生物原油和石化原油的蒸馏曲线见图 5-15。

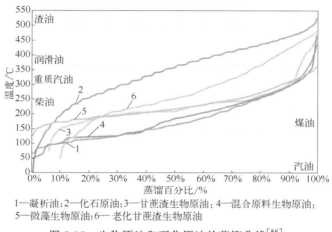

1—凝析油；2—化石原油；3—甘蔗渣生物原油；4—混合原料生物原油；
5—微藻生物原油；6—老化甘蔗渣生物原油

图 5-15　生物原油和石化原油的蒸馏曲线[86]

　　水热液化生物原油蒸馏归纳见表 5-10。

5.3.2　混炼

　　目前，世界上大多数国家都在推广生物柴油和燃料乙醇，混合体量基本在 2%～27%之间。作为潜在可替代燃料，生物原油相关的混炼（co-processing）研究也在进行中。生物原油是含有大量含氧化合物 [<40%（质量分数）] 的复杂混合物，其化学性质不同于石油。因此，在现有炼油厂中，生物原油与石油馏分的协同处理具有挑战性，可能需要对生物原油进行预处理。由于生物原油商业化生产生物燃料的技术还处于早期阶段，因此混炼这一方案具有特殊的意义。

（1）原油混合

　　仅从生物原油生产最终燃料产品的炼制厂考虑，未来的生物精炼厂需要复杂且昂贵的加工单元，这些加工单元可以处理不同的生物原油成分，以生产符合规格的产品，因此炼制成本较高。该产品会与石油行业产生竞争，市场渗透将变得困难。考虑到现有的原油炼制设备的完备性和炼制燃料的成本问题，以及现阶段对化石燃料的需求巨大，在不久的将来完全用生物燃料替代是不可行的，因此将生物原油与石油原油混合或协同加工被认为是一种可行的选择。但由于存在其他杂质，如盐和杂原子等，生物原油不易被用于炼油厂的系列加工。特

表 5-10　水热液化生物原油蒸馏归纳

原料	预处理	分离	蒸馏条件	设备标准	馏分特点	参考文献
浮萍	二氯甲烷萃取	真空蒸馏	室温~400℃	自制	热值高,杂原子(N,S和O)含量低	[87]
甘油/杨木	—	静置分离	室温~350℃	ASTM D2892	残留物主要是芳香族的,酮类被转化为饱和烃	[88]
硬木	脱水	/	室温~375℃	ASTM D2892	主要馏分为柴油和喷气燃料,含量分别为 25.3%(质量分数,下同)和 16.6%	[6]
螺旋藻	—	离心分离	室温~538℃ 加氢催化	ASTM D1160	脱氧率 100%,脱氮率 60%	[89]
钝顶螺旋藻/四片藻	二氯甲烷萃取	静置分离	室温~370℃	ASTM D2892	可用于无须任何改造的汽车发动机,适用性强	[90]
桉树	—	/	35~482℃	ASTM D5236 ASTM D2892	汽油的馏分为 15%(质量分数,下同),航空煤油馏分为 22%,柴油馏分为 14%	[91]
螺旋藻/扁藻	二氯甲烷萃取	静置分离	室温~360℃	自制	有效提高热值,去除重金属	[92]
螺旋藻	—	静置分离	室温~400℃	自制	酸值降低至 0~6mg KOH/g;黏度降低至 3~12mm²/s;HHV 范围为 39~44MJ/kg;芳烃含量增加	[93]
餐厨垃圾/猪粪	—	静置分离		自制	有较好的燃烧性能和排放性能	[49]
甘油/猪粪	—	真空蒸馏	25~500℃	购自美国国家标准技术研究院	较高温度的馏分具有较长链的甲基和烷烃	[8]

别是微藻生物原油，较高的含氮量和含硫量会造成共混制备过程中催化剂的失活。另外，其精炼后的产物会导致较高的 NO_x 和 SO_x 的排放。其较高的原子量也会进一步造成催化剂的结焦。

将生物原油和石油共同混合后再进入炼油厂中直接炼制是一种可行的方案。该方案不仅可以最大限度地降低相关的成本，而且还可以避免单独处理生物原油时会出现的一些问题，如较高的含氧量会造成催化剂结焦等。经研究，将 10% 的微藻生物原油掺入后是可行的，并且其产物具有和石油产品相似的特点，不需要特地对现有的发动机进行改造[88]。此外，通过共混后进行加氢催化处理的生物原油也能够实现与化石原油相似的特点，因此鉴于生物原油和化石原油在炼油厂设备中的兼容性，这将会是一种新的思路用以替代。

（2）成品油调和

调和即是将生物原油和各种石油原料混溶在一起使用的一种方式。其主要挑战是生物原油与其调和产品的混溶性。这种特性会在物料混合泵送进反应器时带来挑战。由于生物原油有着复杂的成分，其较高的含氧量会带来较高的极性，因此其与石油的相互作用机制会显得更为复杂。另外，由于各种原料和工艺的生物原油有着巨大的差异，致使调和过程中的响应和作用机制需要大量的研究，难以归纳总结其规律[94]。

生物原油和石油是不混溶的，主要是因为前者含有高含量的极性物质。这导致在协同处理过程中生物原油和石油的混合出现问题。有关学者可通过对生物原油进行加氢处理、分馏和添加乳化剂等方式来提高相容性。可以实施以下测试来检查和预测生物原油或其馏分与石油的相容性或混溶性。

点滴测试（spot test）：如图 5-16 所示，该测试是 ASTM D4740 标准方法的修改版本。使用涡流混合器制备生物原油或其馏分［溶质约 10%（质量分数）］和石油［溶剂约 90%（质量分数）］的混合物。如有必要，可以将混合物加热到 60℃。然后将一滴混合物置于滤纸上。如果纸上出现黑色或不同颜色的斑点，则认为不混溶。如果样品分散均匀，则混合物则可以判定为可混溶。已有研究人员证明了 HTL 生物原油馏分在直馏瓦斯油（SRGO）中混溶的可行性。

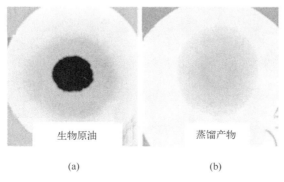

(a)　　　　　　　　　　　　(b)

图 5-16　点滴测试

显微镜测试（visual and microscopic inspection test）：这是一种一小时检测方法，用以快速测定石油和生物原油的混溶性。即取 2g 的生物原油或其馏分和 18g 的化石原油或其馏分混合振荡 1h，如有需要可以加热到 50℃。静置一小时后倒置，检查内壁或是底部是否有不溶的沉积物。若是存在，则表示混溶性差，若是不存在，则表示混溶性好。为了测试混合物随时间的稳定性，可以在显微镜下检查样品。简单的目视和显微镜检查可以帮助确定生物原油混合物的混合相容性和稳定性。但该方法有个弊端在于生物原油容易黏附在容器内壁，因此共混的溶剂在容器中不能有相应的黏附性。

使用汉森（Hansen）溶解度参数进行溶解度测试：Hansen 溶解度参数（HSP）是分散力、极性力和氢键力的函数。色散力来自原子力或非极性相互作用；极性力是由"永久偶极子"-"永久偶极子"相互作用产生的。氢键力是由于氢键产生的分子相互作用。总溶解度参数 δ 由方程式（5-3）定义。其中 δ_D、δ_P、δ_H 分别对应分散、极性和氢键的溶解度参数。

$$\delta^2 = \delta_D^2 + \delta_P^2 + \delta_H^2 \tag{5-3}$$

溶质和溶剂的 HSP 越接近，它们的亲和力越强。溶质和溶剂的 HSP 之间的距离 R_a 由方程式（5-4）定义。

$$R_a^2 = 4(\delta_{D2} - \delta_{D2})^2 + 4(\delta_{P2} - \delta_{P2})^2 + 4(\delta_{H2} - \delta_{H2})^2 \tag{5-4}$$

汉森球图法用于计算 HSP 未知的化合物或混合物的 HSP。该化合物与已知 HSP 的各种溶剂混合，如果溶剂形成完全可溶的混合物，则它被认为是"良好溶剂"。但是，如果溶液不混溶或部分混溶，则溶剂被标记为"不良溶剂"。在每个轴代表 δ_D、δ_P、δ_H 参数之一的三维图中，针对溶解度测试的每种溶剂均参照其 HSP 定位。然后创建一个球体，使所有"好溶剂"点都在球体内，而所有"坏溶剂"点都留在球体之外，如图 5-17 所示。这个汉森球的半径称为 R_o，由三个轴（δ_D、δ_P、δ_H）定义的球心是化合物的 HSP。因此，如果 R_a 较低且相对能量差（RED=R_a/R_o）小于 1，则两种化合物的亲和力较高。

使用 HSPiP 软件（https：//www.hansen-solubility.com/HSPiP/）生成的汉森球如图 5-17 所示。蓝色球形点代表良溶剂的 HSP，红色立方体点代表不良溶剂的 HSP。图 5-17（a）是 Hansen 单球图：绿色球是 Hansen 球，球心是溶质的 HSP；图 5-17（b）是 Hansen 双球图：生物原油和直馏瓦斯油的球重叠形成一个双球图。连接点（黄色）表示溶剂的 HSP，它可以显示生物原油和 SRGO 之间的最大相互作用。

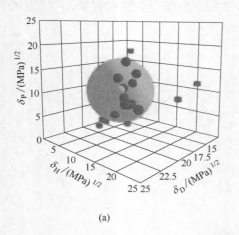
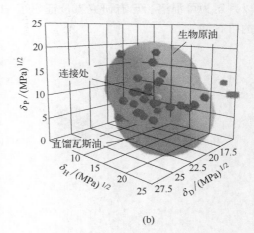

图 5-17　Hansen 半球模型示意图

从精炼的角度来看，调和的过程仍有一些问题需要解决：

①在不影响工艺性能、催化剂活性和稳定性以及产品质量的情况下，应将多少生物原油与石油混合；②如何解决混合相容性问题；③指示什么参数在协同处理之前是否需要对生物

原油进行预处理，如果需要，在何种程度上进行预处理；④协同处理不同的生物原油如何影响炼油厂现有单元操作的性能；⑤生物碳在协同处理产品中的分布情况。

（3）成品油乳化

根据"同类溶解"理论，表面活性剂作为乳化剂用于将不混溶的液体混合成均匀的乳液，这称为乳化[95]。与其他提质方法相比，乳化具有能源效率高、程序简单、适应性强的特点。通过这种方法，黏度、冷流性能、储存时间都得到了改善。在最近的研究中，为了创建稳定的乳化体系，各种表面活性剂（Span 80、Atlox491438）和助表面活性剂（甲醇、乙醇、丁醇）被用作乳化剂。乳化机制见图 5-18。生物原油中的复杂化合物会影响乳化体系。Span 80 是常用的乳化剂，通过制备的生物原油的水/柴油微乳液可以发现，生物原油中的柴油不溶部分越少，形成微乳液所需的表面活性剂就越少。Span 80/Tween 80 和助表面活性剂（醇）协同使用的过程中，生物原油可以与混合燃料和柴油形成稳定的乳化体系，并且在发动机测试时表现出良好的排放性能。

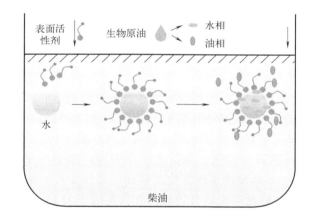

图 5-18　乳化机制

乳液的储存稳定性特性也是非常重要的性能[96]。乳化后，生物原油中可溶解柴油的馏分具有更好的稳定性。但对该技术的研究还很有限，需要进一步研究将乳化与酯化、蒸馏等其他提质工艺相结合。生物柴油、裂解油等绿色液体燃料是与生物原油调和的良好选择。在表面活性剂和添加剂方面，几种商业表面活性剂用于生物原油升级研究，建议结合使用更高效、更环保的乳化剂如生物乙醇或无硫表面活性剂。最后，发动机性能和排放是最重要的部分。由于各种生物质原料形成的化学物质复杂，建议在各种条件（低氧、低温、高湿）下进行更多关于乳化油燃烧的发动机测试，并为这些燃料建立系统标准。

5.3.3　加氢提质（粗油为原料）

加氢处理（例如，加氢脱氧、加氢和加氢脱硫）是当今石油精炼厂使用的常规工艺，在高温（310～375℃）条件和催化剂的作用下与氢气反应，以达到除氧和除硫元素的目的。其中氧元素和硫元素以 H_2O 和硫化氢（H_2S）的形式去除。加氢处理主要是通过与 H_2 反应产生苯和环己烷的碳—氮、碳—氧和碳—硫键断裂以及增加 H：C 比。蒸汽重整允许从富含氢气的气体（例如天然气、甲烷和合成气）中生产氢气；在生物质原料的热化学加工过程中可以产生氢气[97]。

$$\text{OH} \quad +H_2 \longrightarrow \quad +H_2O$$

$$\text{OH} \quad +4H_2 \longrightarrow \quad +H_2O$$

加氢脱氧（hydrodeoxygenation，HDO）是指从含氧化合物中去除氧气，而不是补充氢气。超临界水（supercritical water，SCW）在提质中起着重要作用。使用 SCW 提质原油生物油可能会导致更简单的生物精炼，因为可以在精炼和生产过程中使用相同的反应介质（即水）。SCW 可以使生物原油脱硫并控制焦炭的形成。生物原油的高黏度导致其不适合使用在石油提质中常见的连续提质方法。两步 HDO 可以将生物原油改进为深度脱氧燃料。一般而言，HDO 的平均温度和压力分别是 364℃ 和 4.42MPa。多以金属基催化剂（例如钌、镍）来改善 HDO 产物性能。但较高的催化剂成本和可重复使用能力是限制催化剂发展的重要问题。HDO 催化剂的限制因素是低成本、可重复使用性、抗焦化性和有效性。由于焦化，催化剂的生命周期目前限制在 200h 以内。烷烃（例如丙烷、丁烷和甲烷）是加氢裂化生物油的产物。

在 H_2 存在下使用哈氏合金罐（HAC）反应在没有溶剂的情况下提质生物原油，发现生物燃料的收率随着 Ni/钼/γAl_2O_3 增加而增加。这些升级的生物原油是柴油和喷气燃料范围碳氢化合物的基准。研究了双组分催化剂混合物，Ru/C 在脱氧和更高的烃含量方面表现出最佳性能。有研究者研究了双组分催化剂混合物，收率低于单组分催化剂，但在 Al 和碳催化剂的呈现下表现出高脱氮和脱氧。为了进一步发展，连续的 HTL 产品也需要深入研究。HDO 已被证明可以有效地改善连续生物质原油的连续生产，从培育生物质、生物质炼制到油品提质的整个过程。阿伦等人培育香蒲，并将其用于 HTL 和 HDO，最终计算出 15g 生物质可生产 1.17g 高品质燃油。

5.3.4　油品性能对比

水热液化技术因原料来源广、不需要干燥、对原料含水率没有要求、产物无毒害作用等优点，近年来得到越来越多的关注。其中，利用水热液化制备的生物原油具有替代或补充石化燃油的潜力。如表 5-11 所示，HTL 生物原油具有较高的热值，能量密度与石化原油相似，且在提质或与石化燃油混合制备的汽油、柴油和航空煤油的各性能参数基本在标准范围内，在未来发展中一定会蒸蒸日上。

5.3.5　案例分析

(1) Licella 公司

Licella 公司是一家总部位于澳大利亚新南威尔士州生产纤维燃料的公司，该公司被称为水热反应升级平台技术的全球领导者。Licella 公司创建了独有的水热升级平台 Cat-HTR™（催化水热反应堆），可以对生物质残渣物、废弃塑料、非食用生物质、使用后的润滑油和褐煤进行处理转化为生物原油，该技术生产的生物原油具有可再生、稳定、易混溶和无腐蚀等特性，可以在传统炼油厂中与石化原油混合制备生物燃油。Licella 公司生产的生物原油能通过标准精炼设备制成煤油和柴油，生产再生燃料，克服了生物质燃料能源密度

表 5-11　不同油品的性能对比

物理特性	石化原油	炉用燃料油（重油）	HTL生物原油	汽油	HTL生物汽油	柴油	HTL生物柴油	航空燃油	HTL航空燃油	热解生物油	酯化生物柴油
热值/(MJ/kg)	36.9~39.4	38~40	31.5~37.6	42~46	41	40~46	41.6	42.8~53.43	45.2	15.9~20.9	32
水分/%	0.02~0.5	0.1	0.01~9.2	0.025		0.1			—	10~30	<0.05
灰分/%	0.01~0.03	>0.3	0.09~36.8	—		<0.01			—	0.01~0.19	<0.03
密度(15℃)/(g/cm³)	0.7~0.95	<0.98	0.87~0.93	0.7~0.8	0.78	0.82~0.86	0.82~0.85	0.77~0.84	0.82	1.15~1.25	0.82~0.9
黏度/cP	1.01~560	2~200(80℃)	100~400	0.6~0.7(40℃)	0.72(40℃)	3~8(20℃)	3.05	6~12(-40℃)	9.5(-40℃)	15~35(40℃)	1.9~6(40℃)
pH	—	—				—	—	—	—	1.9~3.2	—
酸值/(mgKOH/g)	—	—	20~256			—	—	10~26	—	54.1~58.8	<0.8
闪点/℃	—	<130		-50~-20		130	66~67	>38	51		>130
C/%	83.0~87.0	85	69.0~75.6	84~88		85~86	83.4~85.6	85.87	84~85	38.7~56.4	
H/%	11.0~14.0	12.5	8.90~12.0	12~16		13~15	13.3~13.8	14.45	13~15	6.04~7.99	
O/%	0.05~2.00	1	9.50~18.9			—	0.67~3.33		0.1~0.8	41.8~47.9	10
N/%	0.02~2.00	0.2	2.80~10.5	0.1		0.1		0.23	0.5~1.3	0~0.90	—
S/%	0.15~8.00	>1	0~28.8	0.08		0.2~0.5		<0.3	<0.04	0~0.01	<0.001

低、稳定性差、难以与其他汽油混用应用在运输上等难题。该公司在新南威尔士州的 Somerby 建立新厂，将该技术开发到了大型试点或示范规模（10000t/a）。随后，Licella 与 Canfor（加拿大）合作，将纸浆和纸张残留物转化为可用于生产生物燃料和化学品的生物原油。此外，Licella 与 Armstrong Chemicals（英国）合作建造了第一家使用 Cat-HTR^{TM} 技术对报废塑料进行化学回收的商业工厂。

(2) Silva Green Fuel 公司

Silva Green Fuel 和 Statkraft 公司结合各自的特点，利用森林原材料，以水热液化技术进行第二代生物燃料的盈利生产利用，这种燃料被称为"气候零负荷燃料"。2019 年，该公司以 4000L/d 的速度将森林残余物转化为生物原油，然后通过提质升级生产可再生柴油、喷气发动机或船用燃料等。

参 考 文 献

[1] Tian C, Li B, Liu Z, et al. Hydrothermal liquefaction for algal biorefinery: a critical review [J]. Renewable & Sustainable Energy Reviews, 2014, 38: 933-950.

[2] Vardon D R, Sharma B K, Scott J, et al. Chemical properties of biocrude oil from the hydrothermal liquefaction of Spirulina algae, swine manure, and digested anaerobic sludge [J]. Bioresource Technology, 2011, 102 (17): 8295-8303.

[3] Yang L, Li Y, Savage P E. Near- and supercritical ethanol treatment of biocrude from hydrothermal liquefaction of microalgae [J]. Bioresource Technology, 2016, 211: 779-782.

[4] Yang T, Zhang W, Li R, et al. Deoxy-liquefaction of corn stalk in subcritical water with hydrogen generated in situ via aluminum——water reaction [J]. Energy & Fuels, 2017, 31 (9): 9605-9612.

[5] Hoffmann J, Jensen C U, Rosendahl L A. Co-processing potential of HTL bio-crude at petroleum refineries-Part 1: fractional distillation and characterization [J]. Fuel, 2016, 165: 526-535.

[6] Taghipour A, Ramirez J A, Brown R J, et al. A review of fractional distillation to improve hydrothermal liquefaction biocrude characteristics: future outlook and prospects [J]. Renewable and Sustainable Energy Reviews, 2019, 115: 109355.

[7] Yang T, Jie Y, Li B, et al. Catalytic hydrodeoxygenation of crude bio-oil over an unsupported bimetallic dispersed catalyst in supercritical ethanol [J]. Fuel Processing Technology, 2016, 148: 19-27.

[8] Cheng D, Wang L, Shahbazi A, et al. Characterization of the physical and chemical properties of the distillate fractions of crude bio-oil produced by the glycerol-assisted liquefaction of swine manure [J]. Fuel, 2014, 130: 251-256.

[9] 张冀翔, 王东, 魏耀东. 微藻水热液化生物油物理性质与测量方法综述 [J]. 化工进展, 2016 (1): 98-104.

[10] Xie L, Xu Y, Shi X, et al. Hydrotreating the distillate fraction of algal biocrude with used engine oil over Pt/C for production of liquid fuel [J]. Catalysis Today, 2020, 355: 65-74.

[11] Santos J, Ouadi M, Jahangiri H, et al. Integrated intermediate catalytic pyrolysis of wheat husk [J]. Food and Bioproducts Processing, 2019, 114: 23-30.

[12] Nam H, Choi J, Capareda S C. Comparative study of vacuum and fractional distillation using pyrolytic microalgae (Nannochloropsis oculata) bio-oil [J]. Algal Research, 2016, 17: 87-96.

[13] Obeid F, Van T C, Horchler E J, et al. Engine performance and emissions of high nitrogen-containing fuels [J]. Fuel, 2020, 264: 116805.

[14] Leng L, Zhang W, Peng H, et al. Nitrogen in bio-oil produced from hydrothermal liquefaction of biomass: a review [J]. Chemical Engineering Journal, 2020, 401: 126030.

［15］　Channiwala S A，Parikh P P. A unified correlation for estimating HHV of solid，liquid and gaseous fuels ［J］. Fuel，2002，81：1051-1063.

［16］　Jerome A，Ramirez R J B T. A review of hydrothermal liquefaction bio- crude properties and prospects for upgrading to transportation fuels ［J］. Energies，2015，8（7）：6765.

［17］　Cheng F，Dehghanizadeh M，Audu M A，et al. Characterization and evaluation of guayule processing residues as potential feedstock for biofuel and chemical production ［J］. Industrial Crops and Products，2020，150：112311.

［18］　Hu Y，Qi L，Feng S，et al. Comparative studies on liquefaction of low-lipid microalgae into bio-crude oil using varying reaction media ［J］. Fuel，2019，238：240-247.

［19］　Oasmaa A，Peacocke C. A guide to physical property characterisation of biomass-derived fast pyrolysis liquids ［J］. VTT Publications，2001（450）：65.

［20］　Pootakham T，Kumar A. A comparison of pipeline versus truck transport of bio-oil ［J］. Bioresource Technology，2010，101（1）：414-421.

［21］　杨朝合，徐春明. 石油炼制工程 ［M］. 北京：石油工业出版社，2009.

［22］　Yin R，Zhang L，Liu R，et al. Optimization of composite additives for improving stability of bio-oils ［J］. Fuel，2016，170：1-8.

［23］　Yang J，He Q S，Niu H，et al. Hydrothermal liquefaction of biomass model components for product yield prediction and reaction pathways exploration ［J］. Applied Energy，2018，228：1618-1628.

［24］　Madsen R B，Zhang H，Biller P，et al. Characterizing semivolatile organic compounds of biocrude from hydrothermal liquefaction of biomass ［J］. Energy & Fuels，2017，31（4）：4122-4134.

［25］　Yang L，He Q S，Havard P，et al. Co-liquefaction of spent coffee grounds and lignocellulosic feedstocks ［J］. Bioresource Technology，2017，237：108-121.

［26］　Déniel M，Haarlemmer G，Roubaud A，et al. Hydrothermal liquefaction of blackcurrant pomace and model molecules：understanding of reaction mechanisms ［J］. Sustainable Energy & Fuels，2017，1（3）：555-582.

［27］　Li H，Watson J，Zhang Y，et al. Environment-enhancing process for algal wastewater treatment，heavy metal control and hydrothermal biofuel production：a critical review ［J］. Bioresource Technology，2020，298：122421.

［28］　Li H，Lu J，Zhang Y，et al. Hydrothermal liquefaction of typical livestock manures in China：biocrude oil production and migration of heavy metals ［J］. Journal of Analytical and Applied Pyrolysis，2018.

［29］　Lu J，Watson J，Zeng J，et al. Biocrude production and heavy metal migration during hydrothermal liquefaction of swine manure ［J］. Process Safety and Environmental Protection，2018，115：108-115.

［30］　Lu J，Zhang J，Zhu Z，et al. Simultaneous production of biocrude oil and recovery of nutrients and metals from human feces via hydrothermal liquefaction ［J］. Energy Conversion and Management，2017，134：340-346.

［31］　Robin T，Jones J M，Ross A B. Catalytic hydrothermal processing of lipids using metal doped zeolites ［J］. Biomass and Bioenergy，2017，98：26-36.

［32］　Huyen Nguyen L，Cecilia M，Lars-Erik Å，et al. Storage stability of bio-oils derived from the catalytic conversion of softwood kraft lignin in subcritical water ［J］. Energy & Fuels，2016，30：3097-3106.

［33］　Kosinkova J，Ramirez J A，Ristovski Z D，et al. Physical and chemical stability of bagasse biocrude from liquefaction stored in real conditions ［J］. Energy & Fuels，2016，30（12）：10499-10504.

［34］ Huyen N L，Mattsson C，Olausson L，et al． Accelerated aging of bio-oil from lignin conversion in subcritical water ［J］． Tappl Journal，2017．

［35］ Längauer D，Lin Y，Chen W，et al． Simultaneous extraction and emulsification of food waste liquefaction bio-oil ［J］． Energies，2018，11 (11)：3031．

［36］ Wang Y，Zhang Y，Liu Z． Effect of aging in nitrogen and air on the properties of biocrude produced by hydrothermal liquefaction of spirulina ［J］． Energy & Fuels，2019，33 (10)：9870-9878．

［37］ Mujahid R，Kim J． Aging stability of bio-oil produced from dewatered sewage sludge in subcritical water ［J］． The Journal of Supercritical Fluids，2020，166：105011．

［38］ Lin Y，Chen W，Liu H． Aging and emulsification analyses of hydrothermal liquefaction bio-oil derived from sewage sludge and swine leather residue ［J］． Journal of Cleaner Production，2020，266：122050．

［39］ Palomino A，Godoy-Silva R D，Raikova S，et al． The storage stability of biocrude obtained by the hydrothermal liquefaction of microalgae ［J］． Renewable Energy，2020，145：1720-1729．

［40］ Wang Y，Zhang Y，Yoshikawa K，et al． Effect of biomass origins and composition on stability of hydrothermal biocrude oil ［J］． Fuel，2021，302：121138．

［41］ Taghipour A，Hornung U，Ramirez J A，et al． Fractional distillation of algae based hydrothermal liquefaction biocrude for co-processing：changes in the properties，storage stability，and miscibility with diesel ［J］． Energy Conversion and Management，2021，236：114005．

［42］ Liu G，Du H，Sailikebuli X，et al． Evaluation of storage stability for biocrude derived from hydrothermal liquefaction of microalgae ［J］． Energy & Fuels，2021，35 (13)：10623-10629．

［43］ Wu X，Zhou Q，Li M，et al． Conversion of poplar into bio-oil via subcritical hydrothermal liquefaction：structure and antioxidant capacity ［J］． Bioresource Technology，2018，270：216-222．

［44］ Ren X，Meng J，Moore A M，et al． Thermogravimetric investigation on the degradation properties and combustion performance of bio-oils ［J］． Bioresource Technology，2014，152：267-274．

［45］ Peng X，Ma X，Lin Y，et al． Combustion performance of biocrude oil from solvolysis liquefaction of *Chlorella pyrenoidosa* by thermogravimetry-Fourier transform infrared spectroscopy ［J］． Bioresource Technology，2017，238：510-518．

［46］ 刘松涛，赵术春，王逸飞，等． 高黏度生物原油的乳化及燃烧性能研究 ［J］． 化学工业与工程，2021，38 (6)：87-94．

［47］ 张栋，朱锡锋． 生物油/乙醇混合燃料燃烧性能研究 ［J］． 燃料化学学报，2012，40 (2)：190-196．

［48］ 谢贵镇． 富脂质类生物质的水热液化产油特性研究 ［D］． 吉林：东北电力大学，2022．

［49］ Yang Z，Lee T H，Li Y，et al． Spray and combustion characteristics of pure hydrothermal liquefaction biofuel and mixture blends with diesel ［J］． Fuel，2021，294：120498．

［50］ Chen W，Zhang Y，Lee T H，et al． Renewable diesel blendstocks produced by hydrothermal liquefaction of wet biowaste ［J］． Nature Sustainability，2018，1 (11)：702-710．

［51］ Sundus F，Fazal M A，Masjuki H H． Tribology with biodiesel：a study on enhancing biodiesel stability and its fuel properties ［J］． Renewable and Sustainable Energy Reviews，2017，70：399-412．

［52］ Sanjeev K C，Adhikari S，Jackson R L，et al． Friction and wear properties of biomass-derived oils via thermochemical conversion processes ［J］． Biomass and Bioenergy，2021，155：106269．

［53］ 张霞玲，李红，王允峰，等． 生物降解润滑油的现状及发展趋势 ［J］． 新疆石油科技，2006 (3)：65-71．

［54］ Chen W，Lin Y，Liu H，et al． A comprehensive analysis of food waste derived liquefaction bio-oil properties for industrial application ［J］． Applied Energy，2019，237：283-291．

［55］ Xu Y，Liu K，Hu Y，et al． Experimental investigation and comparison of bio-oil from hybrid microalgae via super/subcritical liquefaction [J]. Fuel, 2020, 279: 118412.

[56] Chen X, Peng X, Ma X. Investigation of Mannich reaction during co-liquefaction of microalgae and sweet potato waste: combustion performance of bio-oil and bio-char [J]. Bioresource Technology, 2020, 317: 123993.

[57] Svanberg M, Ellis J, Lundgren J, et al. Renewable methanol as a fuel for the shipping industry [J]. Renewable and Sustainable Energy Reviews, 2018, 94: 1217-1228.

[58] Haglind F. A review on the use of gas and steam turbine combined cycles as prime movers for large ships. Part Ⅲ: fuels and emissions [J]. Energy Conversion and Management, 2008, 49 (12): 3476-3482.

[59] Sharma K, Pedersen T H, Toor S S, et al. Detailed investigation of compatibility of hydrothermal liquefaction derived biocrude oil with fossil fuel for corefining to drop-in biofuels through structural and compositional analysis [J]. ACS Sustainable Chemistry & Engineering, 2020, 8 (22): 8111-8123.

[60] Lee T H, Yang Z, Zhang Y, et al. Investigation of combustion and spray of biowaste based fuel and diesel blends [J]. Fuel, 2020, 268: 117382.

[61] Alherbawi M, Parthasarathy P, Al-Ansari T, et al. Potential of drop-in biofuel production from camel manure by hydrothermal liquefaction and biocrude upgrading: a Qatar case study [J]. Energy, 2021, 232: 121027.

[62] Hossain F M, Nabi M N, Rainey T J, et al. Investigation of microalgae HTL fuel effects on diesel engine performance and exhaust emissions using surrogate fuels [J]. Energy Conversion and Management, 2017, 152: 186-200.

[63] Hadhoum L, Zohra Aklouche F, Loubar K, et al. Experimental investigation of performance, emission and combustion characteristics of olive mill wastewater biofuel blends fuelled CI engine [J]. Fuel, 2021, 291: 120199.

[64] 涂成, 陈艳巨, 何敏, 等. 生物沥青制备工艺研究进展 [J]. 石油沥青, 2015, 29 (6): 62-67.

[65] Borghol I, Queffélec C, Bolle P, et al. Biosourced analogs of elastomer-containing bitumen through hydrothermal liquefaction of *Spirulina* sp. microalgae residues [J]. Green Chemistry, 2018, 20 (10): 2337-2344.

[66] Ross A B, Biller P, Kubacki M L, et al. Hydrothermal processing of microalgae using alkali and organic acids [J]. Fuel, 2010, 89 (9): 2234-2243.

[67] Mahssin Z Y, Zainol M M, Hassan N A, et al. Hydrothermal liquefaction bioproduct of food waste conversion as an alternative composite of asphalt binder [J]. Journal of Cleaner Production, 2021, 282.

[68] Li H, Wang B, Shui H, et al. Preparation of bio-based polyurethane hydroponic foams using 100% bio-polyol derived from Miscanthus through organosolv fractionation [J]. Industrial Crops and Products, 2022, 181: 114774.

[69] Furtwengler P, Avérous L. Renewable polyols for advanced polyurethane foams from diverse biomass resources [J]. Polymer chemistry, 2018, 9 (32): 4258-4287.

[70] Li H, Feng S, Yuan Z, et al. Highly efficient liquefaction of wheat straw for the production of bio-polyols and bio-based polyurethane foams [J]. Industrial Crops and Products, 2017, 109: 426-433.

[71] Celikbag Y, Nuruddin M, Biswas M, et al. Bio-oil-based phenol-formaldehyde resin: comparison of weight- and molar-based substitution of phenol with bio-oil [J]. Journal of adhesion science and technology, 2020, 34 (24): 2743-2754.

[72] Feng S, Yuan Z, Leitch M, et al. Adhesives formulated from bark bio-crude and phenol formaldehyde resole [J]. Industrial Crops and Products, 2015, 76: 258-268.

[73] Ye Z, Li G, Lei J, et al. One-step and one-precursor hydrothermal synthesis of carbon dots with superior antibacterial activity [J]. ACS Applied Bio Materials, 2020, 3 (10): 7095-7102.

[74] Liu J, Liu X, Luo H, et al. One-step preparation of nitrogen-doped and surface-passivated carbon quantum dots with high quantum yield and excellent optical properties [J]. RSC Advances, 2014, 4 (15): 7648-7654.

[75] 刘禹杉, 李伟, 吴鹏, 等. 水热炭化制备碳量子点及其应用 [J]. 化学进展, 2018, 30 (4): 349-364.

[76] Zhang C, Xiao Y, Ma Y, et al. Algae biomass as a precursor for synthesis of nitrogen-and sulfur-co-doped carbon dots: a better probe in Arabidopsis guard cells and root tissues [J]. Journal of photochemistry and photobiology. B, Biology, 2017, 174: 315-322.

[77] Karnati S R, Oldham D, Fini E H, et al. Surface functionalization of silica nanoparticles with swine manure-derived bio-binder to enhance bitumen performance in road pavement [J]. Construction and Building Materials, 2021, 266: 121000.

[78] Feng S, Yuan Z, Leitch M, et al. Effects of bark extraction before liquefaction and liquid oil fractionation after liquefaction on bark-based phenol formaldehyde resoles [J]. Industrial Crops and Products, 2016, 84: 330-336.

[79] Cheng S, D'Cruz I, Yuan Z, et al. Use of biocrude derived from woody biomass to substitute phenol at a high-substitution level for the production of biobased phenolic resol resins [J]. Journal of applied polymer science, 2011, 121 (5): 2743-2751.

[80] Celikbag Y, Meadows S, Barde M, et al. Synthesis and characterization of bio-oil-based self-curing epoxy resin [J]. Industrial & Engineering Chemistry Research, 2017, 56 (33): 9389-9400.

[81] Li B, Feng S H, Niasar H S, et al. Preparation and characterization of bark-derived phenol formaldehyde foams [J]. RSC Advances, 2016, 6 (47): 40975-40981.

[82] Guo L, Zhang Y, Li W. Sustainable microalgae for the simultaneous synthesis of carbon quantum dots for cellular imaging and porous carbon for CO_2 capture [J]. Journal of Colloid and Interface Science, 2017, 493: 257-264.

[83] Jin K, Vozka P, Kilaz G, et al. Conversion of polyethylene waste into clean fuels and waxes via hydrothermal processing (HTP) [J]. Fuel, 2020, 273: 117726.

[84] Chan Y H, Loh S K, Chin B L F, et al. Fractionation and extraction of bio-oil for production of greener fuel and value-added chemicals: recent advances and future prospects [J]. Chemical Engineering Journal, 2020, 397: 125406.

[85] Ghadge R, Nagwani N, Saxena N, et al. Design and scale-up challenges in hydrothermal liquefaction process for biocrude production and its upgradation [J]. Energy Conversion and Management: X, 2022, 14: 100223.

[86] Ramirez J A, Brown R J, Rainey T J. Liquefaction biocrudes and their petroleum crude blends for processing in conventional distillation units [J]. Fuel Processing Technology, 2017, 167: 674-683.

[87] Wang F, Tian Y, Zhang C, et al. Hydrotreatment of bio-oil distillates produced from pyrolysis and hydrothermal liquefaction of duckweed: a comparison study [J]. Science of The Total Environment, 2018, 636: 953-962.

[88] Pedersen T H, Jensen C U, Sandström L, et al. Full characterization of compounds obtained from fractional distillation and upgrading of a HTL biocrude [J]. Applied Energy, 2017, 202: 408-419.

[89] Haider M, Castello D, Michalski K, et al. Catalytic hydrotreatment of microalgae biocrude from continuous hydrothermal liquefaction: heteroatom removal and their distribution in distillation cuts [J]. Energies (Basel), 2018, 11 (12): 3360.

［90］ Lavanya M，Meenakshisundaram A，Renganathan S，et al. Hydrothermal liquefaction of freshwater and marine algal biomass：a novel approach to produce distillate fuel fractions through blending and co-processing of biocrude with petrocrude ［J］. Bioresource Technology，2016，203：228-235.

［91］ Aslam M，Kothiyal N C，Sarma A K. True boiling point distillation and product quality assessment of biocrude obtained from *Mesua ferrea* L. seed oil via hydroprocessing ［J］. Clean Technologies and Environmental Policy，2015，17（1）：175-185.

［92］ Eboibi B E，Lewis D M，Ashman P J，et al. Hydrothermal liquefaction of microalgae for biocrude production：improving the biocrude properties with vacuum distillation ［J］. Bioresource Technology，2014，174：212-221.

［93］ Chen W，Wu Z，Si B，et al. Renewable diesel blendstocks and bioprivileged chemicals distilled from algal biocrude oil converted via hydrothermal liquefaction ［J］. Sustainable Energy & Fuels，2020，4（10）：5165-5178.

［94］ Badoga S，Gieleciak R，Alvarez-Majmutov A，et al. An overview on the analytical methods for characterization of biocrudes and their blends with petroleum ［J］. Fuel，2022，324：124608.

［95］ Wang X，Yuan X，Huang H，et al. Study on the solubilization capacity of bio-oil in diesel by microemulsion technology with Span80 as surfactant ［J］. Fuel Processing Technology，2014，118：141-147.

［96］ Chen X，Ma X，Chen L，et al. Hydrothermal liquefaction of *Chlorella pyrenoidosa* and effect of emulsification on upgrading the bio-oil ［J］. Bioresource Technology，2020，316：123914.

［97］ Hansen S，Mirkouei A，Diaz L A. A comprehensive state-of-technology review for upgrading bio-oil to renewable or blended hydrocarbon fuels ［J］. Renewable and Sustainable Energy Reviews，2020，118：109548.

第 **6** 章
水热液化水相物质理化特性及资源化途径

6.1 水相产物特征

在水热液化（HTL）将各种生物质资源转化为生物原油的过程中，会产生水相、气相和固体残渣等副产物，其中，水相作为 HTL 的反应物和反应溶剂，在反应体系中占比较大，此外，底物中 26%～55% 的物质会转移到水相中。HTL 过程中的水分子主要有两个来源，一个是反应体系中含有的自由水，另一个是反应原料中的结合水[1]。水分子在 HTL 过程中处于亚临界状态，分子中的氢键被破坏，导致水分子的介电常数、黏度和表面张力下降，进而由强极性逐渐转变为非极性，增加了有机物质的溶解度，提高了扩散系数，加强了反应中的有效碰撞。在 HTL 过程中水分子一方面作为溶剂和反应介质，为原料中物质的反应提供空间并提高反应速率，另一方面水分子也作为反应物直接参与物质的水解反应，也可能作为物质脱水反应的产物[1]。处理强度较低时，原料中的大分子物质发生水解反应形成小分子物质；随着处理强度的提高，物质会进一步反应脱水产生水分子[2,3]。外源水分子，反应中脱水形成的水分子和原料转化形成的水溶性物质共同组成水热液化水相（HTL aqueous phase，HTL-AP）。反应原料和反应条件是影响 HTL-AP 理化特性的主要因素。

HTL-AP 是 HTL 过程的主要副产物，是 HTL 技术放大、资源循环效益、经济性衡算和 HTL 过程应用评价不可忽视的关键环节。HTL 中油相组分的分离主要有直接分离和溶剂萃取法，相应的水相产物的分离方式主要有两种（图 6-1）。

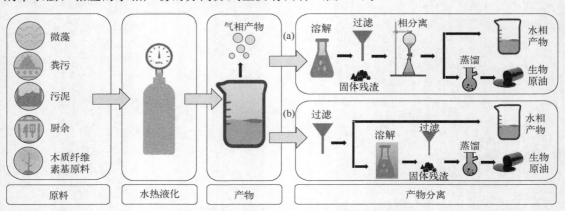

图 6-1 水热液化原料、产物及水相产物获得路径

6.1.1　水相产物的理化特性

HTL 的反应条件，如反应温度、停留时间、原料含固量、气体氛围、初始压强、升温速率、催化剂、产物分离方法等会对 HTL-AP 中的物质成分和产率等产生影响，其中，影响最为显著的因素是反应温度和停留时间[4,5]。

（1）水热水相中的元素组成

研究表明，随着反应强度的增加，秸秆 HTL-AP 中 C 和 H 的相对含量明显提升，而 N 的相对含量则呈现下降趋势。这是由于随着反应强度提高，秸秆中大量的 C、H、O 元素被分解为水溶性化合物，导致水相中 C 和 H 的相对含量得到提升，N 的相对含量降低[6]。HTL-AP 中含有多种有机物质（小分子酸、酯类、醇类等）和无机盐（N、P 等），具有较高的资源回收利用潜力（图 6-2 和表 6-1）[7-9]。

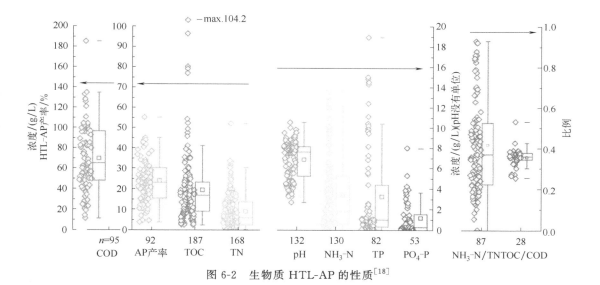

图 6-2　生物质 HTL-AP 的性质[18]

反应原料的有机组分是 HTL-AP 特性的决定性因素。水热液化的原料包括秸秆、粪污、餐厨垃圾等农林和生活废弃生物质，原料中的有机组分主要可以分为碳水化合物、木质素、蛋白质和油脂等。水稻秸秆、玉米秸秆和木材等木质纤维素类生物质分布广泛，是水热液化的重要原料。纤维素在水热过程中首先被分解为低聚物，进而被水解为葡萄糖等单糖，随着反应强度的增加，单糖经过脱水、异构化和环化等反应可以进一步转化为小分子有机酸、环状酮、呋喃衍生物和醛类等物质，通过聚合反应可以进一步产生环氧化合物[4,10]。半纤维素在反应中首先被水解为低聚物，然后转化为木糖、半乳糖、葡萄糖和果糖等单糖，随着反应强度的进一步增加，单糖可转化为乳酸和乙酸、醛类（5-羟甲基-2-糠醛和 2-糠醛）、呋喃类物质[11]。在水热反应中，木质素主要发生 C—O—C 和 C—C 键的水解和裂解、脱甲氧基化、烷基化和缩合反应[12]，各反应相互竞争产生酚类，其中苯酚、甲氧基苯酚、邻苯二酚等是水相中的主要产物[4]。木质纤维素 HTL-AP 含有较多酸类、酚类和酮醛类物质，导致水相呈现酸性（pH 3.8～5.6）[8]。在水热转化过程中，生物质中超过一半（通常为 50%～70% 甚至更高）的氮元素会转移到水相中，导致水相中含氮化合物浓度较高。水相中的氮主要源于生物质中蛋白质的水热转化。蛋白质主要存在于餐厨垃圾、猪粪、鸡粪和某些藻类原

表 6-1　水热液化水相及其理化特性[7-9]

反应原料	反应条件	pH	COD/(g/L)	TOC/(g/L)	TN/(g/L)	TP/(g/L)
青贮饲料	220℃;6h	3.8	41.4	15.7	0.7	0.2
甜菜废料	338℃	4.7	110.4	—	—	—
稻草	170~330℃;30min	3.7~5.6	14.3~29.0	3.9~10.3	—	—
玉米秆	260℃,0h	—	76.19	28.6	—	—
污泥	140~320℃;15~240min	—	17.5~105.6	4.9~13.7	0.514	0.048
市政污泥	225~275℃;15~60min	—	—	2.487	5.36	1
猪粪	—	5.6	104.1	—	1.85	<0.01
猪粪	270℃,1h	4.5	39.8	—	0.9	
猪粪	—	4.5	33	11.1	1.16	
人粪	280℃,1h		52.6			
微藻混合	350℃,1h	4.7~6.8	—	19	3.6~14.6	0.32~1.05
微藻(Tetraselmis sp.)	350℃,10min				52	
微藻(Tetraselmis)	343~350℃	7.6~7.9	43.8~94.9			
微藻(Chlorella)	350℃,0~60min	8.0~8.6		6.99~13.09		
微藻(Chlorella 1067)	300℃,30min	7.82	75.5	31.1	20.2	
微藻(Chlorella pyrenoidosa)	260~300℃,30~90min	7.77~8.29	62.7~104	—	11.0~31.7	5.4~18.9
微藻(Nannochloropsis sp.)	344~362℃	7.48~7.72	59.9~125.5	—	5.4~11.0	0.15
微藻(Spirulina)	300℃,30min	8.64	143.8	—	21.3	1.37
微藻(Spirulina sp.)	220℃,60min	8.24	185.1	78.96	21.53	1.14
微藻(Spirulina poruder)	300℃,30min	7.8	89	—	22.98	4.4
微藻(Scenedesmus almeriensis)	350℃,15min		—	12.57	5.3	—
微藻(N. gaditana)	350℃,15min	8.2~8.6	—	11.37~14.10	4.22~5.42	—

注：TOC—总有机碳；TN—总氮；TP—总磷。

料中。反应强度较低时,蛋白质被水解产生氨基酸,随着反应强度的提高,水解和脱氨作用增加,导致氨氮、酰胺、吲哚、醇类、酚类、吡咯烷酮和吡嗪类物质产生进入 HTL-AP[8]。与低蛋白原料相比,高蛋白原料 HTL-AP 氨氮含量较高,占水相中总氮的 50% 以上,高浓度的氨氮使 HTL-AP 的 pH 一般呈现碱性(pH 7.0～9.0)[13]。此外,蛋白质也可以水解产生有机酸,还能够形成苯酚和对甲苯酚等酚类化合物。油脂类成分在水热液化反应中首先会被分解为脂肪酸和甘油,甘油进一步降解和产生甲醛、乙醛、醇和烃类[8]。厨余垃圾、部分藻类和产油作物残渣中脂质含量较高,导致 HTL-AP 中含有较多的脂肪酸和甘油类物质,水相的 pH 一般为酸性(pH 3.6～5.8)。

生物质原料组分复杂,在水热液化过程中各种组分之间以及转化生成的产物之间的交互反应,会对 HTL 的转化过程产生促进或抑制的效果,进一步增加 HTL-AP 物质成分的复杂程度[14]。木质素、碳水化合物和脂类可能与蛋白质及其衍生物相互作用,从而促进或抑制氮的转化。纤维素或半纤维素水解产生的单糖和蛋白质水解产生的氨基酸之间发生美拉德反应可能产生吡嗪等物质。笔者所在实验室研究发现,蛋白质与脂质、碳水化合物(美拉德反应)、木质素和大豆油之间在 HTL 中相互抑制,降低了油相和水相的产率[15,16]。整体来看,原料中 26%～55%的组分转移到 HTL-AP 中,pH 在 3.0～9.0 之间,COD 集中在 20～110g/L 范围内,从 TOC 来看,生物质中各大分子组分对水相中 TOC 浓度的贡献为:蛋白质＞碳水化合物＞脂类[17]。

(2) 水热液化元素迁移路径

HTL-AP 形成的关键是原料中的 C 和 N 等元素迁移所导致的物质转化。Yu 等经研究发现,微藻中 35%～40%的 C 和 65%～70%的 N 会转移进入 HTL-AP[19]。笔者所在实验室采用猪粪、奶牛粪、肉牛粪、蛋鸡粪、肉鸡粪和羊粪等 6 种畜禽粪便,探究了 C 和 N 元素在水热液化过程中的迁移规律[20]。结果表明,猪粪、蛋鸡粪和羊粪中超过 30%的 C 转移到 HTL-AP,肉鸡粪和奶牛粪中分别有 46.1% 和 48.2% 的 C 进入 HTL-AP。除了肉牛粪中有 45.5% 的 N 进入固体残渣外,随着水热处理强度的提高,其余 5 种畜禽粪便中 45%～65%的 N 转移到水相中,水相中的 N 主要以 N_2O_2 和 N_2O_3 形式存在[20]。

污泥、畜禽粪污等反应原料含 Zn、Cu、As、Pb、Cd 等有多种金属元素。研究发现,经过水热液化反应,原料中 70% 以上的 Cu、Zn、Cd 和 Pb 转移到固体残渣中,只有不到 1% 会进入水相中[21]。至于 As,有 20.0%～75.0%会进入固体残渣中,其余的 As 则会以砷酸钠、砷酸钾或硝酚胂酸等形式迁移到水相中。

6.1.2　模型化合物构建水热液化水相特性数据库

水热液化应用的原料来源极其广泛,畜禽粪污、餐厨垃圾、食品加工废弃物、市政污泥、微藻类和木质纤维素类等生物质都可以用于水热液化产生物原油[22]。目前,也有将塑料和工业废弃物等难降解且危害性较高的材料作为水热液化原料的研究[23-26]。

现有研究表明,HTL 的原料和条件会显著影响产物的分布和化学组分。然而,目前采用的 HTL 原料的物质组分较为复杂,很难对获得的 HTL-AP 性质进行定量描述。因此,Xu 等根据当前水热转化研究中应用较多的畜禽粪便(猪粪、鸡粪和牛粪)和秸秆等农林废弃物原料的生化组成[8,9],选择蛋白质、脂质、纤维素、半纤维素和木质素这五类代表性组分[14],并将这五种物质以 1∶1∶1∶1∶1 的比例制备的混合物作为 HTL 的模型成分,在 200℃、230℃、260℃、290℃和 320℃下进行水热液化反应,停留时间为 0.5h,获得了 30 种 HTL-AP,对水相中的物质成分和理化特性进行分析,构建 HTL-AP 特性数据库[27]。

(1) HTL-AP 物质组分分析

GC-MS 分析表明，HTL 的反应原料和温度对 HTL-AP 的物质组分及相对含量有显著影响（图 6-3 和图 6-4）。总的来说，随着温度的升高，化合物种类增多而相对含量降低。在绝大多数 HTL-AP 中，小分子烷烃是相对含量较为丰富的化合物，酯类、酚类、酸类、醛类和酮类是前五种最丰富的物质。脂质是 HTL 原料的重要成分，广泛存在于畜禽粪便和某些藻类中。脂质在低温（$T<260℃$）HTL 过程中分解成低聚物，一些分解的小链酯类转移到 HTL-AP 中。随着温度升高，脱羧和脱羰基反应增强，生成酮类、醇类、醛类和酸类 [图 6-3（a）][8]。酯类物质是脂质原料在 200～320℃ 获得的 HTL-AP 中的主要成分。蛋白质是猪粪、鸡粪、某些微藻、污水污泥和食物垃圾等 HTL 原料中的重要成分。在 200℃ 时，蛋白质发生部分降解生成羧酸和氨基酸，其中胺和吡咯是主要的含氮化合物。随着温度升高，酰化反应增强，酰胺的相对含量和种类增加。氨基酸脱氨作用产生 α-酮酸并进一步转化为酮类，导致酮类在蛋白质 HTL-AP 中含量较为丰富 [图 6-3（b）]。

玉米秸秆、水稻秸秆和木材等木质纤维素材料是重要的 HTL 原料来源。木质纤维素类材料通常由 40%～50% 的纤维素、25%～35% 的半纤维素和 10%～30% 的木质素（干重）组成[28]。半纤维素结构松散且侧链较多，易于分解，在 HTL 过程中，木聚糖首先分解为低聚物，然后在低温（$T<200℃$）下分解为单糖，随着温度升高，会进一步产生醛类、酸类、烷烃、脂类和醇类物质[28]。木聚糖在低于 320℃ 以下获得的 HTL-AP 都含有较多的醛类（$>74.9\%$）[图 6-3（e）]，而 320℃ 的木聚糖 HTL-AP 中没有检测到醛类，这可能是由于在高温下化学活性较高的醛转化为醇、酯和酮类物质。

木质素结构非常稳定，在 HTL 中的降解速率相对较低，尤其是在低温下以脱水反应为主。木质素中富含脂肪族、芳香族羟基和醌基，因此其 HTL-AP 中酚和醛是最丰富的成分。随着反应温度从 230℃ 升高至 290℃，醚类的相对含量从 73.59% 降至 3.43%，但 320℃ 的木质素 HTL-AP 中，醚类含量降低，而酚类和醛类含量增加 [图 6-3（d）]。

在木质纤维素材料中，纤维素被半纤维素和木质素包围，因此需要更高的水热处理强度才能使其降解。在中等水热条件下，纤维素只有非晶态部分（约 10%）可以溶解在 HTL-AP 中[8]，当反应温度超过 300℃，水达到亚临界状态能使其完全分解[28]。在 HTL 过程中，纤维素首先降解为低聚物，然后通过 C—C 键断裂和脱水转化为单糖，进一步发生脱羧、环化等反应生成更多的小分子有机物。在 200℃ 和 230℃ 反应温度下，纤维素 HTL-AP 中酯、醛和醇类物质为主要化合物。在 260℃ 和 290℃ 反应温度下，纤维素 HTL-AP 中的酮类物质增加，在 320℃ 时酯类物质为主要化合物 [图 6-3（c）][28]。

用于 HTL 的实际生物质原料是各种成分的混合物，在反应过程中，原料中的不同组分之间和反应中间产物之间发生复杂的相互作用，影响产物的组分分布[15]。研究发现，蛋白质分解的氨基酸与碳水化合物分解的单糖之间会发生美拉德反应，产生复杂的类黑色素。此外，木质素和脂质、蛋白质和脂质之间对生物原油生成表现出拮抗作用[14]。混合原料 HTL-AP 的组分分布结果表明，复杂的原料组分会导致 HTL-AP 中物质类型的增加 [图 6-3（f）和图 6-4]。通过与单组分原料 HTL-AP 物质组成进行对比分析，可以推测出不同 HTL 反应温度下原料中主要参与反应的化合物。在 200℃ 下，混合原料 HTL-AP 的主要物质为酯类（37.63%），相对含量高于相同反应温度下单组分原料蛋白质（19.54%）和脂质（29.13%）获得的 HTL-AP。在所有混合原料 HTL-AP 中醛类含量较少，这或许是因为醛类较为活跃，会与各种水解中间产物发生交互反应，这也可能是混合原料 HTL-AP 中出现了一些未在单组分原料 HTL-AP 中检测到的成分的原因（图 6-4）。

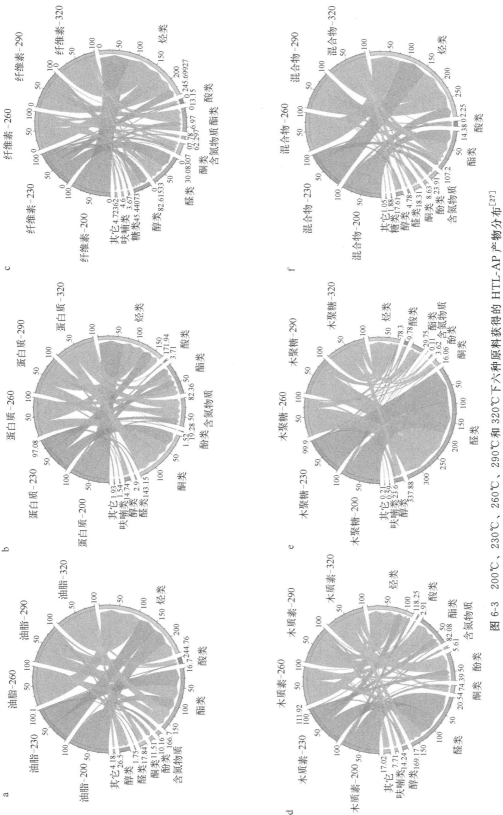

图 6-3　200℃、230℃、260℃、290℃和320℃下六种原料获得的 HTL-AP 产物分布[27]

a—脂类；b—蛋白质；c—纤维素；d—木质素；e—木聚糖；f—混合物

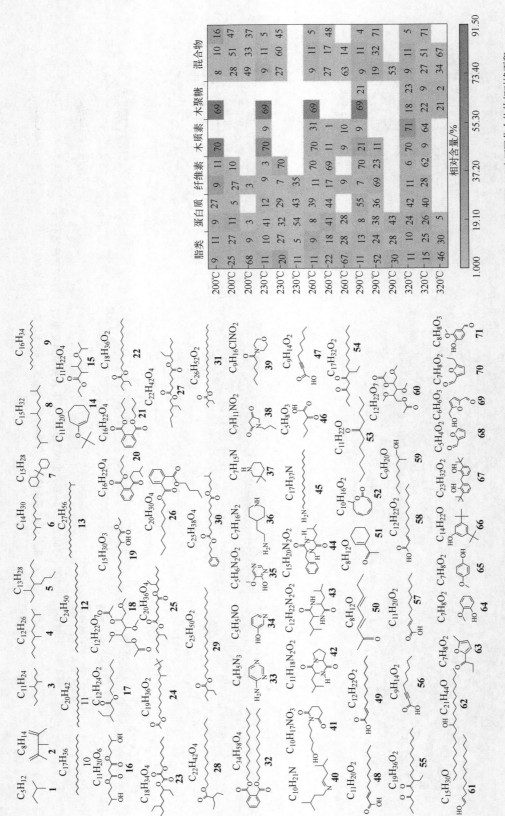

图 6-4 200℃、230℃、260℃、290℃和 320℃温度下 HTL-AP 中典型化合物及其含量

(a) HTL-AP 中化合物的主要多样性结构

(b) HTL-AP 中不同化合物的相对峰面积[27]

所示化合物是通过 GC-MS 检测到的不同 HTL-AP 中的相对峰面积来选择的

(2) HTL-AP 理化性质分析

对 30 种水相的 pH、ORP（氧化还原电位）、TOC、IC（无机碳）、电导率、TDS（总溶解固体）和盐度 7 个指标进行检测，结果表明，30 种水相这 7 个指标方面均存在较大差异（表 6-2）。蛋白质经 HTL，先水解为氨基酸，然后发生脱氨反应产生氨氮进入 HTL-AP。随着 HTL 强度的提高，脱氨反应逐渐增强，因此蛋白质 HTL-AP 的 pH 随着温度的升高从 6.93 增加到 9.31[29]。除蛋白质 HTL-AP 外，其余 HTL-AP 均呈现酸性。木质纤维素和脂质在 HTL 过程中会产生短链酸、酚类、醛类和酯类等进入水相中使其呈酸性。但是，只有木质素 HTL-AP 的 pH 值随温度升高而从 3.69 增加到 6.89，脂质、纤维素和半纤维素（木聚糖）HTL-AP 的 pH 值随温度升高而呈近似下降趋势。各种 HTL-AP 的 ORP 的变化趋势与 pH 相反，只有蛋白质的 HTL-AP 显示出一定的还原性。混合原料 HTL-AP 的 pH 值随反应温度的升高从 3.95 增加到 5.36，这可能是由于蛋白质脱氨反应的增强。

所有 HTL-AP 的 TOC 在 1.06～37.81g/L 范围内变化，而 IC 在 1.02～5.17g/L 范围内变化。蛋白质和木聚糖（半纤维素）在较低水热条件下表现出良好的降解性，因此蛋白质和木聚糖 HTL-AP 的 TOC 在低温下超过 35g/L[28,30]。随着温度升高，蛋白质 HTL-AP 的 TOC 在 28.89～36.69g/L 范围内变化，这可能是由于氨基酸被水解产生大量水溶性小分子有机物，即使在 320℃ 下获得的蛋白质 HTL-AP 同样具有较高的 TOC 含量。木聚糖 HTL-AP 的 TOC 随温度升高而降低，这说明在 HTL 过程中更多的有机物被进一步转化形成生物原油和固体产物。脂质 HTL-AP 的 TOC 则呈现相反趋势，随着温度的升高，从 1.06g/L 增加到 9.58g/L，说明在 HTL 过程中水不溶性酯类物质在高温下水解可产生水溶性物质进入 HTL-AP[31]。木质素在低温（200℃ 和 230℃）条件下获得的 HTL-AP 也具有较高的 TOC（>30g/L），在 260℃ 时，木质素 HTL-AP 的 TOC 迅速下降至 12.93g/L，烃类组分增加，可能是 HTL 过程中生物原油和固体产物的形成反应增强。纤维素 HTL-AP 的 TOC 呈现先增加后降低趋势，说明随着水热强度增加，纤维素的分解作用增强，产生小分子有机物进入 HTL-AP，随后高温下小分子发生进一步分子整合形成生物油。混合原料 HTL-AP 的 TOC 相对较低，这可能是由于混合组分之间的交互作用导致更多的生物原油和不溶性固体残渣产生。

30 种 HTL-AP 的电导率（179.7～28033μS/cm）差异较大。不同温度下脂质 HTL-AP 的电导率均低于 1000μS/cm，且除 320℃ 的 HTL-AP 外，其余 HTL-AP 电导率随温度升高从 867 下降到 179.7μS/cm。这可能与脂质 HTL-AP 中主要包含酯类、醇类和酮类等电导率较低的物质组分有关。木聚糖 HTL-AP 的电导率变化趋势与 TOC 的变化趋势相反，随反应温度的升高而增加，这或许是因为随反应温度升高，木聚糖 HTL 在过程中进一步反应产生了取代醛的小链酸，进入 HTL-AP 中使电导率增加。纤维素和蛋白质 HTL-AP 的电导率随温度升高总体呈上升趋势。蛋白质在 320℃ 获得的 HTL-AP 的电导率低于 290℃ 获得的 HTL-AP，但 TOC 却与之相反，这或也许与 320℃ 的 HTL-AP 中含有较多的电导率较低的酯类物质有关。氨氮含量较高可能是导致蛋白质 HTL-AP 电导率整体较高的原因。木质素 HTL-AP 的电导率均大于 10mS/cm，260℃ 时 HTL-AP 出现最高电导率为 27.47mS/cm。

6.1.3　稳定性

现阶段，对于 HTL-AP 相关研究的关注重点主要集中在三个方面，不同反应原料、条件对 HTL-AP 形成与性质的影响，HTL-AP 的形成过程与机理，以及 HTL-AP 的处理与资源回收利用途径[4,32]。经 HTL 获得的生物原油中除含有大量长链烃类等分子较大的重质组

表6-2 水热液化水相特性[27]

水相类型[原料-反应温度(℃)]	pH	氧化还原电位/mV	电导率/(μS/cm)	盐度/‰	TDS/(mg/L)	TOC/(g/L)	IC/(g/L)
油脂-200	4.52±0.04	142.00±7.79	867.00±10.03	0.43±0.01	447.67±12.97	1.06±0.01	1.03±0.01
油脂-230	5.07±0.14	135.33±9.39	257.33±19.14	0.14±0.01	118.50±2.05	1.34±0.53	1.08±0.03
油脂-260	4.74±0.06	141.33±4.64	182.70±13.22	0.08±0.01	86.33±4.32	1.40±0.49	1.11±0.04
油脂-290	4.47±0.06	152.00±7.26	179.70±6.87	0.08±0.01	95.10±5.23	3.67±0.28	1.19±0.05
油脂-320	3.21±0.14	242.67±3.30	621.00±10.71	0.30±0.02	319.00±15.90	9.58±0.51	1.54±0.11
蛋白质-200	6.93±0.07	10.67±1.25	8433.33±38.59	4.74±0.03	4246.67±17.00	35.17±0.99	1.59±0.13
蛋白质-230	7.79±0.05	−36.00±4.55	14570.00±66.83	8.46±0.02	7333.33±24.94	33.16±0.12	2.64±0.03
蛋白质-260	8.60±0.12	−84.00±4.08	16906.67±242.26	10.01±0.27	8390.00±50.99	36.68±1.24	3.88±0.22
蛋白质-290	8.87±0.03	−88.67±6.65	28033.33±262.47	17.08±0.04	13933.33±24.94	28.89±1.19	5.17±0.19
蛋白质-320	9.31±0.03	−128.33±1.25	25033.33±169.97	15.17±0.10	9340.00±70.71	36.69±0.88	4.78±0.30
纤维素-200	4.72±0.12	146.67±7.13	488.00±6.38	0.25±0.02	259.00±11.05	1.72±0.24	1.05±0.03
纤维素-230	3.14±0.15	244.00±9.63	849.67±26.55	0.44±0.02	429.33±5.73	9.03±0.13	1.37±0.02
纤维素-260	2.69±0.12	265.33±7.85	1633.00±25.35	0.86±0.05	827.00±40.11	6.66±0.04	1.58±0.01
纤维素-290	2.44±0.02	276.67±9.39	1448.33±32.25	0.77±0.04	744.67±15.69	6.77±0.05	1.66±0.02
纤维素-320	2.57±0.08	271.00±4.90	2253.33±26.25	1.42±0.02	1348.67±10.62	6.81±0.02	1.62±0.01
木质素-200	3.69±0.10	202.33±11.32	12656.67±122.57	7.30±0.08	6236.67±30.91	30.08±0.44	1.11±0.01
木质素-230	4.58±0.12	157.00±5.72	13893.33±47.84	8.17±0.08	6936.67±36.82	30.26±1.06	1.34±0.08
木质素-260	4.48±0.12	214.33±10.40	27466.67±47.14	16.84±0.04	13723.33±30.91	12.93±0.12	1.48±0.01
木质素-290	5.39±0.07	111.67±8.38	20333.33±124.72	12.12±0.08	10166.67±86.54	6.49±0.03	1.52±0.00
木质素-320	6.89±0.01	10.33±0.94	15960.00±127.54	9.34±0.07	7993.33±54.37	19.43±0.18	1.90±0.13
木聚糖-200	3.04±0.06	241.33±4.92	957.67±21.23	0.45±0.02	476.67±7.93	37.81±0.35	1.76±0.03
木聚糖-230	2.71±0.11	266.00±2.45	1486.67±33.00	0.74±0.00	736.00±12.83	14.90±1.33	1.84±0.15
木聚糖-260	2.69±0.04	263.33±3.68	2246.67±24.94	1.36±0.07	1360.33±16.50	9.71±0.18	1.97±0.02
木聚糖-290	2.60±0.03	266.00±2.16	3123.33±54.37	1.59±0.02	1547.67±9.46	9.60±1.89	1.82±0.13
木聚糖-320	2.65±0.02	266.33±1.70	4426.67±20.55	2.36±0.01	2206.67±12.47	9.36±2.25	1.87±0.15
混合物-200	3.95±0.05	186.00±6.16	4736.67±30.91	2.55±0.01	2383.33±17.00	8.67±0.13	1.18±0.02
混合物-230	4.86±0.04	135.00±4.90	5080.00±131.40	2.77±0.10	2533.33±69.44	8.16±0.55	1.15±0.05
混合物-260	4.89±0.03	137.67±2.49	3826.67±59.07	2.20±0.10	1517.33±87.31	5.40±0.58	1.18±0.04
混合物-290	4.92±0.02	140.33±3.40	5883.33±41.90	3.26±0.03	2903.33±74.09	7.81±0.32	1.51±0.09
混合物-320	5.36±0.02	110.00±2.94	5806.67±70.40	3.15±0.04	2943.33±41.10	8.97±0.46	1.76±0.13

分外，还含有部分与 HTL-AP 类似的轻质组分，重质组分性质较为稳定，轻质组分在储存过程中容易变质。Wang 等[33,34] 发现，生物原油中含有的有机酸、酚类、酯类和含氮化合物会发生氧化、酯化等反应，导致生物原油老化变质。与生物原油相比，HTL-AP 几乎全部由有机酸、酚类、酯类和含氮化合物等轻质组分构成，所以更容易发生变质，从而影响后期的处理与应用。然而，现阶段没有关于 HTL-AP 储存稳定性的相关探究，后续应该将这方面纳入研究考虑范围。

6.1.4　环境效应

生物质经水热液化产生的水相副产物中含有大量有机物，导致 HTL-AP 的 COD 和 TOC 较高。水相中的复杂成分，如酚类、醛类、嘧啶、吡啶、酮类、氨氮和重金属等物质，可能会损害细胞，抑制生物生长[7,30]。Pham 等[35] 的试验表明，HTL-AP 与有机物混合对物哺乳动物小鼠的细胞表现出较强的细胞毒性，培养基中含有 7.5% 的水相时，造成 50% 的细胞死亡 [图 6-5 (a)]；HTL-AP 中的氮氧化合物是其细胞毒性的重要来源，细胞毒性排列依次为：3-二甲氨基苯酚＞2,2,6,6-四甲基-4-哌啶酮＞2,6-二甲基-3-吡啶醇＞2-甲基吡啶＞吡啶＞1-甲基-2-吡咯烷酮＞σ-戊酸酯＞2-吡咯烷酮＞ε-己内酰胺。另外，Zheng 等研究发现，向厌氧发酵体系中加入体积浓度 6% 的微藻 HTL-AP，会抑制 50% 厌氧发酵微生物的活性[36]。由此推断，HTL-AP 的半抑制浓度（IC_{50}）在 10% 以下。除氮氧物质外，醛类、酮类、氨氮和重金属物质等也是造成水相生物毒性的主要因素[37]。此外，HTL-AP 还含有 N、P 等无机营养元素。因此，未经处理的 HTL-AP 对土壤、水体和空气存在较大的潜在危害。目前研究人员提出了多种 HTL-AP 处理与利用途径。其中生物处理技术较为成熟，具有生态友好、环保节能等优点，在资源回收、污水处理等方面有广泛的应用[31,38]。因此，基于生物法处理转化 HTL-AP 展开了大量研究，包括培养微藻去除水相中的有机物，并回收水相中含有的大量氮、磷元素，同时能够收获微藻生物质；通过厌氧发酵产甲烷，去除水相中较高的 COD。然而，HTL-AP 中的组分具有潜在的细胞毒性，对生物转化中的生物活性构成威胁 [图 6-5 (b)]。此外，还有一些物理和化学处理方法的尝试。

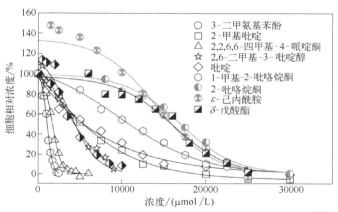

(a) HTL-AP中几种含氮有机物对小鼠细胞的毒性-浓度响应曲线[35]

图 6-5

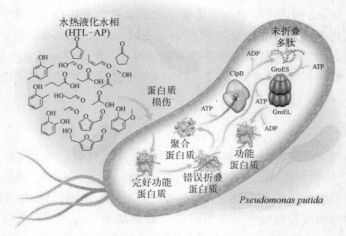

(b) HTL-AP造成细菌蛋白质损伤[31]

图 6-5　HTL-AP 对细胞的毒性

6.2　水相养分微藻资源化

　　微藻能够通过光合作用利用污水中的营养物质进行自身生长繁殖，且具有光合效率高、生长速度快的优点，已被广泛应用于畜禽养殖污水、生活污水和沼液的资源化利用领域，同时微藻也是水热液化原料的重要来源之一[39,40]。研究表明，微藻能够回收利用 HTL-AP 中的营养物质，是目前水相资源化利用的重点发展方向之一[7]。目前，小球藻（*Chlorella* sp.）、栅藻（*Scenedesmus* sp.）、微拟球藻（*Nannochloropsis* sp.）和螺旋藻（*Spirulina* sp.）等是 HTL-AP 资源回收研究中常用的藻类[41]。

6.2.1　微藻资源化水相技术原理

　　水热液化水相中含有碳、氮和磷等多种微藻生长所需的营养元素，利用 HTL-AP 培养微藻能通过藻类代谢作用将这些营养物质转变为蛋白质、脂类和碳水化合物等生化组分，从而获得微藻生物质的积累（表 6-3），同时还能起到一定的 CO_2 固定作用。此外，微藻经过自身的吸收转化作用或者通过引起水相环境特性的改变，能使 HTL-AP 中的重金属元素沉淀、挥发，从而达到重金属去除的效果[42]。微藻除了作为 HTL-AP 处理途径，也是水热液化反应重要的原料来源。基于微藻和水热液化，张源辉所在科研团队（伊利诺伊大学厄巴纳-香槟分校和中国农业大学）提出了"环境增值能源"的概念：以微藻等湿生物质为原料，以水热液化技术为核心过程，生产化学品和生物原油，水相、气体等副产物回用于微藻养殖（图 6-6），从而实现物质资源循环和零污染排放[43]。

6.2.2　微藻资源化效果

　　水热液化水相可以作为微藻培养的碳源、氮源和磷源等多种营养来源。Du 等研究结果显示，在 50～200 稀释倍数下，*Chlorella vulgaris* 可以去除含 HTL-AP 培养基中 45.5%～59.9% 的 TN、85.8%～94.6% 的 TP 和 50.0%～60.9% 的 COD，在 50 倍稀释倍数下能获

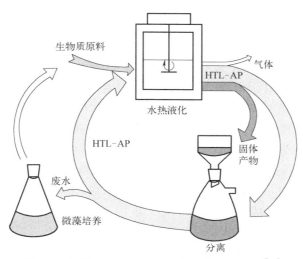

图 6-6　微藻 HTL-AP 循环与微藻养殖示意图[44]

得的最大微藻生物质产量为 0.79g/L[45]。Barreiro 等[46] 将 HTL-AP 稀释 329 倍后培养 *Scenedesmus almeriensis* 和 *Chlorella vulgaris*，分别能去除 45.7% 和 85.7% 的氨氮以及 61.2% 和 75.7% 的 TN，而稀释 577 倍后培养 *Phaeodactylum tricornutum* 和 *Nannochloropsis gaditana*，对氨氮的去除率均大于 83.9%，对 TN 的去除率均大于 66.2%。有学者开展了利用 HTL-AP 培养规则小球藻、蛋白核小球藻、四尾栅藻、铜绿微囊藻和普通小球藻的研究。结果显示，在水相添加浓度较低时，持续黑暗条件下，微藻利用 HTL-AP 有机碳和有机氮进行异养代谢，随着光照强度的增强，微藻光合作用逐渐增强；培养环境中 TOC、TN 和 TP 被微藻吸收利用[32,47]。

表 6-3　微藻处理微藻水热液化水相[7]

水热液化原料	养殖种类	稀释倍数	培养条件		培养天数/d	处理性能
			pH	温度/℃		
S. platensis	*Chlorella*	10～500	7.5	25	12	最 大 生 长 速 率 为 0.035g/(L·d)，0.52g/L（500×）
C. reinhardtii	*C. reinhardtii*	140	7.2～7.4	25	7	25× 获得最佳生长速率；乙醚萃取产物生长效果差
C. sorokiniana	*C. sorokiniana*，*C. vulgaris* 或 *G. sulphuraria*	0～30	—	26/42	10	生长速率取决于水热原料和水相分离方法
Nannochloropsis sp. 或 *Chlorella* sp.	*C. vulgaris*	3.5～52.6	7.0～7.5	26	11	在（100～200）× 时，自养模式是主要的生长方式
G. sulphuraria	*G. sulphuraria*	12.5～100	—	40	3	最大的生物质浓度为 13.4g/L，最大的产率约为 1g/(L·d)
N. gaditana	*N. gaditana* 或 *P. tricornutum*	377、392、571	7.8	—	14	光合效率达到约 9%

6.2.3　水相的微藻抑制效应及提质增效方法

尽管微藻对 HTL-AP 展现出一定的资源回收能力，但随着培养体系中 HTL-AP 浓度增加，微藻生长逐渐受到抑制。在现有报道中，微藻对培养体系中 HTL-AP 耐受浓度为 0.2%～6.7%[48]。HTL-AP 中的酚类、氨氮和氮氧有机物等是抑制微藻生长的主要物质。酚类化合物作为 HTL-AP 中最常见的化学物质之一，对微藻生长具有较强的抑制作用，同时，具有—CH_3、—C_2H_5 或—Cl 等各种官能团的苯酚衍生物对微藻表现出更大的毒性[4]。由于原料中蛋白质的存在，HTL-AP 中已被鉴定出含有酰胺、胺类、含氮酮、吡啶及其同系物等，及可能对微生物和哺乳动物细胞产生毒性的含氮杂环化合物[4]。同时，原料中蛋白质含量较高也会导致 HTL-AP 中含有较高浓度的氨氮，NH_4^+ 和 NH_3 能透过细胞膜进入微藻并与类囊体结合，从而抑制微藻的光合作用[49]。HTL-AP 中其他常见的有机化合物，如丙酮醇和邻苯二甲酸二丁酯等也可能对微藻生长有抑制作用。HTL-AP 中存在的微量金属元素，如 Al、Zn、Cu、Ni、Pd 和 Cr 等，也会对微藻生长有较强的抑制作用[4]。此外，HTL-AP 中初始的 N、P 元素比例以及培养过程中营养物质（如 P）大量消耗造成的营养失衡也会抑制微藻的生长[32]。基于此，主要可以从降低水相毒性和改善微藻培养技术两个方面入手，通过改善水相分离方法、水相预处理和优化微藻培养体系三种途径，实现 HTL-AP 微藻处理的提质增效。

(1) 改善水相分离方法

有学者对比了采用乙醚和真空抽滤两种水相分离方法获得的 HTL-AP 对微藻生长的影响[32]。与真空抽滤法相比，利用乙醚分离获得高蛋白低油脂原料的水相后，C. vulgaris 1067 对水相含量的耐受比例从 1.9% 提高到 6.7%，TOC、TN、NH_3-N 和 TP 的去除率显著提高，C. vulgaris 1067 日生产率可达 0.055g/(L·d)，是真空抽滤法的 1.9 倍；对于高脂肪低蛋白的原料，真空抽滤法分离的 HTL-AP 有利于 C. vulgaris 1067 生长，生物量日生产率和最终生物累积量分别达到 0.11g/(L·d) 和 1.4g/L，是有机溶剂萃取法的 2 倍[32]。

(2) 水相预处理

多孔介质的吸附作用能够降低 HTL-AP 中抑制物的浓度，从而提高微藻的生长性能。研究表明，利用活性炭、沸石处理后的 HTL-AP 培养微藻，能显著提高微藻的 COD 转化率，促进微藻的生物量积累。Lim 等用活性炭处理 500 倍、1000 倍和 2000 倍稀释的水相，能显著降低体系中有机氮、有机碳、酚类和镍含量，在 1000 倍稀释水相中，微藻生物质积累量达到 (0.41±0.09)g/L，略低于传统培养基 [(0.49±0.10g/L)][30]。

(3) 培养体系优化

在现有研究中，藻种筛选和构建多藻种或细菌-微藻共生体系，是提高微藻对水相资源化利用效率的重要途径[50,51]。研究表明，多种藻种混合培养对 HTL-AP 的处理效果要优于单藻种培养[52]。有学者针对菌-微藻共生体系和菌-微藻分段体系对 HTL-AP 的处理效果开展了研究。与菌-微藻共生体系相比，菌-微藻分段体系对 HTL-AP 中的有机物具有更高的降解效率，对水相中 COD 和 TOC 的去除率在 6d 内达到 71.2% 和 55.8%，生物质的总产量达 0.96g/L。通过进一步驯化藻种，能提高微藻对 HTL-AP 的耐受力和水相营养的利用率。但驯化后的微藻，光合自养能力减弱，细胞活性降低，导致生物质日产率和累积量下降[52]。此外，提高培养液中 NH_3 与 NH_4^+ 的比例、添加微藻生长所需的关键无机盐离子（Mg^{2+}），可以提高微藻在 HTL-AP 中的生长性能，促进微藻中特定生长因子的合成[8,32,47,53]。

6.2.4　水相养分微藻资源化技术展望

(1) 优化预处理方法

利用活性炭、沸石和鸟粪石等吸附材料预处理 HTL-AP，能有效地降低微生物抑制作用，促进产气，然而，这些吸附剂价格昂贵，作为 HTL-AP 预处理技术进行工业规模应用的经济可行性较差。

① 研发新型吸附材料。需要寻找和开发新型的吸附材料，在保证价格低廉的同时，具有较高的吸附效率与饱和度、容易解吸与再生且不产生二次污染。

② 探索新型预处理途径。应加强化学手段等其他预处理技术探索，如碱法、高级氧化预处理等去除一定的酮类、醛类和酚类等有毒物质，但要在降低有毒物质的同时保证较低的二次污染物产生并避免生成新的抑制物质，还要尽量降低投加药剂所需的成本。

(2) 优化藻种体系

① 藻种筛选驯化。通过筛选、培育驯化提高微藻对水相的耐受力和对营养元素的利用能力，但是要考虑到驯化后微藻光合自养能力减弱、细胞活性下降等问题。同时，明晰微藻对不同污染物的转化机理，通过基因工程和代谢工程手段，培育耐毒性高、污染物降解能力强的新型藻种。

② 构建混合培养体系。针对不同类型污染物筛选培育特异性降解藻种，构建既能耐毒又能高效降解有毒或难降解物质的混合微藻体系；或构建细菌-微藻共生处理废水的体系。

(3) 合理设置营养配比

根据 HTL-AP 性质适时合理地添加外援营养物质，或进行不同来源污水混合配比，避免培养过程中由于营养元素耗尽造成营养失衡，导致微藻生长代谢受到抑制，污染物去除率下降。

6.3　水相有机物厌氧产能技术

厌氧发酵具有操作简单、处理量大、有机负荷高、抗冲击能力强、建设成本相对较低等优势，是一种有机废弃物处理的重要途径之一，现阶段已应用于市政污水、畜禽废水等污水处理领域[53,54]。HTL-AP 中 COD 含量（10~170g/L）较高，具有较高的厌氧消化资源回收潜力，因此通过厌氧发酵技术处理 HTL-AP 并回收资源，已成为目前 HTL-AP 处理利用研究的一个重点方向[8]。

6.3.1　厌氧发酵产能原理

厌氧发酵技术是在厌氧状态下，厌氧菌与兼性菌利用自身的代谢活动，把废水中的有机物作为自身生长的营养物质所利用，并最终使有机物分解为 CH_4、CO_2 和 H_2O 等小分子有机物和无机物。一般来说，厌氧发酵产沼气分为 4 个阶段（图 6-7），分别是将大分子有机物降解成小分子有机物的水解阶段；产生的小分子有机物经过发酵生成挥发性脂肪酸的酸化阶段；挥发性脂肪酸转化为乙酸、二氧化碳和氢气的产酸阶段；产甲烷细菌将乙酸、一碳化合物（甲酸、甲醇等）和 H_2、CO_2 等最终转化为沼气（主要是甲烷）的产甲烷阶段[32,55]。

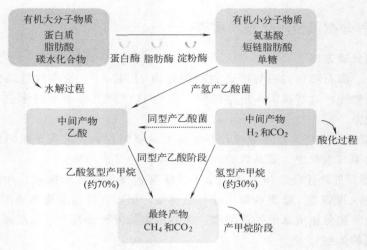

图 6-7 厌氧发酵原理[56]

在 HTL 过程中大分子的水解反应已经基本完成，所以 HTL-AP 的厌氧发酵主要进行的是产酸和产甲烷反应（图 6-8）[32]。HTL-AP 中存在的芳香族化合物（如苯酚）、含氮杂环化合物（如吡啶）以及糠醛等难降解有机物，在一些特异性微生物的作用下能被转化为甲烷。苯酚等芳香族化合物中的芳香环、C—C 和 C—H 键稳定性非常强，使其具有抗降解性能[4]。研究表明，*Geobacter*、*Desulfovibrio* 和 *Syntrophorhabdus* 等在厌氧发酵体系中表现出较好的芳香族化合物降解能力。酚类在厌氧发酵体系中的代谢途径主要包括：苯酚在微生物作用下转化为中间产物苯甲酰辅酶 A，然后可以在 ATP 参与下发生芳香环的还原反应，以及在无 ATP 参与下发生 β-氧化开环反应生成乙酰辅酶 A，随后乙酰辅酶 A 依次经产乙酸菌和产甲烷菌作用最终转化为甲烷[4]。对于含氮杂环化合物，厌氧发酵系统中的 *Bacillus*、*Eubacterium hallii*、*Pseudomonas* 和 *Azoarcus* 等微生物表现出一定的降解能力。以吡啶为例，吡啶在微生物的作用下转化为中间体 1,4-二氢吡啶，随后吡啶环上 C-2 和 C-3 之间的化学键断裂形成甲酰胺和琥珀酸半醛，并进一步生产甲酸和琥珀酸。最后，甲酸可以直接被产甲烷菌转化为甲烷，琥珀酸则依次经过产乙酸菌和产甲烷菌作用生成甲烷[4]。以糠醛为代表的呋喃化合物能够被厌氧发酵系统中的 *Desulfovibrio* 和 *Pseudomonas* 等菌群降解。在厌氧发酵过程中，糠醛可以被转化为糠酸，接着在微生物作用下转化为乙酸并经产甲烷菌作用产生甲烷[4]。

6.3.2 水相污染物处理与产能效果

当前利用厌氧发酵转化 HTL-AP 的报道中，甲烷产率在几十到 350mL/g COD 之间，大部分集中在 200mL/g COD，但显著低于厌氧发酵的理论甲烷产量，此时能够实现约 57% 的能源回收（表 6-4）[8]。

Tommaso 等[52] 研究了厌氧发酵对混合微藻生物质 HTL-AP 的降解性能，结果表明，厌氧发酵后 HTL-AP 中约有 44%～61% 的 COD 被去除。Chen 等[57] 利用厌氧发酵处理稻草在 320℃下产生的 HTL-AP，获得了 217mL/g COD 的甲烷产率[57]。Shanmugam 等将微藻 HTL-AP 经厌氧发酵处理 32d，获得了 296mL/g COD 的甲烷产率。Si 等[58,59] 采用 US-AB 和 PRB 构建了 HTL-AP 连续产甲烷系统，对玉米秸秆 HTL-AP 中的有机氮和酚类降解

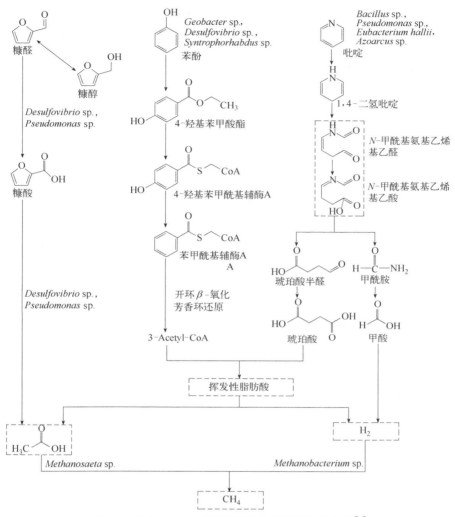

图 6-8　HTL-AP 中难降解有机物的厌氧转化机理[4]

率为 54%～74.6%，而对糠醛和 5-羟甲基糠醛的降解率为 100%，甲烷产率为 2.53 L/（L·d）（UASB）和 2.54L/（L·d）（PBR），系统的碳回收率和能量回收率高达 67.7% 和 79%[58,59]。

表 6-4　厌氧发酵处理微藻水热液化水相[4,32]

水热液化原料	厌氧发酵条件			COD 去除率 /%	甲烷产率 /(mL/g COD)
	温度/℃	HRT/d	COD/(g/L)		
人粪	37	氢气:6 甲烷:20	1-10	—	氢气:13.7～29.3 甲烷:227.9～274.0
牛粪	37	50	10	43.7	135
牛粪	37	98	20	—	53.1
混合藻类	35	45	0.28g/g TVS	44～61	182.8～365.1
微藻(Chlorella)	35	50	2-7	12.0～49.5	59.1～245.3
微藻(Nannochloropsis sp.)	35	10	1	12	32

续表

水热液化原料	厌氧发酵条件			COD 去除率 /%	甲烷产率 /(mL/g COD)
	温度/℃	HRT/d	COD/(g/L)		
食品废弃物	37	—	—	20～80	70～290
食品废弃物	37	45	—	—	57.5
玉米秸秆	37	8	8	67.9	92
水稻秸秆	37	31	0.75	—	217～314
水稻秸秆	37	27	0.75	—	184

注：HRT—水力停留时间。

6.3.3　水相生物抑制效应及提质增效方法

水热液化的原料种类、反应强度以及产物分离方法都会影响水相的物质组成，进而影响厌氧发酵对 HTL-AP 的处理效果。研究发现，随着水热反应温度的升高，水相厌氧发酵产甲烷的能力会显著降低，利用微藻原料在 260℃、280℃、300℃和 320℃四种温度下反应 1 h 获得的 HTL-AP 中，300℃的 HTL-AP 具有最小的 COD 值，且利用厌氧发酵处理时滞后期最长，甲烷产生速率最低[36,60]。反应温度高会导致水相中产生更多的抑制成分，是限制水热液化水相厌氧发酵和消化液处理的主要因素。实验表明，水相中的糠醛、羟甲基糠醛、酚类、含氮杂环化合物等有毒成分会抑制厌氧消化微生物，导致产气延迟、缓慢甚至不产气[32]。当厌氧发酵体系中 HTL-AP 浓度较低时，对 COD 的去除效果为 44%～61%，而随着 HTL-AP 浓度的增加，水相中的氨氮、氮氧杂环物质和呋喃、酚醛类物质等浓度增加，进而抑制厌氧微生物活性[58]。在 Chen 等[57] 的实验中，当热液处理温度从 200℃升高到 320℃时，水相厌氧发酵的甲烷产量从 314mL/g COD 降低到 217mL/g COD，同时他们还发现停留时间的增加也会对甲烷生产产生负面影响。Choe 等[61] 发现随着水热反应温度从 220℃升高到 260℃，水相中酚类化合物含量从 23.2%增加到 69.4%，甲烷产量也从 68.6mL/g VS 降低至 44.5mL/g VS。

当厌氧发酵过程存在耐受性较强的微生物时，一些抑制物质可能会被降解从而降低水相毒性并产生甲烷[58,59]。然而，大多数情况下，这些抑制物是很难被降解的。除了这些有毒成分，氨氮含量也是影响富氮原料水热液化水相厌氧发酵的重要因素。一般认为，当厌氧反应系统中氨氮浓度大于 1700mg/L 时，会对厌氧微生物产生氨氮抑制，导致微生物活性与甲烷产量降低[62]。HTL-AP 中较高的氨氮浓度（1.9～12.7g/L）会改变产甲烷微生物细胞内的酸碱环境，并抑制产甲烷过程中关键酶的活性，从而抑制厌氧发酵的处理效率、降低甲烷产率[63]。此外，含氮化合物如嘧啶、吡啶、吡嗪等之间具有协同细胞毒性效应，对厌氧发酵反应器中的微生物起到了抑制作用[35]。

与微藻处理法类似，对于 HTL-AP 厌氧发酵处理技术的提质增效，主要可以从降低水相毒性和改善厌氧发酵技术两个方面入手，通过改善水相分离方法、水相预处理和优化厌氧发酵体系三种途径进行。

（1）改善水相分离方法

研究表明，HTL-AP 的分离方法会显著影响厌氧发酵的处理能力。对于有机溶剂萃取分离法而言，对厌氧发酵产气速率和总产气量较有利的萃取溶剂依次为乙酸乙酯、石油醚、正己烷，采用二氯甲烷萃取的 HTL-AP 产气效果不明显，而乙酸乙酯萃取 HTL-AP 的甲烷产率约为 325mL/g COD，接近甲烷的理论产量 350mL/g COD[64]。Cheng 等发现利用石油醚萃取的稻草 HTL-AP 进行厌氧发酵能获得 225mL/g COD 的甲烷产率，较初始 HTL-AP 提高了 40.6%。

(2) 水相预处理

通过物理与化学方法降低 HTL-AP 中抑制物浓度，同样是提高厌氧发酵处理效果的重要手段。有研究人员探究了沸石吸附处理对 HTL-AP 厌氧发酵性能的影响[58]。结果表明，沸石吸附去除了水相中 5.73% 的 C 和 75.4% 的 N。另外，N-[2-羟乙基] 琥珀亚胺和丁羟甲苯等物质被完全去除，同时大部分硫酸盐也被去除，减少了 H_2S 等硫化物对微生物的毒害作用。在厌氧发酵试验中，经沸石吸附后，HTL-AP 的发酵延滞期由 8.8d 缩短为 1.03d，累积甲烷产量提高了 35.7%，为 14.79mmol/g COD，发酵时间缩短了 5d，最终体系中 60.3% 的 C 和 13% 的 N 被转化利用，碳回收率和能量回收率分别增加了 4.04% 和 6.24%[58]。研究发现，经过鸟粪石、活性炭和聚亚胺酯处理后，HTL-AP 的厌氧发酵滞后期显著缩短，总甲烷产率分别提高了 10%、38% 和 37%[36]。Yang 等[36] 在厌氧发酵前分别利用活性炭和臭氧对水热液化水相进行预处理，活性炭处理后 HTL-AP 的甲烷产率提高了 67.7%，COD 的去除率达到 97.29%，显著高于未处理 HTL-AP（42.66%）和臭氧处理 HTL-AP（71.13%）。Shanmugam 等[65] 通过添加 NaOH、$MgCl_2$ 和 HCl 等去除 HTL-AP 中的氨氮和 P，将 HTL-AP 的甲烷产率提高了 3.5 倍 [(182±39)mL/g COD][65]。

(3) 优化厌氧发酵体系

① 混合原料发酵是提高厌氧发酵 COD 降解率、增加产气量的重要手段[66]。Fernandez 等[67] 将 20%～30% 的藻类 HTL-AP 添加到半连续的粪便厌氧发酵系统中，进行混合发酵。不同的藻类 HTL-AP 产气量分别为 327.2mL/g COD 和 263.4mL/g COD，随着发酵系统中 HTL-AP 浓度的升高，产气量逐渐下降，作者认为是升高的盐浓度抑制了厌氧微生物的活性。

② 构建连续或多级连续厌氧反应系统，有利于提高厌氧发酵体系的处理性能和抗冲击能力。有学者采用 UASB（up-flow anaerobic sludge blanket）反应器构建了一套连续产甲烷系统，在该系统中添加 30% 的 HTL-AP 后，其发酵效果与未添加水相相比无明显变化，但当水相添加量增加到 50% 时，厌氧发酵过程被完全抑制。沸石预处理能显著提高发酵系统对 HTL-AP 的处理能力，添加 60% 的水相时，COD 去除率、甲烷含量和甲烷产率仍较高，能达到 66.3%、58.9% 和 1.25L/(L·d)，当水相添加量增加至 80% 才发生明显的抑制作用（COD 去除率 25.3%）。同时，还有学者利用 UASB 和 PBR（packed bed reactor）反应器构建了两阶段产氢烷系统。研究表明，HTL-AP 作为发酵底物能显著影响厌氧发酵系统的微生物群落，产氢反应器中与酚类、醛类等抑制物降解相关的微生物种群相对丰度增加，能较好地降解对产甲烷微生物有抑制作用的物质，从而提高厌氧发酵的处理效果。而产甲烷反应器中与乙酸氧化相关的微生物种群丰度较高，与单独产甲烷系统相比，两阶段发酵系统具有更高的 COD 去除效率，H_2 和 CH_4 的产率分别达到 29mL/g COD 和 254mL/g COD[67]。

6.3.4　水相有机物厌氧产能技术展望

(1) 优化预处理方法

与微藻培养处理方法类似，厌氧发酵处理方法也需要对 HTL-AP 的预处理技术进行优化，一方面，研发新型的价格低廉且吸附能力强、易再生、无二次污染的吸附材料；另一方面，加强新型经济可行性较高的预处理途径的探索，在保证有毒物质去除的同时避免二次污染或新有毒物质生成。

（2）活性微生物筛选与驯化

HTL-AP 中存在多种具有生物毒性或难降解性的物质，要有针对性地选择降解能力较强的微生物并通过筛选与驯化提高其毒性耐受性，获得耐毒且能高效降解 HTL-AP 污染物的微生物菌群，同时，需要深入探究活性微生物对不同类型物质的降解途径，可以通过基因和代谢工程等技术，构建能表达多种发酵抑制物或难降解物分解酶的超级发酵菌。

（3）发酵系统优化

① 在厌氧发酵反应器中添加辅助剂，或具有高孔隙率和比表面积的介质，能够增强对污染物的去除效果。将水热反应获得的水热炭添加到厌氧反应器中能显著提高甲烷产量，因此应探索建立合理的"水热液化-厌氧发酵"系统，利用 HTL 自身反应产生的物质缓解 HTL-AP 厌氧发酵的抑制现象。

② 厌氧反应体系的配置会显著影响发酵性能，多级反应器串联处理能显著提高对 HTL-AP 中有机物的去除率和产甲烷速率。需要加强同种或不同类型反应器组合处理 HTL-AP 的研究，构建合理高效、操作简单的完整处理体系。

6.4　水相制备病原微生物和昆虫防控剂的原理及技术

水热液化可以在处理农林废弃物的同时获得能源物质，实现其高值化应用，能在一定程度上减轻土壤消纳规模化养殖产生的大量农林废弃物的压力，在可再生能源生产、生物质资源利用方面体现出独特的价值。但在水热液化过程中会产生大量的水相副产物，其中种类复杂、低含量、高毒性的物质组分限制了资源回收利用的效率。HTL-AP 较高的 COD 浓度虽然为生化处理提供了条件，但是高的毒性限制了微生物的活性，也限制了生化处理的进一步发展[53]。基于 HTL-AP 在生物转化中表现出来的较高生物毒性的特点，提出将 HTL-AP 作为抑菌剂，应用于农业生产[27]。

6.4.1　水相抑菌强度数据库

Xu 等[27] 选择典型 HTL 原料中的主要化学成分蛋白质、脂质、纤维素、半纤维素和木质素以及这五种物质以 1：1：1：1：1 的比例制备的混合物作为 HTL 的模型成分，在 200℃、230℃、260℃、290℃和 320℃下进行水热液化反应，停留时间为 0.5h，获得了 30 种 HTL-AP，并选择革兰氏阳性菌、金黄色葡萄球菌和革兰氏阴性菌、大肠杆菌作为指示菌，评价模型化合物产生的 HTL-AP 对细菌的毒性强度、毒性的持效性，从而构建 HTL-AP 的抑菌强度数据库。

6.4.1.1　HTL-AP 抑菌强度研究

HTL-AP 中的酚类、含氮有机物、重金属和氨氮被认为是抑制微生物活性的主要组分，高毒性组分的存在导致生化转化 HTL-AP 时处理效率较低。HTL-AP 是多种混合物的复杂体系，组分分布受到反应原料和反应条件的影响，对不同来源 HTL-AP 的抑菌强度进行系统评估，有助于明确具有抑菌剂潜力的 HTL-AP 来源，并对不同 HTL-AP 选择生物转化途径起到较好的参考效果[68-70]。

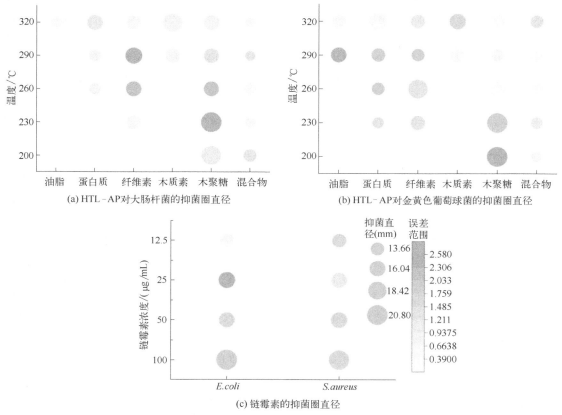

图 6-9　HTL-AP 和链霉素对细菌的抑菌圈直径[27]

　　试验结果表明，HTL-AP 对指示菌具有普遍的抑菌效果（图 6-9）。HTL 的原料和条件会对抑菌强度产生显著影响，这可能是 HTL-AP 物质组分差异导致的。木聚糖在五种温度下得到的 HTL-AP 对大肠杆菌和金黄色葡萄球菌均展现出抑菌能力。在 30 种 HTL-AP 的抑菌圈实验中，木聚糖 230℃ 的 HTL-AP 对大肠杆菌出现最大抑菌圈直径为（19.46±2.69）mm，木聚糖 200℃ 的 HTL-AP 对大肠杆菌的毒性与木聚糖 230℃ 的 HTL-AP 较为接近，而木聚糖 200℃ 的 HTL-AP 对金黄色葡萄球菌出现最大抑菌圈直径为（19.30±2.39）mm，与 100μg/mL 链霉素产生的抑菌圈直径 [（19.97±1.58）mm 和（20.79±1.99）mm] 相类似。随着反应温度升高，木聚糖 HTL-AP 的抑菌能力逐渐降低，260℃、290℃、320℃ 的 HTL-AP 对大肠杆菌抑菌圈直径逐渐减小但仍＞14.57mm，而对金黄色葡萄球菌的抑菌圈直径从（19.30±2.39）mm 减小到（13.29±0.01）mm。这说明抑菌圈直径的大小可能与木聚糖 HTL-AP 中物质的种类和含量相关。在 200℃ 和 230℃ 时，木聚糖 HTL-AP 中的 TOC 和醛类含量都较高，随着反应温度的升高，醛类减少并转化为烃类等其他化合物，导致抑菌强度降低，由此推断，醛类或许是除酚类、含氮化合物、重金属和氨氮之外的另一种主要有毒化合物[68]。

　　脂质在较高温度（290℃ 和 320℃）下获得的 HTL-AP 才表现出一定的抑菌活性。脂质 290℃ 的 HTL-AP 对大肠杆菌没有明显的抑制作用，但对金黄色葡萄球菌出现最大抑菌圈直径为（14.46±4.36）mm，脂质在 320℃ 获得的 HTL-AP 才对大肠杆菌表现出较小的抑制作用。蛋白质 HTL-AP 对两株指示菌抑制作用随温度的升高而增强。蛋白质 HTL-AP 在230℃下开始对金黄色葡萄球菌出现抑制效果，抑菌圈直径为 (10.77±1.27)mm，但蛋白质 HTL-AP 对大肠杆菌的抑制作用在 260℃才开始显现。蛋白质 320℃的 HTL-AP 对两株菌均显示出最强抑菌活性，最大抑菌圈直径分别为 (14.90±0.87)mm（大肠杆菌）和 (17.31±0.19)mm（金黄色葡萄球菌）。这说明水相毒性（抑菌强度）与蛋白质转化产生的含氮物质有关。HTL-AP 中含氮化合物如吡啶和吡嗪来自原料中的蛋白质降解，被认为是HTL-AP 中的主要细胞毒性物质[54,70,71]。随反应温度升高，HTL-AP 中含氮化合物和酮类物质的相对含量增加，导致抑菌能力增强[35,72]。

纤维素除了在低温（200℃）下获得的 HTL-AP 外，其余温度 HTL-AP 对两株菌均显示出抑制能力，且随着温度升高呈现一定的先加强后减弱的趋势。纤维素 HTL-AP 对大肠杆菌的最大抑菌圈直径 (16.07±2.39)mm 出现在 290℃，而对金黄色葡萄球菌的最大抑菌圈直径 (17.94±1.05)mm 则出现在 260℃。木质素结构非常稳定，在低温（＜290℃）下不易被降解，所以 290℃以下的木质素 HTL-AP 对两株菌未检测到抑菌活性。随着温度升高，木质素降解程度增加，具有潜在毒性的酚类和醛类物质增加，所以木质素 HTL-AP 出现抑菌能力并逐渐增强。五种温度获得的混合原料 HTL-AP 对金黄色葡萄球菌和大肠杆菌均表现出抑菌活性，但抑菌圈直径均较小，这可能是由于复杂的原料之间、中间产物之间的交互反应降低了 HTL-AP 抑菌物质组分的含量，从而影响抑菌效果。此外，混合物 HTL-AP 的抑菌强度与温度没有明显的相关关系，这与以前研究中天然生物质原料 HTL-AP 对微藻、厌氧发酵微生物等的抑制作用随着水热处理温度的升高而增加不一致，造成这种现象的可能原因是：混合原料是由五种模型化合物等比（1∶1∶1∶1∶1）组成的，影响了各组分之间交互反应的程度，导致在水热液化过程中物质的产生与转移发生变化。

此外，HTL-AP 的理化特性研究中发现，除蛋白质 HTL-AP 呈碱性外，油脂类和木质纤维素类一般呈中性和酸性。其中木聚糖和纤维素 HTL-AP 具有强酸性，这或许是造成细菌生长抑制的一个关键原因；高盐度会改变细胞渗透压，从而导致细胞脱水死亡，蛋白质和木质素等 HTL-AP 的高盐度可能对抑菌特性存在影响。

6.4.1.2 HTL-AP 抑制细菌生长特性研究

微藻培养、厌氧发酵和微生物电化学技术是 HTL-AP 资源回收的主要生物转化途径[59,73,74]。然而，HTL-AP 的生物毒性抑制导致其降解效率较低。因此 Xu 等选择 3%、6% 和 10%（体积分数）的 HTL-AP 含量来评估 30 种模型化合物 HTL-AP 对大肠杆菌和金黄色葡萄球菌的生长毒性。

结果表明，大部分 HTL-AP 对指示菌的生长有抑制效果，指示菌生长延滞期延长，菌体的最终浓度降低，抑制作用与其在培养基中的浓度有关。不过，在浓度较低的情况下，有些 HTL-AP 对指示菌的生长没有显示出抑制作用，反而有轻微的促进作用，例如在培养基中添加 3% 的 HTL-AP（如蛋白原料 200℃下产生的 HTL-AP，混合原料在 230℃下和290℃下产生的 HTL-AP）促进了大肠杆菌的生长。这可能是因为，在较低的反应温度下产生的 HTL-AP 中含有原料降解产生的小分子糖类、有机酸和氨基酸等物质，这类物质有助于大肠杆菌和金黄色葡萄球菌的生长。同时培养基中添加的 HTL-AP 含量较低，可能导致毒性组分含量较低，没有达到对菌株生长产生抑制作用的浓度。

Xu 等为了更好地描述 HTL-AP 对菌株的抑制作用和持效性，选取了第 6h 和 18h 的生长抑制率来评估 HTL-AP 的毒性。整体来看，在几乎所有的试验组都能观察到 HTL-AP 对指示菌的抑制率随培养时间的延长而降低，这可能跟菌株的自适应能力和 HTL-AP 中毒性组分的分解有关。在不同 HTL 温度（200～320℃）下，蛋白质 HTL-AP 对大肠杆菌的抑制率为 −4.31%～84.10%，对金黄色葡萄球菌的抑制率为 14.37%～82.09%，混合原料 HTL-AP 对大肠杆菌和金黄色葡萄球菌的抑制率分别为 −1.66%～70.89% 和 11.59%～91.36%。蛋白质和混合原料 HTL-AP 在液体培养基中对两株菌均表现出稳定的抑制作用，尤其是在浓度为 10% 时，对两株菌株在 6h 和 18h 的生长抑制率相近。纤维素、木质素和木聚糖 HTL-AP 对指示菌的毒性与其在培养基中的浓度有关，且在低浓度（3%）下最终抑制率不明显。木聚糖 HTL-AP 在固体培养基中显示出较大的抑制作用，但是，在液体培养基中，培养 18h 内的对大肠杆菌的抑制率范围为 3.28%～45.95%（中位数 29.07%），对金黄色葡萄球菌的抑制率范围为 2.29%～82.55%（中位数 34.22%），一定程度上低于蛋白质和混合原料 HTL-AP（抑制率范围和中位数比较）。不过，在培养 6h 时，木聚糖 HTL-AP 对指示菌的抑制率集中在 50% 以上，高于蛋白质和混合原料组 HTL-AP（抑制率范围和中位数比较）。由此推断，造成木聚糖 HTL-AP 抑菌作用不高的原因，除了指示菌的自适应能力外，还有木聚糖 HTL-AP 中的主要抑菌组分，如糠醛在空气中较为活跃，易被氧化导致毒性下降。

6.4.1.3 HTL-AP 抑菌效果差异分析

牛津杯抑菌圈试验和细胞生长抑制试验结果显示，革兰氏阳性菌株金黄色葡萄球菌比革兰氏阴性菌株大肠杆菌对 HTL-AP 更敏感。以前对木醋液的细菌抑制实验结果也显示出革兰氏阳性菌的敏感性通常高于革兰氏阴性菌[27]。在前人利用厌氧发酵和 MEC（微生物电解池）处理 HTL-AP 的探究中，根据系统中微生物群落的变化也能获得类似的结论。在厌氧体系中，处理 HTL-AP 污泥中脱硫弧菌科和地杆菌科（革兰氏阴性菌）的含量也有所增加[58,75]。在 MEC 中，随着 HTL-AP 的添加，变形菌和类杆菌（革兰氏阴性菌）的相对丰度增加，其中革兰氏阴性黄杆菌是处理体系中的优势菌属[76]。革兰氏阳性菌和革兰氏阴性菌的结构差异或许是导致其对 HTL-AP 敏感性不同的重要原因。革兰氏阳性细菌缺少能阻碍 HTL-AP 有毒物质进入细胞的、由脂蛋白和脂多糖组成的外部选择性渗透膜[77]。此外，革兰氏阳性菌的细胞壁主要由肽聚糖和酸性多糖组成，使其带负电，除蛋白质 HTL-AP 外，其余 HTL-AP 表现出较强的还原性和酸性，这可能促进有毒组分与革兰氏阳性菌细胞壁的结合，破坏细胞结构，而蛋白质 HTL-AP 的较强细胞毒性，可能是高浓度的含氮化合物的毒性所致。在 HTL-AP 中检测到的有机酸、酚、醛、酮和含氮化合物等物质已被证实通过破坏细胞壁和细胞膜，阻碍蛋白质、遗传物质和 ATP 等关键细胞化合物的合成等抑制细胞生长，不同 HTL-AP 的细胞抑制作用机制和毒性组分还需要进一步研究。

6.4.2 水相制备病原微生物和昆虫防控剂的原理及效果

天然生物质原料成分复杂，获得的实际 HTL-AP 性质与模型化合物 HTL-AP 有所差异，因此需要进一步验证实际原料 HTL-AP 的抑菌特性。同时，探究实际原料 HTL-AP 的抑菌机理对其作为抑菌剂的应用非常重要。

6.4.2.1 HTL-AP 对病原微生物的抑制效果

(1) HTL-AP 对细菌的抑制效果

Xu 等利用三种典型的农林废弃物生物质（秸秆、猪粪和牛粪）原料，和与这三种原料组分差异较大的具有高蛋白含量的微藻原料，在320℃下反应30min获得四种HTL-AP。选择环境中常见菌和植物致病菌（内生微球菌为植物寄生）为指示菌株。以革兰氏阴性大肠杆菌（DH 5α）和革兰氏阳性金黄色葡萄球菌（ATCC 25923）为主要指标菌株。同时，选择四种革兰氏阳性细菌：短小芽孢杆菌（*B. pumilus*）、密执安棒状杆菌（*C. Michigan*）、枯草芽孢杆菌（*B. subtilis*）和内生微球菌（*E. Micrococcus*），和四种革兰氏阴性细菌：丁香假单胞菌（*P. Syringae*）、青枯病菌（*R. Solanacearum*）、福氏志贺氏菌（*S. Flexneri*）和大白菜软腐病菌（*E. cartovora*）用于评价HTL-AP的抑菌强度[27]。

① 不同HTL-AP的细菌抑制强度分析。四种HTL-AP对5株革兰氏阴性菌和5株革兰氏阳性菌的抑菌圈直径表明，菌株对HTL-AP的毒性响应与细菌种类和HTL-AP来源密切相关。总的来说，革兰氏阳性细胞可能比革兰氏阴性细胞对HTL-AP更敏感。微藻和秸秆HTL-AP对革兰氏阴性菌和革兰氏阳性菌的抑菌圈直径要大于牛粪和猪粪HTL-AP。金黄色葡萄球菌和枯草芽孢杆菌对HTL-AP较敏感，其抑菌圈直径要大于相同条件下的其他菌株。HTL-AP物质组分的差异可能是同一菌株抑菌圈变化的决定性因素。微藻和秸秆HTL-AP的组分相对较少，种类含量较高。微藻HTL-AP中，丰富的含氮化合物可能是主要的抑制组分；在秸秆HTL-AP中，较高含量的酚类化合物可能是主要的抑菌活性化合物。牛粪和猪粪HTL-AP中的化合物种类较多，但相对含量均较低，这可能是两种HTL-AP抑菌强度较低的原因。

四种HTL-AP分别稀释2、3、4倍后的抑菌强度变化差异较为明显（图6-10）。微藻HTL-AP对革兰氏阴性菌 *P. Syringae*、*R. Solanacearum* 和革兰氏阳性菌 *S. aureus*、*B. Subtilis*、*C. Michigan* 均表现出稳定的抑制效果，即使在4倍稀释下也出现了明显的抑菌圈。*E. coli*、*R. Solanacearum* 和 *E. Carotovora* 以及除 *E. Micrococcus* 之外的所有革兰氏阳性菌对秸秆HTL-AP较敏感，即使在4倍稀释时仍然能观察到明显的抑菌圈。然而猪粪和牛粪HTL-AP稀释4倍后对所有菌均没有观察到抑菌圈。这可能是由于微藻和秸秆HTL-AP中的活性物质含量相对较高，即使稀释后也具有较强的抑菌能力。

② 不同HTL-AP浓度细菌生长抑制分析。Xu等将四种HTL-AP以3%和6%（体积分数）浓度添加到液体培养基中，检测了对大肠杆菌和金黄色葡萄球菌生长的抑制作用。HTL-AP对菌株的抑制作用也与添加浓度相关。HTL-AP处理能延长指示菌的生长延滞期。在培养中添加6%的HTL-AP时，两株指示菌最终的菌体浓度被抑制了约50%，与厌氧发酵中添加6%的HTL-AP时对厌氧菌活性的抑制率相当[35]。随着培养时间的延长OD值（菌液的吸光度）增加速度变快，表明菌株生长繁殖速度加快，这可能是由于HTL-AP中毒性化合物在培养过程中发生降解以及菌株对HTL-AP的自适应性能力所致。从单组分原料、混合原料和天然原料的实验结果可以看出，原料中含有多组分的HTL-AP抗菌效果相对稳定，这可能是由于HTL过程中原料、反应中间产物之间的复杂反应导致HTL-AP中的组分更稳定，进而毒性较为稳定。

Xu等采用MTT法测定了四种HTL-AP对大肠杆菌和金黄色葡萄球菌的细胞毒性。HTL-AP在培养基中的体积浓度为12%和15%时，指示菌的细胞活力均显著下降。当培养基中HTL-AP体积浓度较低时，部分处理组细胞活力明显提高。4种HTL-AP在体积浓度为0.1%时提高了大肠杆菌的细胞活力，4种HTL-AP在体积浓度为0.1%、0.5%、1%和3%时提高了金黄色葡萄球菌的细胞活力。这可能是由于HTL-AP浓度较低时，一些有利于微生物生长的化合物，如小链有机酸和无毒的氮化合物等能被细胞吸收利用[30,78]。

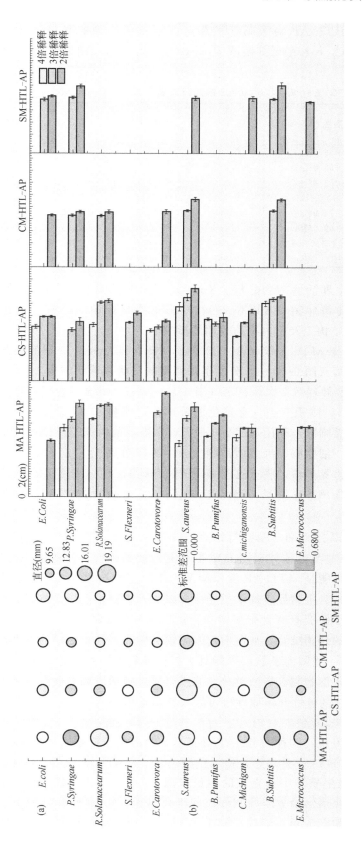

图 6-10　四种 HTL-AP 的细菌抑菌谱及抑制强度

(a) 革兰氏阴性菌；(b) 革兰氏阳性菌

MA-HTL-AP—微藻水相；CS-HTL-AP—秸秆水相；CM-HTL-AP—牛粪水相；SM-HTL-AP—猪粪水相

通过回归曲线计算 4 种 HTL-AP 对大肠杆菌和金黄色葡萄球菌的半最大抑制浓度（IC_{50}）、90% 最大抑制浓度（IC_{90}）和最低抑菌浓度（MIC）（表 6-5）。四种水相的 MIC 值在 14.67%～19.03% 之间变化。

表 6-5　四种 HTL-AP 对 *E. coli* 和 *S. aureus* 的回归曲线及 IC_{50}、IC_{90} 和 MIC

组别 （水相来源-菌株）	回归曲线	r	IC_{50}	IC_{90}	MIC
微藻-*E. coli*	$y=143.93+56.55\lg x$	0.968	0.0218	0.1113	0.1672
秸秆-*E. coli*	$y=147.27+58.88\lg x$	0.963	0.0223	0.1065	0.1575
猪粪-*E. coli*	$y=149.47+63.86\lg x$	0.984	0.0277	0.1172	0.1680
牛粪-*E. coli*	$y=210.77+134.82\lg x$	0.961	0.0642	0.1271	0.1508
微藻-*S. aureus*	$y=153.99+74.93\lg x$	1.000	0.0409	0.1400	0.1903
秸秆-*S. aureus*	$y=175.33+97.95\lg x$	0.965	0.0525	0.1345	0.1702
猪粪-*S. aureus*	$y=186.36+133.25\lg x$	0.964	0.0948	0.1892	0.1702
牛粪-*S. aureus*	$y=295.92+235.07\lg x$	0.967	0.0899	0.1330	0.1467

③ 不同 HTL-AP 对细菌生理活性抑制分析。Xu 等选择革兰氏阴性菌大肠杆菌（DH 5α）和革兰氏阳性菌金黄色葡萄球菌（ATCC 25923）为主要指标菌，探究了上述四种 HTL-AP 对细菌的细胞形态和结构以及胞内物质代谢的影响。

细胞形态和结构方面，从 SEM 图（图 6-11）能看出，未经 HTL-AP 处理的大肠杆菌（图 6-11，a）和金黄色葡萄球菌（图 6-11，f）分别呈现典型的杆状和球状结构，表面清晰、光滑、完整[31,79]。经 HTL-AP 处理后，大肠杆菌（图 6-11，b～e）和金黄色葡萄球菌（图 6-11，g～j）细胞表面褶皱变形，体积变小（金黄色葡萄球菌更明显）。处理后的金黄色葡萄球菌呈不规则萎缩，有的呈椭圆形。利用 TEM 进一步观察指示菌内部超微结构的变化表明，对照组形态规则，细胞壁、细胞膜、细胞质清晰完整，界限分明[31,79]。HTL-AP 处理后细胞壁和细胞膜出现溶解，边界不清，膜上出现多个凹陷和孔洞，由于膜完整性的大量丧失和严重的膜损伤，细胞内容物严重渗漏[80]。由此说明，HTL-AP 的抑菌作用可能与细菌细胞膜的破坏有关。

革兰氏阳性菌的细胞壁较厚且坚韧，能维持细胞较强的渗透压。在 SEM 结果中观察到，经 HTL-AP 处理的金黄色葡萄球菌体积明显减小，说明其细胞壁和细胞膜更加紧密，革兰氏阳性菌细胞结构的改变可能是 HTL-AP 发挥抑菌作用的重要结果。细胞膜上附着大量与生物催化活性相关的酶，并为生物反应提供了场所。因此，细胞膜损伤、体积变小会使细胞活力明显下降。革兰氏阴性菌拥有富含脂多糖和脂蛋白的外膜，秸秆 HTL-AP 中大量带正电的化合物可能与带负电的外膜结合，从而引起细胞膜的破坏，导致更多的毒性物质进入细胞。微藻 HTL-AP 中含有一些阳离子肽，可能具有抗菌肽特性，可以通过静电作用与细胞膜上的酸性脂质结合或插入细胞膜，导致部分细胞膜脂质聚集形成离子通道，胞内离子泄漏[81]。此外，微藻 HTL-AP 的碱性和还原性也可能与细胞膜损伤有关。

在胞内物质代谢方面，Xu 等检测了 HTL-AP 对指示菌胞内三磷酸腺苷（ATP）和活性氧（ROS）含量的影响。他们发现，四种 HTL-AP 处理后，两株指示菌胞内 ATP 含量下降了约 20%～50%。同时，四种 HTL-AP 均导致指示菌胞内 H_2O_2 的显著积累，H_2O_2 含量提高了约 20%～80%。ATP 是生物体中最直接的能量来源，如果 ATP 合成受阻，微生物的生理功能就会受到抑制。氧化损伤是导致细胞死亡的重要途径[82]。有研究认为 H_2O_2 的积累与细胞凋亡或死亡具有正相关关系。因此，除了 HTL-AP 中化学物质对细胞膜的直接

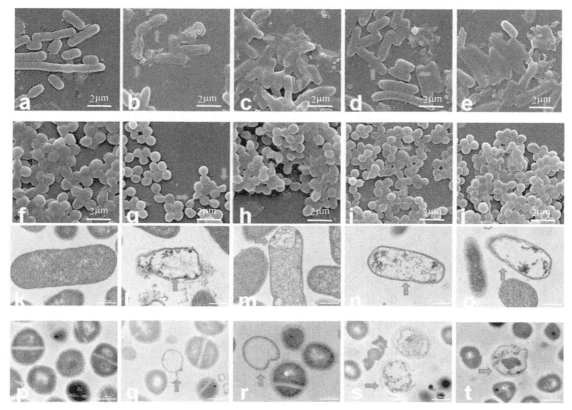

图 6-11　HTL-AP 处理对大肠杆菌和金黄色葡萄球菌形态破坏观察

a~e 和 k~o—大肠杆菌形态；f~j 和 p~t—金黄色葡萄球菌；a, f, k, p—对照组；b, g, l, q—微藻 HTL-AP 处理；c, h, m, r—秸秆 HTL-AP 处理，d, i, n, s—牛粪 HTL-AP 处理；e, j, o, t—猪粪 HTL-AP 处理

破坏作用，化学物质诱导胞内 H_2O_2 积累导致的细胞膜损伤是造成细胞膜结构变化的另一个重要原因[83]。此外，H_2O_2 的电子传递直接影响生物过程并抑制酶活性，从而抑制细胞内 ATP 的生成[84]。

（2）HTL-AP 对真菌的抑制效果

植物病原真菌广泛存在于蔬菜和粮食中，可抑制植物生长并产生毒素。这对食品安全造成了巨大的威胁。Xu 等选择猪粪和牛粪两种农林废弃生物质和高蛋白的微藻作为 HTL 原料，在 320℃下反应 30min 获得 HTL-AP，以茄链格孢霉 （Alternaria solani，A. solani） 和灰葡萄孢 （Botrytis cinerea，B. cinerea） 作为指示真菌探讨了 HTL-AP 对真菌的抑制效果。

① HTL-AP 对茄链格孢霉的菌落生长抑制。Xu 等在 PDA 培养基中添加不同浓度 （0%、2%、4%、6%、8%、10% 和 12%） 的猪粪和牛粪 HTL-AP，观察了其对茄链格孢霉菌落直径的影响 （图 6-12）。结果表明，随着 HTL-AP 浓度的增加，菌落直径逐渐减小，生长抑制效果显著，在两种 HTL-AP 浓度为 12% 时，完全抑制了茄链格孢霉的生长。HTL-AP 浓度较低时对菌株生长的抑制作用不明显，另外，当猪粪 HTL-AP 浓度较低 （2%） 时对菌落的生长表现出轻微的促进作用。进一步计算牛粪和猪粪 HTL-AP 对茄链格孢霉的 IC_{50} 和 IC_{90}，分别为猪粪 9.69% 和 14.29%，牛粪 12.82% 和 20.99%。由此可以推断，猪粪 HTL-AP 的真菌抑制效果比牛粪 HTL-AP 更明显。这可能是由于两者之间的活性组分分布导致的。

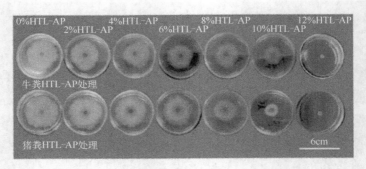

(a) 早疫菌菌落照片

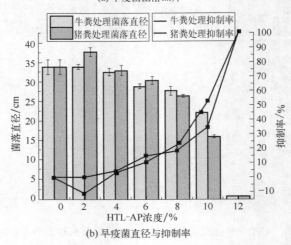

(b) 早疫菌直径与抑制率

图 6-12　牛粪 HTL-AP 和猪粪 HTL-AP 对早疫菌的抑制照片及其菌落直径和抑制率

　　猪粪 HTL-AP 组分较为复杂，相对含量较低，因此在浓度低的情况下，抑制组分含量过低无法起到抑制作用。当猪粪 HTL-AP 浓度为 8% 和 10% 时，各抑制物达到最低起效含量，并随着浓度的进一步提高，抑制效率迅速提高。牛粪 HTL-AP 在浓度较低时抑菌效果较猪粪 HTL-AP 明显，可能是由于其酚类物质含量较高所致。

　　② HTL-AP 对灰葡萄孢的菌落生长抑制。Xu 等在 PDA 培养基中添加不同浓度（0%、0.3%、0.6%、0.9%、1.2% 和 1.5%）的微藻 HTL-AP，观察了其对 *B.cinerea* 菌落直径的影响。实验结果表明，微藻 HTL-AP 对 *B.cinerea* 的菌落生长有明显的抑制作用，且抑制率与 HTL-AP 的浓度呈正相关（图 6-13）。

　　当微藻 HTL-AP 浓度为 1.5% 时，完全抑制了 *B.cinerea* 的生长。同时观察到，添加 HTL-AP 显著影响了菌丝在液体培养基中的形态，未加入微藻 HTL-AP 时，菌丝呈球形，培养基清澈透明，而经微藻 HTL-AP 处理后，菌丝呈分枝状，培养基浑浊。通过显微镜观察 *B.cinerea* 在 PDA 培养基上生长的菌丝也发现了相同的现象，在 HTL-AP 存在下菌丝体沿菌丝主干的侧枝增多，这可能是菌株抵抗环境胁迫所致[85]。在之前的研究中，一些天然或合成的小分子化合物，如有机酸、精油和壳聚糖被用于测试对 *B.cinerea* 的抑制效果[86-88]。异丙酸、反式肉桂酸和苯甲酸均对 *B.cinerea* 有抑制作用，但作用浓度均超过 10%，高于微藻 HTL-AP，表明 HTL-AP 对 *B.cinerea* 有较高的防治效果（表 6-6）[89]。为了评估微藻 HTL-AP 的抗真菌效力，计算了抑制 *B.cinerea* 的 EC_{50} 和 EC_{90} 值，分别为

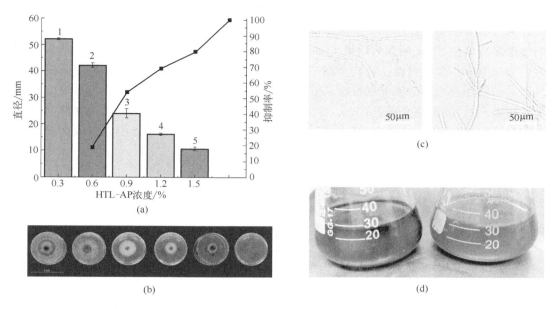

图 6-13　不同浓度 HTL-AP 下灰葡萄孢菌落生长直径和抑制率

（a）菌落直径与抑制率；（b）含 0%、0.3%、0.6%、0.9%、1.2% 和 1.5% HTL-AP
培养基菌落生长照片；（c）显微镜观察菌丝结构，左侧为对照组，右侧为 0.6%
HTL-AP 培养基形态；（d）液体培养基中菌丝形态，左侧为对照组，右侧为
0.3% HTL-AP 液体培养状态

0.70% 和 1.30%（体积分数）。在浓度为 1.5%（体积分数，约 14.8mg/L）时，真菌的菌落生长被完全抑制。

表 6-6　文献中对灰葡萄孢抑制物质 MIC 对比[89]

化学成分	MIC/(mg/L)	化学成分	MIC/(mg/L)
多菌灵(Carb)	0.1	6-氯吲哚(6-ClD)	50
HTL-AP(本研究)	14.8	7-氯吲哚(7-ClD)	100
氟康唑(Fluco)	50	4-氟吲哚(4-FD)	5
枯茗酸	300	5-氟吲哚(5-FD)	5
纳他霉素(Nata)	20	6-氟吲哚(6-FD)	100
4-溴吲哚(4-BrD)	25	7-氟吲哚(7-FD)	2
5-溴吲哚(5-BrD)	50	4-碘吲哚(4-ID)	25
6-溴吲哚(6-BrD)	100	5-碘吲哚(5-ID)	25
7-溴吲哚(7-BrD)	100	6-碘吲哚(6-ID)	100
4-氯吲哚(4-ClD)	25	7-碘吲哚(7-ID)	100
5-氯吲哚(5-ClD)	50	吲哚	大于 100

③ HTL-AP 对茄链格孢霉生理活性抑制分析。Xu 等以茄链格孢霉作为指示真菌，探讨了猪粪和牛粪 HTL-AP 对 A. solani 的形态结构和代谢活动的影响。同时，Xu 等还以灰葡萄孢作为指示真菌，探讨了微藻 HTL-AP 对 B. cinerea 能量代谢的影响。

真菌形态结构方面（图 6-14），采用光学生物显微镜观察真菌菌丝形态的结果表明，未经 HTL-AP 处理的 A. solani 菌丝形态均匀，形状规则，生长顶端光滑。HTL-AP 处理后，菌丝褶皱变形，还有部分菌丝异常肿胀，菌丝分叉异常。前人的研究认为，不利的生长环境会导致真菌菌丝分支增加[90]。HTL-AP 处理后，菌丝的顶端生长受到影响，侧支分叉增多。猪粪和牛粪 HTL-AP 处理后，菌丝形态发生的变化略有差异。牛粪 HTL-AP 处理会导致菌丝形态异常扭曲、顶端分支增多形成喇叭口结构，而猪粪 HTL-AP 处理则导致菌丝侧支明显增多。根据 SEM 的观察结果可知，对照组菌丝厚度均匀，表面光滑。牛粪 HTL-AP 处理后菌丝变厚，出现扭曲、弯折。猪粪 HTL-AP 处理后菌丝出现褶皱、萎缩，根尖分支异常增大，部分原生质体萎缩成颗粒，但菌丝变细。目前真菌顶端生长和菌丝分支的具体机制尚不明晰[91]，但研究发现脂肽类、挥发物酮类、有机酸、酯类和含氮化合物等物质可以引起菌丝形态变化[92-94]。这些化合物均存在于 HTL-AP 中，表明菌丝形态的改变可能是多种化合物共同作用的结果。

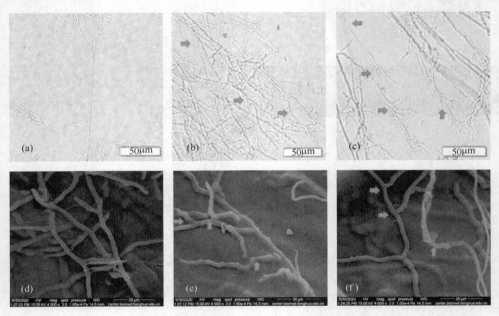

图 6-14　牛粪 HTL-AP 和猪粪 HTL-AP 对早疫菌形态的影响

（a），（d）未处理菌丝；（b），（e）牛粪 HTL-AP 处理菌丝；（d），（f）猪粪 HTL-AP 处理菌丝

能量与物质代谢方面，细胞内 ATP 与 ADP 进行转化，实现能量的储存和释放，从而保证细胞各种生命活动的能量供应，HTL-AP 处理导致真菌菌丝中 ATP 含量显著降低。线粒体是真核细胞产生 ATP 的重要场所。HTL-AP 能抑制四种线粒体呼吸电子传递链复合体的活性，表明 HTL-AP 抑制了真菌的氧化磷酸化过程，从而抑制 ATP 的合成过程，导致菌落的生理活性下降，生长缓慢。H_2O_2 是活性氧代谢的副产物，具有较强的氧化性，对细胞具有毒性作用[95]。HTL-AP 处理使在菌丝中 H_2O_2 的浓度明显增加。H_2O_2 能破坏细胞和菌丝的结构。在液体培养过程中，HTL-AP 处理导致菌丝出现分叉和断裂，这可能与 H_2O_2 的积累有关。还原糖和蛋白质不仅是细胞壁和细胞膜的重要组成部分，还在细胞能量代谢、免疫应答中发挥重要作用。HTL-AP 处理会导致真菌胞内还原糖和蛋白质含量均降低，且随着处理时间的增加降低效果更为明显。降低的结果可能是由两个过程造成的，即抑制产生和促进损失。HTL-AP 导致胞内 ATP 减少，从而可能抑制还原糖和蛋白质的生物合成过程。另外，细胞膜损伤可能是导致这些物质从细胞泄漏的原因。

（3）HTL-AP 对病毒的抑制效果

除了细菌和真菌，病毒也是一类具有高致病性的病原微生物。因此，也需要探究 HTL-

AP 对病毒的防治潜力。在 Yu 等[96] 的研究中，在 270℃ 下获得的 HTL-AP 对甲型流感病毒 H1N1、H5N1 和 H7N9 的灭活率均高达 99.99%。

6.4.2.2　HTL-AP 对病原微生物的抑制机理

大量研究表明，含氮化合物、醛类、酮类、酚类和酸类在微藻、玉米秸秆和畜禽粪污获得的 HTL-AP 中普遍存在。这些分子已经被证实通过破坏生物分子或膜、破坏生命关键成分、破坏代谢通路和导致氧化还原失衡抑制细菌活性[97]。为了进一步明晰 HTL-AP 对微生物的作用途径（图 6-16），Xu 等选择微藻在 320℃ 下反应 30min 获得 HTL-AP，以灰葡萄孢（Botrytis cinerea，B. cinerea）作为指示真菌，采用 RNA-seq 技术探究微藻 HTL-AP 对 B. cinerea 基因表达通路的影响，从分子水平上揭示 HTL-AP 的抑菌机理。分析结果表明，微藻 HTL-AP 处理显著改变了 B. cinerea 的基因表达。

Xu 等通过 RNA-seq 分析，共得到了 41241 个单基因，差异表达基因 20689 例，其中 9612 例上调，11077 例下调（p-adjust<0.05 & |log2FC|≥2）。利用 KEGG 进行富集分析，将差异基因富集到了 127 条 KEGG 一级节点的途径（转录组丰度前 20 组，如图 6-15 所示），其中大多数（91/127）与代谢有关，说明微藻 HTL-AP 对 B. cinerea 的代谢过程有显著影响，同时，B. cinerea 要通过代谢响应和调控对 HTL-AP 产生抗性。

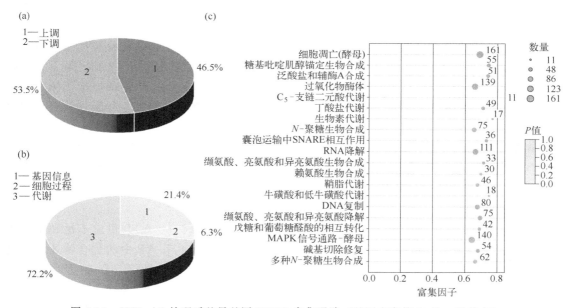

图 6-15　HTL-AP 处理后差异基因 KEGG 富集通路（基因丰度前 20 的一级节点）

细胞能量代谢是胞内 ATP 的来源。经过富集，在细胞能量代谢（energy metabolism）KEGG 通路第二节点下，氧化磷酸化（Oxidative phosphorylation）、氮元素代谢（Nitrogen metabolism）、甲烷代谢和硫元素代谢四个 KEGG 通路共有 287 个基因被富集。

糖酵解、TCA 循环和氧化磷酸化是产生 ATP 的主要途径。在真菌代谢过程中，氧化磷酸化是 ATP 产生的最主要途径，也是微生物适应环境逆境的关键调控策略。各种研究表明，氧化磷酸化途径参与细胞抗毒活性。细胞壁多糖代谢与线粒体能量代谢偶联可以显著增强细胞膜上发生的多种抗逆反应。转录组分析显示，HTL-AP 影响 B. cinerea 的氧化磷酸化过程，氧化磷酸化过程中有 159 个 DEG（差异表达基因），表明线粒体呼吸链中五种复合物的基因表达被 HTL-AP 扰乱,这可能是线粒体酶活性降低的原因[98,99]。此外,HTL-AP 显著影响菌株的氮元素代谢、甲烷代谢和硫元素代谢。转录组分析表明,HTL-AP 影响与碳水化合物相关的各种途径。除了氧化磷酸化途径外,ATP 生成抑制可能影响糖酵解、糖异生(Glycolysis/Gluconeogenesis)、三羧酸循环(TCA)、淀粉和蔗糖代谢、氨基糖和核苷酸糖代谢、丙酮酸代谢、乙醛酸和二羧酸代谢和甘露糖代谢。TCA 循环是细胞代谢调节的中心途径,将葡萄糖、脂质和氨基酸氧化为 CO_2,从而产生电子传递链的还原当量 NADH 和 $FADH_2$[100]。糖酵解也是 ATP 的来源途径,将葡萄糖转化为丙酮酸并生成大量 ATP 和 NADH。多种 ATP 相关通路的表达紊乱导致 ATP 含量降低和细胞活性下降。除了提供能量外,碳水化合物代谢也是一个生物合成枢纽,为脂肪酸、非必需氨基酸、核苷酸和血红素的合成提供前体[100]。因此,ATP 生成减少可能是细胞内还原糖和蛋白质含量降低的原因之一。

氧化损伤也是 HTL-AP 发挥真菌抑制的途径之一。转录组分析也证明了这一点,有 139 个差异基因富集到过氧化应激反应通路。分别有 139 和 97 个差异基因富集到过氧化物酶体(Peroxisome)和吞噬体(phagosome)途径,这可能导致 CAT(过氧化氢酶)和 POD(过氧化物酶)活性降低。谷胱甘肽(GSH)抗氧化系统在减轻细胞氧化损伤,尤其是真菌细胞膜的抗氧化中起着重要作用[101,102]。谷胱甘肽生物合成的关键酶与氧化还原酶活性、碳水化合物代谢、应激反应和过氧化物酶活性密切相关[103]。在高氧化电位下,细胞免疫机制也对氧化损伤作出反应,因此 GSH 代谢过程受到干扰,其中与谷胱甘肽代谢相关的转录产物(TRINITY_DN186_c0_g1_i1 和 TRINITY_DN186_c0_g1_i2)上调了 7 倍以上。研究表明,GSH 的生物合成涉及细胞内多条基础代谢和次生代谢途径如碳代谢、氮代谢和硫代谢等。糖酵解衍生物甲醛由醛脱氢酶或 GSH 醛脱氢酶催化进入谷胱甘肽裂合酶途径(亦称乙二酸酶途径)是真菌谷胱甘肽生物合成与碳代谢的关键连接点。

在过氧化物酶体途径的共表达网络中,具有最高程度分数(25)的前两个基因 TRINITY_DN8265_c0_g3(49)和 TRINITY_DN8265_c0_g2 被确定为候选枢纽基因。这两个基因在 KEGG 过氧化物酶体途径中均上调,在 GO 功能注释中,它们被认为与 ATP 结合和水解酶活性有关。

脂质、碳水化合物和蛋白质是细胞中重要的结构和功能成分。ATP 供应不足和基因表达紊乱导致它们的生成减少。除了 HTL-AP 的间接影响外,HTL-AP 中的化合物还能直接干扰脂质和蛋白质的运输和代谢途径。根据 DEGs 分析,在二级分类下,有 14 条与脂质代谢相关的 KEGG 途径被显著改变。甘油磷脂代谢、甘油代谢、脂肪酸降解、鞘磷脂代谢和类固醇生物合成是五个主要的途径。其中,甾体生物合成中有 41 个 DEG。甾体生物合成与真菌细胞膜的结构和功能密切相关,是目前抗真菌药物的主要靶点[104]。转录组分析表明,HTL-AP 处理显著影响甾醇代谢,这可能造成细胞膜损伤,导致更多的细胞内物质泄漏。除甾醇生物合成外,通过转录组分析还能发现 HTL-AP 胁迫导致细胞膜和细胞壁各关键成分的合成紊乱。RINITY\DN6029\UC0\Ug1 的两个转录组显著下调,这是 MAPK 信号通路的一个重要基因,可以形成膜的关键成分[105,106]。糖基磷脂酰肌醇(GPI)锚定生物合成紊乱,可能影响细胞表面蛋白质与细胞膜的黏附[107]。

此外,转录组分析还证明了 HTL-AP 能作用于 *B. cinerea* 的遗传过程,导致相关途径的表达紊乱,如 RNA 转运、核糖体、内质网中的蛋白质加工、真核生物中的核糖体产生和核苷酸切除修复过程。研究表明,真菌的抗逆性和耐药性与胞内药泵蛋白的合成密切相关。

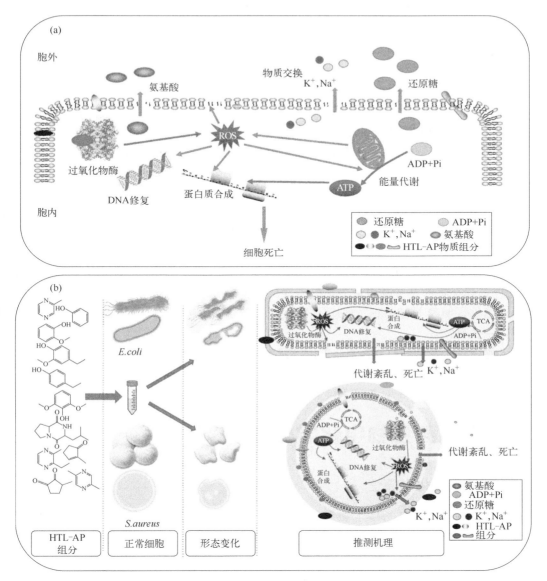

图 6-16　HTL-AP 抑菌作用的潜在机理（蓝色箭头代表过程抑制，红色箭头代表过程促进）
（a）HTL-AP 抑制早疫菌作用机理推测；（b）HTL-AP 抑制细菌作用机理推测

另外，监测到 ABC 转运蛋白的基因表达紊乱，或许会导致 ABC 转运功能增强，这可能与细胞的抗性相关。比如 ABCC 亚甲族相关基因显著上调，在哺乳动物中被认为与机体炎症反应相关[108]。

选择氧化磷酸化、TCA 循环、Peroxisome 和 MAPK 信号通路中富集得到的差异表达基因，构建基因共表达网络，以分别识别 Hub 基因。选择高度得分的基因作为 Hub 基因进行 RT-qPCR 分析以验证表达水平，结果显示 mRNA 的基因表达水平相同。转录组分析表明，HTL-AP 作为一种具有多种组分的混合体系，能对 B. cinerea 产生多重影响，扰乱氧化磷酸化、线粒体呼吸链复合体合成、TCA 循环和糖类的代谢过程，这或许是胞内 ATP 含量降低的原因；HTL-AP 影响过氧化物酶合成途径，使 CAT 和 POD 酶活力降低，进而导致胞内过氧化氢大量积累。此外，HTL-AP 还影响胞内还原糖和蛋白质的合成途径相关基因的转录，进而影响细胞关键结构的合成。同时，*B. cinerea* 也能通过多种途径对 HTL-AP 产生抗性。结合前述 HTL-AP 对细菌的形态结构与物质代谢的作用效果分析，可以推断出，HTL-AP 对细菌的抑制机理与真菌类似。

6.4.3 水相抑菌剂应用展望

(1) 进一步完善 HTL-AP 理化特性数据库

本文 HTL-AP 理化特性数据库的构建利用的是模型化合物单组分和五元等比例组分在五个水热处理温度下获得的 HTL-AP。天然生物质具有复杂的生化组成，需要在下一步的研究中利用模型化合物不同配比模拟天然原料获取 HTL-AP 并完善 HTL-AP 理化特性数据库。此外，水热液化 HTL-AP 的反应温度也需进一步扩大范围和细化梯度，提高理化特性预测的精确性。

(2) 需进一步明确 HTL-AP 的抑菌组分及其含量、抑菌机理

本文证实了 HTL-AP 的抑菌潜力，下一步需开展 HTL-AP 抑菌剂强度与 HTL-AP 的 pH、盐度、化合物种类及其含量关系的研究。关于 HTL-AP 的抑菌特性研究，应该进一步扩大测试菌株，明确 HTL-AP 的抑菌谱，并对不同 HTL-AP 的细胞抑制作用机制和毒性组分开展进一步研究。

(3) 需进一步探究 HTL-AP 杀菌剂的应用对象，完善应用的安全性评估

HTL-AP 抑菌强度虽然被证实，但也应进一步评估 HTL-AP 的应用对象和施用浓度。此外，HTL-AP 施用的环境毒理学和生物安全性分析需要进一步开展。

6.5 水相微生物电化学处理

6.5.1 微生物电化学原理

微生物电化学主要包括微生物燃料电池（microbial fuel cell，MFC）和微生物电解池（microbial electrolysis cell，MEC）两类。其工作原理是以微生物为催化剂，将有机物中的化学能转化为电能或氢能。该装置不仅能够实现水污染治理，更能"变废为宝"，给实际的生产应用带来更大的经济效益。在 pH 为 7，温度为 298.15K 的条件下，附着在 MFC 阳极上的微生物氧化降解有机物，产生电子传递到阳极，然后通过外电路负载到达阴极，产生电流；微生物降解有机物所产生的质子通过分隔膜到达阴极室，氧气与阳极传递来的电子在阴极生成水，由此完成电池内的电化学过程和能量转化（$4H^+ + O_2 + 4e^- \Longrightarrow 2H_2O$）[109-111]。MEC 是在 MFC 的基础上发展起来的一项新的微生物电化学技术，MEC 阳极室中的电子通过中性红等中间介体或者产电微生物自身的呼吸链作用传递到 MEC 的阳极，并由外电路经导线传至 MEC 的阴极释放[112-115]。阳极底物中的各种可降解有机物被具有电化学活性的微生物氧化最终生成 CO_2、质子、电子和残留的物质，产电菌将电子转移到阳极上，然后通过外电路最终释放到阴极。而质子通过各类交换膜传递到达阴极或在无膜体系中直接传递到阴极。当质子与电子在阴极相遇时，在较小的外加电压下即可使电子和质子生成氢气（$2H^+ + e^- \Longrightarrow H_2$）。

MFC 和 MEC 阴极氧化还原电位分别是 0.805V 和 -0.414V，当以乙酸钠为底物时，

阳极的理论最低电极电位为 $-0.3V$。因此，MFC：$E=E_阴-E_阳=1.105V>0$，为放热反应，可以自发进行。1911 年，英国植物学家 Potter 利用两个铂电极、酵母和细菌，初次发现微生物能产生电流，并且研究了温度、培养基成分和酵母菌数量对产电过程的影响。20 世纪 90 年代初，燃料电池开始受到人们关注，越来越多的研究工作开始投入到 MFC 领域。MEC：$E=E_阴-E_阳=-0.114V<0$，为吸热反应，不可以自发进行。所以要生成氢气，必须提高阴极的电极电位，理论上只要外加电压大于 0.114V，但是由于电极反应中过电位的存在，实际中必须添加更大的辅助电压才能使外电路中产生电流。研究表明，当以乙酸盐为底物进行 MEC 产氢时，在外加电压超过 0.25V 时才能成功产氢。而大部分的 MECs 试验中，外加电压一般在 0.3~0.8V 之间。目前主要有两种途径为产氢反应的进行提供电能，其一是使用直流电源增加电势；其二是通过恒电位仪设定电极电势。2005 年，Liu 等将乙酸盐作为底物首次利用微生物电化学技术成功产氢，之后 MEC 生物质制氢的研究经历了三个阶段：①外加辅助电压有交换膜的 MEC 制氢；②外加辅助电压无交换膜的 MEC 制氢；③MFC-MEC 耦合制氢。

6.5.2　影响因素

6.5.2.1　反应器构型

微生物电化学反应器主要包括单室结构和双室结构。反应器的构成材料一般包括塑料、普通玻璃和有机玻璃。双室结构作为一种比较常见的结构，主要包括 H 形、立方形、长方形、圆柱形、磁盘形等。双室 MECs 可以使得阴极得到较纯的氢气，并且可以阻止氢气被阳极产甲烷菌利用。在双室 MECs 中，各种各样的膜用来分离阳极室和阴极室，如阴离子交换膜（anion exchange membrane，AEM）、阳离子交换膜（cation exchange membrane，CEM）、质子交换膜（proton exchange membrane，PEM）、双极膜（bipolar membrane，BPM）、荷电镶嵌膜（charged mosaic membrane，CMM）、超滤膜（ultrafiltration membrane，UM）等。在这些膜中，AEM（型号：AMI7001）因它能转移带负电荷的离子如磷酸盐和重碳酸盐而可以加快质子的运输，所以表现出较好的性能。尽管如此，少量的氢仍然可以通过膜从阴极室扩散到阳极室。此外，CEM 或 AEM 的存在一定程度上降低了产氢速率，因为 CEM 或 AEM 可以分别增加体系总内阻的 38% 或 26%。考虑到欧姆电阻，离子交换膜的选择显得尤为重要。MEC 中双室结构的优点是将阳极反应和阴极产氢分隔开来，可获得较为纯净的氢气，极大地减少了阴极产生的氢气向阳极扩散而被电极微生物（嗜氢甲烷菌、产电菌和同型产乙酸菌）消耗，不仅提高了氢气纯度，降低后期产物分离的经济投入，同时也可防止阴极催化剂受到污染而失活。缺点是隔膜会影响质子和氢氧根离子在两电极之间的自由传输，造成双室间的 pH 梯度（阳极室 pH 降低，阴极室 pH 升高），这不但会损害产电菌的活性，还会造成较高的内阻。由于双室中膜的成本高和较大的传质阻力的缺点，单室无膜反应器在中试规模化实际应用中更受欢迎或更具潜力[116]。

6.5.2.2　阳极和阴极电极材料

在微生物电化学系统中，阴阳电极的性能是影响系统内部阻力的重要因素之一。一般情况下，阳极电极材料主要包括碳基材料（碳纸、碳布、碳毡、碳刷、碳棒、碳纤维刷和碳纳米管）和石墨基材料（石墨颗粒、石墨毡、石墨盘、石墨刷、石墨棒、石墨纤维刷）[117-119]。以上这些最常见的电极材料之所以被广泛使用是因为具有成本低、导电性好、较低的过电位、生物相容性好、在 MEC 阳极的厌氧条件下性能比较稳定的优点。但主要缺点是材料非常脆、内阻较大、产电功率非常低。石墨刷作为电极可以获得较大的比表面积和孔隙率。基于纳米材料具有一些特殊性质，如表面效应、量子尺寸效应及宏观量子隧道效应等，对消除影响电子传递速率的因素有所帮助。根据形状可以分为：纳米颗粒、纳米草、纳米丝及纳米网等。根据材料可以分为：纳米碳材料阳极、纳米金属修饰阳极、纳米导电聚合物复合电极。其中纳米碳材料，如碳纳米管、石墨烯、金刚石，作为传统碳材料的发展和衍生，不仅继承了碳材料化学稳定性、导电性、生物相容性较好的普遍优点，同时具有更大的表面积，有利于产电菌的附着，为胞外电子直接传递过程提供更多的接触位点。纳米材料取得一些进展，但该领域尚处于研究阶段，存在一些问题：①纳米材料修饰的稳定性和耐用性的研究缺乏；②纳米材料如何促进胞外电子远距离传递，具体机制还有待进一步研究。

除了碳基材料外，不锈钢基材料（不锈钢棒和不锈钢网），以及铝电极近年来也逐渐被尝试使用。为了降低体系内电阻，进一步提高产氢率和电流密度，许多研究已报道通过优化电极物理特性来提高电池的启动时间和电流密度等电极性能，主要包括适当增大电极材料的尺寸，设计合适的电极排列方式，缩短电极间距（是降低系统内部阻力最直接的方法）。此外，电极材料的化学特性和表面形态也可以被改性，主要通过用高温氨气进行预处理、电化学处理、热处理、表面处理和火焰氧化的方法。其中氨处理因为电极表面被修饰上氨基而在水中带正电，而微生物表面一般带负电，有利于微生物的附着，另外这种化学修饰有利于产生的电子向电极表面释放。为了提高阳极的产电能力，可以多选择多孔性结构和超大比表面积的材料来加速电子转移。阳极材料的比表面积越大，可承载的产电菌的数量就越多，从而进一步提高阳极微生物数量、增大阳极电流输出、强化导电性和生物相容性，有利于阳极反应的进行。与阳极材料类似，MEC 系统中的阴极材料主要包括碳基材料（碳纸、碳布、碳棒）、石墨基材料（石墨刷、石墨棒、石墨纤维布）、不锈钢基材料（不锈钢网、不锈钢板、不锈钢丝毛和不锈钢毛）、钛丝、钛板电极、铝电极、泡沫镍和气体扩散电极。对于气体扩散电极，它的主要挑战是阴极的泄漏。

6.5.3　膜材料

膜材料主要包括阳离子交换膜（CEM）、阴离子交换膜（AEM）、质子交换膜（PEM）、双极膜（BPM）、荷电镶嵌膜（CMM）、超滤膜（UM）等。使用膜的主要优点包括：减少底物从阳极室向阴极室扩散；减少生成的氢气扩散到阳极室被微生物利用。但研究发现，即使用膜材料隔开阴、阳极室，阳极产生的其他气体如 CO_2 仍能通过膜部分扩散至阴极，阴极产生的氢气也能透过膜扩散至阳极，收集到的氢气中仍含有其他成分。使用膜材料隔开阳极室和阴极室的挑战主要是膜材料增加了反应器内阻、膜成本较高、膜易污染、造成阳极室和阴极室的 pH 梯度，这也是导致电势损失的主要原因，从而降低了应用的可行性。

6.5.4　辅助电压和水力停留时间

辅助电压是影响 MECs 性能的重要因素之一，不同的辅助电压可能导致不同的产氢表现、不同的甲烷抑制情况、不同的 COD 去除效率以及不同复杂有机物的去除效率。理论上，相比电解水产氢，MEC 需要相对较低的电压输入。基于以乙酸盐为底物的 MECs，阴极析氢反应的理论电压是 0.114V，但实际上由于需要克服电极过电势的存在，所以在实际中需要更高的辅助电压。辅助电压的变化可以显著影响微生物的生长和分布，从而进一步影响微生物阳极电势和产气情况。适当增加辅助电压可以缩短反应时间、减少甲烷的生产从而最终提高产氢速率和 COD 去除率。但辅助电压的增加并不能直接提高氢气的回收率，这可能与阳极生物膜的催化活性有关。尽管如此，能量转化效率和电压并非有直接的正相关关系。而较高的辅助电压会提高投资成本和能量的消耗。另外，当辅助电压超过某一临界值时，它会对活的微生物产生有害的作用，如细胞膜破裂、微生物生长缓慢、产电菌代谢活性的降低等。因此，辅助电压不仅影响废水处理效率，而且影响微生物的性能。相反，较低的辅助电压（0.2～0.4V）会导致大量的甲烷生成，这可能会造成较低的产氢率从而会抑制产氢。因此合适的辅助电压的添加是由反应器中微生物的生长电压、底物消耗速率以及电子传递速率等共同决定的。在处理水热液化废水时，探究适合某种底物及其特定浓度的辅助电压是非常必要的和重要的。譬如，在探究电流密度对硫酸盐去除率和阴极细菌群落结构的影响时，结果表明，当最佳的外加电流为 1.5mA 时，可以有效地提高硫酸盐去除率，并且降低运行成本。

此外，类似于辅助电压，HRT 是影响 MECs 污水处理性能的另一个重要参数，两者会直接影响 MECs 的设计成本、投资成本、运行成本（主要是能源需求）。一般来说，较高的辅助电压和 HRT 会造成较大的成本。此外，随着水力停留时间的增加，产氢速率几乎呈线性增加。在较高的辅助电压条件下，产氢速率对于水力停留时间的变化非常敏感。同样地，在较长的水力停留时间条件下，辅助电压的增加会提高产氢率和 CE（库仑效率）。但 HRT 对 CE 无明显影响。因此，辅助电压和水力停留时间对产氢的影响是相互依存的。

6.5.5 温度与 pH

温度和 pH 值对微生物电化学系统利用废弃物产氢性能也具有重要影响。从动力学和热力学角度考虑，高温有利于微生物电化学系统电解反应的进行，但是也应该考虑微生物的活性、成本以及对材料的耐高温要求。细菌、嗜热菌、嗜冷菌都有自身适宜的生长温度。在 MEC 系统中，产氢微生物生长和代谢方式对 pH 值变化较为敏感，中性环境适宜产氢微生物的生长繁殖，低的 pH 值可有效抑制产甲烷菌的活性，但是也对产氢微生物造成不可逆转的损害。此外，在高温条件下，从热力学和动力学的角度，MEC 运行中的生化反应速率会显著上升，但是产氢微生物的生长和产氢活性常常受到抑制而使 MEC 产氢性能无法得到显著提高。研究表明，环境温度升高时，反应器微生物能适应温度变化，且活性增加，反应器产气速率增大，但当温度高于 45℃时，微生物的活性增长缓慢，甚至部分失活，反应器产气速率反而减小。适宜的 pH 值可使得产氢微生物和催化生化反应的酶处于最佳环境，可以有效提高生化反应速率，进而提高产氢效率。另外，细菌只能在特定的盐度和 pH 下生长，因此溶液的导电性和 pH 不能超过特定范围。适当提高溶液的电导率可使氢气产率明显提高；适当降低 pH 可以抑制附着在阳极的产甲烷菌生长，从而提高氢气产率。各因素之间存在一定的关联，所以针对不同的体系需要找出最优化的工艺条件，以达到最优的微生物电化学系统性能。

作为实际工艺中较为敏感的调控因子，较低的 pH 区域环境会对阳极的电子传递菌群产生冲击并对功能菌的生长和群落结构产生影响，具有明显的抑制作用。目前，微生物电化学体系采用一定浓度（50～100mmol/L）的磷酸盐缓冲液提供较好的离子强度和保持中性环境。然而在实际工艺运行时，由于传质和内阻等因素导致质子局部失衡的现象十分普遍。阳极生物膜在形成后，电子传递功能菌群与其他功能菌群的优势关系及其变化和不同菌群间的竞争与协作平衡后趋于不同的稳定结构和状态。为探索这种 pH 失衡对微生物电化学系统的影响，可借助功能基因分析对冲击体系的工艺效能和关键功能菌群及其功能基因的影响，以揭示反应器效能与群落功能的内在关联。

6.5.6　阴极催化剂

阴极是微生物电化学系统中最重要的组成部分之一，其成本和高效是 2 个极为重要的关注点。在 MECs 的阴极（对电极），平碳电极上的析氢反应因为高过电势的存在而非常缓慢，从而限制了在实际中的应用。为了减少过电势的存在从而驱动析氢反应的进行，添加催化剂是非常必要的。阴极产氢反应所需催化材料应具有的特性包括：高电导率、高比表面积、高生物相容性、无腐蚀性、廉价、容易制造等。如铂催化剂具有较低的过电势，因此被研究者们普遍使用。然而，铂也有许多缺点，包括高成本和在开采及提取过程中容易对环境造成污染。此外，铂受到一些化学物质（如硫化物）的影响很容易中毒，而硫化物是大多数废水中普遍存在的物质。在以前的研究中经计算可知，阴极的成本约为微生物电化学体系总成本的 47%。因此需要寻找廉价、性质稳定、对环境无污染的可替代催化剂。近年来，过渡金属由于其成本低，较低的过电位、稳定性好、对微生物的毒性低，所以有望成为最有前途的阴极催化材料。另外，几种类型的非铂催化剂被探究，包括镍（Ni）、镍合金、金属纳米粒子、不锈钢。特别地，镍和不锈钢由于其具有在自然界储量丰富、对微生物低毒、容易合成、成本低、低的过电势、结构强度好、耐久性和良好的稳定性等优势而成为研究的重点。不锈钢是合金钢，一般金属的导电性取决于其纯度，金属的杂质（或合金元素）含量越多，其导电性能就越差。而且不同的不锈钢因含有不同的镍含量而分为不同的类型，含 9.25% 的镍为 SS304 不锈钢，含 12% 的镍为 SS316 不锈钢，含 0.75% 的镍为 SS430 不锈钢。与铂碳阴极相比的是过渡金属碳阴极，如二价铁苯二甲蓝（FePc）和四甲氧基苯卟啉钴（CoTMPP），与不含催化剂相比，性能可提高 40%~80%。镍钼合金、镍钨合金、Ni-W-P 等均可有效提高产氢率，虽产氢效率略低于铂碳电极，但使电流密度和产氢更稳定。到目前为止，这些替代型催化剂已用于中试规模的实验中，但其性能仍有待进一步提高。尽管如此，在利用微生物电化学系统处理实际废水时，实际废水的特性比阴极催化剂的类型更为重要。通过微生物电化学系统处理实际废水的主要挑战包括废水低的电导率（可导致相当大的欧姆损失），对于催化剂不适合的碱度，一些化合物对阳极微生物的毒性，不同的有机负荷等。

6.5.7　阳极催化剂——电化学活性微生物

在微生物电化学系统中，作为有机物在阳极或生物阳极的电化学氧化的催化剂，产电菌或阳极呼吸菌可以将各种可生物降解的底物转化为质子、电子、CO_2 等，然后将电子转移到固态阳极表面。产电菌的初始富集（接种物）一般来源于之前培养的 MFC 阳极液、新鲜的废水（生活污水）、厌氧活性污泥、MEC 或 MFC 的出水、纯菌等。分解有机废弃物的微生物来源十分广泛，已有的大多数研究都以生活污水、厌氧污泥和水体沉积物作为接种物，使得微生物群落具有较高多样性。已分离得到的菌群包括变形菌门（Proteobacteria）、厚壁菌门（Firmicutes）和酸杆菌门（Acidobacteria）等门类。已有的提高产氢效率的措施均为采用混合菌群，混合菌群培养可以在一定程度上增加氢气量。在利用有机废弃物中的大分子有机物时，菌群之间的协同作用更为明显。

在生物电化学制氢反应器中，微生物向阳极表面传递电子主要依靠微生物细胞膜上的细胞色素 C 进行。因此，微生物与电极表面的紧密接触是必要条件，而在长期运行后微生物在阳极表面的吸附达到饱和。待体系微生物驯化后，与电子传递相关的微生物主要涉及细胞色素 C 基因，通过基因芯片检测到的相关功能菌为 9 种，分别为厌氧黏杆菌（*Anaeromyxobacter*）、慢生根瘤菌（*Bradyrhizobium*）、念珠菌（*Candida*）、脱硫弧菌（*Desulfovibrio*）、地杆菌（*Geobacter*）、卤红菌（*Halorubrum*）、假单胞菌（*Pseudomonas*）、红杆菌（*Rhodobacter*）、希瓦氏菌（*Shewanella*）。其中，*Geobacter* 和 *Shewanella* 是目前报道的与电子传递贡献最直接、能力最好的功能菌群，而 *Desulfovibrio* 和 *Pseudomonas* 则具有辅助其他微生物电子传递的作用。通过结果分析可以发现，产氢气较少的反应器体系中地杆菌、希瓦氏菌、脱硫弧菌和假单胞菌均显著减少，而产氢较好的反应器中这些主要电子传递菌的变化并不显著。这表明阳极生物膜形成后，电子传递功能菌在阳极功能菌群中的优势越大，其受短暂的酸性冲击后的细胞色素 C 基因相关菌群优势恢复越好。

自然界中大部分微生物以生物膜的形式生存，相互协作，以提高电极生物膜的高活性和对不利条件的应对能力。电极生物膜在产电和污染物降解过程中都发挥着至关重要的作用。其一，Lovley 认为电极及其表面大量的微生物细胞可以对污染物进行吸附并集中降解。由于传质受阻，非产电条件下生物膜内部细胞的代谢活性往往会逐渐降低。而在产电的微生物电化学系统中，生物膜内部细胞靠近电极（电子受体），可以维持更有效的呼吸。产电生物膜内层和外层细胞可以维持相当高的代谢活性，而且闭路状态下的电极生物膜活性比开路维持得更久。开路或闭路对浮游微生物的活性没有显著影响。其二，微生物电化学阳极一般呈电负性，可以调节细胞膜的 pH，促进质子跨膜运输，产生更多的三磷酸腺苷（adenosine triphosphate，ATP），有助于维持生物膜的代谢活性。其三，最近的研究还表明产电条件下有利于提高电极生物膜内物质的扩散效率。扩散效率的提高有利于生物膜内营养物质及代谢产物的运输，这可能也是电极呼吸生物膜维持较高代谢活性的原因之一。此外，较高的扩散效率还意味着污染物在生物膜内进行更有效的流通，与微生物细胞接触的机会也会增大，这也有利于污染物在 MECs 阳极室内的降解。

6.5.8　底物特性及浓度

理论上微生物电化学系统可以直接降解绝大多数的有机物，包括各种简单有机酸、糖类、蛋白质，甚至复杂底物纤维素等。但处理不同底物时其最终氢气转化效率存在差异，实质上是由于功能菌群结构不同所致，这对实际工艺的运行和调控产生了很大的不可掌控性。由于有机废弃物中各种可利用的底物包括碳水化合物、有机酸、蛋白质、脂肪等，它们的性质、成分、浓度存在较大差异，因此应深入研究电极微生物对各类有机物的梯级利用情况。微生物电化学系统虽可以直接利用可发酵底物如碳水化合物，但是往往给微生物菌群带来较大的代谢压力，导致发酵细菌大量增长，造成底物或电子供体的损失。尽管微生物电化学系统可以利用多种多样的有机废弃物和可再生的生物质作为底物，但是由于纤维素和木质纤维素生物质难降解的本性，在一定程度上限制了系统的性能。因此，大多数研究者采用农业废弃物水解液作为微生物电化学体系的底物进行探究。

目前，有关阳极功能菌群多样性对体系的影响与反应器效能影响的生态学内在联系的探索十分有限，一方面阳极生物膜的形成过程初始状态存在随机性构建现象，另一方面在于微生物电化学体系是一个电子传递菌与发酵菌群、产甲烷菌群共存的复杂体系。葡萄糖有利于更多微生物的生长利用，部分微生物利用葡萄糖生长但对电子传递过程没有贡献从而导致体系效率损失。乙酸盐只能被微生物用于有限的代谢过程，与之相比葡萄糖可以用于更丰富的代谢过程，在底物能量分流上更加明显。葡萄糖可以增加微生物电化学系统中功能菌群的多样性，对电子传递菌群的功能定向驯化不如乙酸盐有优势。MEC 中，产气速率与阳极表面吸附微生物的代谢反应速率有关，而代谢速率又决定于底物浓度的高低。当底物浓度较低时，随着浓度的增加，代谢反应速率增大，但当底物浓度超过某一限值后，代谢速率达到峰值，单位时间内转移到阳极表面的电子数达到峰值。因此，继续增大底物浓度，产气速率趋缓。

6.5.9　胞外电子传递

一些微生物是具有电化学活性的，它们能够接受来自外部资源的或者电子供体的电子从而转移到电极上。这些微生物被称为产电菌。不是所有的微生物都具有电化学活性，但是不具有电化学活性的这些微生物仍然是阳极生物膜的重要组成部分，因为它们在为群落中的产电微生物提供一定的有机营养物质时扮演着重要角色。微生物电化学系统表现很大程度上受阳极产电菌能力的影响，产电菌可以促使电子从底物到电极的转移。对于强化从产电菌到电极的电子传递率，较好地理解微生物胞外电子传递的机制是至关重要的。Torres 等人的试验已经证明大部分的呼吸形式涉及可溶性的化合物-电子受体，如氧气、硝酸盐、硫酸盐。尽管如此，一些微生物为了获取能量也可以呼吸固态电子受体，如金属氧化物、碳、金属电极。胞外电子传递涉及到从电子供体获得的电子转移到阳极的过程。到目前为止仍没有完全确定胞外电子传递的机制。一般来讲，微生物细胞是非导电的，因为它们大部分是由不导电的材料（如多糖、脂类、肽葡聚糖）组成。目前，解释胞外电子传递的机制最有说服力的和较为普遍的主要有两种：①在电子传递过程中微生物电子载体和固态电子受体之间的直接电子传递，只需要微生物细胞膜或膜细胞器与阳极表面的直接物理接触，而无须任何的扩散性氧化还原物质。与细菌外膜相关的 C 型细胞色素、导电性的纳米导线、菌毛在此过程中起着重要作用。1999 年 Kim 等人首次发现 *Shewanella putrefaciens* 可以直接传递电子，无须电子介体，即无介体型。作为纳米导线的细胞菌毛是胞外生物膜模型的重要部分，且从微生物到固体表面的电子传递过程中它是具有导电性的。Gorby 等人认为菌毛的形成对于产电菌的有效电子转移和能量分布可能是一条最普遍的策略，如硫酸盐还原菌可以形成很多菌毛，从而将细胞壁和钢表面连接起来。在有机碳缺乏的情况下，硫酸盐还原菌细胞可以自发形成菌毛从而传输铁的氧化过程中的电子进行硫的还原，在此氧化还原过程中可以提供能量从而维持硫酸盐还原菌的生存。②电子介体型：理论上各种厌氧微生物均可驯化成微生物电化学系统的阳极催化剂，尽管一些微生物可以把电子直接传递到电极，但是多数微生物电子传递率很低，因为细胞膜含有的肽键或类聚糖等不导电物质不具电活性，因此需要添加人工电子介体来克服生物和电极间的电子传递阻力，它们能够携带电子通过扩散传输在微生物和电极之间进行传输。但是大多数的人工电子介体有毒易分解，而且需不断提供，因此不能广泛应用。常用的有可溶性电子存在的化合物如：黑色素、吩嗪、黄素类、苯醌、4-萘醌、1,2-二羟基萘、2,6-二叔丁基苯醌、染料（如中性红）、金属螯合物等。

6.5.10　微生物燃料电池

利用水热液化技术处理农业废弃物如玉米秸秆、猪粪等生产生物原油是一条高值化路径[120,121]，但是副产物水热液化废水具有有机物含量高、生物难降解的特性[122-125]，因此该废水也是限制该技术广泛应用推广的关键点。目前利用 MFC 处理废水已有相关研究[126,127]，将玉米秸秆水热液化废水作为 MFC（微生物燃料电池）的原料，以碳纳米管为主要填充材料的填充床，阳极材料采用了热处理方式，在不同的有机负荷条件下，探讨 MFC 处理玉米秸秆水热液化废水同时产电的效能，得到产电、水质分析、气体分析及微生物分析等重要数据，关键结论如下详述。

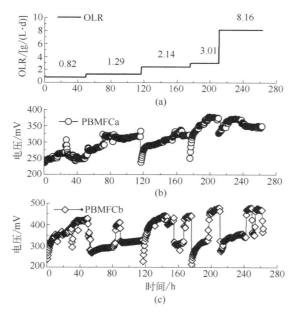

图 6-17　PBMFCa（b）和 PBMFCb（c）在
不同 OLRs（a）条件下的电压输出

6.5.10.1　以玉米秸秆水热液化废水为原料的 PBMFC 的电压输出

随着 OLR（有机负荷）的增加，产电均在 200mV 以上。如图 6-17 所示，随着 OLRs 的增加，平行启动的两台 PBMFC（填充床微生物燃料电池）产电增加，PBMFCb 在从一个 OLR 换到另外一个 OLR 开始时产电有明显下降，但是电压回升较快，可能原因是换成相对较高浓度污水时生物膜受到了冲击使得电压降低。当 OLR 为 3.01g/（L·d）时，PBMFCa 的最大电压为 378mV，平均电压为 354mV，而 PBMFCb 的最大电压为 480mV，平均电压为 367mV。当 OLR 为 8.16g/（L·d）时，PBMFCa 的最大电压为 372mV，平均电压为 355mV，而 PBMFCb 的最大电压为 480mV，平均电压为 381mV。可见，当有 OLR 超过 3.01g/（L·d）时，PBMFCa 的产电变化已经不大了，PBMFCb 的最大电压不变，只是平均输出电压提高了 14mV。结果表明，虽然玉米秸秆水热液化废水 BOD/COD 为 0.16（目前普遍认为，BOD/COD<0.3 的废水属于生物难降解废水），但是用于 MFC 产电是可行的。

6.5.10.2　不同有机负荷条件下的气体成分分析

当 OLR 达到 2.41g/(L·d) 时，检测到甲烷含量为 2.5%，未检测到 CO_2。当 OLR 达到 8.16g/(L·d) 时，两个反应器的 CO_2 和 CH_4 含量都达到最大值，CO_2 为 1.12% 和 4.58%，CH_4 含量升高明显，PBMFCa 的 CH_4 含量为 10.49%，PBMFCb 为 11.83%，其他气体为空气，如图 6-18 所示。说明两个反应器中的产甲烷菌活跃程度增加，与产电菌竞争加强。在 MFC 批式反应中，以可发酵的物质为底物，随着反应时间的增加，CH_4 浓度也增加。

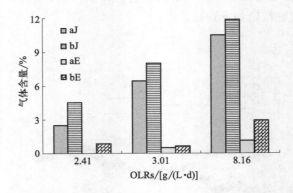

图 6-18　PBMFCa 和 PBMFCb 在不同 OLRs 条件下的甲烷（aJ 和 bJ）
和二氧化碳含量（aE 和 bE）

6.5.10.3　玉米秸秆水热液化废水中 TOC、COD 去除率及阳极出水 pH 变化

如图 6-19 所示，两个 MFC 的 TOC 和 COD 去除率在相同的 OLR 条件下相差不大，在 OLR 为 3.01g/(L·d) 时，TOC 去除率达到最大 84.67%，而 OLR 为 8.16g/(L·d) 时取得最大的 COD 去除率 80.17%。在高浓度的废水为底物的条件下 [OLR≥3.01g/(L·d)]，PBMFCb 的 TOC、COD 去除率均比 PBMFCa 大，同样的，产电也是一样的情况。这部分去除率的差别也体现在 PBMFCb 的产甲烷菌相对较活跃。图 6-19（c）显示了在不同 OLR 条件下，PBMFC 阳极出水的 pH 值变化，在 OLR 小于 3.01g/(L·d) 时，阳极出水 pH 小于 7.2，随后随着 OLR 升高，pH 值升高，证明了阳极产甲烷菌确实较活跃，因为产甲烷的出水一般偏碱性。

6.5.10.4　阳极进出水五羟甲基糠醛、糠醛和有机酸分析

所有进、出水中均未检测到五羟甲基糠醛，OLR 为 2.14g/(L·d)、3.01g/(L·d)、8.16g/(L·d) 时，进水中检测到的糠醛的量分别为 0.53g/L、0.02g/L 和 0.06g/L，说明玉米秸秆水热液化液中五羟甲基糠醛和糠醛这两类对发酵有抑制的量不多，且出水中都没有检测到糠醛类物质。从表 6-7 中可以看到，除了 OLR 为 2.41g/(L·d)，其他条件进水中有机酸的含量都随 OLR 增加而增加。总的来看，不管是进水中含有的有机酸还是在反应过程中产生了新的有机酸，最终出水中有机酸含量都不高，说明 PBMFC 对玉米秸秆水热液化废水有较好的利用。

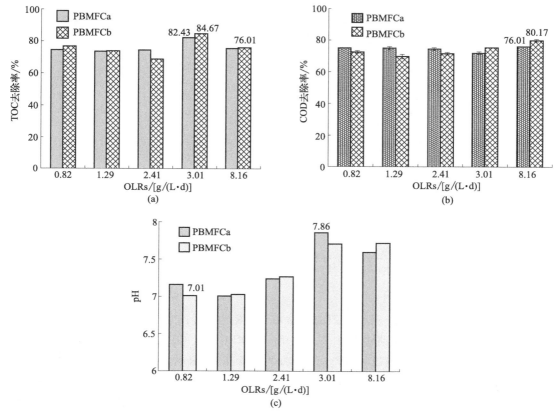

图 6-19　PBMFC 阳极出水 TOC、COD 去除率及 pH 变化

表 6-7　不同 OLR 条件下 PBMFC 的阳极进出水的有机酸变化

OLR/[g/(L·d)]	VFAs	进水/(g/L)	1 出/(g/L)	2 出/(g/L)
0.82	甲酸	0.00	0.00	0.00
	乳酸	0.03	0.01	0.01
	乙酸	0.54	0.00	0.00
	丁二酸	0.96	0.07	0.00
	丙酸	0.00	0.00	0.00
	丁酸	0.04	0.00	0.00
	总有机酸	1.58	0.08	0.01
1.29	甲酸	0.00	0.00	0.00
	乳酸	0.11	0.00	0.00
	乙酸	0.67	0.02	0.00
	丁二酸	1.19	0.06	0.01
	丙酸	0.00	0.00	0.00
	丁酸	0.23	0.00	0.00
	总有机酸	2.21	0.08	0.01
2.41	甲酸	0.09	0.00	0.00
	乳酸	0.67	0.00	0.04
	乙酸	0.68	0.15	0.09
	丁二酸	1.99	0.13	0.14
	丙酸	0.38	0.00	0.02
	丁酸	0.04	0.00	0.00
	总有机酸	3.84	0.28	0.29

续表

OLR/[g/(L·d)]	VFAs	进水/(g/L)	1 出/(g/L)	2 出/(g/L)
	甲酸	0.13	0.00	0.00
	乳酸	0.55	0.03	0.15
	乙酸	1.14	0.27	0.14
3.01	丁二酸	2.04	0.25	0.13
	丙酸	0.04	0.00	0.03
	丁酸	0.19	0.00	0.00
	总有机酸	4.09	0.55	0.45
	甲酸	0.01	0.00	0.00
	乳酸	1.92	0.90	0.68
	乙酸	1.56	0.25	0.11
8.16	丁二酸	2.03	0.23	0.07
	丙酸	0.08	0.08	0.06
	丁酸	0.40	0.00	0.00
	总有机酸	6.01	1.46	0.93

注：1 出——PBMFCa 的阳极出水；2 出——PBMFCb 的阳极的出水。两个反应器的进水相同。

6.5.10.5　电化学参数分析

① 产电性能。如图 6-20 所示，PBMFCa 在 OLR 为 3.01g/(L·d) 时取得最大功率密度 596.23mW/m³，最大开路电压 0.53V。而 PBMFCb 此 OLR 条件的最大功率密度为 629.66mW/m³，最大开路电压 0.5V，最大功率密度在 OLR 为 2.41g/(L·d) 时取得，为 680mW/m³。当用人工污水为底物运行反应器时，这两个 OLR 条件下最大功率密度都未到达 450mW/m³，可能原因是虽然玉米秸秆液化液存在糠醛这类对于发酵无益的物质，但是其总的成分要比人工污水复杂，能给微生物提供更全面的营养物质。

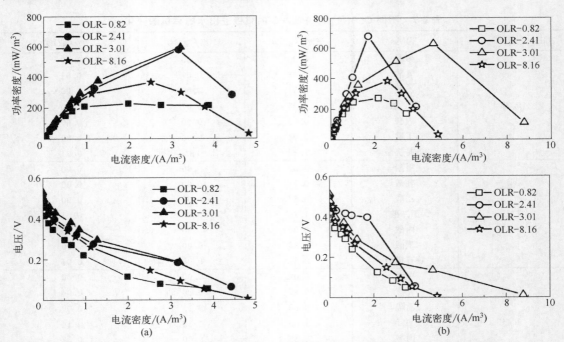

图 6-20　不同 OLR 下，PBMFCa 的功率密度曲线和极化曲线（a）及 PBMFCb 的功率密度曲线和极化曲线（b）

② 内阻分析。如图 6-21 所示，PBMFCa 的内阻随着 OLR 的增加基本呈现减小的趋势，当 OLR 为 8.16g/（L·d）时取得最小内阻 40Ω，最大内阻为 45Ω［OLR 为 0.82g/（L·d）］。而 PBMFCb 的内阻变化较为明显，初始 OLR 条件的内阻最大为 50Ω，随着反应的进行，当 OLR 为 3.01g/（L·d）时取得最小内阻 28Ω，当 OLR 为 8.16g/（L·d）时内阻为

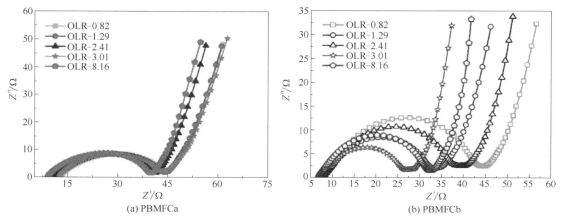

图 6-21　不同 OLRs 条件下 PBMFCa 和 PBMFCb 的交流阻抗 Nyquist 谱图

33Ω，也比 PBMFCa 的 40Ω 要小。说明 PBMFCb 的构型及微生物膜较 PBMFCa 的要完善与成熟。而人工污水的内阻随着 OLR 增加基本呈现增加的趋势，相比之下，以玉米秸秆水热液化废水为底物的 PBMFC 内阻更符合理论。

③ PBMFC 阳极 CNT 表面的微生物分析。图 6-22（a）为未处理过的阳极 CNT 表面微生物 SEM 分析图（PBMFC 底物为人工污水），从图中可以看出，微生物主要为杆状，但是数量较少。而图 6-22（b）中显示的是处理过的 CNT 表面微生物 SEM 分析图（PBMFC 底物为玉米秸秆水热液化液），微生物数量剧增，几乎覆盖了材料表面。说明此时的微生物膜已经较之前成熟，这与 PBMFC 的产电增加、内阻减小等联系紧密。

图 6-22　PBMFC 阳极 CNT 的 SEM 图（a）和 PBMFC 阳极 CNT 的 SEM 图（b）

6.5.10.6　关键结论

① 以玉米秸秆水热液化废水为 PBMFC 底物时，在不同的 OLRs［0.82～8.16g/（L·d）］条件下平行启动两台反应器。当 OLR 为 3.01g/（L·d）时，PBMFC 的最大电压为 480mV，平均电压为 367mV。当 OLR 为 8.16g/（L·d）时，PBMFC 的最大电压为

480mV，平均电压为 381mV。可见，当 OLR 超过 3.01g/(L·d) 时，OLR 增加对输出电压影响减小。结果表明，虽然玉米秸秆水热液化出水 BOD/COD 为 0.16，但是用于 MFC 产电是可行的。

② 最大功率密度在 OLR 为 2.14g/(L·d) 时取得，为 680.04mW/m³，最大开路电压 0.5V。电池内阻随着 OLR 的增加有减小的趋势，OLR 为 3.01g/(L·d) 时取得最小内阻 28Ω。当 OLR 达到 8.16g/(L·d) 时，两个反应器的 CO_2 和 CH_4 含量都达到最大值，CO_2 为 1.12% 和 4.58%，甲烷含量升高明显，PBMFCa 的甲烷含量为 10.49%，PBMFCb 为 11.83%，说明两个反应器中的产甲烷菌活跃程度增加，与产电菌竞争加强。

③ 在 OLR 为 3.01g/(L·d) 时，TOC 去除率达到最大 84.67%，而 OLR 为 8.16g/(L·d) 时取得最大 COD 去除率 80.17%。在 OLR 小于 3.01g/(L·d) 时，阳极出水 pH 小于 7.2，随后随着 OLR 升高，pH 值升高。此外，两个反应器的所有进、出水中均未检测到五羟甲基糠醛，OLR 为 2.14g/(L·d)、3.01g/(L·d)、8.16g/(L·d) 时，进水中检测到的糠醛的量分别为 0.53g/L、0.02g/L 和 0.06g/L，说明玉米秸秆水热液化液中五羟甲基糠醛和糠醛这两类对发酵有抑制的物质量不多，且体系对其的去除率可达 100%。最终出水中有机酸含量都不高，说明 PBMFC 对玉米秸秆液化液有较好的利用。

6.5.11 微生物电解池

近年来，微生物电解池（MEC）作为产氢的一条路径，吸引了越来越多的注意。这是由于 MEC 产氢主要具有以下优势：①可以在温和的反应条件下发生，如环境温度、常压和中性 pH 值等；②不受热力学限制，只需较小的外加辅助电压即可实现产氢；③可用原料较为广泛，包括可生物降解的还原性有机物、无机物、中间代谢产物（有机酸）等；④阳极微生物作为催化剂，具有自我复制和自我更新的能力；⑤原料高效转化，产氢容易控制；⑥唯一产物为清洁能源——氢气，无须分离、纯化；⑦可治理环境污染，如各种废水处理。另外，与电化学法中的电解制氢相比，主要的优势在于 MEC 可以借助相关微生物提供的电子从而节省一部分能量，因此所需外加的辅助电压远小于电解水产氢过程中所需的电压（>1.230V）。与光合生物制氢相比，MEC 不受光照限制，在底物利用上可以处理比光合产氢更广泛的复杂有机质，如纤维素等。与暗发酵相比，微生物电解池也有一些显著的优势，如没有热力学和底物类型的限制而实现原料的高效转化，产氢容易控制等。众所周知，厌氧发酵是生物制氢最常用的方法，其是由严格厌氧菌或兼性厌氧细菌降解有机物从而产氢的。（厌氧发酵）（AD）的理论最大产氢量为 4mol H_2/mol 葡萄糖。然而，按照从葡萄糖到氢气的化学当量计算，这仅仅是理论值（12mol）的三分之一。在 AD 过程中底物被发酵型细菌转化成二氧化碳、乙酸、甲酸、丁二酸、乳酸、乙醇等，但甲烷化作用只能利用乙酸、含甲基的化合物以及氢气和二氧化碳，因此不可避免地产生了一些副产物，这些副产物不能被产氢菌进一步利用产氢。相比之下，MEC 却可以整合微生物电化学过程的多功能性，使暗发酵中残留的挥发性脂肪酸在电场和生化过程中转化成氢气，使得具有不同特性的复杂物质的降解成为可能。目前，大多数研究集中在如何提高生物原油的产率和品质上，探究关于水热液化废水的处理问题相对较少。该废水含有高浓度的、成分复杂的和有毒有害的有机化合物，如氮氧类杂环化合物等。经研究发现，将 MEC 技术用于处理难降解的水热液化废水是一种可行的路径。

6.5.11.1　MEC 处理低氨氮-玉米秸秆水热液化废水同时制氢

(1) MEC 反应器构型

上流式固定床双室 MEC 反应器由聚甲基丙烯酸甲酯材料构成，由两个半圆柱体合并而成，周围用螺栓固定。该 MEC 系统主要包括底物输送单元、废水处理单元（MEC 阳极室）、气液固分离及其收集装置、电化学工作站以及数据采集系统。系统逻辑关系图如图 6-23 所示。阳极和阴极的工作室容积均为 290mL，每个阳极由碳纤维毡嵌入在阳极填充材料中，并结合钛丝作为导线连接到外电路。另外，交换膜两侧用打孔后的塑料隔板（孔径为 15mm）作为支撑层，以免在运行过程中受到阳极室内压力的作用而使得交换膜变形甚至受损，用白色胶垫作为缓冲介质以加强 MEC 反应器的气密性。MEC 由直流电源提供外加辅助电压。两个平行的 MEC 反应器均在室温下运行。纳米材料为尺寸小于 100nm 的小的或超小的颗粒，与传统材料相比具有显著的优势，如纳米材料的制备需要较少的材料和能量，因此产生的污染也较少。MEC 中阳极填充材料选为碳纳米管，既作为导体材料，也作为微生物载体材料。另外，使用的阴极材料为碳纤维毡，碳纤维毡在使用之前用纯乙醇浸泡过夜，利于排除纤维材料的气泡，增加碳纤维毡的亲水性，从而利于阳极室微生物在其上附着，进一步缩短启动时间。试验中使用的交换膜为质子交换膜（PEM），PEM 在使用之前需要先用 5% 的稀硫酸 80℃ 下煮 2h 进行预处理，之后用去离子水清洗，晾干待用。该预处理的目的是活化质子交换膜的表面基团，提高质子交换能力。典型优势是，该膜在探究微生物电化学研究中较为常用，透质子能力高，透气能力低，因此利于阴极氢气的收集，但是价格较为昂贵。

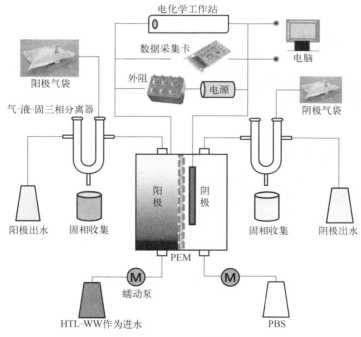

图 6-23　MEC 系统构型图

(2) MEC 的启动与运行

起初试验基于降低成本的考量在阴极未加入任何催化剂。5Ω 的固定电阻加在阴阳两极之间以便用于电路中电流的计算。数据采集系统用于实时采集（5min）外电阻两端的电压（U），从而计算电路中的电流（$I=U/R$）。MEC 反应器阳极厌氧污泥和碳纳米管接种填充的体积比为 1∶1 时启动实验。MEC 反应器运行实物图和启动期流程如图 6-24 所示。启动之前，阳极室用高纯氮气吹扫 20min 以去除室内氧气。在反应器启动初期，人工合成废水用于提供电子供体以及完成阳极室内电化学活性菌的驯化阶段。制备的人工合成废水的成分如下：蛋白胨 16g/L，牛肉膏 11g/L，尿素 3g/L，葡萄糖 3.6g/L，NaCl 2.9g/L，$CaCl_2$ 0.4g/L，$MgSO_4 \cdot 7H_2O$ 0.3g/L，K_2HPO_4 2.8g/L。另外，加入了一定量的维生素溶液和微量金属离子溶液，供微生物正常生长所需，配方如表 6-8 所示。阴极是磷酸盐缓冲液（PBS：50mmol/L），其中每升 PBS 溶液中包含氯化铵 0.31g，氯化钾 0.13g，一水磷酸二氢钠 2.45g 和磷酸氢二钠 4.58g。阳极液以 0.3mL/min 的流速泵入 MEC 阳极室中，为连续运行模式。此外，所有进水在进入到 MEC 反应器之前均用 NaOH（1mol/L）调整其 pH 值为 7，以利于阳极微生物特别是产电菌群的正常生长。

表 6-8 微量金属离子溶液的配方

成　　分	浓度/(mg/L)	成　　分	浓度/(mg/L)
NTA	1.5	$ZnCl_2$	0.13
$MgSO_4 \cdot 7H_2O$	3.0	$CuSO_4 \cdot 5H_2O$	0.01
$MnSO_4 \cdot H_2O$	0.5	$AlK(SO_4)_2 \cdot 12H_2O$	0.01
NaCl	1.0	H_3BO_3	0.01
$FeSO_4 \cdot 7H_2O$	0.1	Na_2MoO_4	0.029
$CaCl_2 \cdot 2H_2O$	0.1	$NiCl_2 \cdot 6H_2O$	0.024
$CoCl_2 \cdot 6H_2O$	0.1	$Na_2WO_4 \cdot 2H_2O$	0.025

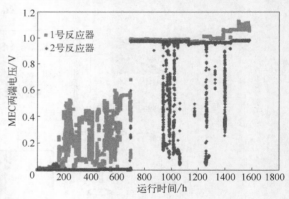

图 6-24　连续式 MEC 实物图及启动期电压监测

连续式 MEC 反应器启动用时约 2 月之久。污水处理厂的厌氧消化污泥作为原始接种物加入 MEC 阳极室中，菌量较少，所以用葡萄糖作为底物培养微生物菌群使各类微生物较好繁殖。初期以 MFC 模式启动反应器，后期将底物换成乙酸钠，同时将 MFC 模式换为 MEC 模式（辅助电压为 1.0V），旨在更好地驯化培养电活性菌。待电活性微生物增长到一定阶段后，将 MEC 的唯一底物更换为玉米秸秆水热液化废水（PHWW），待反应器运行稳定后，即可开展试验。在此启动过程中定期监测体系电流的变化情况、进出水质变化情况以及气体产生情况等。连续式反应器的电流（电压）变化呈现连续性变化情况，如图 6-24 所示。经监测电流显示，在启动初期，当以葡萄糖作为 MFC 底物时，体系产电不稳定且产量较低，当将 MEC 底物换为乙酸钠时，MEC 体系有电流产生，1 号反应器相比 2 号反应器较为稳定，而且电流呈现缓慢上升的趋势，直到启动期结束后达到稳定不再增长。在此期间，乙酸钠 pH 的微弱变化对 MEC 体系的启动并未造成显著的影响。可见，启动后期的微生物群落较为成熟或稳定，乙酸钠溶液的微酸性不会破坏电活性微生物的群落结构，因此可以省去用 1mol/L NaOH 调节乙酸钠 pH 的步骤，从而降低成本。

（3）有机物降解分析

采用 GC-MS 分析探究了通过 MEC 体系后有机化合物的降解情况，结果表明，PHWW 经过 MEC 处理后许多难降解的有机化合物得到了有效的降解。根据 GC-MS 分析结果图谱中峰面积的大小在表 6-9 中依次列出了 22 种 MEC 进出水中主要的有机化合物的 GC-MS 变化情况。进水中的有机化合物主要包括邻苯二甲酸二丁酯、甘油醛、2-甲基苯酚、1-氯代十四烷等，而且大多数化合物都属于酚类和杂环类的化合物。如表 6-8 中所示，甘油醛等一些典型的难降解有机化合物在出水中几乎检测不到。由此推测可知在 MEC 阳极生物膜上有能降解酚类化合物和杂环类化合物的微生物存在，它们在难降解化合物的降解过程中扮演着重要的角色。已有文献报道 MEC 阳极生物膜上的脱硫弧菌属与酚类化合物的降解密切相关。因此，在以后的研究中，需要进一步分析 MEC 阳极微生物的群落结构和多样性。类似地，其他的难降解化合物通过微生物电化学系统也可以得到有效的去除，如垃圾渗滤液、棕榈油废水、p-硝基酚、苯酚、p-氯代硝基苯、2-氯酚等。因此，通过微生物电化学技术降解难降解废水中的难降解的大分子化合物是一种非常有前途的和有效的途径。

表 6-9　连续式 MEC 进出水中主要有机化合物的 GC-MS 分析

种类	保留时间/min	化合物名称	分子式	化合物的绝对峰面积	
				进水	出水
1	12.38	硝基甲烷（nitromethane）	CH_3NO_2	2832066	3840789
2	7.92	甘油醛（glyceraldehyde）	$C_3H_6O_3$	443746	ND
3	7.916	丁氧基乙酸（butoxyacetic acid）	$C_6H_{12}O_3$	ND	367374
4	3.689	甲苯（toluene）	C_7H_8	6870852	8592769
5	11.99	2-甲氧基苯酚（2-methoxy-phenol）	$C_7H_8O_2$	142258	ND
6	7.523	1,3,5,7-环辛甲烯（1,3,5,7-cyclooctatetraene）	C_8H_8	155237	152903
7	6.625	乙苯（ethylbenzene）	C_8H_{10}	155722	184370
8	24.36	2,4-二乙基庚烷（2,4-diethyl-heptanol）	$C_{11}H_{24}O$	ND	134192
9	24.37	1-氯十四烷（1-chloro-tetradecane）	$C_{14}H_{29}Cl$	181741	ND
10	18.56	十四甲基环七硅氧烷（tetradecamethyl-cycloheptasiloxane）	$C_{14}H_{42}O_7Si_7$	205639	193340
11	24.10	1,4-二甲基-7-异丙基[1,4-dimethyl-7-(1-methylethyl)-azulene]	$C_{15}H_{18}$	226745	ND
12	27.16	邻苯二甲酸二丁酯（dibutyl phthalate）	$C_{16}H_{22}O_4$	1849544	908866
13	22.16	十六甲基环八硅氧烷（hexadecamethyl-cyclooctasiloxane）	$C_{16}H_{48}O_8Si_8$	264660	272721
14	25.56	十八甲基环九硅氧烷（octadecamethyl-cyclononasiloxane）	$C_{18}H_{54}O_9Si_9$	160484	262289

续表

种类	保留时间/min	化合物名称	分子式	化合物的绝对峰面积	
				进水	出水
15	20.96	戊二酸异丁基十一酯（glutaric acid,isobutyl undecyl ester）	$C_{20}H_{38}O_4$	145685	142769
16	38.02	［叔丁基（二甲基）甲硅烷基］2-[叔丁基（二甲基）乙硅烷基]氧基-2-苯基乙酸酯[di（tert-butyldimethylsilyl）-mandelic acid]	$C_{20}H_{36}O_3Si_2$	182290	ND
17	34.10	十九烷基乙酸酯（1-acetoxynonadecane）	$C_{21}H_{42}O_2$	285422	ND
18	37.44	2,4-双-（1-苯基乙基）苯酚[2,4-bis（1-phenylethyl）-phenol]	$C_{22}H_{22}O$	1641175	ND
19	32.51	2,4b,8,8,10a-五甲基-1-（3-甲基丁基）-2,3,4,4a,5,6,7,8a,9,10-十氢-1H-菲[15-Isobutyl-（13. alpha. H）-isocopalane]	$C_{24}H_{44}$	161108	ND
20	23.74	1-溴三十烷（1-bromo-triacontane）	$C_{30}H_{61}Br$	278363	ND

注：表中"ND"代表没有检测到。

(4) 产气特性分析

通过 MEC 处理玉米秸秆水热液化废水同时产氢的研究是可行的，从反应器开始启动到成功产氢，需 1 月之久，产氢开始 15 天后达到最大值。阴极产氢速率达到的最大值为 25.49mL/(L·d)，其中氢气占绝对优势，为 55.45%，另外还有少量的甲烷存在，其含量为 4.42%。图 6-25 体现了其间气体含量及产生速率的变化情况。随着启动阶段的继续运行，MEC 的产气情况呈略微下降的趋势，总产气速率最大为 88.51mL/(L·d)，但是它的增加并未带来产氢速率的增加。在启动 30 天左右的时候产气基本趋于平稳。虽然氢含量和产量并未达到理想的结果，但首先证明该探究实验的 MEC 方法处理玉米秸秆水热液化废水产氢是可行的，至于产氢的表现还需要通过优化试验参数和结构设计来实现提高。

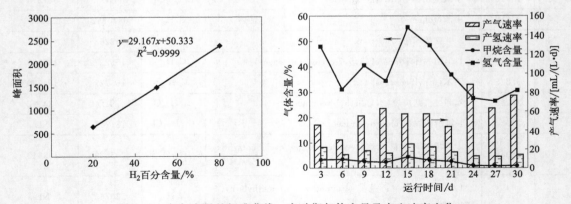

图 6-25　氢气定量的标准曲线、启动期气体含量及产生速率变化

6.5.11.2　MEC 处理高氨氮-猪粪水热液化废水同时制氢

(1) MEC 反应器体系

考虑到以往反应器遇到的种种问题，比如漏水、沟流形成、运行不稳定等现象，设计 MEC 反应器时在结构上从以下几方面进行了改进：①为了既避免死角又能较大程度地利用

空间，该反应器选择了两个 3/4 圆柱合并构成整个系统。②阳极进水的布水结构上的改变：由之前的垂直布水改为先水平进水然后均匀垂直上流的布水方式，这样可以最大限度地避免阳极室内沟流的形成，利于物质的顺利传递，确保反应器稳定运行。改进后的双室固定床 MEC 反应器由丙烯酸玻璃构成，壁厚为 0.5cm，圆柱内径为 4.5cm，高度为 16cm，阳极和阴极实际的工作液体积均为 1000mL。MEC 立体构型图和运行实物图如图 6-26 所示。

阳极材料为活性炭颗粒（$d=0.5$cm），填充密度为 2/3 阳极室体积，既作为导体材料和吸附材料，也作为微生物载体材料，因此用在处理废水上有其特别的作用。碳纤维毡（6cm×14cm）用于收集电流，插在活性炭颗粒中央，并用钛丝作为导线连接到外电路，阴极室电极为泡沫镍（24cm×14cm）材料，折成 W 形状是为增大阴极可用有效面积，据报道它对于产氢反应具有非常卓越的催化活性。阳离子交换膜（CEM，5.6cm×16cm）被用作分隔 MEC 阴阳两室的隔膜。CEM 尽管在质子选择性上不如 PEM 性能好，但是该膜价格便宜，适合放大化研究。

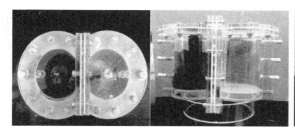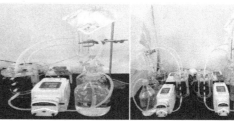

图 6-26　MEC 启动阶段实物图

(2) MEC 的启动与运行

10Ω 的固定电阻加在阴阳两极之间以便用于电路中电流的计算。MEC 阳极采用厌氧污泥和 MFC 的出水相结合的接种方法，其中接种污泥为 15%（体积分数）。阳极底物为 1.64g/L CH₃COONa 与 50mmol/L PBS（每升含 8.639g Na₂HPO₄·7H₂O 和 2.452g NaH₂PO₄·H₂O 的混合溶液）按照 1:1 混合。在 0.7V 辅助电压下启动 MEC，阳极液与外部的储水瓶（500mL）相连接并用蠕动泵使其循环起来以促进物质的传递，其流速为 4.3mL/min。在阴极室内提前放置 1 枚搅拌子辅助使用磁力搅拌器使阴极液（50mmol/L PBS）均一稳定，以降低极化层，利于产氢的进行。阴极液使用前用高纯氮气曝气 20min 以排除水中的溶解氧和阴极室内残留的氧气。启动 10 天后再次接种与上次相同的污泥量和 MFC 阳极液体积以保证阳极初始菌量足够。之后由于体系电流上升缓慢，为了增加阳极微生物电活性以及电路中电流，将辅助电压提高到 1.0V，运行一周后 MEC 底物开始混入水热液化废水（PHWW），添加比例为 1.64g/L CH₃COONa+500mg/L COD 猪粪 PHWW。该条件下运行 20 天后，待 MEC 阳极微生物完全适应 PHWW 后，MEC 唯一底物改为 500mg/L COD 猪粪 PHWW，启动周期共持续两月之久，为批式运行模式。启动前和启动后实物图分别为图 6-27（a）和图 6-27（b）所示。在试验中，两个平行的反应器分别为 R1 和 R2。通过监测外阻两端的电压可知，用 MEC 模式启动时，反应器启动较快，第五天即可达到约 8mA，之后呈现平稳状态。当辅助电压从 0.7V 提高到 1.0V 时，体系电流出现明显增加的变化，高达 15mA。当进水中混入猪粪 PHWW 时，体系电流出现微弱下降的趋势，但随后便恢复，说明 MEC 阳极微生物对猪粪 PHWW 产生了适应性。

(a) MEC启动前   (b) MEC启动后

图6-27　批式MEC运行实物图

(3) 有机物降解及产气特性分析

由表6-10可知，出水pH均在6～7之间，MEC体系启动正常，并无酸化现象发生。MEC在低浓度的PHWW进水条件下时，COD去除率高达90%以上，这是废水处理的主要考察指标之一。硝态氮的去除率都达到了95%以上，但氨氮和总氮的去除率不稳定，推测

表6-10　猪粪PHWW为底物时批式MEC进出水水质及产气特性分析

运行时间/d	出水pH	去除率/%						氢气含量/%	产氢速率/[mL/(L·d)]
		COD	TN	TKN	NO₃-N+NO₂-N	NO₃-N	NH₃-N		
33	6.30	95.2	0.00	0.00	96.8	91.8	0.00	31.97	8.472
57	6.20	82.7	61.1	56.0	95.1	94.9	43.4	47.94	29.24
63	6.38	93.4	35.7	26.7	95.8	96.2	1.70	61.77	75.36
64	6.16	93.1	36.2	27.3	97.1	95.1	6.00	19.01	13.68

注：TKN表示总凯氏氮。

MEC进水
(PHWW)

MEC出水

图6-28　MEC进出水水质色泽对比图

原因可能是阳极微生物发生了反硝化作用所致，原因有待进一步考究。另外，图6-28照片也可直观反映MEC进出水的水质变化情况，出水已经变得较为清澈。在启动初期，氢气产生速率和氢气含量均随着启动时间增长而呈现上升趋势，最高氢气产率和氢气含量分别为75.36mL/(L·d)和61.77%，如表6-9所示。当MEC中加入猪粪PHWW时，尽管氢气产率和氢气含量均有所下降，氢气产率和氢气含量分别为19.01mL/(L·d)和13.68%，但仍然能够成功产氢，所以认为将MEC技术用于处理猪粪PHWW是一条可行的路。

(4) 电化学特性分析

外阻两端的实时电压可通过数据采集系统实现实时记录。电路电流通过测量的电压值和外电阻（R_{ex}）的比值进行计算得出。外阻的添加造成了电压的损失，因此实际上MEC两极的电压要小于电源提供的电压。因此，在MEC中为了减少电压的损失，建议选用较小的外阻（1～10Ω）进行连接。此外，使用较低的外阻可以获得相对较高的功率密度和底物降

解率。因此，选择较小的外阻（10Ω）进行研究。体系内阻（R_{in}）采用电化学阻抗法（EIS）进行测量，并通过电化学工作站输出到计算机上。EIS 在确定的频率和振幅下进行测试（0.01～100000Hz；0.01V）。通过电化学工作站的交流阻抗图分析可知，如图6-29 所示，MEC 体系的总内阻为 31.7Ω，而MEC 阳极和阴极内阻分别为 3.1Ω 和13.4Ω。MEC 体系中内阻主要来源于阴极，可能原因是基于运行成本的考量，在可行性探究阶段阴极没有添加催化剂使得产氢速率受到影响所致。因此降低体系内阻特别是降

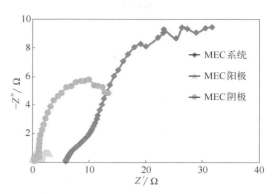

图 6-29　MEC 系统内阻、阳极内阻以及
阴极内阻的比较

低阴极内阻（过电势）对提高 MEC 降解 PHWW 的程度和提高产氢效率有重要的作用。

6.5.11.3　关键结论

① 用 MEC 技术处理两种典型的 PHWW 同时制氢是可行的。结果显示，MEC 阴极产氢占绝对优势，以高氨氮的猪粪 PHWW 作为底物时，最大产氢速率和氢含量分别为 75.36mL/(L·d) 和 61.77%，而以低氨氮的玉米秸秆 PHWW 作为 MEC 底物时，最大产氢速率和氢含量分别为 25.49mL/(L·d) 和 55.45%。因此，MEC 技术用于处理 PHWW 是一条可行之路，具有继续深入探究的必要性和潜力。

② 不同操作条件对 MEC 性能的影响研究表明，PHWW 经 MEC 处理后，废水中的有机污染物得到了很大程度的降解，并实现 MEC 的高效产氢。在较低的初始底物浓度下，COD 去除率可高达 97.87%。以高氨氮的猪粪 PHWW 作为底物时，最大产氢速率和氢气产率分别高达 168.01mL/(L·d) 和 5.14mmol/kg COD。若按此最大产氢速率计算，MEC 产氢可基本满足 HTL 生物原油原位油品提质的过程所需，从而实现 HTL 和 MEC 较好的耦合。另外，猪粪 PHWW 中的含氮化合物经 MEC 处理后显示出较好的去除效果，如 TKN 的去除（＞80%），而 NH_3-N 的去除（36.66%～76.53%）不及 TKN。因此，MEC 适用于 PHWW 中有机氮的去除，而对 PHWW 中高浓度 NH_3-N 的去除效果欠佳。

③ 阳极微生物菌群结构与有机化合物降解关系解析发现，MEC 阳极微生物中细菌占绝对优势，且杆状菌居多，污泥中细菌多样性显著高于 MEC 阳极生物膜上，而 MEC 微生物膜上的菌群更具专一特性。从门水平上，阳极微生物主要菌群为变形菌门（Proteobacteria）、拟杆菌门（Bacteroidetes）、绿菌门（Chlorobi）、放线菌门（Actinobacteria）、厚壁菌门（Firmicutes）以及绿弯菌门（Chloroflexi），占 MEC 阳极生物膜细菌总数的 80% 以上。PHWW 中难降解的大分子有机化合物如邻苯二甲酸二甲酯和邻苯二甲酸二乙酯，通过MEC 处理后均可得到显著降解，最大去除率分别为 95.3% 和 79.3%。其中邻苯二甲酸二甲酯的降解与阳极生物膜上的 *Xanthobacter*（黄色杆菌）相关。

6.5.12　存在问题及展望

尽管与传统的废水处理技术相比，微生物电化学处理具有诸多优势，符合可持续发展战略的要求，相关的研究已经开始，也取得了一定成果，但是目前处理效率仍不理想。就目前

的研究来说，还处于初始阶段，仍需不断完善，大部分的研究仍处于实验室阶段，离工业化生产还有很大的差距，目前主要存在的问题包括：

（1）微生物

现有的发酵产氢微生物的遗传特性和代谢特点决定了微生物菌种产氢效率不高，不足以满足社会对氢能的需求。与传统微生物相比，人们对电极微生物的认识还处于初级阶段，同时由于对产氢微生物的基因序列和染色体构成的认识不足，对其食物网结构、代谢机制、协同作用、电子传递和转移过程不甚明了，出现了产电微生物在大反应器中难以控制等问题。

（2）产物抑制

厌氧发酵产酸反应器中积累的有机酸使 pH 值降低，限制了发酵微生物的正常生长和代谢，导致产氢能力下降，同时为了维持阳极微生物正常生长的适宜 pH，增加了用碱（NaOH）调节 pH 值带来的高成本、环境污染等不良影响。

（3）电极材料

电极材料及一些关联材料（膜材料）成本较高，如铂、质子交换膜等，而且功率密度偏低，电池内阻较高。

（4）底物的差异性

实际有机废水、农林废弃物等不同有机废弃物中除含有常规分析手段能检测到的物质外，还含有大量的未知成分，菌群对上述物质的应答方式及相互作用使得产氢性能不稳定、产氢速率较低、系统运行不稳定，并伴随有甲烷生成而造成氢气产量下降等。目前研究者对这部分物质对微生物群落的影响知之甚少。

（5）产甲烷问题

当前作为以产氢、产电为目的的微生物电化学废水处理技术，产甲烷问题是微生物电解反应器尚需要深入探讨的问题。微生物电化学工艺（尤其是单极室反应器）中产甲烷菌与电子传递菌由于生态位十分接近，产甲烷与产氢的竞争现象成为实际工艺运行中必须面对的问题。

（6）产氢效率

以往对厌氧发酵产氢技术的研究主要集中于工程控制参数设计、基础菌种的常规选育等方面，虽然取得了较大进展，但目前的 MEC 生物产氢效率还不足以达到工业化生产水平，远远无法满足人类对氢的需求，进一步提高生物产氢效率已迫在眉睫。

尽管微生物电化学技术处理难降解的废水还处于初始阶段，但其处理水热液化废水仍具有继续深入探究的必要性和潜力，符合可持续发展战略的要求。根据目前存在的技术问题，建议未来可从以下几方面进行深入研究：

① 加强基础理论的研究：揭示微生物产氢机制和条件，研究影响产电菌群的物理和化学因素，可进一步研究电活性菌与竞争性菌之间的关系和功能，阐释 PBMFC 的性能机制；并通过分子生物学技术，对菌株进行改造，从而提高其适应性和产氢效率。

② 优化反应的外在条件：充分发挥各学科优势，开发设计新型高效的、成本低廉的、性能稳定的 MEC，以降低 MEC 构造成本，提高催化效率。开发新型的碳纳米管与其他大粒径的载体材料组合，在节省成本的同时优化气液传质和电子传递效率。

③ 成本和技术放大方面：由于双室 MFC 质子交换膜的成本高且易被污染，建议之后的实验尝试空气阴极 MFC 或者生物阴极 MFC 以提高反应器效率，降低成本。MEC 可被用于处理更多难降解的可利用资源，特别是对环境危害巨大的新型有机废弃污染物。

在不久的将来，微生物电化学系统有望用于各类实际难降解废水的处理中。国内外众多学者的研究表明，微生物电化学技术由于其诸多优势，必将成为 21 世纪研究的热门话题，并且对微生物电化学的研究还将与其他技术相结合，从而产生更多的新兴技术。

6.6　水相组分分离与资源化

实现对 HTL-AP 的有效处理是未来水热液化技术发展的重中之重，这是因为水热液化技术将生物质资源转化为生物原油时，不可避免地会产生水相、气体和固体残渣等副产物，水热液化水相作为主要的副产物，具有复杂的化学成分，主要包括有机酸、酰胺类、酯类、酮类、醇类、酚类和水溶性无机物等多种物质，导致 HTL-AP 具有较强的生物毒性和环境危害性[128,129]，将 HTL-AP 直接排放到环境中不仅会对土壤、水体和空气造成危害，同时也造成大量资源浪费，降低水热液化的有效转化率。因此，HTL-AP 得不到有效处理将会限制水热液化技术的发展，有必要对 HTL-AP 进行合理的处理。

其中，分离和利用水相中高价值组分是实现 HTL-AP 资源化利用的有效方式之一，HTL-AP 中含有乙醇、乙醇酸、苯酚、酰胺、吡啶、吡嗪等具有较高利用价值的化合物[130]，将高价值化合物从 HTL-AP 中分离，既能减少 HTL-AP 对环境的污染，又能够使HTL-AP 创造附加价值。常见的水相组分分离方式有膜分离、蒸馏和沉淀等。

6.6.1　膜分离（肥料化）

膜分离技术被广泛应用于污水处理过程，其原理是利用膜的选择透过性，在外界能量和化学位的推动下实现对混合物的分离、分级、提纯和富集。根据不同工艺，膜分离技术针对膜孔径的大小可分为微滤、超滤、纳滤、反渗透，以处理不同粒径的污染物；根据不同的工艺方式可分为电渗析、渗透汽化、气体分离和膜蒸馏等。膜分离技术的过程高效简单，具有无相变、无二次污染、节约能源的优势。现阶段膜分离技术已经开始应用于 HTL-AP 的处理中。

HTL-AP 中含有丰富的氮（5～20g/L）、磷（1～10g/L）、钾（1～8g/L）等植物生长必需的营养元素，通过膜分离配合多种工艺进行浓缩转化处理，可实现 HTL-AP 向肥料的有效转化[1]。

Rao 等[131]对 HTL-AP 采用膜蒸馏的方式处理，以蒸汽压力为驱动力使得蒸汽透过疏水膜，而将食物垃圾和奶牛牛粪 HTL-AP 中富含氮、磷元素的浓缩营养液体与不含有机物和营养的液体保留在进料侧，由此获得的浓缩营养液体具有作为优质液体肥料使用的潜力。

此外，膜分离技术还可将 HTL-AP 中的酚类、糖类和酸类等物质进行有效分离。Lyu等[132]通过两级纳滤和反渗透工艺同时分离出模型木质纤维素水热液化后水相中大量存在的单酚、单糖和乙酸，得到的高浓度溶液可经过纯化制备高价值化学品。该研究还发现高透水性的膜有利于糖与单酚的分离、低温可促进糖与乙酸和单酚的分离、高压和低温有助于乙酸和酚类的分离、较低的 pH 值有利于单酚与糖和酸的分离，证明两阶段膜工艺是将 HTL模型水解物分成不完全水解的生物质碎片、富含单酚的浓缩物和乙酸渗透物三部分的可行方法。膜分离技术在处理实际物料 HTL-AP 时也具备适用性，Lyu 等[133]利用两阶段纳滤工艺（TSNF）从稻草 HTL-AP 中回收单酚、环戊烯酮、葡萄糖和乙酸这四种高价值化学品，研究发现，在（DL 高通量型膜＋DK 标准型膜）TSNF 工艺的第一阶段，DL 膜对葡萄糖截留率最高，为 97.12%，在第二阶段，DK 膜的乙酸截留率相当低，为 5.04%，以确保酸与芳烃的分离。通过膜分离技术处理 HTL-AP 具有很大的应用潜力，但同时也面临膜污染问题。HTL-AP 中的微粒、胶体粒子或溶质大分子由于与膜存在物理化学相互作用或机械作用，吸附或沉积在膜表面或膜孔，导致膜孔径变小或堵塞等不可逆变化，进一步导致膜的透过率和分离效果恶化。有研究表明，HTL-AP 的 pH 值在 8 及更高时，能够提高膜的渗透通量；热处理可去除 HTL-AP 中的与膜反应组分，从而降低提高 HTL-AP 的稳定性，提高膜的使用寿命；吸附可选择性去除 HTL-AP 中的有机污垢，减缓纳滤结垢[134]。为减轻膜污染、保证膜的渗透率，可以通过调节 HTL-AP 的 pH，热处理 HTL-AP 中的反应性组分，吸附 HTL-AP 中的有机污垢等预处理手段增强膜分离的效率和质量。

6.6.2　沉淀

除了以上常见的水相组分分离方法外，还可以通过沉淀、吸附、解吸附和萃取等方式选择性地从 HTL-AP 中分离特定物质[135]。沉淀是一种传统的污水处理方法，通过沉淀可将难溶解的固体物质和溶液有效分离。沉淀可分为自由沉淀、絮凝沉淀、拥挤沉淀、压缩沉淀，为了提高效率，可添加一些化学试剂与废水中的离子发生化学反应，形成难溶的沉淀，从而达到净化目的。沉淀法操作简单、成本低，被广泛应用。郑育毅[136] 采用化学沉淀法去除 HTL-AP 中的磷元素，发现 TP 含量在 3.5mg/L 时，投加 60mg/L 的硫酸铝或 30mg/L 的改性硅藻土可使出水 TP<1.0mg/L，改性硅藻土的投加量为 50mg/L 时，出水 TP<0.5mg/L；Shanmugam 等[137] 在 HTL-AP 中添加 HCl、NaOH 和 $MgCl_2$，在不同 pH（8.75，9.00，9.50）、不同温度（15℃，25℃，35℃）和不同反应时间（15min，30min，45min）等多种条件下将 99% 的 P 和 40%～100% 的铵态氮转化为 $MgNH_4PO_4 \cdot 6H_2O$ 沉淀，实现了回收 HTL-AP 中的氮和磷，获得的沉淀物可用作缓释肥料。

Li 等[138] 用电化学溶出法处理 HTL-AP，将 HTL-AP 中的铵态氮溶出，并与 H_2SO_4 生成 $(NH_4)_2SO_4$，水热残渣则经过酸洗后再利用 NaOH 将 pH 调节为 9，添加 $MgCl_2$ 生成 $MgNH_4PO_4 \cdot 6H_2O$，通过这种方式，1000kg 的污水藻 HTL-AP 可以产生 78kg 的 $MgNH_4PO_4 \cdot 6H_2O$ 和 158kg 的 $(NH_4)_2SO_4$。

6.6.3　吸附

吸附根据反应机理可分为物理吸附和化学吸附。其中物理吸附也称范德华吸附，是由不同物质间的作用力引起的，物理吸附具有吸附热小、吸附速度快、可逆的特点；而化学吸附则是通过不同物质间发生电子转移、交换或共有而发生的[139]。通过吸附的方式对污水进行处理时，通常既有物理吸附也有化学吸附发生。现在，吸附技术已经应用到 HTL-AP 处理中，Chen 等[140] 利用改性树脂从水稻秸秆的 HTL-AP 中吸附分离酚类，发现最佳分离条件为 40%、45% 和 55% 的乙醇，流速为 2.5～5mL/min，样品体积与柱体积的比例为 1∶1，经过解吸附之后可使水溶液中的酚类含量由 18% 上升为 78%。

吸附法操作简单、条件温和、能源动力投入少，但存在吸附效率较低的缺陷，因而限制了吸附-解吸附的应用。

6.6.4　萃取

萃取是一种分离混合物的操作方式，其原理是利用溶质在两种互不相溶（或微溶）的溶剂中溶解度或分配系数的差异，将溶质物质从一种溶剂内转移到另外一种溶剂中的方法，其操作如图 6-30 所示。萃取技术被广泛应用在化学、冶金、食品等领域[18]。

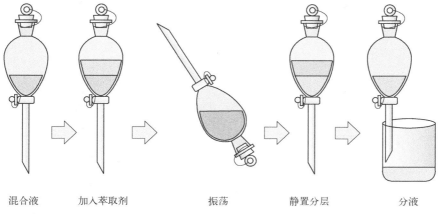

| 混合液 | 加入萃取剂 | 振荡 | 静置分层 | 分液 |

图 6-30　萃取操作示意图

通过萃取工艺，可选择性地将 HTL-AP 中的部分化学物质分离或富集，二氯甲烷、乙酸乙酯、石油醚和环己烷都可作为萃取剂用于分离 HTL-AP 组分。Chen 等[141] 利用 HTL-AP 厌氧发酵制备沼气，在此过程中发现原始的水稻秸秆 HTL-AP 厌氧发酵的甲烷产量为 184mL/g COD，而使用石油醚萃取过的 HTL-AP 厌氧发酵的甲烷产量上升至 235mL/g COD，这是由于呋喃、酮和酚类这些有机物在水中的溶解度较小而易溶于有机溶剂，且会对厌氧发酵的微生物产生毒害抑制作用，石油醚成功将 HTL-AP 中这些难以生物降解或对厌氧发酵具有抑制作用的物质分离出来，提高了 HTL-AP 的生物降解性。

6.6.5　水相分离资源化技术展望

HTL-AP 中物质组分复杂，并且单一组分的相对含量较低，由此导致了分离纯化时工艺复杂、回收效率低、处理成本高的问题。探究 HTL-AP 的分离纯化，一方面应进一步强化水相组分的研究，探究具有高附加值的水相组分，提高分离产物的价值，另一方面应该开发高通量的针对性工艺，提高组分分离的效率。

6.7　水相其他资源化方法

6.7.1　水相回用

水相回用，也称水相循环，指的是将 HTL-AP 作为反应溶剂返回到水热系统中循环反应，如图 6-31 所示。由于 HTL-AP 本身具有丰富的有机物含量，其具有水热液化反应原料和反应介质的双重功能，水热回用技术不仅能回收处理 HTL-AP，减小水热液化的整体耗水量，还通过将 HTL-AP 中的有机物富集再反应进而提升水热液化生物原油的产率和品质，是一项非常有潜力的水相利用技术。

现阶段已有部分学者对 HTL-AP 水相回用技术进行了探究，Zhu 等[143] 将大麦秸秆水热液化的副产品水相回收，在 300℃的反应条件下进行三次水相循环实验，每次试验前形成的 360mL 水相被再循环，并额外加入 40mL 蒸馏水。研究表明，水相的加入使生物原油的

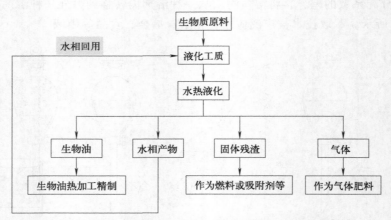

图 6-31 生物质水热液化四项产物综合利用技术路线图[142]

产率连续提高,经过三个循环后,产率由 34.9% 提高到 38.4%,而固体残渣产率由 9.2% 提高到 17.3%。Hu 等[144] 在以小球藻和木屑为原料共液化实验中循环使用水相,发现当水相作为共液化过程的反应介质时,虽然生物原油产率略有下降,但明显提升了生物原油的碳含量并降低生物原油中的含氧量,且水相回用技术可大幅减少整个水热液化过程中污染物排放量;尹思媛等[145] 详细研究了水相回用对玉米秸秆水热液化产物的影响,在多次水相回用过程中,水相中的乙酸和丙酸不断积累,而酚类和酮类的含量则降低,可见回用过程中存在着有机酸的积累,而在对各相产率的影响上,生物原油和固体的产率均有一定提升。此外,该研究发现生物油产率随着水相循环次数的增加而增加,经过三次循环后,生物油产率由 20.42% 增至 24.31%,且第三次循环后生物原油产率基本稳定,在第三次循环中产生的生物原油中还观测到氧元素含量降低、热值升高的现象,这说明三次水相循环可改善生物原油的品质。陈海涛[146] 研究了螺旋藻水热液化的水相作为溶剂对螺旋藻、α-纤维素和木质素水热液化产物的影响,发现螺旋藻的 HTL-AP 可促进螺旋藻和 α-纤维素转化为生物原油,但会抑制木质素转化为生物原油,推测是由于不同成分的化学性质导致了不同结果,纤维素和螺旋藻的中间产物可与螺旋藻 HTL-AP 产生协同作用并转化为生物原油,而木质素水热液化产生的酚类可能与螺旋藻的 HTL-AP 发生聚合形成固体,导致生物原油产率的降低。水相循环在实现水相的重复使用的同时,不同种类的水相对于水热液化反应有着不同的促进或抑制作用,需要更多研究来探索具体的效果,且多次循环后的水相不再适合循环使用,仍需要进行污水处理。

6.7.2 水热气化

水热气化技术指的是利用高温高压的水热环境（>400℃）,在催化剂的作用下将有机物重整为小分子的气体,如氢气、甲烷、一氧化碳和二氧化碳等,是将有机物转化为可燃性气体的高效手段,在各类有机废弃物的能源化转化等领域发挥着重要作用[147]。利用水热气化技术处理 HTL-AP,同时获得大量可燃气,是极具吸引力的 HTL-AP 资源化利用途径,其中,反应温度、停留时间和催化剂种类是影响水热气化效果的三个主要因素。

反应温度对水热气化过程有着显著的影响,不同温度会发生对应的反应,如 300～600℃时反应倾向于水煤气转化反应、甲烷重整反应等,而在 >700℃ 条件下,则会出现蒸汽重整、碳氧化等反应，对应也会产生不同比例的气体，选择合适的温度区间对于目标产物的获取具有重要的意义；而反应时间也同样对水热气化过程有着举足轻重的作用，长时间反应可增加产率并有助于生成甲烷和一氧化碳；催化剂的添加可降低剧烈的反应条件，并实现气体的定向转化，催化剂可分为均相催化剂（碱及碱衍生物，如氢氧化钠、碳酸钠、碳酸钾、碳酸氢钠等）和非均相催化剂（负载钌、镍等贵/过渡金属的固体催化剂），其中，均相催化剂存在着效率较低且难以回收的问题，而非均相催化剂则存在价格昂贵、易失活等问题。现阶段，有大量研究人员关注于 HTL-AP 的水热气化研究。

Jamison 等[148] 对人类粪便 HTL-AP 进行催化水热气化试验，筛选活性炭、雷尼镍、Pt/AC、Ru/AC、NaOH、CaO、Ni/Al$_2$O$_3$、Pt/Al$_2$O$_3$ 和 Ru/Al$_2$O$_3$ 等多种均相和非均相催化剂，证明氢氧化钠和雷尼镍对产氢效果较好，分别达到 46.9% 和 41.2%，而多种催化剂共同作用可进一步提升氢气比例，在添加 10% 催化剂（雷尼镍-钌碳混合催化剂）条件下，认为反应温度 400℃、反应时间 60min 是最佳的反应参数。Zhang 等[149] 用钌镍双负载催化剂对 HTL-AP 的模型化合物进行水热气化，生成的气体中氢气和甲烷分别占比 44.7%～54.9% 和 12.1%～15.8%，但在实际应用中，可能会出现碱性和含氮物质对反应容器的腐蚀，仍然需要更多研究。

水热气化技术可以大幅减小 HTL-AP 的有机物含量，有机酸的分解也使得处理后的 HTL-AP 的 pH 趋向中性，显著降低了 HTL-AP 的有机危害性。但是水热气化需要苛刻的反应条件，相应的成本和反应装置的要求均较高，并需要开发耐用高效的催化剂，这些也是未来大规模应用所面临的难题。

6.7.3 高级氧化

高级氧化技术（advanced oxidation process，AOPs）是指利用声、光、电和磁等物理及化学过程产生的大量高活性自由基将水中的污染物快速矿化沉积或通过氧化提高污染物的可生化处理性的一类水处理技术。AOPs 具有反应速度快、氧化能力强、无二次污染的优点，在处理各类高毒性、难降解废水方面发挥重要作用。AOPs 主要分为 Fenton 氧化法及类 Fenton 氧化法、光化学氧化法及光催化氧化法、臭氧氧化法、超声氧化法、电化学氧化法、湿式氧化法和超临界水氧化法等几类。

目前已有研究者通过臭氧氧化法、湿式氧化法以及电化学氧化法等处理 HTL-AP。

(1) 臭氧氧化法

臭氧是一种强氧化剂，对于消除污水的毒性、臭味、有机物和 COD 等均有成效，臭氧处理 HTL-AP 的主要产物为氧气，不产生二次污染物，且臭氧氧化电位高，所以是非常有潜力的高级氧化方式。有研究表明，臭氧可将 HTL-AP 中的芳香化合物和糠醛等物质转化生成羧酸，进而采用生物转化技术将羧酸转化[150]；Yang 等[151] 对臭氧处理进行了研究，结果表明，猪粪 HTL-AP 中含有的酚类和含氮杂环会抑制对 HTL-AP 生物处理的效果，通过 0～4.64mg O$_3$/L 臭氧氧化将绝大多数酚类转化为酸并将 20% 以上的含氮杂环转化为无机氮，改善对 HTL-AP 的藻类培养、厌氧发酵等生物处理效果。

(2) 湿式氧化法

湿式氧化法是以空气、氧气、过氧化氢等作为氧化剂，在高温（125～350℃）和高压（0.5～20MPa）下将 HTL-AP 中的有机化合物氧化分解为 CO$_2$ 和 H$_2$O 等?机物或小分子有机物。湿式氧化法的效率受反应温度、氧分压、反应时间、反应体系酸度的影响较大，

Thomsen 等[152] 使用湿式氧化法在不同温度、不同停留时间和过量氧气条件下对污水污泥 HTL-AP 进行处理，发现在最高温度和停留时间（350℃/180min）下去除了 97.6% 的 COD 和 96.1% 的 TOC，而含氮有机化合物分解为 NH_4^+ 和 NH_3。但是湿式氧化法反应温度高、压力大、停留时间长，反应要求高，故湿式催化氧化法应运而生，湿式催化氧化法在湿式氧化法的工艺基础上添加了适宜的催化剂，主要为过渡态金属的氧化物和相应的金属盐类，加入催化剂后使得反应条件趋向温和并提高氧化效率，现阶段对 HTL-AP 的催化湿式氧化研究还偏少。

（3）电化学氧化法

电化学氧化法主要是通过电极作用产生超氧自由基来氧化降解有机物，根据氧化机理的不同，可分为阳极氧化、阴极还原和阴阳两极协同作用三种形式。电化学氧化法处理效率高、操作方便、条件温和，兼有凝聚、杀菌等优点。

在用电化学氧化法处理 HTL-AP 的研究中，Ciarlini 等[153] 探索了电化学氧化法微藻、小球藻 HTL-AP 中有较高的 COD 含量（36000mg/L）、有机氮（3000mg N/L）和氨含量（1500mg N/L），通过电化学氧化工艺可去除 99% 的碳，并将氮从有机形式转化为氨和硝酸盐等无机形式。Matayeva 等[154] 通过电化学氧化法处理麦秸和市政污泥的 HTL-AP，发现在最高电流密度（147.2mA/cm²）下获得了最大的化学需氧量去除率（麦秸 HTL-AP 82%，市政污泥 HTL-AP 99%）和产氢速率（麦秸 HTL-AP 2.0NL/h，市政污泥 HTL-AP 1.8NL/h），但同时发现该方式处理 HTL-AP 存在成本较高的弊端。

现阶段，由于高级氧化技术还处于探索阶段，且属于对复杂成分废水的深度处理，存在着高处理成本，反应条件苛刻、需额外引入氧化剂或催化剂等问题，需要通过更深入充分的研究来完善高级氧化的技术体系。

参 考 文 献

[1] Anastasakis K, Ross A B. Hydrothermal liquefaction of the brown macro-alga *Laminaria saccharina*: effect of reaction conditions on product distribution and composition [J]. Bioresource Technology, 2011, 102 (7): 4876-4883.

[2] Zhu Z B, Liu Z D, Zhang Y H, et al. Recovery of reducing sugars and volatile fatty acids from corn-stalk at different hydrothermal treatment severity [J]. Bioresource Technology, 2016, 199: 220-227.

[3] Zhu Z B, Si B C, Lu J W, et al. Elemental migration and characterization of products during hydro-thermal liquefaction of cornstalk [J]. Bioresource Technology, 2017, 243: 9-16.

[4] Gu Y, Zhang X, Deal B, et al. Biological systems for treatment and valorization of wastewater genera-ted from hydrothermal liquefaction of biomass and systems thinking: a review [J]. Bioresource Tech-nology, 2019, 278: 329-345.

[5] Usman M, Chen H H, Chen K F, et al. Characterization and utilization of aqueous products from hy-drothermal conversion of biomass for bio-oil and hydro-char production: a review [J]. Green Chemis-try, 2019, 21 (7): 1553-1572.

[6] Gu Y X, Zhang X S, Deal B, et al. Advances in energy systems for valorization of aqueous byproducts generated from hydrothermal processing of biomass and systems thinking [J]. Green Chemistry, 2019, 21 (10): 2518-2543.

[7] Ching T W, Haritos V, Tanksale A. Microwave assisted conversion of microcrystalline cellulose into value added chemicals using dilute acid catalyst [J]. Carbohydrate Polymers, 2017, 157: 1794-1800.

[8] Nakasu P, Ienczak L J, Costa A C, et al. Acid post-hydrolysis of xylooligosaccharides from hydro-thermal pretreatment for pentose ethanol production [J]. Fuel, 2016, 185: 73-84.

[9]　Kang S M, Li X L, Fan J, et al. Hydrothermal conversion of lignin: a review [J]. Renewable & Sustainable Energy Reviews, 2013, 27: 546-558.

[10]　Zhang C, Tang X H, Sheng L L, et al. Enhancing the performance of Co-hydrothermal liquefaction for mixed algae strains by the Maillard reaction [J]. Green Chemistry, 2016, 18 (8): 2542-2553.

[11]　Yang W C, Li X G, Li Z H, et al. Understanding low-lipid algae hydrothermal liquefaction characteristics and pathways through hydrothermal liquefaction of algal major components: crude polysaccharides, crude proteins and their binary mixtures [J]. Bioresource Technology, 2015, 196: 99-108.

[12]　Madsen R B, Biller P, Jensen M M, et al. Predicting the chemical composition of aqueous phase from hydrothermal liquefaction of model compounds and biomasses [J]. Energy & Fuels, 2016, 30 (12): 10470-10483.

[13]　Lu J W, Liu Z D, Zhang Y H, et al. Synergistic and antagonistic interactions during hydrothermal liquefaction of soybean oil, soy protein, cellulose, xylose, and lignin [J]. Acs Sustainable Chemistry & Engineering, 2018, 6 (11): 14501-14509.

[14]　Yu G, Zhang Y H, Schideman L, et al. Distributions of carbon and nitrogen in the products from hydrothermal liquefaction of low-lipid microalgae [J]. Energy & Environmental Science, 2011, 4 (11): 4587-4595.

[15]　Lu J W, Li H G, Zhang Y H, et al. Nitrogen migration and transformation during hydrothermal liquefaction of livestock manures [J]. Acs Sustainable Chemistry & Engineering, 2018, 6 (10): 13570-13578.

[16]　Xu D H, Lin G K, Liu L, et al. Comprehensive evaluation on product characteristics of fast hydrothermal liquefaction of sewage sludge at different temperatures [J]. Energy, 2018, 159: 686-695.

[17]　Kobayashi Y, Tsuchiya T. Synthesis of 2″-oxidized derivatives of 5-deoxy-5-epi-5-fluoro-dibekacin and -arbekacin, and study on structure-chemical shift relationships of urethane (or amide)-type NH protons in synthetic intermediates [J]. Carbohydrate Research, 1997, 298 (4): 261-277.

[18]　Leng L, Zhou W. Chemical compositions and wastewater properties of aqueous phase (wastewater) produced from the hydrothermal treatment of wet biomass: a review [J]. Energy Sources. Part A, Recovery, Utilization, and Environmental Effects, 2018, 40 (22): 2648-2659.

[19]　Yu G, Zhang Y, Schideman L, et al. Distributions of carbon and nitrogen in the products from hydrothermal liquefaction of low-lipid microalgae [J]. Energy and Environmental Science, 2011, 4 (11): 4587-4595.

[20]　Chen K F, Lyu H, Hao S L, et al. Separation of phenolic compounds with modified adsorption resin from aqueous phase products of hydrothermal liquefaction of rice straw [J]. Bioresource Technology, 2015, 182: 160-168.

[21]　Lyu H, Chen K F, Yang X, et al. Two-stage nanofiltration process for high-value chemical production from hydrolysates of lignocellulosic biomass through hydrothermal liquefaction [J]. Separation and Purification Technology, 2015, 147: 276-283.

[22]　Gollakota A R K, Kishore N, Gu S. A review on hydrothermal liquefaction of biomass [J]. Renewable and Sustainable Energy Reviews, 2018, 81: 1378-1392.

[23]　Souza Dos Passos J, Glasius M, Biller P. Hydrothermal Co-liquefaction of synthetic polymers and miscanthus giganteus: synergistic and antagonistic effects [J]. Sustainable Chemistry & Engineering, 2020, 8 (51): 19051-19061.

[24]　Zhu Y, Zhao Y, Tian S, et al. Catalytic hydrothermal liquefaction of sewage sludge: effect of metal support heterogeneous catalysts on products distribution [J]. Journal of the energy Institute, 2022, 103: 154-159.

[25]　Li N, Liu H, Cheng Z, et al. Conversion of plastic waste into fuels: a critical review [J]. Journal of Hazardous Materials, 2022, 424: 127460.

[26] Zhang L, Li W, Lu J, Li R, Wu Y. Production of platform chemical and bio-fuel from paper mill sludge via hydrothermal liquefaction [J]. Journal of Analytical and Applied Pyrolysis, 2021, 155: 105032.

[27] Xu Y, Lu J, Wang Y, et al. Construct a novel anti-bacteria pool from hydrothermal liquefaction aqueous family [J]. Journal of Hazardous Materials, 2022, 423: 127162.

[28] Watson J, Wang T, Si B, et al. Valorization of hydrothermal liquefaction aqueous phase: pathways towards commercial viability [J]. Progress in Energy and Combustion Science, 2020, 77.

[29] Alenezi R, Leeke G A, Santos R, et al. Hydrolysis kinetics of sunflower oil under subcritical water conditions [J]. Chemical Engineering Research & Design, 2009, 87 (6A): 867-873.

[30] Leng L J, Li J, Wen Z Y, et al. Use of microalgae to recycle nutrients in aqueous phase derived from hydrothermal liquefaction process [J]. Bioresource Technology, 2018, 256: 529-542.

[31] Jayakody L N, Johnson C W, Whitham J M, et al. Thermochemical wastewater valorization via enhanced microbial toxicity tolerance [J]. Energy & Environmental Science, 2018, 11 (6): 1625-1638.

[32] Leng L, Zhang W, Leng S, et al. Bioenergy recovery from wastewater produced by hydrothermal processing biomass: progress, challenges, and opportunities [J]. Science of The Total Environment, 2020, 748: 142383.

[33] Wang Y, Zhang Y, Yoshikawa K, et al. Effect of biomass origins and composition on stability of hydrothermal biocrude oil [J]. Fuel, 2021, 302.

[34] Wang Y, Zhang Y, Liu Z. Effect of aging in nitrogen and air on the properties of biocrude produced by hydrothermal liquefaction of *Spirulina* [J]. Energy & Fuels, 2019, 33 (10): 9870-9878.

[35] Pham M, Schideman L, Scott J, et al. Chemical and biological characterization of wastewater generated from hydrothermal liquefaction of *Spirulina* [J]. Environmental Science & Technology, 2013, 47 (4): 2131-2138.

[36] Zheng M, Schideman L C, et al. Anaerobic digestion of wastewater generated from the hydrothermal liquefaction of *Spirulina*: toxicity assessment and minimization. Energy Conversion and Management, 2017, 141: 420-428.

[37] Leng L, Leng S, Chen J, et al. The migration and transformation behavior of heavy metals during co-liquefaction of municipal sewage sludge and lignocellulosic biomass [J]. Bioresource Technology, 2018, 259: 156-163.

[38] Duduku S, Bramha G, Gupta A K, et al. A review on occurrences, eco-toxic effects, and remediation of emerging contaminants from wastewater: special emphasis on biological treatment based hybrid systems. [J]. Journal of Environmental Chemical Engineering, 2021, 9 (4).

[39] Zhang L, Lu H, Zhang Y, et al. Nutrient recovery and biomass production by cultivating *Chlorella vulgaris* 1067 from four types of post-hydrothermal liquefaction wastewater [J]. Journal of Applied Phycology, 2016, 28 (2): 1031-1039.

[40] Jena U, Vaidyanathan N, Chinnasamy S, et al. Evaluation of microalgae cultivation using recovered aqueous co-product from thermochemical liquefaction of algal biomass [J]. Bioresource Technology, 2011, 102 (3): 3380-3387.

[41] Gu X, Martinez-Fernandez J S, Pang N, et al. Recent development of hydrothermal liquefaction for algal biorefinery [J]. Renewable and Sustainable Energy Reviews, 2020, 121: 109707.

[42] Wang X Y, Ding S X, Song W C, et al. A collaborative effect of algae-bacteria symbiotic and biological activated carbon system on black odorous water pretreated by UV photolysis [J]. Biochemical Engineering Journal, 2021, 169.

[43] Du Z Y, Hu B, Shi A M, et al. Cultivation of a microalga *Chlorella vulgaris* using recycled aqueous phase nutrients from hydrothermal carbonization process [J]. Bioresource Technology, 2012, 126:

354-357.

[44] Leng S，Li W，Han C，et al. Aqueous phase recirculation during hydrothermal carbonization of microalgae and soybean straw：a comparison study [J]. Bioresource Technology，2020，298：122502.

[45] Du Z，Hu B，Shi A，et al. Cultivation of a microalga *Chlorella vulgaris* using recycled aqueous phase nutrients from hydrothermal carbonization process. Bioresource Technology，2012，126：354-357.

[46] Barreiro D L，Bauer M，Hornung U，et al. Cultivation of microalgae with recovered nutrients after hydrothermal liquefaction [J]. Algal Research-Biomass Biofuels and Bioproducts，2015，9：99-106.

[47] Gardeatorresdey J L，Beckerhapak M K，Hosea J M，et al. Effect of chemical modification of algal carboxyl groups on metal-ion binding [J]. Environmental Science & Technology，1990，24（9）：1372-1378.

[48] Lim S J，Kim T H. Advanced treatment of gamma irradiation induced livestock manure using bioelectrochemical ion-exchange reactor [J]. Journal of Environmental Management，2018，218：148-153.

[49] Godwin C M，Hietala D C，Lashaway A R，et al. Algal polycultures enhance coproduct recycling from hydrothermal liquefaction [J]. Bioresource Technology，2017，224：630-638.

[50] Guo H Y，Zhao S F，Xia D P，et al. Efficient utilization of coal slime using anaerobic fermentation technology [J]. Bioresource Technology，2021，332.

[51] Pang H L，Wang L，He J G，et al. Enhanced anaerobic fermentation of waste activated sludge by reverse osmosis brine and composition distribution in fermentative liquid [J]. Bioresource Technology，2020，318.

[52] Tommaso G，Chen W T，Li P，et al. Chemical characterization and anaerobic biodegradability of hydrothermal liquefaction aqueous products from mixed-culture wastewater algae [J]. Bioresource Technology，2015，178：139-146.

[53] Chen H H，Wan J J，Chen K F，et al. Biogas production from hydrothermal liquefaction wastewater （HTLWW）：focusing on the microbial communities as revealed by high-throughput sequencing of full-length 16S rRNA genes [J]. Water Research，2016，106：98-107.

[54] Li R R，Liu D L，Zhang Y F，et al. Improved methane production and energy recovery of post-hydrothermal liquefaction waste water via integration of zeolite adsorption and anaerobic digestion [J]. Science of The Total Environment，2019，651：61-69.

[55] Di Maria F，Sordi A，Cirulli G，et al. Amount of energy recoverable from an existing sludge digester with the co-digestion with fruit and vegetable waste at reduced retention time [J]. Applied Energy，2015，150：9-14.

[56] 徐晨茗. 餐厨垃圾厌氧发酵产甲烷过程微生物菌群变化特征 [D]. 合肥：安徽建筑大学，2021.

[57] Chen H H，Zhang C，Rao Y，et al. Methane potentials of wastewater generated from hydrothermal liquefaction of rice straw：focusing on the wastewater characteristics and microbial community compositions [J]. Biotechnology for Biofuels，2017，10.

[58] Si B C，Li J M，Zhu Z B，et al. Continuous production of biohythane from hydrothermal liquefied cornstalk biomass via two-stage high-rate anaerobic reactors [J]. Biotechnology for Biofuels，2016，9.

[59] Si B，Li J，Zhu Z，et al. Inhibitors degradation and microbial response during continuous anaerobic conversion of hydrothermal liquefaction wastewater [J]. Science of The Total Environment，2018，630：1124-1132.

[60] Karki R，Chuenchart W，Surendra K C，et al. Anaerobic co-digestion：current status and perspectives [J]. Bioresource Technology，2021，330.

[61] Choe U，Mustafa A M，Lin H，et al. Anaerobic co-digestion of fish processing waste with a liquid fraction of hydrothermal carbonization of bamboo residue [J]. Bioresource Technology，2020，297.

[62] Li R R，Ran X，Duan N，et al. Application of zeolite adsorption and biological anaerobic digestion technology on hydrothermal liquefaction wastewater [J]. International Journal of Agricultural and Biological Engineering，2017，10 (1)：163-168.

[63] Chiranjeevi P，Patil S A. Strategies for improving the electroactivity and specific metabolic functionality of microorganisms for various microbial electrochemical technologies [J]. Biotechnology Advances，2020，39.

[64] Fernandez S，Srinivas K，Schmidt A J，et al. Anaerobic digestion of organic fraction from hydrothermal liquefied algae wastewater byproduct [J]. Bioresource Technology，2018，247：250-258.

[65] Chen H T，He Z X，Zhang B，et al. Effects of the aqueous phase recycling on bio-oil yield in hydrothermal liquefaction of *Spirulina platensis*，alpha-cellulose，and lignin [J]. Energy，2019，179：1103-1113.

[66] He Y H，Liu Z D，Xing X H，et al. Carbon nanotubes simultaneously as the anode and microbial carrier for up-flow fixed-bed microbial fuel cell [J]. Biochemical Engineering Journal，2015，94：39-44.

[67] Fernandez S，Srinivas K，Schmidt A J，et al. Anaerobic digerstion of organic fraction from hydrothermal liquefied algae wastewater byproduct. Bioresource Technology，2018，247：250-258.

[68] Yang J，Yang C，Liang M，et al. Chemical composition，antioxidant，and antibacterial activity of wood vinegar from *Litchi chinensis* [J]. Molecules，2016，21 (9).

[69] Posmanik R，Labatut R A，Kim A H，et al. Coupling hydrothermal liquefaction and anaerobic digestion for energy valorization from model biomass feedstocks [J]. Bioresource Technology，2017，233：134-143.

[70] Yang L，Si B，Tan X，et al. Integrated anaerobic digestion and algae cultivation for energy recovery and nutrient supply from post-hydrothermal liquefaction wastewater [J]. Bioresource Technology，2018，266：349-356.

[71] Shanmugam S R，Adhikari S，Shakya R. Nutrient removal and energy production from aqueous phase of bio-oil generated via hydrothermal liquefaction of algae [J]. Bioresource Technology，2017，230：43-48.

[72] Vijayakumar S，Rajenderan S，Laishram S，et al. Biofilm formation and motility depend on the nature of the *Acinetobacter baumannii* clinical isolates [J]. Frontiers in Public Health，2016，4.

[73] Zhao L，Feng C，Wu K，et al. Advances and prospects in biogenic substances against plant virus：a review [J]. Pesticide Biochemistry and Physiology，2017，135：15-26.

[74] Li S，He Z，Li H，et al. Research progress on the mechanism of drug resistance of foodborne *Salmonella* and test methods for its susceptibility [J]. Food and Fermentation Industries，2016，42 (9)：257-262.

[75] Li H，Zhu Z，Lu J，et al. Establishment and performance of a plug-flow continuous hydrothermal reactor for biocrude oil production [J]. Fuel，2020，280.

[76] 宋爽. 植物源杀菌剂苦参碱增效复配研究 [D]. 咸阳：西北农林科技大学，2018.

[77] 张瑶. 茶叶提取物对桃采后软腐病菌的抑菌活性及作用机制 [D]. 武汉：华中农业大学，2013.

[78] Fan Y，Feng Q，Lai K，et al. Toxic effects of indoxacarb enantiomers on the embryonic development and induction of apoptosis in *Zebra fish Larvae* (*Danio rerio*) [J]. Environmental Toxicology，2017，32 (1)：7-16.

[79] Li Y M，Xiang Q，Zhang Q H，et al. Overview on the recent study of antimicrobial peptides：origins，functions，relative mechanisms and application [J]. Peptides，2012，37 (2)：207-215.

[80] Bland D M，Eisele N A，Keleher L L，et al. Novel genetic tools for diaminopimelic acid selection in virulence studies of *Yersinia pestis* [J]. Plos One，2011，6 (3).

[81] Hughes T，Azim S，Ahmad Z. Inhibition of *Escherichia coli* ATP synthase by dietary ginger phenol-

ics [J]. International Journal of Biological Macromolecules，2021，182：2130-2143.

[82] Attia M S，El-Sayyad G S，Abd Elkodous M，et al. The effective antagonistic potential of plant growth-promoting rhizobacteria against *Alternaria* solani-causing early blight disease in tomato plant [J]. Scientia Horticulturae，2020，266.

[83] Lee J H，Mosher E P，Lee Y S，et al. Control of topoisomerase II activity and chemotherapeutic inhibition by TCA cycle metabolites [J]. Cell Chemical Biology，2022，29（3）：476.

[84] Zhao S N，Li Z Y，Zhou Z X，et al. Antifungal activity of water-soluble products obtained following the liquefaction of cornstalk with sub-critical water [J]. Pesticide Biochemistry and Physiology，2020，163：263-270.

[85] Zhang Z Q，Liu T，Xu Y，et al. Sodium pyrosulfite inhibits the pathogenicity of *Botrytis cinerea* by interfering with antioxidant system and sulfur metabolism pathway [J]. Postharvest Biology and Technology，2022，189.

[86] Yang Q，Wang J，Zhang P，et al. In vitro and in vivo antifungal activity and preliminary mechanism of cembratrien-diols against *Botrytis cinerea* [J]. Industrial Crops and Products，2020，154.

[87] 薛龙海. 多花黑麦草种带真菌及病害多样性的研究 [D]. 兰州：兰州大学，2020.

[88] Jin X Y，Zhang M，Lu J H，et al. Hinokitiol chelates intracellular iron to retard fungal growth by disturbing mitochondrial respiration [J]. Journal of Advanced Research，2021，34：65-77.

[89] Tomazoni E Z，Pauletti G F，Ribeiro R，et al. In vitro and in vivo activity of essential oils extracted from *Eucalyptus staigeriana*，*Eucalyptus globulus* and *Cinnamomum camphora* against *Alternaria solani Sorauer* causing early blight in tomato [J]. Scientia Horticulturae，2017，223：72-77.

[90] Zhang D，Yu S Q，Zhao D. M，et al. Inhibitory effects of non-volatiles lipopeptides and volatiles ketones metabolites secreted by *Bacillus velezensis* C16 against *Alternaria solani* [J]. Biological Control，2021，152.

[91] Chen A W，Li W J，Zhang X X，et al. Biodegradation and detoxification of neonicotinoid insecticide thiamethoxam by white-rot fungus *Phanerochaete chrysosporium* [J]. Journal of Hazardous Materials，2021，417.

[92] D'Avino L，Matteo R，Malaguti L，et al. Synergistic inhibition of the seed germination by crude glycerin and defatted oilseed meals [J]. Industrial Crops and Products，2015，75：8-14.

[93] Qi K J，Wu X，Gao X，et al. Metabolome and transcriptome analyses unravel the inhibition of embryo germination by abscisic acid in pear [J]. Scientia Horticulturae，2022，292.

[94] Xiao Z X，Zou T，Lu S G，et al. Soil microorganisms interacting with residue-derived allelochemicals effects on seed germination [J]. Saudi Journal of Biological Sciences，2020，27（4）：1057-1065.

[95] Chen M S，Zhao Z G，Meng H C，et al. The antibiotic activity and mechanisms of sugar beet (*Beta vulgaris*) molasses polyphenols against selected food-borne pathogens [J]. Lwt-Food Science and Technology，2017，82：354-360.

[96] Yu F，Zhao W，Qin T，et al. Biosafety of human environments can be supported by effective use of renewable biomass [J]. Proceedings of the National Academy of Sciences，2022，119（3）.

[97] Kim M，Kim W，Lee Y，et al. Linkage between bacterial community-mediated hydrogen peroxide detoxification and the growth of Microcystis aeruginosa [J]. Water Research，2021，207.

[98] Yu G B，Zhang Y，Ahammed G J，et al. Glutathione biosynthesis and regeneration play an important role in the metabolism of chlorothalonil in tomato [J]. Chemosphere，2013，90（10）：2563-2570.

[99] Czarnocka W，Karpinski S. Friend or foe? Reactive oxygen species production，scavenging and signaling in plant response to environmental stresses [J]. Free Radical Biology and Medicine，2018，122：4-20.

[100] Alcazar-Fuoli L，Mellado E. Ergosterol biosynthesis in *Aspergillus fumigatus*：its relevance as an antifungal target and role in antifungal drug resistance [J]. Frontiers in Microbiology，2013，3.

[101] Kumar A, Dhamgaye S, Maurya I K, et al. Curcumin targets cell wall integrity via calcineurin-mediated signaling in *Candida albicans* [J]. Antimicrobial Agents and Chemotherapy, 2014, 58 (1): 167-175.

[102] Hua C Y, Kai K, Wang X F, et al. Curcumin inhibits gray mold development in kiwifruit by targeting mitogen-activated protein kinase (MAPK) cascades in *Botrytis cinerea* [J]. Postharvest Biology and Technology, 2019, 151: 152-159.

[103] Huang H, Zhang X, Zhang Y, et al. FocECM33, a GPI-anchored protein, regulates vegetative growth and virulence in *Fusarium oxysporum* f. sp. cubense tropical race 4 [J]. Fungal Biology, 2022, 126 (3): 213-223.

[104] Endo H, Tanaka S, Adegawa S, et al. Extracellular loop structures in silkworm ABCC transporters determine their specificities for *Bacillus thuringiensis* Cry toxins [J]. Journal of Biological Chemistry, 2018, 293 (22): 8569-8577.

[105] Sun J, Wang Y. Recent advances in catalytic conversion of ethanol to chemicals [J]. Acs Catalysis, 2014, 4 (4): 1078-1090.

[106] Melendez J R, Matyas B, Hena S, et al. Perspectives in the production of bioethanol: a review of sustainable methods, technologies, and bioprocesses [J]. Renewable & Sustainable Energy Reviews, 2022, 160.

[107] Li Y L, Tarpeh W A, Nelson K L, et al. Quantitative evaluation of an integrated system for valorization of wastewater algae as bio-oil, fuel gas, and fertilizer products [J]. Environmental Science & Technology, 2018, 52 (21): 12717-12727.

[108] Li H G, Wang M, Wang X F, et al. Biogas liquid digestate grown *Chlorella* sp for biocrude oil production via hydrothermal liquefaction [J]. Science of The Total Environment, 2018, 635: 70-77.

[109] 王鑫, 李楠, 高宁圣洁, 等. 微生物燃料电池碳基阳极材料的研究进展 [J]. 中国给水排水, 2012, 28 (22): 4.

[110] 王鑫. 微生物燃料电池中多元生物质产电特性与关键技术研究 [D]. 哈尔滨: 哈尔滨工业大学, 2010.

[111] 侯俊先. 微生物燃料电池阳极性能的研究与优化 [D]. 北京: 北京工业大学, 2013.

[112] Hua T, Li S, Li F, et al. Microbial electrolysis cell as an emerging versatile technology: a review on its potential application, advance and challenge [J]. Journal of Chemical Technology & Biotechnology, 2019.

[113] Luo H, Hu J, Qu L, et al. Efficient reduction of nitrobenzene by sulfate-reducer enriched biocathode in microbial electrolysis cell [J]. The Science of the Total Environment, 2019, 674 (15): 336-343.

[114] Basem S Zakaria, Long Lin; Bipro Ranjan Dhar. Shift of biofilm and suspended bacterial communities with changes in anode potential in a microbial electrolysis cell treating primary sludge -ScienceDirect [J]. Science of The Total Environment, 2019, 689 (C): 691-699.

[115] Cai Weiwei, Zhang Zhaojing, Ren Ge, et al. Quorum sensing alters the microbial community of electrode-respiring bacteria and hydrogen scavengers toward improving hydrogen yield in microbial electrolysis cells [J]. Applied Energy, 2016.

[116] Miller A, Singh L, Wang L, et al. Linking internal resistance with design and operation decisions in microbial electrolysis cells [J]. Environment International, 2019, 126: 611-618.

[117] 张强, 黄佳琦, 赵梦强, 等. 碳纳米管的宏量制备及产业化 [J]. 中国科学: 化学, 2013 (6): 26.

[118] Fujinawa K, Nagoya M, Kouzuma A, et al. Conductive carbon nanoparticles inhibit methanogens and stabilize hydrogen production in microbial electrolysis cells [J]. Applied Microbiology and Biotechnology, 2019, 103 (15).

[119] Ghasemi M，Daud W R W，Hassan S H. Nano-structured carbon as electrode material in microbial fuel cells：A comprehensive review [J]. Journal of Alloys and Compounds：An Interdisciplinary Journal of Materials Science and Solid-state Chemistry and Physics，2013（580）.

[120] Lu J，Watson J，Zeng J，Li H，Zhu Z，Wang M，Zhang Y，Liu Z. Biocrude Production and Heavy Metal Migration during Hydrothermal Liquefaction of Swine Manure [J]. Process Safety and Environmental Protection，2017：S1878791402.

[121] Zhu Z，Si B，Lu J，et al. Elemental migration and characterization of products during hydrothermal liquefaction of cornstalk [J]. Bioresource Technology，2017，243：9.

[122] Li Z，Lu H，Zhang Y，et al. Effects of strain，nutrients concentration and inoculum size on microalgae culture for bioenergy from post hydrothermal liquefaction wastewater [J]. International Journal of Agricultural and Biological Engineering，2017，10（2）：11.

[123] Tommaso Giovana，Zheng Mingxia，Zhou Yan，et al. Anaerobic digestion of wastewater generated from the hydrothermal liquefaction of Spirulina：Toxicity assessment andminimization [J]. Energy conversion & management，2017，141：420-428.

[124] Ruirui L，Xia R，Na D，et al. Application of zeolite adsorption and biological anaerobic digestion technology on hydrothermal liquefaction wastewater [J]. International Journal of Agricultural and Biological Engineering，2017，10（1）：6.

[125] Chen Huihui，Wan Jingjing，Chen kaifei，et al. Biogas production from hydrothermal liquefaction wastewater（HTLWW）：Focusing on the microbial communities as revealed by high-throughput sequencing of full-length 16S rRNA genes [J]. Water Research，2016，106：98-107.

[126] Wu S，Li H，Zhou X，et al. A novel pilot-scale stacked microbial fuel cell for efficient electricity generation and wastewater treatment [J]. Water Research，2016，98（1）：396-403.

[127] Anam M. Comparing natural and artificially designed bacterial consortia as biosensing elements for rapid non-specific detection of organic pollutant through microbial fuel cell [J]. International Journal of Electrochemical Science，2017：2836-2851.

[128] 刘晶冰，燕磊，白文荣，等. 高级氧化技术在水处理的研究进展 [J]. 水处理技术，2011，37（3）：11-17.

[129] Leng L J，Li J，Wen Z Y，et al. Use of microalgae to recycle nutrients in aqueous phase derived from hydrothermal liquefaction process [J]. Bioresource Technology，2018，256：529-542.

[130] 徐永洞，刘志丹. 生物质水热液化水相产物形成机理及资源回收 [J]. 化学进展，2021，33（11）：2150-2162.

[131] Rao U，Posmanik R，Hatch L E，et al. Coupling hydrothermal liquefaction and membrane distillation to treat anaerobic digestate from food and dairy farm waste [J]. Bioresource Technology，2018，267：408-415.

[132] Lyu H，Fang Y，Ren S，et al. Monophenols separation from monosaccharides and acids by two-stage nanofiltration and reverse osmosis in hydrothermal liquefaction hydrolysates [J]. Journal of Membrane Science，2016，504：141-152.

[133] Lyu H，Chen K，Yang X，et al. Two-stage nanofiltration process for high-value chemical production from hydrolysates of lignocellulosic biomass through hydrothermal liquefaction [J]. Separation and Purification Technology，2015，147：276-283.

[134] Zhang X，Scott J，Sharma B K，et al. Fouling mitigation and carbon recovery in nanofiltration processing of hydrothermal liquefaction aqueous waste stream [J]. Journal of Membrane Science，2020，614：118558.

[135] Watson J，Wang T，Si B，et al. Valorization of hydrothermal liquefaction aqueous phase：pathways towards commercial viability [J]. Progress in Energy and Combustion Science，2020，77：100811-100819.

[136] 郑育毅. 低碳源城市污水化学除磷的研究 [J]. 工业水处理，2011，31（9）：79-81.

[137] Shanmugam S R，Adhikari S，Shakya R. Nutrient removal and energy production from aqueous phase of bio-oil generated via hydrothermal liquefaction of algae [J]. Bioresource Technology，2017，230：43-48.

[138] Li Y L，Tarpeh W A，Nelson K L，et al. Quantitative evaluation of an integrated system for valorization of wastewater algae as bio-oil，fuel gas，and fertilizer products [J]. Environmental Science & Technology，2018，52（21）：12717-12727.

[139] Liu Yanfang，Wang Zhiqiang，Zhao Wenhui，et al. Hierarchical porous nanosilica derived from coal gasification fly ash with excellent CO_2 adsorption performance. Chemical Engineering Journal，2023，455：140622.

[140] Chen K，Lyu H，Hao S，et al. Separation of phenolic compounds with modified adsorption resin from aqueous phase products of hydrothermal liquefaction of rice straw [J]. Bioresour Technol，2015，182：160-168.

[141] Chen H，Wan J，Chen K，et al. Biogas production from hydrothermal liquefaction wastewater （HTLWW）：focusing on the microbial communities as revealed by high-throughput sequencing of full-length 16S rRNA genes [J]. Water Research，2016，106：98-107.

[142] 钱程. 螺旋藻水热液化制备生物油：水相循环的实验研究 [D]. 北京：中国石油大学，2019.

[143] Zhu Z，Rosendahl L，Toor S S，et al. Hydrothermal liquefaction of barley straw to bio-crude oil：effects of reaction temperature and aqueous phase recirculation [J]. Applied Energy，2015，137：183-192.

[144] Hu Y，Feng S，Amarjeet B，et al. Improvement in bio-crude yield and quality through co-liquefaction of algal biomass and sawdust in ethanol-water mixed solvent and recycling of the aqueous by-product as a reaction medium [J]. Energy Conversion & Management，2018，171：618-625.

[145] 尹思媛，田纯焱，李艳美，等. 水相循环对玉米秸秆水热液化成油特性影响的研究 [J]. 燃料化学学报，2020，48（3）：275-285.

[146] 陈海涛. 水相循环对螺旋藻水热液化制备生物油的影响研究 [D]. 镇江：江苏大学，2020.

[147] Yu J，Guo Q，Gong Y，et al. A review of the effects of alkali and alkaline earth metal species on biomass gasification [J]. Fuel Processing Technology，2021，214：106723.

[148] Watson J，Si B，Li H，et al. Influence of catalysts on hydrogen production from wastewater generated from the HTL of human feces via catalytic hydrothermal gasification [J]. International Journal of Hydrogen Energy，2017，42（32）：20503-20511.

[149] Zhang L，Champagne P，Xu C. Supercritical water gasification of an aqueous by-product from biomass hydrothermal liquefaction with novel Ru modified Ni catalysts [J]. Bioresource Technology，2011，102（17）：8279-8287.

[150] Van Aken P，Van den Broeck R，Degrève J，et al. The effect of ozonation on the toxicity and biodegradability of 2,4-dichlorophenol-containing wastewater [J]. Chemical Engineering Journal，2015，280：728-736.

[151] Yang L，Si B，Martins M A，et al. Improve the biodegradability of post-hydrothermal liquefaction wastewater with ozone：conversion of phenols and N-heterocyclic compounds [J]. Water Science and Technology，2018，2017（1）：248-255.

[152] Silva Thomsen L B，Anastasakis K，Biller P. Wet oxidation of aqueous phase from hydrothermal liquefaction of sewage sludge [J]. Water Research，2022，209：117863.

[153] Ciarlini J，Alves L，Rajarathnam G P，et al. Electrochemical oxidation of nitrogen-rich post-hydrothermal liquefaction wastewater [J]. Algal Research，2020，48：101919.

[154] Matayeva A，Biller P. Hydrothermal liquefaction aqueous phase treatment and hydrogen production using electro-oxidation [J]. Energy Conversion and Management，2021，244：114462.

第 **7** 章
水热液化气相和固相
资源化途径

7.1 水热液化气相特征

7.1.1 气相组成

　　大多数关于水热液化的研究都是在反应釜中进行，包括间歇式、半间歇式反应器及连续式反应器，其中间歇式高压反应器用途最为广泛，该反应器大多由不锈钢 SS316 制成，容量为 $10\sim1000$ mL，并且允许缓慢升温以及较长的停留时间[1]。实验通常在配有加热夹套或外部电加热器的条件下进行反应。在特定温度及压力下完成反应后，冷却至室温进行产物的分离和收集。水热液化产生的四种产品分为固相、水相、油相和气相，如图 7-1 所示。

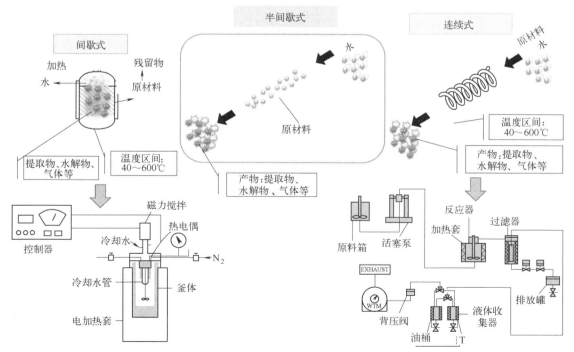

图 7-1　在不同反应器中进行水热反应[2,3]

一般而言，在文献中学者的分析重点为固相、水相和油相，而气相通常仅使用与热导检测器（TCD）耦合的气相色谱（GC）进行分析。这些研究表明，气相主要是由 CO_2 和少量的 CO、H_2、CH_4 及 C_2H_6 组成[4]。此外，CO 和 CO_2 主要来自脱羰基和脱羧基；CH_4、C_2H_4 和 C_2H_6 可能由快速水热液化过程中的去甲基化产生[5]。然而对于大多数有机化合物而言，与火焰离子化检测器（FID）相比，热导检测器的灵敏度较低，气相的痕量化合物可能低于检测限。Toor 等[5] 研究从可溶物湿酒糟（WDGS）中连续生产生物油，研究表明，反应后的气相中含有 95% 的 CO_2、1.6% 的 H_2、少量的 N_2、CO、CH_4 以及痕量的断链烷烃和烯烃。通过 GC-FID/TCD 分析比较模型化合物的水热气化和水热液化的气相，研究发现，主要由 H_2、CO_2 和 CH_4 组成，并且观察到少量的 CO、C_2H_6、C_2H_4 和 C_3H_8[6]。此外，他们还证明了有痕量的 C_4（≤0.3%，体积分数）气体存在。Jayakishan 等[6] 利用胡桃木生物质和油漆共液化，发现气体产物含有 H_2（24.53%）、CO_2（46.25%）、CO（6.38%）、CH_4（9.35%）和少量其他化合物。此外，在藻类的水热液化过程中，高达 75%（质量分数）的 N 会随着水热处理进入气相，从而释放更多的氮氧化物（NO_x）和一氧化二氮（N_2O）。因此，水热液化技术产生的 NO_x 和 N_2O 排放将损害从化石燃料使用和温室气体排放中获得的环境效益。

等式（7-1）总结了生物质水热反应中发生的一些重要气化反应[8]：

$$CH_xO_y+(2-y)H_2O \rule[0.5ex]{2em}{0.4pt} CO_2+\left(2-y+\frac{x}{2}\right)H_2 \tag{7-1}$$

式中，x 和 y 分别是生物质中 H/C 和 O/C 的元素摩尔比。反应的产物是合成气，其质量取决于 x 和 y。

除等式（7-1）之外，也可能发生其他气化的中间反应，如下列等式[9] 所示。

① 蒸汽重整反应

$$CH_xO_y+(1-y)H_2O \rule[0.5ex]{2em}{0.4pt} CO+\left(1-y+\frac{x}{2}\right)H_2 \tag{7-2}$$

② 蒸汽变化反应

$$CO+H_2O \rule[0.5ex]{2em}{0.4pt} CO_2+H_2 \tag{7-3}$$

③ CO-烷基化反应

$$CO+3H_2 \rule[0.5ex]{2em}{0.4pt} CH_4+H_2O \tag{7-4}$$

④ CO_2-烷基化反应

$$CO_2+4H_2 \rule[0.5ex]{2em}{0.4pt} CH_4+2H_2O \tag{7-5}$$

⑤ 加氢反应

$$CO+2H_2 \rule[0.5ex]{2em}{0.4pt} CH_4+0.5O_2 \tag{7-6}$$

7.1.2　气味物质及环境效应

尽管目前对于水热液化的研究主要关注固相和液相产物，但气味物质也是该过程重要的输出物质，而且会产生严重的环境效应。在微藻的水热液化中，气相部分的产率约为微藻原料中原始有机物的 20%。反应条件对气体产物的组成也有所影响，反应温度一旦超过水的临界点，CO_2 的浓度就会下降，而低碳氢化合物（CH_4 和 C_2）的浓度会增加。气体中少量的 CO 表明水热液化过程氧去除主要通过脱羰而不是脱羧发生，而形成的 CO 很容易发生水煤气变换反应形成 CO_2 和 H_2[10]。此外，在某些情况下，不同的催化剂对水热液化的气相物质产量和成分也有影响[11]。其中，以甲酸、乙酸、Na_2CO_3 和 KOH 为催化剂进行水热液化，分别产生了 30％、16％～22％、18％～20％和 10％的气体[12]。相比之下，沸石等催化剂的使用在一定程度上可以降低水热液化过程中气体的产率[13]。Pt/C 催化剂的应用会导致气体中 C_2H_6 和 CH_4 的含量上升[14]。Ni/SiO_2-Al_2O_3 和 Ru/C 催化剂表现出更好的脱羧活性，在没有 H_2 的情况下，水热液化气体产物中 C_2H_6、CH_4 和 H_2 的产生量增加，当 H_2 存在时，使用催化剂则会产生大量的 CO_2[15]。此外，碱催化剂的使用导致 CO_2 产量升高，有机酸催化剂的应用则导致 H_2、CO 和 CH_4 在气体产物中的占比增加[16]。可以通过抑制气态馏分的形成来提高生物油含量。因此，可以通过催化剂选择性调控气相产物的形成，避免使用 Ni 等催化剂（以气化而闻名），有助于防止形成气体馏分[17]。水热液化过程产生的气相物质具有潜在的环境影响，其中温室气体的排放导致严重的气候变化。此外，利用生物质水热液化生产生物油的过程中气相物质的排放也会造成陆地酸化等潜在环境影响。

7.2　水热液化气相处理与资源化

7.2.1　二氧化碳资源化

CO_2 的资源化利用受到了越来越多的关注。一部分是与传统的碳氢化合物相比，由于使用 CO_2 作为原料可实现更清洁且经济的生产过程，一部分是出于对气候变化的考虑。因此，二氧化碳的资源化利用可产生更高的价值，且有助于减缓气候变化。

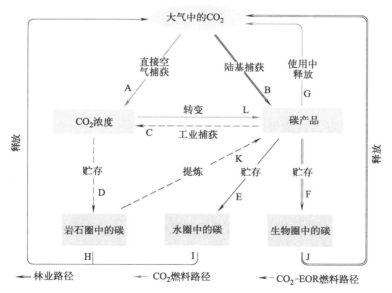

图 7-2　二氧化碳利用和去除循环[18]

二氧化碳利用路径表示为步骤 A～L 的组合（图 7-2）。双线箭头描述一个示例开放路径，林业（BFJ）；灰色箭头描述一个示例循环路径，即具有直接空气捕获（ALG）的 CO_2 燃料；虚色箭头描述一个示例封闭路径，CO_2-EOR（KCD）；循环路径（聚合物除外）以步骤 G 结束；封闭路径以步骤 D、E 或 F 结束；开放路径以步骤 J 结束。所有流量均不含过程排放。

　　作为常规的利用途径，二氧化碳可有效地转化为一系列化学品，但只有少数技术已商业化应用，例如尿素[19] 和聚碳酸酯多元醇[20] 的生产。其中，规模最大的化工利用途径是尿素的生产。根据 $2NH_3+CO_2 \rightleftharpoons CO(NH_2)_2+H_2O$ 可知，由氨和 CO_2 生产尿素。对于聚合物的生产，到 2050 年，二氧化碳的利用预估为 $10\sim50Mt/a$。在目前的市场结构中，大约 60％的塑料用于包装以外的其他领域，包括作为耐用建筑材料、家居用品、电子产品和车辆。此类产品的使用寿命长达数十年甚至数百年[21]。

　　与此同时，CO_2 主导石油采收率（EOR）提升，尤其是在北美。EOR 占每年约 5000万吨 CO_2 的使用量，其中约 4000 万吨来自天然 CO_2 储层，价格一般在 $15\sim19$ 美元/吨左右。CO_2 在原油中的混溶性受到压力的强烈影响。需要最低混溶压力（MMP）以使 CO_2 与油完全混溶。为实现低 MMP，同时由于 CO_2 流中存在的 N、S、SO_x、NO_x 和其他污染物会增加 MMP，因此高 CO_2 纯度至关重要[22]。

　　燃料中的 CO_2 被认为是脱碳过程中的一种有吸引力的选择，因为其可以部署在现有的运输基础设施中。这种燃料还可以在更难脱碳的过程中发挥作用，例如在航空中，因为碳氢化合物的能量密度比目前的电池高几个数量级。碳基能源载体在净零排放经济中的长期使用依赖于它们使用的可再生能源的生产，以及低成本、可扩展、清洁的氢气生产，譬如通过水的电解或新的替代方法。此外，微藻因其具有高 CO_2 固定效率（高达 10％，而其他生物质为 1％~4％[23]）并且可生产如生物燃料、高价值碳水化合物和蛋白质以及塑料等一系列产品而被广泛关注。CO_2 还原生成能量密集的碳氢化合物燃料，也是近期碳捕获、利用和资源化的有效途径。Ibrahim 等[24] 研究发现，微藻水热液化残渣生物炭在能够从反应区选择性分离氢气的膜反应器中热解产生氢气。结果显示，气体产物中 CO 和 CO_2 的量有所减少，而 CH_4 产生量却有所增加，这为生物质水热液化 CO_2 的资源化提供了思路。

　　此外，从铝土矿中提取铝会产生高碱性铝土矿渣浆，这会导致处理过程中的环境问题。澳大利亚的 Alcoa 使用 CO_2 流将浆料的 pH 值降低到危害较小的水平。Alcoa 建议 CO_2 流的浓度应高于 85％，因为在此过程中 CO_2 直接与稠化浆料接触并保持合理的保持时间，而浓度较低的气体会使化学反应变得困难[22]。

　　根据政府间气候变化专门委员会第五次评估报告，负排放技术（NET's）很可能在实现未来的气候目标方面发挥重要作用，并将全球变暖控制在远低于工业化前水平的 2℃以内。其中，在综合评估模型（IAMs）中，生物质能和碳捕集与封存（BECCS）技术的 CO_2 减排潜力最大，被认为是实现气候变化缓解的关键概念。在 BECCS 中，CCS 与低碳或碳中性生物能源的结合已经显示出产生负二氧化碳排放的能力，同时以电、热或燃料的形式提供能源。在这种方法中，部分由生物质自然吸收的二氧化碳不会被释放回大气，而是被封存在地下，从而产生整体的负碳排放。Lozano 研究发现，与使用化石资源相比，采用 CCS 的 HTL 工艺可以减少 102％~113％的温室气体排放[25]。

7.2.2　其他组分资源化

　　水热液化气相中除二氧化碳资源化利用外，CH_4、H_2 的资源化利用很多学者也做了相关的研究。

　　CH_4 一般常作为替代天然气的燃料用于火炉/锅炉的燃烧，但是必须遵循安全且合理利用的相关标准，譬如生物甲烷的浓度必须提高到几乎 100％，才能在不进行任何改造的情况下替代家用炉灶中的天然气。锅炉中的燃烧对生物甲烷的质量具有很高的耐受性。原则上，生物甲烷无须升级即可用于燃烧锅炉。

往复式内燃机是应用最广泛的发动机技术之一，以甲烷为主的沼气为燃料有着悠久的历史。内燃机通常可以容纳甲烷和二氧化碳的混合物，混合物中 CH_4 浓度的下限约为 21％（摩尔分数），以保持最佳的燃烧条件。然而，迄今为止，沼气还没有被用作燃气轮机的常规燃料。这是由于用于发电的典型固定式燃气轮机的运行容量较大，因此很难满足该水平的燃料需求。一般来说，虽然燃气轮机对 CH_4 的浓度没有具体要求，但如果 CH_4 浓度非常低则发热量低，沼气的排放量仍然是在热电联产中利用沼气的最重要障碍之一，并且可能需要对燃烧器进行改造。

此外，使用 CH_4 为燃料的燃料电池也具有较为广阔的应用。燃料电池是将燃料/氧化剂混合物的化学能转化为电能的电化学装置。CH_4 作为燃料的燃料电池包括熔融碳酸盐燃料电池（MCFC）和固体氧化物燃料电池（SOFC），它们的工作温度分别为 600～700℃ 和 800～1000℃。由于工作温度高，这种燃料电池具有更高的燃料灵活性[26]。

H_2 作为燃料使用是 H_2 实现资源化利用的常用途径之一。目前，氢气主要用于化工和石油工业：全球生产的 H_2 中大约 61％用于氨合成工艺，23％用于炼油，10％用于甲醇合成。此外，全球生产的 H_2 的 4％用于商业，3％用于其他[27]。并且，H_2 被认为是一种有价值且清洁的化石燃料替代品，当用作燃料时，氢氧化只会释放水和热量，不会产生额外的排放。H_2 可为质子交换膜（PEM）等低温燃料电池提供燃料，并允许电能转换，避免污染物和温室气体排放[28]。值得注意的是，用于燃料电池的 H_2 被认为是一项新兴技术。例如，氨合成中的应用需要 H_2 纯度高于 98％[29]；PEM 技术中使用的 H_2 需要 99.99％的高纯度等级[30]。

氢气也可用作传统火花点火发动机的补充燃料，无须对发动机进行大量改装。氢具有许多可以改善汽油发动机的性能和废气排放的理想特性。Ceviz 等研究了在汽油-空气混合物中添加少量氢气对火花点火发动机的性能和废气排放特性的影响。使用四种空燃比（体积比从 0％到 2.14％、5.28％以及 7.74％），空燃比的增加可显著减少 CO 和碳氢化合物排放，以此改善发动机的加热效率和特定燃料消耗等性能特性。Li 等[31] 发现在发动机中加入氢气后燃烧延迟期缩短，燃烧的燃料量也相应减少。

7.2.3　气相处理与资源化展望

气相产物转化为轻质燃料气体也是一条可能的资源化途径，但仍需进一步研究，以针对大规模加工的应用。目前研究中对生物质水热液化过程所产生的气相的关注不多。在生物质液化过程中，气相的产率通常低至 5％（质量分数）。因此，许多研究忽略了质量平衡中气体的存在或将其与其他相组合，例如液相产物。但这种方法仅适用于小规模的实验室研究，对于工业规模的推广应用，应探究不同的策略。将气体释放到大气中势必会增加气相处理的成本和环境危害，而与水热液化过程其他部分集成可能会为气相资源化带来价值[3]。

用于 CO_2 有效转化的技术处于不同的发展阶段。但是，仍然存在重大瓶颈，比如 CO_2 的循环路径必须与低成本的现有企业竞争。除 CO_2-EOR 外，四个封闭路径主要处于低技术准备水平（TRL）。开放路径虽然在理论上切实可行，但通常会产生额外的运营成本，例如实施、交易、制度和监控成本可能很高[18]。

对于甲烷而言，沼气可用作家用炉灶、锅炉、内燃机、燃气轮机、车辆和燃料电池的燃料。但过度追求高质量或忽视甲烷的纯度都会导致不必要的成本。然而，在某些特定应用中，对气体质量的要求很难确定，特别是那些具有灵活要求的应用，例如燃气轮机和燃料电池。因此缺乏关于气体质量如何影响成本和效率方面的整体系统性能的信息。所以，迫切需要对气用和气提质进行综合优化[22]。

氢气最大的优势之一在于高能量密度，能量密度在 $120\sim142MJ/kg$ 之间变化。高能量密度加上生产工艺的成熟促进了氢气作为未来能源的潜在季节性储存，以及替代燃料[32]。燃料电池似乎是便携式和固定式氢气利用最有前途的解决方案。然而，由于体积能量含量低，有效的应用需要在 $-253℃$ 下液化，或压缩至 $700bar$（$1bar=10^5Pa$）。这两个过程都是高度能源密集型的，用于压缩时会有约 10% 的能量损失，用于液化能量损失则为 40%[33]。此外，高可燃性需要谨慎地处理随之引发的一些安全问题。譬如用于储氢的材料不得与任何形式的氢发生反应，并同时充当出色的隔热材料[34]。此外，氢分配网络的问题更加严重，据估计，未来几十年新基础设施的成本将超过数十亿美元。因此，为了克服现有问题，开阔更广泛的资源化途径，需要开发适当的配电网络，并实现可再生能源生产的成本竞争力。

7.3　水热液化固相资源化

7.3.1　固相组成

水热液化的固相产品主要为碳材料。实际上，具有丰富氧化官能团的水热炭是一种高附加值的含碳材料，由干/湿生物质通过水热炭化（HTC）获得，一般而言，温度较低（220℃以下）的水热液化也可称为水热炭化反应[35]。在 HTC 过程中，木质素在高压间歇式高压釜中于亚临界水和自生压力（2~10MPa）存在下加热。反应机理包括水解、脱水、脱羧、芳构化和再缩合，它们是一同发生的[36]。木质素水热炭的形成途径如图 7-3 所示。

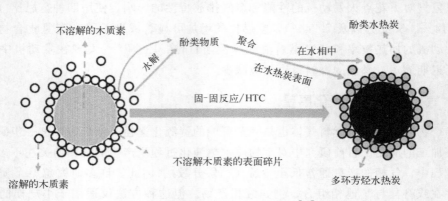

图 7-3　木质素水热炭的形成途径[37]

7.3.1.1　水热炭的热值

水热炭化通过包括脱水、脱羧和再冷凝在内的反应进行，可以将木质纤维素生物质转化为高价值的固体燃料[38]。Kang 等[39] 报道水热炭的热值在 225℃、245℃和 265℃的温度下在 24~30MJ/kg 之间，与之相应的原料包括木质素、纤维素、D-木糖和木粉。Guo 等[40] 报道温度对水热炭的产率、碳含量和热值有主要影响，较长的停留时间有利于脱水、脱羧和聚合反应，导致碳含量增加，氧含量降低。Liu 等[41] 还报道了水热炭的能量密度随着水热温度的升高而增加，热值接近褐煤的能量密度。与原始原料相比，脱氧和脱水反应导致水热炭疏水性升高以及碳含量增加。这可以解释为低能量 H—C 和 O—C 键数量的减少和高能量 C—C 键的增加，使生物质原料的能量密度升高。

7.3.1.2　水热炭的化学性质

与其他碳材料不同，水热炭化导致生物质有效的水解和脱水，使得水热炭具有丰富的氧化官能团（C—O、C═O、COO—等）。因此，水热炭可用作重金属离子的吸附剂。含氧官能团产物的含量很大程度上取决于水热炭化的加工条件和原料的种类。糖类（葡萄糖、蔗糖和淀粉）的水热炭化可导致具有丰富氧化官能团水热炭的形成。Zhou 等[42] 报道，具有丰富氧化官能团的水热炭是通过新鲜和脱水香蕉皮的水热反应制备的。

7.3.1.3　水热炭的微晶结构和表面形态

原料类型和碳化条件对水热炭微晶结构的形成起着重要作用。当制备条件温和，水热炭呈现出与原料相似的结构。然而当制备条件苛刻时，水热炭的结构发生转变，可呈现出不同的结构。Sevilla and Fuertes[43] 报告指出，在 210℃水热处理产生的水热炭呈现出类似于原始纤维素的不规则形态，在 220℃ 的温度下获得的样品主要由直径为 2~10μm 范围的微球组成。Guo 等[40] 报道，较长的停留时间也可促进草中的结晶纤维素在 240℃ 的温度下形成水热炭。通过水热反应获得的碳质微球的表面形态受碳化条件和原料类型的影响[40]。Demir-Cakan 等[44] 的研究表明水热反应可以将葡萄糖转化为无定形的微孔炭球。

7.3.2　固相资源化技术

水热液化中水热炭是一种有价值的产品，可用作固体燃料，更重要的是可用作合成活性炭、有机吸附剂和超级电容器等的前体材料。表 7-1 总结了 HTC 工艺的特点以及生物质水热炭的应用。碳含量从木质纤维素生物质的 48% 增加到 HTC 后的 72%[45]。水热炭的热值为 24~30MJ/kg，可用作节能的可再生燃料资源。木质素的主要结构变化仅在 300℃ 后发生，并且表面官能团在 350℃ 或更高温度下分解[46]。木质素水热炭已被用作活性炭的前体[47] 以及由于丰富的含氧表面官能团而用于染料去除的吸附剂[36]。然而，水热炭具有较少的芳香结构和热顽固性、低表面积和较差的孔隙率，阻碍了水热炭在环境和储能方面的有效开发。因此，可以应用一些活化方法来增加吸附的表面积、孔隙率。此外，通过一些改性方法可以增强水热炭的表面官能团。来自农业废弃物、木质生物质和食物垃圾的水热炭的应用见图 7-4。

表 7-1　生物质水热炭化及应用[37]

生物质	温度/℃	停留时间/h	固体产率/%	应用
麦秸木质素	240	16	—	超级电容器
脱碱木质素	160~260	0.5~20	56.4~72.0	催化剂
番茄渣	150~250	1.6~18.4	27.6~28.0	废物处理
垃圾	180~250	1	32~54	能量转换

（续）

生物质	温度/℃	停留时间/h	固体产率/%	应用
竹子	180～260	1/6	47.1	能量转化
云杉木质素	200	5	37～78	CO_2 吸附
木质素纤维素	210	0.5	92.5	固体燃料
稻草木质素	180	20	—	有机吸附剂
木质素	150～280	0.5	70.6～90.5	固体燃料

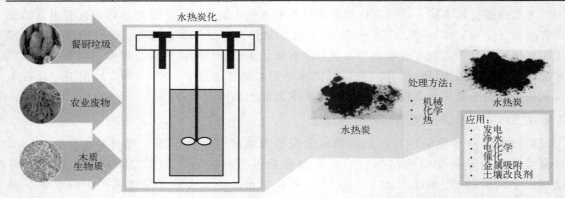

图 7-4 来自农业废弃物、木质生物质和食物垃圾的水热炭的应用[2]

7.3.2.1 水热炭对气候变化的缓解

大气中不断增加的温室气体（GHG）积累，尤其是二氧化碳，是造成严重有害的全球变暖以及随之而来的气候变化和其他环境问题的重要原因[48]。为了减轻温室气体对环境的影响，使用多孔固体作为吸附剂通过压力、温度或真空变压吸附系统捕获二氧化碳是解决这一问题的有前途的技术[49]。大量研究针对热解产生的生物炭，它可以最大限度地减少二氧化碳排放到大气中[50]。水热炭的制备过程中可以通过利用废弃生物质来减少垃圾填埋场的气体排放，并为大规模碳封存提供了一种有效的方法[51]。例如，Sevilla 等[52] 报告中指出，可持续多孔炭（PCs）由水热处理的多糖（淀粉和纤维素）或生物质（锯末）通过使用 KOH 的化学活化制备，表现出高二氧化碳的吸附[52]。Parshetti 等[53] 还发现，通过新型的水热炭结合化学活化从木质纤维素原料制备的碳质材料表现出高性能的二氧化碳捕获性能[53]。

然而，一些研究表明，水热炭不适合固碳，因为它在土壤中的稳定性较差[54]。一些研究人员注意到，水热炭在实际应用过程中会迅速分解并刺激 CH_4 和 CO_2 排放到大气中[55]。通过 KOH 衍生自水热炭的高度微孔活性炭可能是一种有效的 CO_2 捕获吸附剂[56]。Malghani 等[57] 发现添加水热炭（1%，质量分数）会显著增加三种土壤（云杉林、落叶林和农业）中的 CO_2 排放，其中大部分额外的碳来自水热炭分解[57]。在土壤中使用水热炭时温室气体排放量增加很可能是由于水热炭中碳的易降解性导致微生物活动增加的结果。因此，在估算不同水热炭的固碳潜力时，应进一步深入研究以优化水热炭在土壤中的应用，使其具有高稳定性、低温室气体排放和对农业生产力的积极影响[58]。

7.3.2.2 水热炭对污染控制和修复

重金属，尤其是铬（Cr）、砷（As）和铅（Pb），由于具有高毒性、不可生物降解和在食物链中的积累等特点，对生态环境和人类的危害更大[59]。此外，有机污染物（如农药残留、抗生素、药物和染料等）对环境的污染由于潜在的负面生态影响而受到公众的广泛关注[60]。在这种情况下，已应用各种方法来有效去除土壤和水中的重金属以及有机磷农药，而吸附技术因其低成本和高效率而被认为是最可行的选择之一。

在各种碳质材料中，尽管大多数类型的水热炭，尤其是来自植物生物质的水热炭，营养成分含量较低，不能单独用作肥料，但可以将其添加到土壤中，通过减少地表径流流失的肥料量来增强肥料的效果。养分被吸附到碳材料表面的孔隙中，然后随着时间的推移将养分缓慢释放到土壤中以供植物吸收。之前关于生物炭作为土壤改良剂的几项研究表明，生物炭可以改善土壤的理化性质，包括持水能力、水稳定性聚集、pH、阳离子交换容量（CEC）、阴离子交换容量（AEC）、可提取养分等。因此，由于提高肥料的效率，已发现生物炭与肥料在促进植物生长方面具有协同作用。并且，水热炭可以作为制造金属/碳复合材料的模板，以吸附具有众多相关吸附位点的重金属和有机磷。通过改性可以显著提高水热炭的性能（如比表面积、孔径）。此外，改性水热炭可以提供许多相关的吸附位点，这是由于高浓度的氧官能团和低程度的芳基[61]。

此外，将水热炭添加到土壤中会增加土壤可以保留的水量，尽管这种改善仅在沙质土壤中观察到，沙质土壤具有较低的可用水容量（AWC）。具有高 AWC 的土壤，例如那些具有高有机质含量的土壤，其物理特性并没有表现出显著的改善。向土壤中添加水热炭会降低土壤的容重并增加总孔隙体积，从而使土壤保留更多的水分。然而，水热炭在提高土壤持水能力方面不如生物炭有效，因为在水热炭的某些区域观察到疏水性。防水性是由于水热炭表面的真菌定殖，因为水热炭比生物炭更容易生物降解[62]。

对于重金属，Tang 等[63] 发现无论初始溶液 pH 值如何，Ni/Fe 改性水热炭（由沼渣制备）在 1.5h 内去除了 99.5％的 Pb^{2+}。该材料不仅可以作为有效的 Pb^{2+} 固定化吸附剂，而且还起到催化剂的作用，产生原子氢，可以攻击 Pb^{2+} 形成 Pb^0。Elaigwu 等[64] 研究了从非洲牧豆壳制备的生物炭和水热炭可用作吸附剂从水溶液中去除 Pb^{2+} 和 Cd^{2+} 离子。水热炭和生物炭对 Pb^{2+} 的最大吸附量分别为 45.3mg/g 和 31.3mg/g，对 Cd^{2+} 的最大吸附量分别为 38.3mg/g 和 29.9mg/g，表明水热炭可用作去除废水中重金属离子的有效吸附剂。Xue 等[65] 证明 H_2O_2 改性的水热炭增强了 Pb^{2+} 的吸附能力，吸附容量为 22.82mg/g，与商业的活性炭相当，是未经处理的水热炭（0.88mg/g）的 20 倍[65]。此外还提到模型结果表明，改性水热炭对重金属的去除能力遵循 $Pb^{2+}＞Cu^{2+}＞Cd^{2+}＞Ni^{2+}$。因此，水热炭衍生吸附剂的吸附方法的应用是重金属污染的一种有前途的方法之一。

对于有机污染物，Qi 等[66] 提到富含羧基的碳质材料具有低表面积（20m²/g），是由纤维素的水热处理制备。它对 1-丁基-3-甲基-咪唑氯化物表现出优异的吸附能力。Zhang 等[67] 研究了源自牲畜废物的水热炭的吸附能力，并注意到其可以有效吸附极性药物个人护理产品和非极性芘。结果表明，无定形芳烃的碳在水热炭的高吸附能力中起重要作用。此外，一些研究人员发现，可以通过热解从水热炭制备新型多孔碳，并将其应用于四环素的吸附[68]。Zhu 等[69] 发现废水热炭可以被活化和改性成一种新型磁性碳复合材料，这种磁性碳表现出优异的孔雀绿吸附能力（476mg/g），适用于染料去除。此外，来自水热炭材料的磁性多孔炭是去除四环素的出色吸附剂。此外，Zhu 等[70] 发现水热炭性质（顽固性指数、H/C 和 O/C 原子比）与其衍生的磁性碳复合材料的环境性能（对洛克沙肼的吸附能力）之间存在强线性相关性[70]。

整体而言，水热炭可用于修复被重金属或有机磷污染的土壤和水体。因此，在土壤管理和环境污染修复方面具有重要意义。

7.3.2.3 水热炭的蓄能

对可持续能源日益增加的需求促使全球投入大量资源。电化学电容器（也称为超级电容器）是一种储能装置，由于其具有高功率密度、长循环寿命、快速充电/放电能力和可靠的安全特性而备受关注[71]。碳基材料，例如低成本、易于获取和环保的水热炭，在许多能源相关应用中引起了学者们极大的兴趣。然而，作为超级电容器的材料，提高能量密度仍然是一个巨大的挑战。为了实现高电容，水热炭需要适当的活化。

一般而言，可通过两种方法对水热炭进行活化[72]：①使用 CO_2 或 $800 \sim 900 ℃$ 的蒸汽进行物理（或热）活化；②使用 KOH、$ZnCl_2$、H_3PO_4 等进行化学活化，通常在 $450 \sim 650 ℃$ 的范围内。例如，通过海藻酸为原料水热处理和后续的 KOH 活化可以制备水热炭，用于超级电容器。它表现出高表面积（$2421 m^2/g$）和卓越的电容性能，在 $1 A/g$ 的电流密度下具有 $314 F/g$ 的比电容[71]。通过碳化竹基副产品的工业废料，然后使用质量比为 1:1 的 KOH 活化，合成了一种仿生蜂巢状分层纳米多孔炭。它作为超级电容器电极材料表现出显著的电化学性能，例如在 $0.1 A/g$ 时具有 $301 F/g$ 的高比电容，在 $6.1 W \cdot h/kg$ 的能量密度下具有 $26000 W/g$ 的高功率密度[73]。Sevilla 等利用不同的活化剂，如 KOH、K_2CO_3 和 $KHCO_3$ 来活化葡萄糖衍生的水热炭，而 $KHCO_3$ 被认为是一种更环保、更有效的化学活化溶剂。这些经过 H_2O_2 和 $ZnCl_2$ 处理的碳在 $0.25 A/g$ 的电压下在 0 到 1V 之间提供了 $246 F/g$ 的高电容[74]。这种电荷存储容量的提高归因于孔径的广泛分布和更大的表面积[75]。

此外，多孔炭材料上的杂原子掺杂（B、N、P 或 S）对于超级电容器的应用非常重要，因为它们能够与电解质发生氧化还原反应，从而提高其容量[76]。Zhang 等[77] 以明胶为前体制备了具有层状沉积岩结构的富氧活性炭，该碳材料在 $1 A/g$ 的电流密度下显示出 $272.6 F/g$ 的比电容[77]。在三聚氰胺存在下由生物质（例如葡萄糖和锯末）制备的友好型超级电容器在水性电解质中表现出高比电容（H_2SO_4 中的比电容为 $>270 F/g$，Li_2SO_4 中的比电容为 $0.190 F/g$）[78]。Si 等首次使用人类头发制备杂原子掺杂碳材料，研究表明，其中主要是多种 N、O 和 S 掺杂物种的协同作用，特别是硫元素的贡献。然而，关于硫元素掺杂碳材料用作电化学双层电容器电极的报道很少。除了现有的改性方法外，还应探索更合适和新颖的改性方法。

水热炭还可以改性用于储气应用，它是制备活性炭的优良前体。活性炭材料由各种有机原料的水热处理制备，表现出高吸氢量 [6.4%（质量分数）]，储氢密度范围在 $12 \sim 16.4 mmol/m^2$ 之间。在 Sangchoom 等[79] 的研究中，木质素衍生的水热炭被用作活性炭（由 KOH 活化）的前体。该材料具有高表面积（$3235 m^2/g$）和孔体积（$1.77 cm^3/g$），吸氢高达 6.2%（质量分数）。综上所述，水热炭的性能受生物质原料类型、水热和活化条件的显著影响，应进一步研究最佳条件以提高超级电容器和储气库的性能。

7.3.2.4 水热炭用作固体燃料

生物质本身是一种劣质燃料，因为它的能量密度低、灰分和水分含量低。因此，通常将其加工成颗粒形式以增加其堆积密度，从而降低储存和运输成本。然而，长期储存产生的一些问题包括水分吸收和分解，这两者都有利于微生物和生化活动[80]。此外，将生物质压缩成足够致密的形状是一个能源密集型过程。测试了由松木锯末、稻壳、椰子纤维和椰子壳生产的水热炭颗粒的密度、最大压缩力和拉伸强度[81]。这些球团的密度比相应的生球团高180%~482%，生球团的密度范围为 984~1141kg/m³，水热炭球团的密度范围为 1153~1334kg/m³。水热炭和生颗粒的最大压缩力和拉伸强度分别为 1049~867N、2.97~7.5MPa和 246~990N、0.96~3.91MPa。已发现较高的热值与褐煤相当，范围为 15.08~21.74MJ/kg[81]。在另一项研究中，与生颗粒的 1102.4kg/m³、20.7MJ/kg 的值相比，发现松木水热炭颗粒的质量密度为 1468.2kg/m³、热值为 26.4 MJ/kg[82]。在这两项研究中，由于其疏水性，水热炭还减少了颗粒对水分的吸收。

其他研究集中在用作固体燃料的水热炭的燃烧特性上。在对污水污泥水热炭的研究中，使用热重分析来分析其燃烧行为[83]。水热炭完全燃烧的时间比生污泥要长，分解发生在两个阶段。原污水污泥只有一个分解阶段，这意味着它不稳定，燃烧速度更快，导致热量损失很大。原料污泥也有较高的有毒排放物。由于在水热反应的过程中去除了氮、硫和重金属，因此改进的燃烧可归因于水热炭的更高的固定碳和更低的挥发性物质。H/C 和 O/C 比率的降低意味着表面氧化官能团的损失，由于氧官能团是亲水的，因此增加了水热炭的疏水性。这也是燃烧过程中的一个有利特性，因为水热炭从大气中吸收的水滴较少。此外，当温度升高时，H/C 和 O/C 比均降低，这表明燃料性能有所改善，即脱水和脱羧反应引起的固体质量减少导致水热炭的能量致密化[84]。

7.3.2.5 水热炭用于厌氧消化

近几年，厌氧消化中水热炭的影响引起了越来越多学者的关注[85]。在厌氧消化（AD）期间，最佳微生物活动和代谢途径受 pH 调节，水热炭通过加速挥发性脂肪酸（VFA）的降解，有效减少 AD 反应器的酸化[86]。此外，水热炭还可促进厌氧消化期间的直接种间电子转移（DIET），DIET 速度被证明比氢电子转移快 106 倍[87]。当将水热炭和生物炭作为AD 中的添加剂进行比较时，前者比后者促进了更高的 CH_4 产率，并且归因于含氧官能团，这有利于直接种间电子转移。水热炭比生物炭具有更多的含氧官能团，是由于水热反应比热解过程在更低的温度下进行，并且这些基团与产甲烷的改善呈正相关[87]。

7.3.3 固相资源化展望

生物质是一种独特的能源，由于其可再生性，可转化为各种形式的化学原料和能源产品。在生物质的各种产品中，水热炭因其有趣的物理和化学特性而成为有价值的研究方向之一。随着全球变暖日益严重，预计水热炭的重要性将进一步增加。因此，为了充分发挥水热炭的潜力，将水热炭更广泛应用以及使其质量进一步提升有助于增强全球碳循环的可持续性[88]。

然而，在水热反应转化生物质形成固相产物的过程中，形成水热炭的结构以及其背后的机制是很具有挑战性的。大多数关于水热炭的转化研究都是在石油副产品中进行的。有大量的木质纤维素生物质材料可以转化为经济可行且环保的碳材料。温度已被确定为影响碳材料特性的重要参数。与此同时，也缺乏对水在水热转化过程中的作用的研究。因此，需要进行详细研究以推进模型反应研究其工艺参数，评估在实验室和工业规模实验中的影响。尽管近年来对碳材料进行了大量研究，但气体和液体产物受到的关注有限，这些副产物含有过渡产物，仍然需要更详细的研究[89]。更进一步的研究对碳材料形成有关的水热反应过程至关重要。

此外，水热炭近年来受到科学研究人员越来越多的关注，并且环境中有足够多可以开发的碳材料。正是由于其多样性，其制备过程和理化性质方面的标准建立十分困难。尽管许多研究集中在水热炭应用的不同方面，但将其作为催化剂使用仅在小范围内被研究。因此，有必要进行大规模的调查，以了解其长期可行性和经济可行性的潜力[90]。此外，用新技术替代水热炭生产领域的旧技术，如转化技术、设备等，是水热炭领域取得重大突破的必要条件。

参 考 文 献

[1] Dimitriadis A，Bezergianni S. Hydrothermal liquefaction of various biomass and waste feedstocks for biocrude production：a state of the art review [J]. Renewable and Sustainable Energy Reviews，2017，68：113-125.

[2] Lachos-Perez D，Brown A B，Mudhoo A，et al. Applications of subcritical and supercritical water conditions for extraction，hydrolysis，gasification，and carbonization of biomass：a critical review [J]. Biofuel Research Journal，2017，4（2）：611-626.

[3] Elliott Douglas C，Hart Todd R，Neuenschwander Gary G，et al. Hydrothermal processing of macroalgal feedstocks in continuous-flow reactors [J]. ACS Sustainable Chemistry & Engineering，2014，2（2）：207-215.

[4] Beims R F，Hu Y，Shui H，et al. Hydrothermal liquefaction of biomass to fuels and value-added chemicals：products applications and challenges to develop large-scale operations [J]. Biomass and Bioenergy，2020，135.

[5] Lu J，Wu X，Li Y，et al. Modified silica gel surface with chelating ligand for effective mercury ions adsorption [J]. Surfaces and Interfaces，2018，12：108-115.

[6] Toor S S，Rosendahl L，Nielsen M P，et al. Continuous production of bio-oil by catalytic liquefaction from wet distiller's grain with solubles （WDGS） from bio-ethanol production [J]. Biomass & Bioenergy，2012，36：327-332.

[7] Jayakishan B，Nagarajan G，Arun J. Co-thermal liquefaction of Prosopis juliflora biomass with paint sludge for liquid hydrocarbons production [J]. Bioresource Technology，2019，283：303-307.

[8] Reddy S N，Nanda S，Dalai A K，et al. Supercritical water gasification of biomass for hydrogen production [J]. International Journal of Hydrogen Energy，2014，39（13）：6912-6926.

[9] Guo Y，Wang S Z，Xu D H，et al. Review of catalytic supercritical water gasification for hydrogen production from biomass [J]. Renewable and Sustainable Energy Reviews，2010，14（1）：334-343.

[10] López Barreiro D，Prins W，Ronsse F，et al. Hydrothermal liquefaction （HTL） of microalgae for biofuel production：state of the art review and future prospects [J]. Biomass and Bioenergy，2013，53：113-127.

[11] Nagappan S，Bhosale R R，Nguyen D D，et al. Catalytic hydrothermal liquefaction of biomass into bio-oils and other value-added products：a review [J]. Fuel，2021，285.

[12] Shakya R，Whelen J，Adhikari S，et al. Effect of temperature and Na_2CO_3 catalyst on hydrothermal liquefaction of algae [J]. Algal Research，2015，12：80-90.

[13] Duan P，Savage P E. Hydrothermal liquefaction of a microalga with heterogeneous catalysts [J]. Industrial & Engineering Chemistry Research，2011，50（1）：52-61.

[14] Yang L，Li Y，Savage P E. Catalytic hydrothermal liquefaction of a microalga in a two-chamber reactor [J]. Industrial & Engineering Chemistry Research，2014，53（30）：11939-11944.

[15] Yang C，Jia L，Chen C，et al. Bio-oil from hydro-liquefaction of *Dunaliella salina* over Ni/REHY

catalyst [J]. Bioresource Technology, 2011, 102 (6): 4580-4584.

[16]　Zhang J, Chen W T, Zhang P, et al. Hydrothermal liquefaction of *Chlorella* pyrenoidosa in sub-and supercritical ethanol with heterogeneous catalysts [J]. Bioresource Technology, 2013, 133: 389-397.

[17]　Fang Z, Minowa T, Smith R L, et al. Liquefaction and gasification of cellulose with Na_2CO_3 and Ni in subcritical water at 350 degrees C [J]. Industrial & Engineering Chemistry Research, 2004, 43 (10): 2454-2463.

[18]　Hepburn C, Adlen E, Beddington J, et al. The technological and economic prospects for CO_2 utilization and removal [J]. Nature, 2019, 575 (7781): 87-97.

[19]　Perez-Fortes M, Bocin-Dumitriu A, Tzimas E. CO_2 utilization pathways: techno-economic assessment and market opportunities [Z]. 12th International Conference on Greenhouse Gas Control Technologies GHGT-12, 2014: 7968-7975.

[20]　Langanke J, Wolf A, Hofmann J, et al. Carbon dioxide (CO_2) as sustainable feedstock for polyurethane production [J]. Green Chemistry, 2014, 16 (4): 1865-1870.

[21]　Geyer R, Jambeck J R, Law K L. Production, use, and fate of all plastics ever made [J]. Science Advances, 2017, 3 (7).

[22]　Sun Q, Li H, Yan J, et al. Selection of appropriate biogas upgrading technology-a review of biogas cleaning, upgrading and utilisation [J]. Renewable and Sustainable Energy Reviews, 2015, 51: 521-532.

[23]　Williams P J L B, Laurens L M L. Microalgae as biodiesel & biomass feedstocks: review & analysis of the biochemistry, energetics & economics [J]. Energy & Environmental Science, 2010, 3 (5): 554-590.

[24]　Ibrahim A F M, Dandamudi K P R, Deng S, et al. Pyrolysis of hydrothermal liquefaction algal biochar for hydrogen production in a membrane reactor [J]. Fuel, 2020, 265.

[25]　Lozano E M, Pedersen T H, Rosendahl L A. Integration of hydrothermal liquefaction and carbon capture and storage for the production of advanced liquid biofuels with negative CO_2 emissions [J]. Applied Energy, 2020, 279.

[26]　Appleby A J. Fuel cell technology: status and future prospects [J]. Energy, 1996, 21 (7-8): 521-653.

[27]　Abbasi T, Abbasi S A. 'Renewable' hydrogen: prospects and challenges [J]. Renewable and Sustainable Energy Reviews, 2011, 15 (6): 3034-3040.

[28]　Nikolaidis P, Poullikkas A. A comparative overview of hydrogen production processes [J]. Renewable & Sustainable Energy Reviews, 2017, 67: 597-611.

[29]　Sircar S, Golden T C. Purification of hydrogen by pressure swing adsorption [J]. Separation Science and Technology, 2000, 35 (5): 667-687.

[30]　Fail S, Diaz N, Benedikt F, et al. Wood gas processing to generate pure hydrogen suitable for PEM fuel cells [J]. ACS Sustainable Chemistry & Engineering, 2014, 2 (12): 2690-2698.

[31]　Li H, Yao T, Ding Z. Investigation into combustion rule of a spark ignition engine operating on gasoline-hydrogen fuel [J]. Transactions of CSICE, 1989, 7 (2): 97-104.

[32]　Cano Z P, Banham D, Ye S, et al. Batteries and fuel cells for emerging electric vehicle markets [J]. Nature Energy, 2018, 3 (4): 279-289.

[33]　Acar C, Dincer I. Review and evaluation of hydrogen production options for better environment [J]. Journal of Cleaner Production, 2019, 218: 835-849.

[34]　Brooks K P, Sprik S J, Tamburello D A, et al. Design tool for estimating chemical hydrogen storage system characteristics for light-duty fuel cell vehicles [J]. International Journal of Hydrogen Energy,

2018，43（18）：8846-8858.

[35] Chen G，Wang J，Yu F，et al. A review on the production of P-enriched hydro/bio-char from solid waste: transformation of P and applications of hydro/bio-char［J］. Chemosphere，2022，301，134646.

[36] Mohamed G M，El-shafey O I，Fathy N A. Preparation of carbonaceous hydrochar adsorbents from cellulose and lignin derived from rice straw［J］. Egyptian Journal of Chemistry，2017，60（5）：793-804.

[37] Cao L，Yu I K M，Liu Y，et al. Lignin valorization for the production of renewable chemicals: state-of-the-art review and future prospects［J］. Bioresource Technology，2018，269：465-475.

[38] Li A，Jin K，Qin J，et al. Hydrochar pelletization towards solid biofuel from biowaste hydrothermal carbonization［J］. Journal of Renewable Materials，2023，11（1）：411-422.

[39] Kang S，Li X，Fan J，et al. Characterization of hydrochars produced by hydrothermal carbonization of lignin，cellulose，d-xylose，and wood meal［J］. Industrial & Engineering Chemistry Research，2012，51（26）：9023-9031.

[40] Guo S Q，Dong X Y，Liu K T，et al. Chemical，energetic，and structural characteristics of hydrothermal carbonization solid products for lawn grass［J］. Bioresources，2015，10（3）：4613-4625.

[41] Liu Z，Quek A，Kent Hoekman S，et al. Production of solid biochar fuel from waste biomass by hydrothermal carbonization［J］. Fuel，2013，103：943-949.

[42] Zhou N，Chen H，Xi J，et al. Biochars with excellent Pb（Ⅱ）adsorption property produced from fresh and dehydrated banana peels via hydrothermal carbonization［J］. Bioresource Technology，2017，232：204-210.

[43] Sevilla M，Fuertes A B. The production of carbon materials by hydrothermal carbonization of cellulose［J］. Carbon，2009，47（9）：2281-2289.

[44] Demir-Cakan R，Baccile N，Antonietti M，et al. Carboxylate-rich carbonaceous materials via one-step hydrothermal carbonization of glucose in the presence of acrylic acid［J］. Chemistry of Materials，2009，21（3）：484-490.

[45] Xiao L P，Shi Z J，Xu F，et al. Hydrothermal carbonization of lignocellulosic biomass［J］. Bioresource Technology，2012，118：619-623.

[46] Atta-Obeng E，Dawson-Andoh B，Seehra M S，et al. Physico-chemical characterization of carbons produced from technical lignin by sub-critical hydrothermal carbonization［J］. Biomass & Bioenergy，2017，107：172-181.

[47] Correa C R，Stollovsky M，Hehr T，et al. Influence of the carbonization process on activated carbon properties from lignin and lignin-rich biomasses［J］. ACS Sustainable Chemistry & Engineering，2017，5（9）：8222-8233.

[48] Anderegg W R L，Prall J W，Harold J，et al. Expert credibility in climate change［J］. Proceedings of the National Academy of Sciences，2010，107（27）：12107-12109.

[49] Ma X，Zou B，Cao M，et al. Nitrogen-doped porous carbon monolith as a highly efficient catalyst for CO_2 conversion［J］. Journal of Materials Chemistry A，2014，2（43）：18360-18366.

[50] Gaunt J L，Lehmann J. Energy balance and emissions associated with biochar sequestration and pyrolysis bioenergy production［J］. Environmental Science & Technology，2008，42（11）：4152-4158.

[51] Baronti S，Alberti G，Camin F，et al. Hydrochar enhances growth of poplar for bioenergy while marginally contributing to direct soil carbon sequestration［J］. GCB Bioenergy，2017，9（11）：1618-1626.

[52] Sevilla M，Fuertes A B. Sustainable porous carbons with a superior performance for CO_2 capture［J］.

Energy & Environmental Science，2011，4（5）：1765-1771.

[53] Parshetti G K，Chowdhury S，Balasubramanian R. Biomass derived low-cost microporous adsorbents for efficient CO_2 capture [J]. Fuel，2015，148：246-254.

[54] Eibisch N，Helfrich M，Don A，et al. Properties and degradability of hydrothermal carbonization products [J]. Journal of Environmental Quality，2013，42（5）：1565-1573.

[55] Schimmelpfennig S，Muller C，Grunhage L，et al. Biochar，hydrochar and uncarbonized feedstock application to permanent grassland-effects on greenhouse gas emissions and plant growth [J]. Agriculture Ecosystems & Environment，2014，191：39-52.

[56] Falco C，Marco-Lozar J P，Salinas-Torres D，et al. Tailoring the porosity of chemically activated hydrothermal carbons：influence of the precursor and hydrothermal carbonization temperature [J]. Carbon，2013，62：346-355.

[57] Malghani S，Gleixner G，Trumbore S E. Chars produced by slow pyrolysis and hydrothermal carbonization vary in carbon sequestration potential and greenhouse gases emissions [J]. Soil Biology & Biochemistry，2013，62：137-146.

[58] Kammann C，Ratering S，Eckhard C，et al. Biochar and hydrochar effects on greenhouse gas（carbon dioxide，nitrous oxide，and methane）fluxes from soils [J]. Journal of Environmental Quality，2012，41（4）：1052-1066.

[59] Burakov A E，Galunin E V，Burakova I V，et al. Adsorption of heavy metals on conventional and nanostructured materials for wastewater treatment purposes：a review [J]. Ecotoxicology and Environmental Safety，2018，148：702-712.

[60] Sun K，Ro K，Guo M X，et al. Sorption of bisphenol A，17 alpha-ethinyl estradiol and phenanthrene on thermally and hydrothermally produced biochars [J]. Bioresource Technology，2011，102（10）：5757-5763.

[61] Sevilla M，Fuertes A B，Mokaya R. High density hydrogen storage in superactivated carbons from hydrothermally carbonized renewable organic materials [J]. Energy & Environmental Science，2011，4（4）：1400-1410.

[62] Naisse C，Alexis M，Plante A，et al. Can biochar and hydrochar stability be assessed with chemical methods? [J]. Organic Geochemistry，2013，60：40-44.

[63] Tang Z，Deng Y，Luo T，et al. Enhanced removal of Pb（Ⅱ）by supported nanoscale Ni/Fe on hydrochar derived from biogas residues [J]. Chemical Engineering Journal，2016，292：224-232.

[64] Elaigwu S E，Rocher V，Kyriakou G，et al. Removal of Pb^{2+} and Cd^{2+} from aqueous solution using chars from pyrolysis and microwave-assisted hydrothermal carbonization of *Prosopis africana* shell [J]. Journal of Industrial and Engineering Chemistry，2014，20（5）：3467-3473.

[65] Xue Y，Gao B，Yao Y，et al. Hydrogen peroxide modification enhances the ability of biochar（hydrochar）produced from hydrothermal carbonization of peanut hull to remove aqueous heavy metals：batch and column tests [J]. Chemical Engineering Journal，2012，200：673-680.

[66] Qi X，Li J，Tan T，et al. Adsorption of 1-butyl-3-methylimidazolium chloride ionic liquid by functional carbon microspheres from hydrothermal carbonization of cellulose [J]. Environmental Science & Technology，2013，47（6）：2792-2798.

[67] Zhang D L，Zhang M Y，Zhang C H，et al. Pyrolysis treatment of chromite ore processing residue by biomass：cellulose pyrolysis and Cr（Ⅵ）reduction behavior [J]. Environmental Science & Technology，2016，50（6）：3111-3118.

[68] Zhu X，Liu Y，Zhou C，et al. A novel porous carbon derived from hydrothermal carbon for efficient adsorption of tetracycline [J]. Carbon，2014，77：627-636.

[69] Liu Y, Zhu X, Qian F, et al. Magnetic activated carbon prepared from rice straw-derived hydrochar for triclosan removal [J]. RSC Advances, 2014, 4 (109): 63620-63626.

[70] Zhu X, Qian F, Liu Y, et al. Environmental performances of hydrochar-derived magnetic carbon composite affected by its carbonaceous precursor [J]. RSC Advances, 2015, 5 (75): 60713-60722.

[71] Fan Y, Liu P F, Huang Z Y, et al. Porous hollow carbon spheres for electrode material of supercapacitors and support material of dendritic Pt electrocatalyst [J]. Journal of Power Sources, 2015, 280: 30-38.

[72] Jain A, Balasubramanian R, Srinivasan M P. Hydrothermal conversion of biomass waste to activated carbon with high porosity: a review [J]. Chemical Engineering Journal, 2016, 283: 789-805.

[73] Tian W, Gao Q, Tan Y, et al. Bio-inspired beehive-like hierarchical nanoporous carbon derived from bamboo-based industrial by-product as a high performance supercapacitor electrode material [J]. Journal of Materials Chemistry A, 2015, 3 (10): 5656-5664.

[74] Jain A, Xu C, Jayaraman S, et al. Mesoporous activated carbons with enhanced porosity by optimal hydrothermal pre-treatment of biomass for supercapacitor applications [J]. Microporous and Mesoporous Materials, 2015, 218: 55-61.

[75] Gupta R K, Dubey M, Kharel P, et al. Biochar activated by oxygen plasma for supercapacitors [J]. Journal of Power Sources, 2015, 274: 1300-1305.

[76] Chen L F, Lu Y, Yu L, et al. Designed formation of hollow particle-based nitrogen-doped carbon nanofibers for high-performance supercapacitors [J]. Energy & Environmental Science, 2017, 10 (8): 1777-1783.

[77] Zhang L L, Li H H, Shi Y H, et al. A novel layered sedimentary rocks structure of the oxygen-enriched carbon for ultrahigh-rate-performance supercapacitors [J]. ACS Applied Materials & Interfaces, 2016, 8 (6): 4233-4241.

[78] Fuertes A B, Sevilla M. Superior capacitive performance of hydrochar-based porous carbons in aqueous electrolytes [J]. ChemSusChem, 2015, 8 (6): 1049-1057.

[79] Sangchoom W, Mokaya R. Valorization of lignin waste: carbons from hydrothermal carbonization of renewable lignin as superior sorbents for CO_2 and hydrogen storage [J]. ACS Sustainable Chemistry & Engineering, 2015, 3 (7): 1658-1667.

[80] Lehtikangas P. Storage effects on pelletised sawdust, logging residues and bark [J]. Biomass and Bioenergy, 2000, 19 (5): 287-293.

[81] Liu Z, Quek A, Balasubramanian R. Preparation and characterization of fuel pellets from woody biomass, agro-residues and their corresponding hydrochars [J]. Applied Energy, 2014, 113: 1315-1322.

[82] Reza M T, Lynam J G, Vasquez V R, et al. Pelletization of biochar from hydrothermally carbonized wood [J]. Environmental Progress & Sustainable Energy, 2012, 31 (2): 225-234.

[83] He C, Giannis A, Wang J Y. Conversion of sewage sludge to clean solid fuel using hydrothermal carbonization: hydrochar fuel characteristics and combustion behavior [J]. Applied Energy, 2013, 111: 257-266.

[84] Danso-Boateng E, Holdich R G, Shama G, et al. Kinetics of faecal biomass hydrothermal carbonisation for hydrochar production [J]. Applied Energy, 2013, 111: 351-357.

[85] Cavali M, Libardi Junior N, Mohedano R D A, et al. Biochar and hydrochar in the context of anaerobic digestion for a circular approach: an overview [J]. Science of The Total Environment, 2022, 822: 153614.

[86] Ren S, Usman M, Tsang D C W, et al. Hydrochar-facilitated anaerobic digestion: evidence for di-

rect interspecies electron transfer mediated through surface oxygen-containing functional groups [J]. Environmental Science & Technology, 2020, 54 (9): 5755-5766.

[87] Viggi C C, Rossetti S, Fazi S, et al. Magnetite particles triggering a faster and more robust syntrophic pathway of methanogenic propionate degradation [J]. Environmental Science & Technology, 2014, 48 (13): 7536-7543.

[88] Cha J S, Park S H, Jung S C, et al. Production and utilization of biochar: a review [J]. Journal of Industrial and Engineering Chemistry, 2016, 40: 1-15.

[89] Khan T A, Saud A S, Jamari S S, et al. Hydrothermal carbonization of lignocellulosic biomass for carbon rich material preparation: a review [J]. Biomass and Bioenergy, 2019, 130: 105384.

[90] Chi N T L, Anto S, Ahamed T S, et al. A review on biochar production techniques and biochar based catalyst for biofuel production from algae [J]. Fuel, 2021: 287.

第8章
水热液化反应器及系统

8.1 连续水热液化系统与"三传一反"理论

8.1.1 系统组成

生物质水热液化技术可以有效处理各种废弃资源，实现能源与环境上的双重优势。目前关于生物质水热液化的研究大都集中在批式试验。尽管批式试验中关于生物质水热液化的研究能够为水热液化技术在后续实际连续生产应用提供大量的理论支撑，但从批式反应到连续反应的衔接也存在许多难题。连续反应中原料是持续不断地输入，反应产物也是不断被输出，其动量传递、热量传递和质量传递与批式反应存在很大差异。

近年来，文献中报道了一些关于连续水热液化不同层面的研究，涵盖了各种规模，从实验室规模、小型工厂再到中试规模的工厂。表8-1列出了文献中报道的连续 HTL 装置，以及典型的操作条件、产量和反应器的不同部分[1-23]。在压力和温度方面的反应条件取决于水的状态。不同的连续工艺涵盖了相当宽的条件范围，通常在液态水区域，所选择的操作条件通常接近于水的饱和线，亚临界条件是首选。然而，在一些研究中，采用了明显高于饱和压力的压力，其中少数工艺也在超临界条件下运行或已经被测试过，甚至达到 450℃ 和 250bar。

表 8-1 文献中连续式水热液化系统及其特点

生物质	处理量 /(kg/h)	反应条件	物料输送	反应器类型	产物收集	其他设备	学校/研究机构	参考文献
猪粪	0.9~2.0	103bar, 305℃, 40~80min	分离容器	搅拌反应器	分离容器	氮气瓶, 换热器, 背压阀	University of Illinois, USA	[1,2]
藻类	24~40	200~250bar, 350℃, 15~20min	低压螺杆泵	线圈式反应器	背压阀调节	热交换器, 背压阀, 分布式监督控制和数据采集系统	University of Sydney, Australia	[3]
微藻	5L/h	350℃, 20MPa	双缸泵	平推流反应器	产物收集器	过滤器, 背压阀	Pacific Northwest National Laboratories (PNNL), USA	[4]

生物质	处理量/(kg/h)	反应条件	物料输送	反应器类型	产物收集	其他设备	学校/研究机构	参考文献
藻类	0.76	200bar，350℃，15min	双螺杆泵	搅拌式反应器	玻璃容器	冷却系统	Ghent University，Belgium	[5]
藻类	0.03～0.24L/h	180bar，300～380℃，0.5～4min	高效液相泵	管式反应器	相位分离器	背压阀	Imperial College London，UK	[6]
可溶性物质的干燥消化谷物	0.36～1.44	250bar，250～350℃，约20min	双喷油输送系统	管状反应器	气液分离	监控和数据采集系统软件	Aarhus University，Denmark	[7]
微藻	0.6～2.4L/h	185bar，350℃，1.4～5.8min	液压隔膜式计量泵	线圈式反应器	分液漏斗和滴液漏斗	背压阀热交换器	University of Leeds，UK	[8]
藻类	1.5	200bar，350℃，27min	双注射泵	搅拌＋管式反应器	平行双收集系统	换热器	Pacific Northwest National Laboratories (PNNL)，USA	[9]
白杨木材和甘油	20	300～350bar，390～420℃，15min	高压柱塞泵	管状反应器	重力分离器	热交换器气体分离器	Aalborg University，Denmark	[10]
真菌	3.0～7.5	270bar，300～400℃，11～31min	平流泵	管状塞流反应器	产品收集器	冷却系统背压阀	Iowa State University，USA	[11]
微藻	2	120～200bar，300～350℃，3～5min	双注射泵	线圈式反应器	固液分离收集器	冷却系统气体流量计	The University of Sydney，Australia	[12]
微藻	0.42L/h	320℃	两个平行的供料罐，高压氮气加压	垂直的双管反应器	滤纸真空过滤	减压器和气体流量调节器	Bath University，UK	[13]
藻类	1.5	200bar，350℃，27～50min	双注射泵	搅拌＋管式反应器	平行双收集系统	采用硫剥离床式固体分离器换热器	Pacific Northwest National Laboratories (PNNL)，USA	[14]
木材、污泥、螺旋藻	60	220bar，350℃，10min	进料斗和螺杆泵	带振荡器的管状反应器	重力分离器	平衡加热器，冷却器系统	Aarhus University，Denmark	[15]
栅藻（微藻）	0.06～0.33L/h	150～300bar，250～350℃，7～30min	往复式泵	管式反应器	各产物独立收集器	冷却流态化砂床	AGH University of Science and Technology，Poland	[16]

生物质	处理量/(kg/h)	反应条件	物料输送	反应器类型	产物收集	其他设备	学校/研究机构	参考文献
微藻	—	350℃，24MPa，15min	双螺杆泵	连续搅拌釜反应器	装在预加重量的瓶子里，使用真空过滤	冷却系统流量调节器	Eggenstein-Leopoldshafen，Germany	[17]
微藻	13L/h	280℃，8MPa	泵	盘管反应器	液体收集罐	冷却器	Chongqing University，China	[18]
微藻，动物粪便，食物垃圾	2.7~4.8L/h	285~320℃，9~12.8MPa	双液压缸＋泵	平推流反应器	采用重力分离在2~6L收集罐中	运行监控系统	China Agricultural University，China	[19]
污水，微藻	9.2L/h	325℃，9min	搅拌器和进料泵	平推流反应器	汽缸过滤器和排污罐	冷却器，背压阀	New Mexico State University，USA	[20]
微藻	2L/h	290℃，8MPa	高压泵	流动反应器	气-液分离系统	预混系统，过滤和减压系统	Zhejiang University，China	[21]
污泥	1.5L/h	450℃，25MPa	高压泵	连续流反应器	气液分离器	热交换器	Artvin Coruh University，Turkey	[22]
微藻	2.7 L/h	300℃，9MPa	液压蠕动泵和变频电机泵组	平推流反应器	采用重力分离在6L收集罐中	操作控制系统	China Agricultural University，China	[23]

注：$1bar=10^5 Pa$。

连续水热液化系统主要包含三部分：物料输送系统、反应系统与产物分离系统。目前关于实验室规模的连续进料主要有两种形式：一种是借助液压系统实现连续进料[23,24]，另一种是通过高压泵直接输送[10,21-22]，其中液压进料体系由液压缸、电机、液压油等组成，物料在泵作用下进入液压缸，液压缸中原料在电机动力及液压油作用下被输送至反应系统。通过多套能够独立运行的液压缸交替使用就可实现连续式进料。高压泵连续进料系统主要是通过高压泵提供的强大动力，将原料源源不断输送至进料系统。反应系统主要包括预加热器与保温反应器，通过预加热器对物料进行预加热，从而保证原料在设定的水热参数下进行充分反应，反应器一般是多个短柱式反应器串联而成或是螺旋状反应器。关于出料系统一般都会借用背压阀，通过背压阀的调控，使得反应后的产物能及时输出。为了保证产物输出后反应器中压力趋于平衡状态，还可借助空气压缩机等手段调节反应系统中的压力。

从表8-1可以看出，目前不同的学校和研究机构开发和设计的连续水热液化系统存在差异，主要体现在以下三个方面：①系统的组成。系统附件从进料系统、反应器类型、产品收集系统到相关附件的性质上有很大不同。进料系统的选择，如液压取料系统、高压泵进料、蠕动泵等，需要考虑到物料的特性；反应器的类型由泵的能力和物料在反应过程中的传热和传质决定，如管式反应器、塞流反应器、连续搅拌罐反应器和圆管反应器。产品收集系统的设计需要考虑反应器的结构、系统的稳定运行和需要收集的目标产品，如气态产品的分离漏斗和旋流器、气液分离系统、6L 收集罐中的重力分离、预称量瓶和使用真空过滤等。②规模各异。连续水热系统的处理规模（从 0.42L/h 到 60L/h）有很大差别，规模的大小与处理的物料、进料系统和反应器密切相关，如果物料（如微藻）的泵送性和均匀性好，可以采用进料斗和螺杆泵连续高通量进料，而且进料过程中不会出现物料分裂现象，使物料在反应器中的传热和传质稳定，可以用圆管反应器大规模处理。③反应条件。对于不同物料和目标产品，结合反应器的类型，需要考虑不同的反应条件。首先要确定整个系统的运行是处于亚临界还是超临界状态，其次可以根据批量反应参数（最高产油量或最高热值）作为参考来优化操作工艺参数，最后结合反应器和其他附件来确定最终的反应条件。

此外，现阶段研发出来的连续水热液化反应系统的处理规模具有很大的不同性，原因分析如下：①材料特性不同。不同原料的物质属性差异很大，如猪粪的特点是碳水化合物多，脂类少，加水搅拌后容易分层，而微藻类比猪粪脂类含量高，亲水性好，加水搅拌后（一定浓度）可保持良好的均匀性，能在反应器中长期稳定反应。②物料系统不同。物料与原料和反应器密切相关，包括几种类型，如液压取料系统、高压泵送、蠕动泵和变频电机泵组、双螺旋压榨机、往复泵、高压氮气瓶等。之所以存在这么多的进料方式，是需要考虑不同物料的泵送性和均一性，要选择适配的物料输送系统。③不同物料的流动性和反应器的"三传一反"特性。连续水热液化反应器类型各异，包括管式反应器、塞流反应器、连续搅拌罐反应器和圆管反应器，这些不同类型的反应器导致处理规模存在一定的差异性。④产物分离与压力平衡和操作稳定性密切相关。不同分离装置的选择会影响系统压力调节、长时间稳定反应和产品产出，从而影响处理规模的大小。

除了现有处理规模的差异性，连续水热转化处理生物质也是多种多样，但目前大部分物料都是以藻类为主，究其原因主要有：①水中的自养微生物具有快速固定碳的能力、高生物量生产力、高光合作用效率和高面积比产量，以及使用边缘或贫瘠土地的能力、不需要农业用地的栽培地点，并且不与粮食作物竞争。此外，这些自养微生物丰富的遗传多样性对其广泛应用至关重要，根据当地环境更容易找到合适的品系。微藻对恶劣的环境有很强的耐受性，甚至可以用污水栽培。微藻的茎包含各种商业上有用的成分，如脂类、蛋白质和多糖，使其成为有益的经济原料。浓缩和干燥海藻生物质与严重的能源损失有关。因此，消除干燥过程，并使用 HTL 直接处理浓缩的湿海藻，利用水在高温和高压下的改性特性，可以将海藻生物质转化为生物原油。②微藻可用于废水的营养回收和生物修复[14,23]。对整合废水处理和微藻生物能源生产的可行性和益处的研究表明，微藻在环境和经济可持续性方面具有潜力。将藻类生物质生产与废水处理相结合，有可能节省大量成本，并大大降低这两个过程对环境的总体影响。废水处理的主要目标之一是去除磷和氮等营养物质，这可能导致富营养化。将废水处理与水藻栽培相结合，可以大大减少水藻生长所需的额外营养。藻类栽培的应用是为了改善水质，同时生产可持续的燃料副产品。与 HTL 相关的问题之一是在工艺水中发现大量的碳。HTL 允许最初存在于水藻中的很大一部分氮和磷分离到水相中，促进了这些宝贵资源的回收和循环[3]。Bhatnagar 等[25] 提出，这可以作为混合营养生长的基质，通过使用工艺水来回收营养物质，用于藻类的培育。Jena 等[26] 和 Biller 等[27] 证明将藻类栽培与 HTL 工艺水相结合的概念，这将使 HTL 工艺更加可行并改善生命周期分析（LCA）。③重点是回收藻类产生的脂肪酸甘油三酯，从而作为生产生物柴油的原料[28]。目前已经形成一个共识，即微藻类生物可以通过这种途径加工成复杂的混合含氧碳氢化合物，在室温下或接近室温时是液体，质量和产量都很高，不仅包括脂质结构，还包括其他生物质。④微藻类生物含有脂类和其他有机物质，具有良好的亲水性，通过与水混合会形成一定浓度的混合物，具有均匀性好、黏度适中等优点。

8.1.2   "三传一反"理论与水热液化过程

在化学工程领域中，具体工艺形式与技术内容复杂多样，以其过程的基本形态来看，可以划分为一些基本的单元操作，如流体输送、多相分离、加热与冷却、蒸发与干燥等；和基本的单元过程，如水解、燃烧、热解、浸出、溶解等。以上所有操作与过程都会涉及连续介质或物体内部，以及不同物体之间的热量、质量和动量的传递过程。工程应用中主要关心的是这些传递过程的速率大小，传递速率与传递推动力或传递阻力之间的定量关系。实际的工程问题，尤其是热化学转化过程中，传递过程必然伴随着物质组分间的化学反应相互耦合发生。所以研究中常把传递过程的速率问题与化学反应速率问题放在一起，并统称为"三传一反"。

传递现象是自然界和科学研究中普遍存在的现象。通常涉及不平衡状态向平衡状态的转变。平衡状态一般是指物系内具有强度性质的物理量如温度、组分浓度、速度等不存在梯度时的稳定状态。例如，热平衡是指物系各处的温度均匀一致；液体混合物的平衡是指物系内各处具有相同的组成等。如果物系内具有强度性质的物理量在物系内不均匀，则物系内部就会发生变化，这种趋于变化的状态即为不平衡状态。对于任何处于不平衡状态的物系，一定会有某些物理量由高强度区向低强度区转移，例如，冷、热物体相互接触，热量会由热物体流向冷物体，最后使两物体的热量趋于一致。物理量朝平衡转移的过程即为传递过程。

传递过程按其中所传递物理量的不同，一般分为热量、质量和动量传递。热量传递是指热量由高温度区向低温度区的转移；质量传递是指物系内一个或几个组分由高浓度区向低浓度区的转移；动量传递是指动量由高速流体向低速流体的转移。由此可见，热量、质量与动量传递之所以发生，是由于物系内部存在浓度、温度和速度梯度。

8.1.2.1   传热原理

传热（heat transfer）是指在物体内部或物系之间，以温度差为推动力而发生的热量由高温处向低温处传递的现象。在水热液化过程中，传热具体表现为加热器将热量传递到被处理的材料中，从而在整个物料浆体中形成均匀温度分布的能力。根据传递机理的不同，热量传递的基本方式主要分为3种：传导（conduction）、对流（convection）和辐射（radiation）。

(1) 热传导

热传导又称导热。从宏观角度来看，热传导是指物体内部或者相互接触的物体之间的温度差而产生的热量从高温部分向低温部分传递的过程。这个过程从微观角度可以解释为，构成物质的粒子无时无刻不在做无规则运动，其运动的剧烈程度即为温度。热传导的过程就是粒子间通过热运动相互撞击而传递能量的过程。严格意义上只有固体中才存在纯粹的热传导，存在温度梯度的流体即使处于静止状态也会产生自然对流。

(2) 热对流

热对流又称对流传热，指流体中流动介质热微粒通过宏观移动和混合，从空间的一处向另一处传播热能的过程。根据是否有外力参与，对流传热又可分为流体内部由于温度梯度产生密度差而造成的自然对流（natural convection）和风机、泵、搅拌机等外力参与下产生的强制对流（forced convection）。流体中存在温度差时，必然同时存在流体分子间热运动碰撞产生的热传导。

（3）热辐射

一切温度大于绝对零度的物质本身因构成物质粒子的热运动激发产生电磁波，并向外传播的现象被称为热辐射。与传导和对流不同，热辐射传热不需要物体间的接触，即使在真空中也能传播。大于绝对零度的物体会不间断地产生热辐射，温度越高产生的辐射总能量越大，当物体间存在温差时，高温物体辐射给低温物体的能量大于低温物体辐射给高温物体的能量，从而传递热能。温度相同的物体之间也会存在辐射换热，只是辐射量等同于吸收量，从而形成动态平衡状态。

在实际水热液化过程中，以上 3 种传热方式可以单独或同时存在，根据具体情况，如热源形式、设备与管路构型等，以及不同传热方式的主导性占比，可以进行适当的取舍或简化。水热液化过程中涉及的传热问题主要有以下 3 类：

① 物料浆体的加热与冷却。水热液化过程需要一定的温度来提供反应所需的热化学动力，连续式水热液化系统通常需要在物料进入反应器之前先进行一定的预加热，最终在反应器内将物料加热到 250～400℃。由于水热反应总体上是一个吸热反应过程，在反应进行过程中需要吸收一定的热量，因此需要热源持续不断地输入热量。另外，反应结束后液相产物需要快速冷却，因此物料的加热与冷却设备要求传热效果好、速率大，以保证运行的效率和温度分布的均匀性。

② 余热的回收与再利用。水热处理过程需要消耗大量的热量，有效地回收反应剩余热量进行再利用，避免其消散到环境中，是节约能源、降低生产成本的重要措施之一。例如，利用热交换器将反应器排出的液相产物中携带的热量转移利用，通过导热载体传导到物料预热系统中，来补充一部分预热系统所需的能量。热量的回收利用也需要传热效果好、速率大的传热设备。

③ 设备与管路的保温。由于水热处理的加热设备与管路通常具有远高于周边环境的温度，为了减少其自发性向环境散热造成的热量损失，通常需要在加热设备与管路的外表面包裹绝热材料构成的保温层，这就要求保温层的传热速率低，以达到有效防止散热损失的目的。

8.1.2.2　传质原理

质量传递（mass transfer）简称传质，是指混合物质系统中由于物种浓度梯度引发的质量迁移过程。传质是自然界中存在的普遍物理现象，也是化学工程中的主要过程之一。浓度差是质量传递的主要推动力，另外温度、压力和外加电场等因素也可以产生化学势差从而推动质量传递。传质可以发生在同一相内，也可以发生在两相或多相之间，水热液化过程主要涉及液相内和液固之间的传质。质量传递本质上是物质分子的运动结果，其传递的基本方式主要分为两种，即分子扩散（molecular diffusion）和对流扩散（convective diffusion）。

（1）分子扩散

分子扩散又称分子传质，是指流体内部某一组分存在浓度差时，由于分子的无规则热运动引起的，分子从浓度高处向浓度低处进行空间迁移的现象。分子扩散可以发生在固体内部、静止介质内或垂直于流动方向的层流体系中，其产生不依靠宏观外力的搅动或者混合，传递机理类似于热传导，分子的随机无规则运动会减小浓度梯度，最终导致浓度的均匀分布。通常情况下，分子扩散是一个相对缓慢的过程，传递的质量很少。

(2) 对流扩散

对流扩散又称对流传质，是指发生在两个有限互溶的运动流体之间或运动流体与固体壁面之间的质量传递过程。与分子扩散不同，对流传质主要是由宏观上流动介质各部分的相对位移运动引起的，实际过程中对流传质也必然伴有扩散传质，但当对流流动传质非常强烈时，往往可以忽略相对很弱的扩散传质作用。

传质过程与传热过程从机理上具有很大的相似性，在分析处理这两类问题时常采用类比的方法，但两者也具有本质上的不同。例如，在传热过程中热流方向上不存在介质的宏观运动，仅存在热流动。而在物质扩散过程中，物质分子从高浓度区向低浓度区发生转移后所留下的空隙需要流体填补，会产生组分沿扩散方向上的宏观运动，因此还需要考虑各个组分以及整个混合物的宏观运动速度问题。在实际水热液化处理过程中经常涉及的传质问题主要有以下 3 类：

① 水热处理过程中特定组分的迁移和吸附。原料中所含的某些特殊组分，如重金属、无机盐等，因自身特性需要格外关注其在处理过程中的传质行为，避免可能造成的环境污染、器壁腐蚀等问题。某些重金属，如铜、镍等，可以利用水热反应生成的炭进行吸附回收。

② 不溶性物质的析出和结晶。水热处理过程中，由于水进入近、超临界状态会出现极性改变，导致对非极性物质的溶解度降低，出现某些不溶性物质析出或结晶，如无机盐等，进而形成不溶于水的固体颗粒物或皮克林乳液等，加大产物分离难度，严重时造成管路堵塞。

③ 多相产物的分离和萃取。水热液化会产生气、固、液三相产物，其主要目标产物生物原油及副产物水热生物炭常利用静置沉淀、蒸馏或者有机溶剂萃取等方式进行分离。如何高效、低成本地进行产物回收也是水热处理的常见问题之一。

8.1.2.3　传动原理

动量传递（momentum transfer）简称传动，是指流体与相邻的流体层或管壁间存在相对运动时，因流体内摩擦力造成的，动量由高速流体层向相邻的低速流体层或壁面的边界层转移的过程。动量传递直接影响流体中的速度分布、压力分布、流动阻力等因素，进而影响流体的热量和质量传递。在水热液化过程中，主要研究管路或反应器内流体的宏观运动规律，可以将流体视作连续介质处理。传动过程根据传递机理不同也可以分为类似传热和传质过程的两种不同传播方式，即由分子热运动和分子间吸引力造成的分子动量传递与流体微团流动所造成的对流动量传递。然而由于流体传动主要涉及宏观特性，即分子统计平均特性，绝大多数（包括水热液化）的情况下流体动量传递的方式可以分为层流和湍流状态下的传动。

(1) 层流状态

层流（laminar flow）又称滞流，是指黏性流体的一种有规则的层状运动，该状态下流体质点是有规则地层层向下游流动。层流中流体每个质点的速度、压力和其他流动特性保持不变。直管中的层流可以视为一组多层同心流体圆柱体的相对运动，其最外层由于边界层效应处于静止状态，其他层的移动速度越接近管道中心越大。

(2) 湍流状态

湍流 (turbulent flow) 又称紊流，与层流不同的是流体内质点杂乱无章地以不同的速度向各个方向运动，流体质点横向混合强烈，但总的或平均运动方向还是向前的。在湍流中，流体质点的速度和方向都在不断变化。湍流一方面强化传递和反应过程，另一方面极大地增加了流动阻力和能量损耗。

大量研究表明，当流体在圆管内流动时，可以通过计算雷诺数 (Reynolds number) 来判断流体型态，$Re < 2300$ 为层流，$Re > 10000$ 为湍流，$2300 < Re < 10000$ 时流体处于过渡状态，可能是层流或者湍流状态，但易受外界因素影响，如管路方向或直径改变、轻微震动等，都可能使过渡状态下的层流变为湍流。实际工程中大多数流体流动都是湍流，层流只有在流道相对较小，流体运动缓慢，黏度相对较高的情况下才会出现，如多孔介质中的流动，液体流经固体表面形成的边界层中的流动等。在实际水热液化过程中经常涉及的传动问题主要有以下 3 类：

① 物料浆体的泵送特性。水热液化处理的原材料大多为成分复杂的生物质，如农业废弃物、畜禽粪污、厨余垃圾、微藻等与水的混合物，这些原料常由木质素、纤维素、蛋白质、脂质、灰分等有机与无机组分构成，在实际传输、加热和反应过程中需要保证物料浆体的均一性，避免出现结壳、沉淀等情况阻塞输送、反应通路，这就要求尽量避免泵送浆体的流速梯度过大，某些情况下甚至需要对物料进行额外的预处理以排除妨碍处理过程进行的可能。

② 管路及反应器构型设计。物料流体在系统内的传动过程受容器几何构型、管壁材质、管径等因素的影响极大，需要通过数值分析和计算来提高反应系统的传动性能，通过纳维-斯托克斯方程 (Navier-Stokes equation) 或简化的雷诺平均纳维-斯托克斯方程 (simplified Reynolds-averaged Navier-Stokes equation) 来对具体流体流动问题求解，目前主要的分析工具 CFD 的代码就是建立在此基础上的。

③ 关键部件及流动特性参数的选择。鉴于原料组成的复杂性，连续式水热液化系统的一些关键部件，如泵、压力阀门等，需要慎重选择，根据管路构型和物料特性选择合适的泵送方式、泵送流体速度、压力控制设备等对连续式水热液化系统的平稳、高效运行至关重要。

8.1.2.4　反应特性

水热液化反应是一个热化学过程。常温下的水是极性溶剂，对无机物有良好的溶解性，而有机物溶解性差。在高温 (250～450℃) 高压 (8～25MPa) 下，水会进入亚-超临界状态，以 374℃、22.1MPa 为临界点，温度和压力都高于临界点的水被称为超临界水，温度和压力都低临界点的水被称为亚临界水，当水的温度和压力都处于临界点附近时的状态被称为近临界状态。水热液化反应通常发生在 200～350℃ 之间，水在这种温度条件下处于亚临界状态，这种状态下水的性质会发生改变，水的介电常数、密度、离子积、比热容和动态黏度等特性参数都会发生重大变化。例如，水从常温加热到 350℃ 动态黏度会减小为原来的 1/10 以下，离子积增大 100 倍以上[29]，意味着水的湍流搅动增强，具有更好的传递效应，有利于化学反应突破传递限制，并且 H^+ 和 OH^- 浓度大幅增加，有利于水解反应的发生。另外，水的介电常数大幅下降，使得水在亚临界状态呈现非极性溶剂的特点，对碳氢化合物等有机物的溶解性大大提升，并提高了其传质能力。水的上述特性为生物质水热反应提供了极佳的反应条件。水不仅可以成为反应过程中的优良介质，也可以作为反应物和酸碱催化剂直接参与反应[30]。

　　生物质水热液化过程中，化学物质在固相和热压缩水之间转化，反应产物包括液相产物（即生物原油和水相混合物）、气相产物（主要为CO_2）和生物炭等固体残渣。水热液化过程需要经历一系列复杂的化学反应，例如水解、脱水、缩合、脱羧、脱氨、聚合和芳构化等反应。水解反应会将生物大分子解聚，产生大量的可溶性碎片。这些可溶性中间体不仅影响水解反应速率，而且对反应物的扩散传质行为和转化方式都会产生影响[31]。反应碎片在水中发生溶解和转化反应后会通过再聚合形成各相产物，生物质组分发生分解的程度取决于有机成分的类型（如纤维素、木质素、脂质、蛋白质等）、物理位置和反应条件。

　　生物质水热反应过程与上述三种传递过程密切相关。热量、质量、动量传递的速率和分布会直接影响化学反应的速率和路径。在实际工程中，许多问题都是其中的两者或两者以上共同作用的结果。例如，固相表面与流体之间发生传质会改变速度边界层的形状，边界层的变化又会导致流场变化，从而改变温度和浓度分布，进而影响反应进程。水热液化过程中涉及的反应问题主要有以下 3 类：

　　① 反应参数条件的优化。反应温度、压强、升温速率等参数是影响水热液化过程的重要因素。反应参数的优化与精确调控，是实现原料的高效全组分转化，提升产油率等目标的关键，也是工业扩大化生产的基础。

　　② 生物质原料水热转化产物特性的分析比较。不同生物质原料的组成多种多样，在水热液化过程中各个组分的相互作用以及反应产物特性的比较、分析，是高效制备生物原油和生物质原材料全组分利用的基础。

　　③ 反应机理及反应路径的明晰。水热液化的微观反应机理及反应路径的解析，有助于有效地控制其产物组成及产物分布，提高油品质量或者制备特定化工产品，并为设计和优化生产流程提供理论依据和技术指导。

8.1.2.5　水热液化过程中的"三传一反"问题

　　水热液化过程是以水作为溶剂，在高温高压条件下模拟自然界石油形成的过程。正如前面章节所提到的，水热反应系统的三大主要组成部分，即原料输送系统、反应系统和产物分离系统中的问题研究，无一不与"三传一反"理论密切相关。无论是原料泵送，反应系统中的能效、质能传递，生物原油的产生和分离等问题，都离不开"三传一反"理论的指导与应用。

　　具体实际问题中，尤其是水热液化反应器相关的研究，反应器的设计与优化的理论计算部分，基本都会涉及两种或者两种以上的传递过程同时进行，有时还要考虑设备材料的腐蚀，流体中不溶物的析出、沉淀等问题。这些复杂的实际问题通常都需要通过理想化或者模型化的理论计算来对问题进行简化和求解，之后再通过改进计算模型等方法逐渐向实际问题靠拢。以水热液化过程中最常见的圆管式反应器为例：

　　为了计算竖直放置的管式反应器中亚临界流体的传热系数，首先需要将管内流体状态分为平流或湍流两种情况讨论，对于管内流体的雷诺数（$Re=ud_i/\nu$，u 为流速，d_i 为管内径，ν 为流体运动黏度）小于 2300 的情况，可以将流体视为平流状态。给定长度管的传热系数 α 可以定义为：

$$q=\alpha\Delta T_{ln} \tag{8-1}$$

式中，q 为热流量；α 为传热系数；ΔT_{ln} 为对数温差。

$$\Delta T_{\ln} = \frac{(T_W - T_E) - (T_W - T_A)}{\ln(T_W - T_E / T_W - T_A)} \tag{8-2}$$

式中，T_E 和 T_A 分别为流体的入口和出口温度；T_W 为壁面温度，对于管壁温度恒定的充分发展层流介质，其特定位置努塞尔常数（$Nu = \alpha d_i / \lambda$，$\lambda$ 为流体热导率）可表示为 [对于 $RePr(d_i/x)$ 值较小的情况]：

$$Nu_{x,T_W} = 3.66 \tag{8-3}$$

x 为管向所在位置长度，对于 $RePr(d_i/x)$ 值较大的情况下：

$$Nu_{x,T_W} = 1.077\left(RePr\frac{d_i}{x}\right)^{1/3} \tag{8-4}$$

其中，$Pr = \nu/a$，Pr 为普朗特数，a 为温度传导系数。当管内流体处于充分发展湍流状态下，并且 $10^4 \leqslant Re \leqslant 10^6$，$0.6 \leqslant Pr \leqslant 1000$，$d_i/l \leqslant 1$ 时，l 为管总长度，

$$Nu_{m,T} = \frac{(\xi/8)RePr}{1 + 12.7\sqrt{\frac{\xi}{8}}(Pr^{\frac{2}{3}} - 1)}\left[1 + \left(\frac{d_i}{l}\right)^{\frac{2}{3}}\right] \tag{8-5}$$

其中 $\xi = (1.8\lg Re - 1.5)^{-2}$。

通过以上示例可以看出，即使是最典型水热管式反应器案例中，涉及的"三传一反"问题也已经相当复杂，考虑到生物质物料和反应的复杂性，实际情况会更加难以计算预测，关于水热液化反应器设计与优化的研究任重道远。值得庆幸的是，国内外团队已经开展了许多关于水热反应器的研究，在后面的章节中我们会展开讨论。

8.1.3　CFD 模拟

生物质在连续水热液化反应器中流动状态和热学特性状态都是一种未知的情况。由于生物原油的产量和油品质量直接受到物体流动、反应温度和停留时间以及反应压力的影响，所以了解连续式反应器的流体力学和热学特性是非常有意义的。然而，直接测量管内的温度和速度难以实现，因此采用了计算流体动力学分析（CFD）。本节使用计算流体力学分析软件来研究反应器的传热性能。

利用 CFD 进行连续水热液化反应过程的仿真具有三点优势：①加速创新。采用 CFD 对反应器内部的物料流动、反应温度和反应压力等多个工艺参数进行模拟和预测，可以加强对反应器的创新。②设计和优化以获得最佳性能。将理论获取的工艺参数采用软件进行实际工况模拟，可以获取主产物产率最大时的工艺参数，同时还可以对整个连续水热液化系统的单元部件进行优化，并设计出最佳配件以获得最佳性能，满足系统的稳定运行和工业生产。③测试和验证。虚拟测试比物理原型更快。在连续水热液化反应过程中，如果采用 CFD 对系统进行模拟、测试和验证，既可以比实际运行节约很多时间，又可以节省大部分经济成本，有利于水热液化产业的发展。CFD 对于连续水热液化反应有很多优势，其特点归纳如下：首先，物料流动问题的治理方程一般是非线性的，并且有许多独立变量。计算域的几何形状和边界条件很复杂，很难找到解析解。然而，使用 CFD 方法可以找到满足工程需要的数值解。其次，可以通过计算机进行各种数值实验。例如，选择不同环境下的不同流动参数，可以进行各种物理方程的有效性和敏感性实验，从而比较各种方案。再次，不受物理模型和实验模型的限制，节省资金和时间，灵活性更大，可以给出详细完整的数据，容易模拟特殊尺寸、高温、有毒、易燃等真实条件和实验中只能接近而无法实现的理想条件。最后，

CFD 有各种安装包，如 FLUENT 和 COMSOL，可以分析各种流体流动问题，FLUENT 还可以提供热和质量传递问题的解决方案。通过增加一个额外的能量方程，可以很容易实现传导和对流。各种模型可用于模拟涉及辐射的更复杂的现象。物种的迁移可以通过解决管辖对流、扩散和反应的方程进行模拟。

为了证实 CFD 真正可以应用于连续水热液化系统，对采用 CFD 研究水热液化反应过程的文献进行了调研，汇总于表 8-2。表 8-2 列出 CFD 在 HTL 中的许多特点和优势[32-36]：①利用 CFD 模拟 HTL 反应过程，需要做一个假设，即反应物质被定义为均质物质，内部不会发生反应热。选择垂直下行模式是为了便于模拟石油从储层上行至井口的井口条件；②以十六烷为原料，发现加热时间与物料的速度之间成反比，进料速度需要稳定在合适的时间，这样才能提高产油率；③以微藻为原料发现黏度对反应时间和质量分数有明显影响，需要对物料的黏度做一定的处理。

目前，关于连续水热液化系统中采用 CFD 进行模拟的研究相对较少，这是因为 CFD 在水热液化方面除了存在很多优势和特点之外，还存在很多挑战和困难。首先，原料的物理性质，包括密度、比热、热导率和黏度，在高温高压环境下是不确定的，这也是应用该模型预测实际操作条件的关键。其次，设计的 CFD 模型与连续反应器的控制系统相结合。例如，由于温度和压力的变化会改变水或产品流出的时间，因此需要建立一种关联关系来帮助控制泵送系统。最后，在不同的环境条件下，原料的流动状态也是不同的（温度和压力都不同）。不可能用一个湍流模型来模拟所有情况。此外，目前存在的困难和挑战不仅于此，还有很多未发现的难点，需要我们进一步去测试和发现。只有不断去模拟去验证才能更好地将 CFD 应用到未来水热液化工业生产中，创造出更多的效率。

由于 CFD 的复杂性和计算机软硬件条件的多样性，用户个人应用的普遍性不高，以及 CFD 本身独特的系统性和规律性，使其更适合做成通用的商业软件，如 PHOENICS、CFX、STAR-CD、FIDIP、FLUENTD 和 COMSOL Multiphysics。由于目前主要使用 FLU-ENT 和 COMSOL Multiphysics 来研究 HTL，因此我们对这两种软件进行介绍和分析。

计算流体动力学利用数值方法解决流体流动和热量及质量传递的方程式。FLUENT 能够分析广泛的流体流动问题，包括不可压缩流和可压缩流、层流和湍流、黏性流和非黏性流、牛顿流和非牛顿流、单相流和多相流等。此外，FLUENT 还提供了热量和质量传递问题的解决方案，通过增加一个额外的能量方程，可以轻松实现传导和对流。各种模型可用于模拟涉及辐射的更复杂的现象。物质传输可以通过解决管线对流、扩散和反应的方程来进行建模。

FLUENT 软件采用基于完全非结构化网格的有限体积法，而且具有基于网格节点和网格单元的梯度算法。FLUENT 的应用范围广，包括各种最佳物理模型，如计算流体流动和传热模型，辐射模型、相变模型、离散相变模型、多相流动模型以及化学组分传输和反应流动模型。FLUENT 包含各种传热和燃烧模型以及多相流模型，几乎可以应用于所有与流体有关的领域，从可压缩到不可压缩，从低速到高超音速，从单相流到多相流，化学反应、燃烧、气固混合等，高效、省时。FLUENT 将不同领域的计算软件整合为一个 CFD 计算机软件组，软件之间可以方便地进行数值交换，并有统一的前后处理工具，这就消除了在计算方法、编程和前后处理方面投入的低效重复劳动，使研究人员能够将主要精力和智慧用于物理问题本身的探索。FLUENT 软件稳定性好，精度高，对于每一种具有流动特性的物理问题，都有适合它的数值解法，用户可以选择显式或隐式差分格式，

表 8-2　文献中 CFD 在连续水热液化系统中的应用及特点

原料	反应器	软件	反应条件	假设	参数	结果	参考文献
水	管式反应器	二维 CFD 模型 FLUENT	超临界水反应,雷诺数 < 2300(层流)	进料流速为 1mL/min;外部温度 T_f = 673K,外部换热系数 h_{out} = 10W/(m²·K),水在 300K 和期望压力下	反应器直径、流量、反应温度、外部传热系数和反应器压力	径向温度分布和密度分布随着距离反应器入口的增加而变得更加均匀;沿反应器径向速度分布变得更加不均匀。反应器压力和水界面温度对停留时间的影响很大,但对停留时间的影响很小,加热长度对流量的影响很小	[32]
重油模型化合物十六烷	立式捕流式反应器,一种捕流管流式反应器	COMSOL(二维对称对 CFD)	亚临界和超临界水层流	反应器网格数为 100 个元素,比例为 15。反应器模型以垂直模式运行	反应速率、传热、流体流动速度、浓度、反应器壁温	大部分转换发生在反应器边界出口,减小反应器直径可能使原料转化率和反应率在较低的温度下最大化	[33]
微藻	水平和垂直类型的推流式 HTL 反应器	COMSOL Multiphysics	300℃,200bar,15min	二维,不稳定,不可压缩,单相相料流。速度在 0.13 的范围内。雷诺数边界条件用于指定入口速度。反应器出口设置为 1atm 扩散系数设置为 1 × 10⁻⁹ m²/s	浆体流速、反应器温度、停留时间和外部传热系数	模型预测结果与实验结果比较吻合。研究了浆液流速、温度和外换热系数对 HTL 产品收率的影响	[34]
小球藻	管式反应器	二维 CFD 模型 FLUENT	热水解层流	微藻细胞与水之间不存在滑移速度。所有未溶解的碳水化合物和蛋白质均均假定存储在微藻细胞中	滑移速度、温度和细胞浓度	CFD 模型指导微藻生物质热解管式反应器的设计与优化	[35]
微拟球藻	线圈式反应器	三维 CFD 模型 CFX	20MPa,300℃,35%(质量分数)	320 万个节点的网格,0.0018m/s 的连续入口速度;流入温度为 25℃	热导率、热容、摩尔质量和黏度	热导率、热容和摩尔质量的影响可以忽略不计;黏度对停留时间和质量分数有最显著的影响	[36]

以便在计算速度、稳定性和精度方面达到最佳。经过大量的算例测试，与实验的符合性较好，可以达到二阶精度。此外，FLUENT 允许用户定义广泛的边界条件，如流动入口和出口边界条件、壁面边界条件等。FLUENT 允许用户在连续性方程、动量方程、能量方程或组分传输方程中设置体积源项，自定义边界条件、初始条件、流体属性，添加新的标量方程和多孔介质模型等。FLUENT 允许动态内存分配和高效的数据结构，提供极大的灵活性和处理能力。

COMSOL Multiphysics 努力满足用户的所有仿真需求，成为用户首选的仿真工具。这款软件以有限元方法为基础，在定义模型时非常灵活，材料特性、源项和边界条件可以是常数、任意变量的函数、逻辑表达式，或者只是代表真实数据的插值函数等。COMSOL Multiphysics 仿真环境简化了建模过程的所有步骤——模型定义、网格划分、指定物理、求解，以及最后的结果可视化。大量预定义的物理应用模型可用于解决许多常见的物理问题，范围包括流体流动、传热、结构力学、电磁分析和其他许多物理领域，使用户能够快速建立模型。用户还可以选择所需的物理场并定义它们的相互关系。当然，也可以输入自己的偏微分方程（PDE），并指定它与其他方程或物理学的关系。COMSOL Multiphysics 还比其他有限元分析软件更强大，可以利用额外的功能模块，软件的功能可以很容易地扩展。COMSOL Multiphysics 的特点包括：①解决多场问题＝解决方程组，允许用户选择或定制任何专门的偏微分方程组合，实现多个物理场的直接耦合。②完全开放的结构允许用户在图形界面中自由定义所需的专门偏微分方程。③专业的计算模型库，有各种常用的物理模型，可以根据需要轻松选择和修改。④广泛的嵌入式 CAD 建模工具，可直接在软件中进行 2D 和 3D 建模。⑤全面的第三方 CAD 导入功能，支持导入当前主流 CAD 软件格式的文件。⑥强大的网格剖析能力，支持各种网格剖析和移动网格功能。

在分析了 CFD 的安装包及其功能后，如何使用 CFD 就显得更为重要。CFD 的计算步骤如下：①建立解决任何问题的控制方程；②确定边界条件和初始条件是控制方程有确定解的前提；③划分计算网格；④设置离散方程；⑤离散初始条件和边界条件；⑥给出解控制参数；⑦求解离散方程；⑧确定解决方案的收敛性；⑨显示和输出计算结果，如线值图、矢量图、等高线图、流量图、云图等。

8.2　水热液化反应器

8.2.1　反应器概况

生物质水热液化（HTL）由以水为溶剂的生物质加压液化技术发展而来，是伯吉斯法（Bergius process）❶ 煤直接液化工艺的跨行业应用，其目的是模拟自然界化石燃料形成的地球物理和地球化学条件，在高温高压条件下，短时间内将生物质废弃物转化为有价值的化学品，如生物原油。生物质加压液化技术最早可追溯到 1925 年 Fierz-David[37] 模拟煤的液化过程对木材进行的液化研究，木材和纤维素在碱性环境和高压加氢的条件下反应生成油状产

---

❶　伯吉斯法（Bergius process）是煤利用的第一个商业化液化过程，1913 年由德国化学家 Friedrich Bergius 发明，是将煤用氢气在高温高压下转化为液相产物，再制成汽油等轻质油品的过程。在第二次世界大战前，德国已将伯吉斯法工业化，并在第二次世界大战期间用该方法由煤生产了大量汽油，用于侵略战争。

物。随后，Bergstrom 等（1939）研究了木材在以水为溶剂和几种金属催化剂存在条件下的液化情况，其中，氢氧化钙催化的液化反应得到了 21.6% 的油和 15.4% 的水溶性产品[38]。

针对生物质加压液化技术工艺及反应器的开发则可追溯到 20 世纪 70 年代，美国匹兹堡能源研究中心（Pittsburgh Energy Research Center，PERC）Appell 等研究人员对多种木质纤维素类生物质和废弃生物质原料进行了大量的实验研究后，积累了一定的工程经验，从而在美国俄勒冈州奥尔巴尼（Albany，Oregon）建立了第一代加压（直接）液化工艺及中试装置 PDU（process development unit，工艺开发单元），为后来加压液化技术研究的兴起完成了开创性的工作[39]。1975 年，根据 PERC 的工作，美国能源部提供财政支持建立了连续运行中试装置 PDU（图 8-1）。PERC 建立的加压液化工艺采用推流式反应器（plug flow reactor，PFR）进行高温高压反应，处理温度在 300～370℃，压力可达到 20MPa，并在碳酸钠（4%～8% 干燥木材重量基）作为催化剂和还原性气体（一氧化碳和氢气）氛围存在的条件下进行液化过程。工艺启动时采用蒽油负载干燥木屑进行处理，随后，通过回收处理工艺中产生的油和催化剂，蒽油逐渐被取代，使用反应过程中产生的油与原料混合形成可泵送的浆体，然后该浆体被高压泵输入推流式反应器中进行液化反应。然而，由于使用油相循环进行原料的泵送，再循环率较高，使灰分逐步积累，产生不溶解的固体，反应介质的黏度随装置的运行越来越大，使之后的连续进料处理过程难以继续进行下去，导致严重的技术问题，1981 年后该试验装置无法运行。在运行期间，该装置连续生产了 5000kg 油[40]。

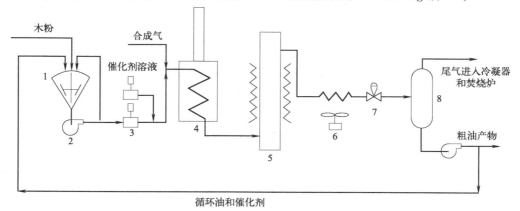

图 8-1　PERC 木材液化工艺[40]

1—搅拌器；2—浆料循环泵；3—高压泵；4—燃气加热器；5—推流反应器；
6—产物冷却器；7—泄压阀；8—闪蒸塔

在考虑了 PERC 工艺的问题后，劳伦斯伯克利实验室（Lawrence Berkeley laboratories，LBL）提出针对原料在加压液化前进行 180℃、1MPa、硫酸水解 45min 的温和酸水解的预处理方法，软化木质纤维素类原料，制备水-木屑浆体，由此引入了水作为生物质浆体载体，形成水热液化技术的雏形。这种方法在给料前，还需在浆液中加入碳酸钠，调整 pH 至中性左右，随后混合均匀的浆料通过高压泵输入搅拌式反应器（图 8-2），在 330～360℃ 和 10～24MPa 的高温高压条件下，将木材在水介质中液化，持续 10～60min。在奥尔巴尼的 PDU中对这种改进工艺成功进行了测试[40]。

除了 LBL 实验室以外，1983 年 Eager 等[41] 也提出了一种避免油相循环利用的木粉水热液化集成处理工艺。这种处理工艺在同一反应器中进行预处理和液化反应，即将反应器分

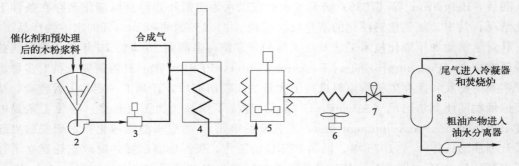

图 8-2 LBL 木材液化工艺[40]

1—搅拌器；2—浆料循环泵；3—高压泵；4—燃气加热器；5—搅拌反应器；

6—产物冷却器；7—泄压阀；8—闪蒸塔

为两个区域（进料区和反应区），该反应器由一个带有内螺旋的推流式反应器组成。此外，这种半连续反应器的设计还包括一个可以容纳 500g 木粉、水和碳酸钠形成的浆体的料斗（4200mL 容量，内径 10.5cm，外径 15cm，高 48cm），为了确保能向下供给木粉浆体到水平管式反应器，料斗内还包括了一个 S 形搅拌器，一个螺旋式输送机，用来输送反应物通过加热到一定预设温度的管式反应器，螺旋给料器由 304 不锈钢制成，长 88cm，螺距 0.7cm。管式反应器长 92cm，内径 1.59cm，外径 3.18cm，其温度由管壁周围 8 个独立的 350W 加热单元控制，沿管式反应器轴向插入一系列热电偶，并使用多点通道记录仪监测温度。反应器管段的两端都安装有循环冷却水装置。反应器管上的几个端口允许气体或其他反应物进入。管式反应器末端是一个收集液化产品的接收系统，两个收集器容器设置了合适的阀门，通过保持上收集器的压力，同时将下收集器释放到大气压力，可以定期收集产品。最初设计的装置在经过几次测试后发现存在以下问题：

① 随着液化过程的进行，在反应器部分产生的蒸汽将在温度较低的料斗中冷凝，导致浆液被稀释到一定程度后，无法再被螺旋给料器输送。

② 与上一个问题相似，反应器中水的损失（由于冷凝作用）改变了反应条件，导致转化效果较差，从明显的初始反应到下游炭的形成，都可能归结于反应器中水的蒸腾和冷凝作用。

③ 在液化反应发生区域螺杆发生了严重的腐蚀和侵蚀现象。

④ 液化转化发生的过程非常快，通过检查反应后的螺杆，木浆液化成油的反应发生的长度大约在 2cm，表明仅停留约 3min。

为了克服上面提到的一些问题，研究人员对设备进行了改进，如图 8-3 所示。为了使碳酸钠水溶液（催化剂）在压力下被直接泵入反应器，研究人员为装置安装了一个高压液体泵，碳酸钠水溶液的流速通过调节泵的行程量来控制。通过这种方式，料斗中的木粉以干燥的形式进入给料器，对于螺旋给料器而言，干料形式要比浆料形式更容易输送。此外，一氧化碳入口从原来料斗后的位置改变到位于碳酸钠水溶液注入端口下游 17.8cm 处，这样的调整使得在压力条件下，一氧化碳可以不断地进入反应区，被间歇性地从储存缸中泵出，以保持恒定的反应压力，通过安装压力传感器来记录料斗内和反应区末端附近的压力。改进设计的一个重要结果是显著降低了在螺杆上发生的腐蚀和侵蚀的程度。

有别于之前物料-泵送设备-反应器的模式，该反应器的成功是基于螺旋式给料机制的利用，将管式（推流式）反应器和原料泵送设备合二为一，同时也提供了将水和干物料分阶段泵入反应器的思路，使相关泵送设备更加容易地在高压下将干物料而非湿物料泵送进反应器。这种小规模半连续式反应器的测试结果表明，风干白杨木粉的产油量与实验室之前的批式反应过程获得的产量相当。

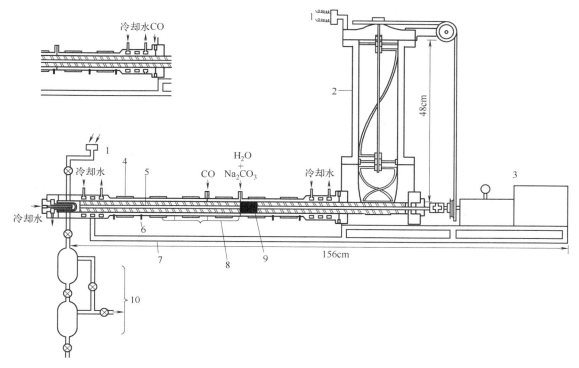

图 8-3　加拿大萨斯喀彻温大学改良型小规模半连续式反应器（最初设计）[41]

1—压力传感器；2—木粉料斗；3—电机和变速驱动组件；4—加热器；5—螺杆；6—热电偶；
7—框架；8—反应区域；9—反应过程中形成的物料塞（"Plug"）；10—产物油收集器和废气排放

1986 年，美国环境保护局（Environmental Protection Agency，EPA）提出的直接热化学液化工艺开发了污泥制油反应器系统（sludge-to-oil reactor system，STORS）[42]。该工艺用于直接连续热化学液化初级城市污水污泥。该处理工艺是一种有效处理污水污泥的选择，同时将产品提升到更高的价值。STORS 工艺的连续式系统原型由 15cm 外径的带搅拌装置的管式反应器构成，污泥通过计量泵从底部注射至反应器，反应器单元用一个 21.4 kW 的陶瓷电加热器加热，产物经过水冷后进行收集。该原型设备能够处理的浆料量高达 30L/h，浆料的组成包括 20％的固体污泥原料和 5％的无水 Na_2CO_3 作为催化剂。研究人员利用该反应器系统进行了一系列不同的实验，运行温度为 275℃ 和 305℃，压力从 12MPa 到 15MPa，停留时间从 1h 到 4.5h。油相产率在 275℃、15MPa、最长停留时间 4.5h 时达到最大值 36.30％。在超过 100h 运行测试后，这种连续式设备只有很少的焦炭积累、设备腐蚀以及堵塞情况发生，一些聚四氟乙烯阀门密封件的腐蚀可能是由高速流动的沙子及灰分颗粒造成的，但这个问题可通过设置钢棉颗粒捕集器加以解决，并不会对该液化工艺未来的发展造成很大的障碍。

基于这种设计原型，日本奥加诺公司（Organo Corp.）以 STORS 处理工艺在位于小野川的实验室中设计了一个用于污泥液化的示范装置（图 8-4）[43]。这种示范装置能够处理的脱水污泥量高达 5t/d，其脱水污泥在高温和高压条件下进行液化和蒸馏。污泥首先被污泥泵的活塞泵入注射缸，然后用高压水给污泥加压，使其传送至反应器（直径 0.43m，高 7.25m）内，通过轮流使用两个注射缸实现污泥连续泵送进入反应器。污泥由反应器下部的馏出物蒸汽预热，并由反应器上部电锅炉的热介质加热到设定的反应温度。反应器中的压力保持在给定的反应压力条件下，即反应温度下水的饱和蒸汽压附近。此时的反应混合物几乎像液体，并在反应器内部保持的高温高压状态下被蒸馏。馏出物和反应气体经冷却器冷却后，通过减压阀 1 减压到大气压，蒸馏残余物通过减压阀 2 进行减压，并进入闪蒸罐形成冷凝液和罐底产物。因此，反应器通过底部和顶部两端分别分离收集产物，从底部回收馏出物；顶部产物通过分离并闪蒸，得到冷凝液和罐底产物。这种示范装置运行的工艺条件为温度 290～300℃之间，压力 8.8～9.8MPa。在无水分灰分的基础上，总重油产率为 47.9%。大部分油来自闪蒸罐底部（35.5%），其次是馏出物（11.2%），只有极小部分来自冷凝液（1.2%）。为了评价该污泥液化工艺的可行性，研究人员以 60t/d 的脱水污泥规模进行能量平衡估计，发现该工艺在不需要额外能源投入的情况下，还能生产 1.5t/d 重油作为盈余的能源，用于锅炉燃烧或者其他用途，表明这种污水污泥处理工艺具有充分的经济可行性。

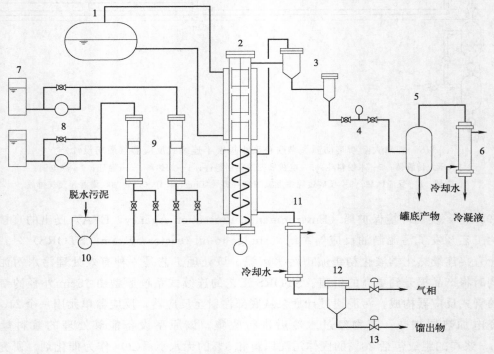

图 8-4　STORS 示范装置流程图[43]

1—锅炉；2—反应器；3—分离器 1；4—减压阀 2；5—闪蒸塔；6—冷凝器；7—水箱；
8—水泵；9—注射缸；10—污泥泵；11—冷却器；12—分离器 2；13—减压阀 1

20 世纪 80 年代，除了美国、加拿大、日本等国家研究开发了关于水热液化的工艺及装置外，在欧洲，荷兰的壳牌公司也开发了"Hydrothermal upgrading"（HTU）的处理工艺，并建立了一个模块化实验室规模的连续式装置[8]。这种连续式装置使用活塞泵以 10kg/h 的速度用水泵送木屑浆体（颗粒大小 0.1mm），通过一个升流管式预热器，预热器加热速率超过 1℃/s，之后木屑浆体通过一个典型的体积为 1L 的升流管式反应器（图 8-5）。此外，这种装置还具有独立可控压力和温度的高压气液分离器。在连续管式微流反应器中进行的小试实验表明，催化加氢脱氧反应可以提高生物原油的氯仿提取物。氧含量从 10%（质量分数，下同）降低到 0.1%，$C_1 \sim C_4$ 产气量为 2.4%，得到了少量的石脑油。

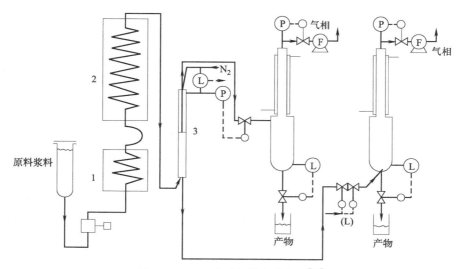

图 8-5　HTU 小试规模实验装置[44]

1—升流管式预热器；2—升流管式反应器；3—高压气液分离器；L—液位计；P—压力计；F—流量计

基于上述实验与小试结果，研究人员提出了一个针对商业处理的初步概念设计。该工艺设计基于亚热带气候下的一个能源种植园，该种植园每年每公顷生产约 40t 干生物质，为了满足 3600t/d 的成品生物油产量，设计了 6 个 HTU 处理单元，每个单元位于一个 17000hm^2 的种植园中，这种布局方式将运输木屑的成本降到了最低，每个单元生产的生物原油被收集在一个中央设备中，进行分离和进一步处理。这种工艺方案如图 8-6 所示。木屑通过料斗进入软化设备，与 LBL 的工艺相似，该工艺将处理过程中所得的水相与生物质混合，并在 200℃、10~15min 的条件下对混合后的生物质原料进行预处理、软化，以获得可通过活塞泵泵送的均匀浆料。浆料通过加热器进行加热后进入反应器，维持 5~20min 的停留时间，反应过程在亚临界条件下（300~350℃、12~18MPa）进行。考虑到返混作用可能对成品生产的选择性有不利影响，选择管式反应器进行热化学转化过程。此外，设置反应器中循环相的水/干木屑之比为 3，足以使 HTU 反应进行并对原料进行预处理。HTU 处理工艺不涉及对催化剂的利用，整个过程的热效率为 67%（基于成品与木屑的低位热值之比）。

对上述过程初步的经济评价结果表明，根据 1987 年的物价，包括废水处理等所有设施在内的费用，最终产品的制造成本在 400~450 美元/t 之间。大约一半的成本是资本费用，四分之一是原料成本。大约三分之一的费用与加氢脱氧过程有关。如果省略这个过程，就可以生产一种无硫和无氮相对轻质的燃料油，价格约为 250 美元/t。

然而，由于 20 世纪 80 年代初期石油价格下跌，生物燃料在经济上不具备竞争性，研究的重点大多转向诸如乙醇之类的汽油添加剂，同时，由于水热液化工艺商业化成本较高，多

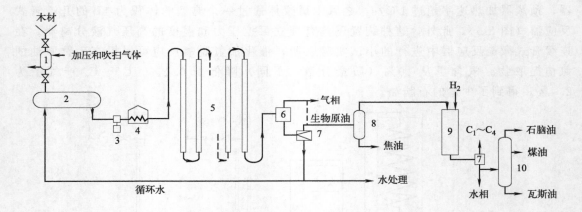

图 8-6　HTU 概念装置流程图[44]

1—闭锁式漏斗；2—软化器（200℃）；3—高压进料泵；4—加热炉；5—反应器部分；6—闪蒸器；
7—分离器；8—轻度真空塔；9—加氢脱氧反应器；10—分馏器

数公司和产业界也暂停了对扩大规模化的研究，致使水热液化技术一度停滞不前，相关处理工艺也就此停止。例如，奥尔巴尼 PDU 的处理工艺在 20 世纪 80 年代初就停止了，荷兰壳牌公司的 HTU 项目也因商业原因于 1988 年终止[45]。

　　进入 21 世纪，以非粮作物或废弃生物质为原料的第二代废弃物基生物燃料[81-83]和以藻类生物质为原料的第三代微藻基生物燃料[84-86]开始兴起，湿生物质的直接处理使水热液化的技术特点显得尤为突出，对各种湿生物质原料水热液化的研究在全世界范围内广泛兴起。相应地，各国的研究人员开发的水热液化工艺及反应装置也如雨后春笋般地涌现[87]。表 8-3 总结了 21 世纪以来，各国科研人员关于连续式水热液化反应器的研究进展。从表 8-3 可以看出，经过几十年的发展，世界各地的研究人员逐渐将重点转移到实验室及中试规模的连续式反应器上，为实现各种湿生物质水热液化处理工艺的全面工业化和商业化应用奠定工程基础并获得实践经验。连续式反应器通常在稳态下操作运行，进料流的流量和组成恒定，反应器操作运行条件不随时间而变化。不难发现，连续式水热液化反应器的类型主要是连续搅拌釜式（continuous stirred tank reactor，CSTR）和推流式（plug flow reactor，PFR），另外也有少数以两者串联形式的反应器以及固定床式（fixed bed reactor，FBR）反应器，所处理的生物质和处理量不尽相同。在此之前，基于间歇反应器生产条件更灵活、建造成本更低的特点[88]，研究人员围绕生物质的水热液化进行了许多研究，以确定各种参数对水热液化过程的影响，获得最优化的处理条件[89-94]。应该着重强调的是，在批式反应釜中，从热化学转化过程开始到最终产品分离结束的加热和冷却时间过于漫长[95]，导致生物原油的批量生产过程很难扩大规模。此外，在这个过程中，反应底物、中间产物以及最终产物长时间共同处于一定的温度和压力环境下，会导致一些副反应发生并产生预期之外的副产品，导致最终产品质量低于工业和市场需要[95]。此外，与连续式反应器系统相比，在热化学反应启动前，间歇式反应器系统内的顶空吹扫要求也降低了处理过程的效率和经济性[96]。因此，为了使水热液化工艺工业化，以最大限度地利用生物质废弃物的价值，本章将对全球典型的连续式水热液化反应器进行总结和归纳，以期为下一代连续反应器系统的优化设计提供新的思路。

表 8-3　水热液化连续式反应器研究进展

研究团队	反应器类型	原料类型	处理量/(kg/h)	压力/bar	温度/℃	停留时间/min	催化剂	参考文献
Pacific Northwest National Laboratories (PNNL), USA	连续搅拌釜式反应器与推流式反应器再联	藻类	1.5	200	350	27~50	—	[46,47]
		大型藻类					—	[48]
		葡萄果渣					Na$_2$CO$_3$	[49]
		废水污泥					—	[50]
University of Sydney, Australia	推流式反应器	藻类	24~40	200~250	350	15~20	—	[51,52]
University of Illinois, USA	连续搅拌釜式反应器	猪粪	0.9~2.0	103	305	40~80	—	[53,54]
Iowa State University, USA	推流式反应器	菌类	3.0~7.5	270	300~400	11~31	—	[55]
Chalmers University of Technology, Sweden	固定床反应器	硫酸盐木质素	1~2	250	350	6~11	ZrO$_2$,K$_2$CO$_3$	[56-60]
Hydrofaction™ process Steeper Energy, Denmark-Canada Aalborg University, Denmark	推流式反应器	木屑/甘油	20	300~350	390~420	15	K$_2$CO$_3$	[61,62]
Karlsruhe Institute of Technology(KIT), Germany	推流式反应器	废弃生物质	0.29~0.63	250	330~350	5~10	K$_2$CO$_3$,ZrO$_2$	[63]
	推流式反应器	酵母,果渣	0.06~0.61	200~250	330~450	1~30	K$_2$CO$_3$,ZrO$_2$	[64,65]
	连续搅拌釜式反应器	栅藻,微拟球藻	0.76	200	350	15	—	[66]
		小球藻,微拟球藻	—	240	350	15	—	[67]
University of Leeds, UK	推流式反应器(盘管式)	小球藻	0.6~2.4	185	350	1.4~5.8	—	[68]

续表

研究团队	反应器类型	原料类型	处理量/(kg/h)	压力/bar	温度/℃	停留时间/min	催化剂	参考文献
Aarhus University, Denmark	推流式反应器(实验室规模)	含可溶物的干消化合物	0.36~1.44	250	250~350	约20	K_2CO_3	[69,70]
	推流式反应器(中试规模)	木屑,污泥,螺旋藻	60	220	350	10	KOH	[71,72]
Imperial College London, UK	推流式反应器	藻类	0.03~0.24	180	300~380	0.5~4	—	[73]
Bath University, UK	推流式反应器(同心套管式)	废水藻类	0.18~0.42	160	302~344	17.7~41.8	—	[74]
University of Twente, The Netherlands	推流式反应器(盘管式)	淡水栅藻	0.06~0.33	150~300	250~350	7~30	—	[75]
CatLiq® process SCF Technologies, Denmark	固定床反应器	含可溶物的湿消化合物	30	250	280~370	1~15	K_2CO_3,ZrO_2	[76]
New Mexico State University	推流式反应器	藻浆	4.5	180	325~350	—	—	[77]
Clean Energy Research Center, Korea Institute of Science and Technology, Republic of Korea	连续搅拌釜式反应器	油椰果壳木质素	0.7	200	350	—	—	[78]
中国农业大学,中国	推流式反应器	螺旋藻,猪粪废水基小球藻,沼液基小球藻	0.54~7.2	92	300	7.5~100	—	[79]
Paul Scherrer Institut, Switzerland	推流式反应器	发酵残余物	1	280	350~470	70~120	K_2CO_3	[80]

8.2.2　连续搅拌釜式反应器

连续搅拌釜式反应器（CSTR），也被称作连续返混釜或全混式反应器，类似于理想的间歇式反应器（图 8-7）。虽然二者构型基本相同，但由于运行和操作方式的改变，CSTR 节省了大量辅助操作和人工操作的时间，使反应器的生产能力得到充分的发挥，容易全面实现工业过程的机械化和自动化，降低劳动强度[97,98]。除了一般连续式设备的优点外，连续搅拌釜式反应器还具有独特的特点：

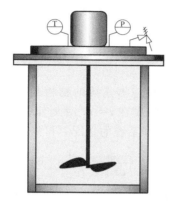

图 8-7　连续搅拌釜式反应器

Ⓣ—温度传感器；Ⓟ—压力传感器（下同）

① 完全混合的特点。反应器内部的原料在反应期间处于均匀状态，过程参数与空间位置、时间无关，各处的物料组成和温度都是相同的，且等于出口处的组成和温度，加入反应器的物料在瞬间即与反应器内部的物料混合均匀，并立即失去进料时的特征，进一步促进均匀反应以及传热传质。对于小尺寸反应器，如实验室中的反应器，机械搅拌要求达到必要的高强度混合。工业生产所要求的混合程度有时可通过向反应器中注入高速原料液获得，高速流体的注入导致湍动进而产生强烈混合[99]。

② 温度易于控制，特别是对于高活化能的反应或强放热反应。由于连续搅拌釜式反应器的返混特征，便于控制反应过程在较低的反应速率下进行，从而消除过热点，达到等温操作。

然而，这种反应器的缺点在于：

① 一般情况下需要比推流式（管式）反应器有更大的容积才能达到同样的转化率。

② 涉及逐次反应时会产生更多的副产物。

美国伊利诺伊大学厄本那-香槟分校的研究人员采用连续搅拌釜式反应器进行高温高压热化学反应，第一次尝试开发小型连续式水热工艺（continuous hydrothermal process，CHTP）反应器系统来处理猪粪。这种反应器比推流式反应器控制温度更好，还可以避免像螺杆式推流反应器在反应过程中产生的堵塞、回流、反应器的腐蚀和侵蚀等问题[53]。据报道，这种反应器处理量可达 48kg/d。更重要的是，每次实验可以连续运行长达 16h，证明了用这种反应器将猪粪连续转化为生物原油的可行性。在 60min 的停留时间以内，生物原油的产率与停留时间呈正相关，在温度 300℃和压力 10MPa 的条件下，最高生物原油产率为 70%（以挥发性固体基计算）[54]。

由于猪粪与生物原油水热液化过程中所涉及的反应和动力学尚不完全清楚，因此很难从使用连续搅拌釜式反应器的连续式水热液化工艺过程中准确预测获得的生物原油产量。然而，将批式实验的产油率结果与猪粪中挥发性固体（VS）的停留时间分布相结合，可以估算出产油率。停留时间分布可以从洗脱实验中得到。假设反应器完全混合，则挥发性固体的质量平衡方程为：

$$V \frac{\mathrm{d}c_R}{\mathrm{d}t} = Qc_{in} - Qc_{out} \tag{8-6}$$

式中，V 为反应器体积，L；c_{in} 为稳态时入口 VS 浓度，g/L；c_R 为反应器内部 VS 浓度；c_{out} 为出口 VS 浓度。整理该方程，等式两边同时除以反应器体积 V：

$$\frac{\mathrm{d}c_R}{\mathrm{d}t} = \frac{c_{in}}{\overline{t}} - \frac{c_{out}}{\overline{t}} \tag{8-7}$$

式中，$\overline{t}$ 为理论平均停留时间，s。

在反应器完全混合的条件下，反应器系统的物料是均匀的，因此 c_{out} 等于 c_R，在洗脱实验中，入口、出口和反应器内部浓度在 $t = t_0$ 时刻前相同，在 $t = t_0$ 时刻时，入口浓度为 0，因此，如果只考虑 $t \geqslant t_0$ 时反应器系统的情况，可令 c_{in} 等于 0，得到：

$$\frac{\mathrm{d}c_{out}}{\mathrm{d}t} = -\frac{1}{\overline{t}}c_{out} \tag{8-8}$$

虽然在 $t = t_0$ 时刻后入口浓度为零，但我们可以在 $t = t_0$ 时刻固定反应器系统中的初始条件为 $c_R = c_{out} = c_0$。重新整理式（8-8）并积分得到：

$$\int \frac{\mathrm{d}c_{out}}{\mathrm{d}c_{out}} = -\int \frac{\mathrm{d}t}{\overline{t}} \tag{8-9}$$

$$\frac{c_{out}}{c_0} = \exp\left(-\frac{t}{\overline{t}}\right) \tag{8-10}$$

累积停留时间分布函数 $F(t)$ 很容易用以下公式得到：

$$F(t) = 1 - \frac{c_{out}}{c_0} \tag{8-11}$$

因此，在反应器中停留一定时间长度的挥发性固体的分数可以通过累积停留时间分布［式（8-11）］计算出来。由式（8-11）可以看出，VS 质量分数随时间呈下降趋势，这一趋势是单一连续搅拌釜式反应器的特征。因此，通过将批式实验的产率数据与不同水力停留时间下的挥发性固体的停留时间分布耦合，可以得到预测产率分布。

由于连续搅拌釜式反应器具有显著的强烈混合物料的特点，在反应过程中，初级解聚反应中间体可以与最终产物反应。因此，在连续搅拌釜式反应器中，微藻通过连续式水热液化反应转化的生物原油产量低于间歇式水热液化反应转化的生物原油产量[66,67]。然而，Kristianto 等[78] 在连续搅拌釜式反应器中对浓酸水解木质素进行的另一项水热液化研究揭示了一个完全相反的结果，即在批式反应和连续式反应温度及压力相同的条件下，连续式反应器的产油率高于间歇反应器。尽管实验的原料、助溶剂和操作参数不尽相同，但很明显，连续搅拌反应器比间歇式反应器的加热速度更快，这理应提高生物原油产量。然而，在连续式搅拌釜式反应器和间歇反应器中常被忽略的一个关键参数是搅拌速度[96]，这可能通过影响反应过程中的混合程度影响热化学过程，进而导致连续搅拌釜式反应器的产率与批式反应器的产率发生忽高忽低的变异，这也是后续连续搅拌釜式反应器水热液化工艺应该优化的工艺参数。

8.2.3　推流式反应器

大长径比管式反应器是推流反应器（也被称作活塞流反应器）的典型代表。理想的推流式反应器有两个显著特征[99]：

① 在流动方向上无返混。因此，从反应器入口到反应器出口的流动方向上反应物浓度下降。另外，在流动方向上温度可能会变化，这取决于反应的放热量，以及通过反应器壁面的传热量。由于浓度的变化及温度的可能变化，反应速率在流动过程中也在变化。

② 在非流动方向上无温度或浓度变化。对于推流式反应器任意给定的轴向位置上，在径向和角向上无温度和浓度变化。因而反应速率在垂直于流动方向的任何截面上没有差异。

此外，管式反应器具有单位容积传热面积大的特点，特别适用于热效应较大的反应，但也正因如此，反应器内难以保持一致的温度，容易产生结壳和沉淀。

推流式反应器可以看作是一系列微型的间歇式反应器串联成单列流过反应器。每一个微型间歇式反应器在入口到出口的流动过程中都保持其完整性。活塞状流体间没有质量或能量交换。

为了让实际的反应器接近这一理想状态，在垂直于流动方向上流体的速度不能变化。当管中流体的流动处于高度湍流（即高雷诺数状态）时就接近均匀流速分布了。

与连续搅拌釜式反应器相反，推流式反应器构造简单，易于扩大规模，因而更频繁地应用于水热液化的连续式系统。英国伦敦帝国理工学院（Imperial College London）的 Patel 和 Hellgardt[73] 采用长径比约为 20∶1 的带有石英内衬的 SS316 不锈钢管，建立了一个非常简单的实验室规模推流式水热液化反应器，用于进行快速水热液化试验。这种紧凑型的连续式水热液化反应器由一个体积为 2mL 的简单管式反应器和一个用于直接加热反应器的简单夹套式加热器组成，与其他小型反应器一样，这套连续式装置没有设置热交换器或热回收装置[63]。实验结果表明，在温度 380℃和停留时间 30s 的条件下，该装置在石英衬垫和环己烷作为共溶剂的条件下，消除了 SS316 不锈钢材料在水热液化条件下潜在的催化壁面效应（这会导致焦炭沉积以及生物原油产率降低）的不利影响，生物原油产率最高达到 38%（质量分数）。

然而，比较常见的是，大多数其他推流式反应器与上述紧凑型的反应器（目前已知体积最小的连续推流式水热液化反应器）迥然不同，它们添加了额外的预热器，以避免物料在后续进程中出现的潜在的堵塞问题，这可以在爱荷华州立大学（Iowa State University）[55]、太平洋西北国家实验室（Pacific Northwest National Laboratories，PNNL）[46]、新墨西哥州立大学（New Mexico State University）的连续式水热液化反应器系统中看到[100]。这些连续式水热液化反应器系统将生物质浆液在 133℃以下预热，以防止严重的水热反应，进而造成堵塞问题。此外，设置预热器和保温反应器的两段式的推流式反应器以确保热化学转化所需的反应温度和停留时间，是连续式水热液化反应器系统的普遍策略。Li 等[79] 利用这一原理，在中国农业大学（China Agricultural University，CAU）建立了一个室内连续式水热液化反应器，如图 8-8 所示，其中预热器和保温反应器（主水热液化反应器）由两个相同的总测量体积为 0.9L 的管式反应器组成。该连续式水热液化设备通过控制进料速度从 9mL/min 到 120mL/min，可以在相同体积的预热器和保温反应器中均匀控制停留时间从 7.5min 到 100min。由于预热器和保温反应器的多级温度控制有助于减少反应器中的局部热点，减少了导致堵塞问题的焦炭的生成。这种连续式水热液化反应器系统处理微藻效果良

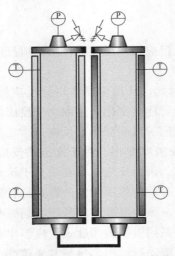

图 8-8   预加热-保温两段式推流式反应器

好，即使所处理的微藻灰分较高，并会在固-液-油混合物从反应器系统末端排放时产生颗粒较大的皮克林乳液（Pickering emulsion）的情况下亦能有良好表现。类似中国农业大学的连续式水热液化反应器系统并不是唯一的，丹麦奥尔堡大学（Aalborg University）Pedersen 等[61] 设计的 CBS1（continuous bench scale reactor unit）连续式水热液化反应器系统是一个十分完整的原型，该系统设置了两个串联加热器将原料加热到反应温度（400℃），另有两个串联管式反应器，每个体积为 5 L，以保证适当的停留时间。此外，这种连续式反应系统还具有加热速率（200～400℃/min）高的优势。利用这种连续式水热液化反应器系统成功实现了木材生物质的两阶段碱性环境下水热液化的关键实验[52]，该实验的流程主要包括：①通过使用另一个间歇式反应器在 180～200℃温度条件下对生物质进行温和的碱性水热预处理形成可泵送的浆料；②CBS1 将之前难以泵送的木质生物质原料输入反应器中进行水热液化反应。中国农业大学建造的连续式水热液化装置中的"预热器-保温反应器"两阶段集成的推流式反应器概念将这两步工艺合二为一，提升了连续式水热液化反应器系统的技术经济性，为下一代连续式水热液化反应器的开发提供了新的思路。

为了比较连续式反应器的生产能力，往往引用空间时间（简称空时）这一概念，空时值为反应器体积与进料体积流量的比值。定义式为：

$$\tau = \frac{V}{Q} \tag{8-12}$$

式中，τ 为空时；V 为反应器体积；Q 为体积流量。

空时对连续式反应器行为的影响与实际时间对间歇式反应器行为的影响相同。在间歇式反应器中，如果反应物在反应器中的时间增加，则转化率和反应进度也会增大，且反应物的浓度会减小。这种影响对于空时和连续式反应器也同样成立，即如果连续式反应器处于稳态，空时增加，转化率和反应进度将增大，并且反应物浓度会下降。因此，空时越小，说明处理单位体积流量的物料所需的反应体积越小，即在一定的反应体积下所处理的反应物料量越大，表示该反应器的生产能力越大。若在进出口物料组成相同的条件下比较两个连续式反应器，空时小的生产能力大（两者进料体积流量必须按照相同的温度及压力计算）。均相反应的空时具有时间的量纲。虽然空时并不一定等于平均停留时间，但空时与流体在反应器中的平均停留时间相关。空时与平均停留时间类似，如果反应器体积 V 变大而体积流量 Q 保持不变，则空时和平均停留时间都会变大，反之亦然。对于等容均相反应，空时也等于物料在反应器内的平均停留时间[99]。

为了获得更广泛的工艺参数以及达到便于清洗的目的，Mørup 等[69] 使用了长度均为 1.2m 的三种内径尺寸不同的可互换管式反应器，其中 1 英寸（1 英寸＝0.0254 米）内径的反应器用于温度 370～450℃、压力 20～35MPa 和反应时间 5～45min 的水热液化反应，而 9/16 英寸内径的反应器则用于温度 300～370℃条件下的亚临界水热液化反应，第三个内径 5.17mm 的反应器用于 5min 以内的短反应时间水热液化研究。由于已知每个管式反应器的长度和内径，反应器体积 V 可通过下式进行计算：

$$V = L\pi R^2 \tag{8-13}$$

式中，L 为管式反应器长度；R 为管式反应器内半径。根据式（8-12），在已知质量流量 $\dot{m}$、反应条件下的物料密度 ρ 的理想情况下，则这三个不同管式反应器的空时 τ 可用下式计算：

$$\tau = \frac{L\rho\pi r^2}{\dot{m}} \tag{8-14}$$

然而，该反应时间只是理论上的，因为亚临界水和超临界水的类气行为产生的湍流使反应器不是理想的推流式反应器。理论上，具有极大长度的小内径反应器（即长径比充分大）可以缓解这种影响。根据这种假设和原理，丹麦奥胡斯大学（Aarhus University）的 Anastasakis 等[71] 在上述实验室连续式反应器的基础上，建立了一个新型带热回收的连续式水热液化中试装置，采用的推流式反应器的横截面尺寸基本恒定，内径为 14.2mm，整个反应器管段的长度达到 140m，其中预加热段由四根管道组成，分为两个盘旋，每个盘旋长 2×3m，总长度为 12.6m。配有 32 个独立的电加热器，每个电加热器的加热功率为 1kW，由 PLC 单独控制。经过预加热反应器后，生物质浆液被导向主反应器，在其中发生主要的水热液化反应和生物质转换。主反应器由 10 根管道组成，分为 5 个盘旋，每个盘旋长 2×6m，配有五条独立的电加热带，每条电加热带的加热功率为 1kW，可单独控制。因此，该反应器的总长径比达到 10000∶1（图 8-9）。值得一提的是，该反应器具有同时由"冷"侧和"热"侧的两个管道组成的逆流热交换器用于热量回收，入口处的生物质浆液通过热交换器的"冷"侧部位获得"热"侧部位产物流的热量，进行一定程度的预热，满足了在对入口生

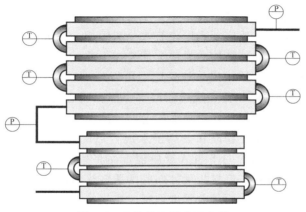

图 8-9　大长径比管式反应器

物质浆液进行预热的同时冷却产物流的要求，实现了余热回收和利用。这种热交换器的选择和利用除了一举两得地实现上述过程外，还可以省去一个用于将反应产物与新鲜原料混合，以实现进一步快速加热的高温高压再循环泵，这种模式的预热过程在卡尔斯鲁厄技术研究所[63]（KIT）和查尔默斯技术大学[56-60]的催化水热液化固定床反应器系统的布局中可以看到。除了使用依靠热传导的电加热器或导热介质（导热油）从外部界面加热管道以达到设定的反应温度外[101]，Mørup 等[69] 很好地利用感应加热器直接加热管道材料，可以在一定程度上打破钢的导热性所导致的加热效率限制，从而大大缩短加热进料流的时间。

上述关于大长径比推流式反应器的设计以及相关热交换器的布局是未来工业化规模连续式水热液化反应器设计过程中需要重点关注的地方，不同加热方式的热效率差异以及利用产物余热的效率高低将在很大程度上影响连续式水热液化系统的成本高低，进而影响水热液化的技术经济性。

8.2.3.1 盘管式反应器

盘管式反应器，顾名思义，即将管式反应器做成盘管的形式，其特点是设备结构紧凑，空间尺寸相对较小，但同时存在检修和清刷管道比较困难的缺点。基于上述特点，Wądrzyk 等[75] 将 5.5m 长的管式反应器卷成 22 个环，以减小整体尺寸。由于盘管式反应器独特的多层螺旋结构，普通电加热器（电加热套或电热炉）无法直接对其进行均匀加热。因此，这些反应器通常采用流态化砂浴加热（图 8-10）。砂浴通过泵入加压气体以使导热介质（例如氧化铝）流态化[51,52,68]。相比于简单直管式推流反应器，盘管式反应器可以在较小的空间尺寸上，通过改变线圈数量或串联多个盘管式反应器来改变反应时间。Jazrawi 等[51] 利用该特点，通过串联一系列的盘管（每个盘管长 16m，外径 9.5mm，壁厚 1.65mm，总反应体积 2L），研究了停留时间 3min 和 5min 对小球藻和螺旋藻水热液化产物的影响。研究结果表明，停留时间越长，产物 C/O 比越高，因此生物原油的热值（HHV）越高[68]。

8.2.3.2 套管式反应器

值得一提的是，为了解决堵塞问题，Wagner 等[74] 建造了一个具有同心套管结构的垂直管式反应器，该反应器与大多数连续式水热液化反应器截然不同（图 8-11）。进料管线从内管顶部穿过反应器，经过加热和水热液化反应后，产物流从双层套管式反应器中间的环形夹层空间内从底部向上溢出反应器顶部。值得注意的是，这种改进的内外同心套管式推流反应器利用重力沉降的原理，在反应器内原位有效分离固相。除了具有延长反应时间和加快加热速率的特点外，同心套管独特结构的另一个优势在于通过减少反应器壁上的热点来抑制将触发聚合反应的自由基形成。据报道，该反应器可以处理灰分含量（约30%）相对较高的废水基藻类，将 95% 以上的固相留在反应器底部。根据同心内外双管结构，Tran[102] 提出将用于连续式水热合成纳米材料带开口喷嘴的逆流反应器作为连续式水热液化反应器的新型设计选择[103-105]。与传统上将生物质和去离子水混合后的浆液送入预热反应器不同，Tran 设想将预热的去离子水通过内管向下泵入反应器，而将生物质浆液通过外管向上泵入反应器。得益于内管上设计的喷嘴，来自相反方向的两股气流将产生强烈冲击，在反应器内形成瞬时混合强化和高加热速率，从而最大限度地减少焦炭的形成。此外，由于输送积聚的固体残留物的热流体的速度很快，堵塞问题也可以得到妥善解决。然而，该设计的实施必须考虑

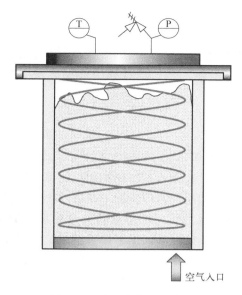

图 8-10　沙浴盘管式反应器

图 8-11　同心套管式反应器

反应管段的加热和隔热措施，以确保反应处于亚临界状态。

　　总而言之，理想推流式反应器可被视为一系列串联的微小间歇反应器，这些反应器以单列形式流过反应器。考虑到间歇式反应器完全混合的优点，通过可编程逻辑控制器（PLC）以时间顺序控制间歇式反应器运行的序批式反应器系统[106]，可能是连续式水热液化反应器系统设计的一个未来解决方案，其特点是在空间中完全混合，在时间上完全推流。然而，不可避免的是，如何在压力平衡下切换每个间歇式反应器仍然是发展这一概念的巨大挑战。另外，在解决推流式反应器的湍流问题时，可以尝试安装静态层流混合器，以限制轴向混合和反应器轴线附近流速增加的趋势[69]。

8.2.4　混合式反应器

　　目前，仅有美国太平洋西北实验室开发了连续搅拌釜式反应器和推流式反应器串联的连续式水热液化反应器系统（图 8-12）[46]。该系统的开发起源于其实验室的连续式催化水热气化系统，连续式水热液化反应器是通过移出其管式反应器中的催化剂床发展而来的。然而，这种 CSTR 和 PFR 组合式设备并不是在整个实验伊始就考虑到的，是实验在处理木质纤维原料时解决堵塞问题的保守策略。与传统的连续管式反应器类似，这种组合设备包括一个卧式油套预热器，用于将原料预加热至 133℃。在预热器之后，设计了

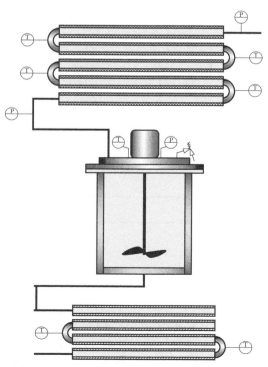

图 8-12　CSTR 和 PFR 串联反应器

由电加热的 CSTR，用于将原料加热到反应温度，同时实现返混功能。最后，卧式油套管式反应器提供了额外的停留时间。CSTR 和 PFR 的结合为利用两种不同反应器的优点来解决堵塞问题提供了一个良好的支撑案例。据报道，当将预热生物质浆料的温度控制在 200℃ 以下时，无论是藻类原料还是葡萄渣[49]，甚至是废水固体，在处理过程中都没有发生堵塞问题[50]。

8.2.5　其他类型

停流反应器（stop-flow reactor，SFR）系统有一个装有入口和出口的间歇式反应釜，可以在临时流动模式下运行，在这种模式下，生物质原料被注入预加热和加压的反应器。这种装置的优点是能够快速加热生物质原料，并在无须冷却反应器的情况下，就依次运行多次相同的实验。该装置由三个部分组成：泵组、注射器和反应器。泵组的功能是对系统加压，以方便生物质原料注入反应器。泵组由两台不同冲程大小的气动高压液体泵组成。冲程体积较大的泵主要用于生物质原料的注入和产物的排出。冲程体积较小的泵的功能主要是调节和保持所需的工作压力。注射器由一根体积为 240mL 的 316 不锈钢管构成，其中插入一个活塞。通过装载生物质浆料并在活塞上施加多余的压力，将生物质浆料输送到反应器。这种注射器系统提供了一种高效和灵活的方式来泵送不同的生物质浆料。注射器可以通过一组阀门进行减压和绕过（图 8-13）。因此，在每个系列实验中可以无须冷却和重新打开反应器即可进行多次相同的反应。该反应器的体积为 170mL，是一个普通的高压釜，但其特点是顶部有一个入口，底部有一个出口[107]。

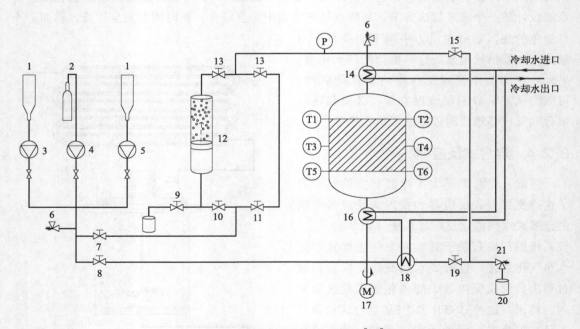

图 8-13　停流反应器系统装置图[108]

1—水箱；2—气瓶；3—流量泵；4—气体增压器；5—转向泵；6—防爆膜；7—上部回路；8—下部回路；
9—注射器排放阀；10—注射器入口阀；11—注射器旁路入口阀；12—注射器；13—注射器出口阀；
14—注射器旁路出口阀；15—上部释放阀；16—下部热交换器 1；17—旋转电机；18—下部热
交换器 2；19—下部释放阀；20—样品瓶；21—比例溢流阀

Mørup 等（2012）利用这种新型停流反应器系统研究了在固定压力（25MPa）和固定反应时间（15min）条件下，不同反应温度（300~400℃）对带可溶物干馏分粒（dried distillers grains with solubles，DDGS）水热液化的影响。停流反应器可以快速加热生物质原料和执行多个连续重复。这避免了漫长、不可控温度梯度和反应化学过程中的意外变化。研究结果表明，较高的反应温度可以提高生物油的产率，减少炭的形成，并提高生物油的热值。当温度为 400℃的超临界反应温度时，可以获得产率最高、质量最好的生物油。

8.3 连续水热液化泵送系统

8.3.1 泵送设备

泵送系统对于高温高压的连续式系统至关重要，因为它决定了高温高压系统的效率和可靠性。在世界各地的连续式水热液化系统中，容积泵是最常用的流体输送泵，其可大致分为三大类：隔膜泵、往复泵和旋转泵（图 8-14）。表 8-4 列举了这几种泵的优缺点。容积泵通

表 8-4　可用于水热转化泵送系统的高压泵的优缺点比较[108]

泵类型	优点	缺点
隔膜泵	可用于流动性介质；通常用于固体含量在 5% 或更低的污水或类似的废水；单级高压 25MPa，超过 HTL 压力要求；可以与螺旋给料机配套用	黏度处理能力比活塞泵的更低
隔膜软管泵	可处理农业废弃物混合物；能够处理固体含量超过 15% 的生物质浆料；单级高压 32MPa，超过 HTL 压力要求；黏度处理能力高；在 HTL 应用中比隔膜泵更具灵活性	黏度处理能力可能轻微低于活塞泵
活塞泵	可处理脱水污泥、木屑；可处理固体含量高的物料；压力为 20.6~30MPa；黏度处理能力最高；比使用隔膜软管泵更易将浆料输送到泵腔内。应用范围广，性能可靠稳定；可与双螺杆给料机配套用	设计复杂，维修要求严格
旋转凸轮泵	设计简单，专用于处理纤维材料；可处理固体含量高的浆料；单级高压 25MPa；黏度处理能力高；类似于隔膜泵，需要给料系统	单级压力达不到 HTL 要求；维修要求低

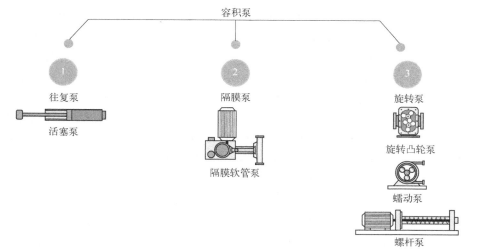

图 8-14　不同类型的容积泵

过改变泵腔中的工作体积来输送流体，因此，它具有计量功能。此外，容积泵的流量受压力的影响较小。各种容积泵广泛应用于连续水热液化反应器系统。

为了连续向反应器输送原料，无论是 CSTR 还是 PFR，双缸切换进料系统都是一种很好的进料策略。通过控制各种阀门，在几秒钟内完成预压气缸和进料流之间的切换，以确保稳定的连续流量。Barreiro 等[66] 采用了异步运行的双螺杆压力机，以确保物料的连续流动，使 9.1%（质量分数）或 18.2%（质量分数）的微藻浆料保持 15min 的停留时间。除了螺旋压力机之外，液压系统也是一种合适的选择。Mørup 等[69] 构建了一个双注射器系统，该系统由两个带有内部活塞的管状容器组成，这种活塞由两个 HPLC 泵驱动，这种泵可以在远远超过水热液化实验条件的超压下泵送水驱动活塞进而泵送物料。Li 等[79] 将蠕动泵与液压油驱动的双液压缸相结合，交替连续地将藻类浆料泵入反应器，这类似于瑞士 Paul Scherrer Institut 的发酵残渣液化实验中生物质浆料给料机的工作原理[80]。在没有泵和液压装置的情况下，Wagner 等[74] 通过两个进料罐交替将藻类浆料输送到反应器中，这两个进料罐由设有压力调节器的高压氮气瓶驱动。两个储料罐之间的阀门能够依次隔离每个进料罐，同时保持通过另一个进料罐的流量。因此，可以在不损失系统流量的情况下实现水和藻类料流量之间的切换。

由于能够控制更稳定的流量和更精确的流速，单 HPLC 泵也用于将生物质浆液输送到 HTL 反应器。Kristianto 等[78] 采用 HPLC 泵将水定量注入给料箱，从而将等量的浆液推出反应器。除了高效液相色谱泵之外，隔膜泵也是解决泵送问题的替代品。隔膜泵通过活塞或液压直接驱动隔膜来改变泵腔的体积。瑞典查尔默斯理工大学的研究人员放置了两个高压隔膜泵，分别用于输送原料和再循环产品，以预热新鲜的生物质浆液[58-60]。英国利兹大学[68] 和美国新墨西哥州立大学[100] 的研究也采用类似的方式。

对于高纤维碳水化合物原料，带止回阀的隔膜泵或活塞泵可能因纤维物质的堵塞问题而无法正确就位，甚至导致回流问题。考虑到这个问题，Ocfemia 等[53] 选择了无阀门的旋转活塞泵来输送黏性猪粪，没有出现堵塞问题。由于粗糙的物料在凸轮腔内围绕泵壳内部流动，活塞和套筒磨损的问题仍然存在。因此，高压泵送系统需进一步改进。

8.3.2　可泵性检测和分析

在高压条件下泵送生物质浆体进入反应器一直是连续式水热液化系统需要克服的重要问题，除了选用不同类型的高压泵送设备以外，从原料本身特性出发，针对不同生物质浆体的可泵性检测和分析也需要进行深入研究。然而，目前这方面的研究较少，并且尚未有系统的针对生物质浆体可泵性的评价方法和标准。Daraban 等[109] 在以处理过程产生的生物原油作为载体，循环制备木质纤维素原料生物质浆体和碱性环境下温和水热预处理木材制备生物质浆体的研究工作中，最早提出了采用注射器进行可泵性测试的方法。尽管注射器提供的压力远低于实际泵送过程中的高压，但其目的是通过模拟物料在外力（注射器活塞）作用下强制通过孔口的流动过程来预先判断物料在实际泵送过程中的流动情况[62]。首先在实验室内使用一个 $12cm^3$ 的注射器来测试生物质浆体的可泵性。注射器出口直径为 3.38mm，进出口直径比为 4.7。通过将原料填充至注射器并施加压力，将其全部排出来测试生物质浆体的可泵性。如果在测试过程中排出的物料表现为均匀的浆料，且没有相分离或注射器空口阻塞现象发生，则表明其可泵性良好。基于上述测试结果，研究人员将通过可泵性测试的生物质浆体通过高压活塞泵输入压力高达 30MPa 的连续式水热液化系统。比较实验室的可泵性测试结果和实际处理工艺中的泵送过程，两者之间有很好的一致性。随后，Sintamarean 等[110] 在藻类-柳木粉末共水热液化的研究工作中同样采用了注射器测试的方法来评价藻类-柳木粉末浆体的可泵性。研究结果表明，可以通过将木材与藻类混合制备生物质浆体进行共水热液化，来避免连续水热液化工艺处理木浆时易发生的固体脱水、颗粒沉降和低含固量等问题。最适合提高木浆泵送性的藻类是褐藻和微藻，藻类与木材的比例为 1/1 或更高。Shah 等[111] 在研究猪粪-污泥共水热液化的过程中发现在所有注射器测试中，在排出浆液的同时，肉眼观察到浆液发生脱水的现象，当猪粪与污泥以不同比例混合时，则变得可泵送；当猪粪和污泥的比例为 4∶1 时，则可泵送浆体的最大总含固量为 25%。

通过以上研究可以发现，注射器测试的优点是：①测试快速、方便；②不需要特殊的实验室设备；③可以在实验室或现场进行。然而，尽管这个简单测试可以在生物质浆体被实际泵送进入高压反应器前做出良好的指示性结果，但也有如下缺点：①由于施加在注射器上的压力与实际工作压力相差较大，因此通过注射器测试得出的结果对于反映实际物料在高压环境下的可泵性仅仅具有一定的指示性而不是决定性。②测试结果取决于施加压力的大小、样品体积的大小以及注射器出孔口直径大小等因素。在未形成标准的测试体系下，不同研究使用不同注射器进行测试所得出的结果可能有较大差异。③注射器测试仍然是通过肉眼观察的经验性生物质浆体可泵性评价方法，对生物质浆体可泵性结果的优劣无法进行细分和量化。

8.3.3 挑战与展望

对于连续式水热液化反应器系统来说，泵送系统是实现工艺连续稳定运行的关键单元。由于水热液化可处理原料的多样性以及湿润性，生物质的生化、结构组成和物理特性，会对泵送装置带来严峻挑战。如何正确选型并设计合理的泵送策略是未来连续式水热液化实现工业化时必须解决的问题。此外，泵送时需要考虑的一个关键经济因素是将一些大尺寸的生物质原料进行粉碎和碾磨，以和水配制形成浆料。这是能源密集型和成本昂贵的过程。因此，应该在减小生物质粒径尺寸以达到可泵送的最低要求和整个系统的能源资金投入中选择一个尺寸阈值[112]。由于生物质原料的可泵性由许多变量因素（例如类型、粒径、含水率）决定，建议对任何进行连续水热液化处理的生物质原料进行可泵性测试，并建立相关物性数据库，作为选择泵送设备和制订泵送策略的依据。然而，目前还没有关于生物质原料在高压条件下的可泵性的标准检测技术和设备，因此，亟须建立相关标准检测体系及技术手段。

8.4 连续水热液化产物分离系统

8.4.1 压力补偿与产物分离

在连续的水热液化反应过程中，压力是至关重要的工艺参数。在系统稳定运行期间，压力是最重要的指标之一，压力的稳定性才是连续稳定运行的基础，压力的稳定与产物分离是密切相关的，产物连续输出的同时要保持压力的持续稳定。只有当系统压力达到稳定要求时，连续水热液化反应才是真正的启动状态。同时，压力的稳定性是需要调整一段时间的，当温度达到一定值时，根据饱和蒸汽压力表，要有相应的压力值，否则水溶剂会因高温而蒸发成气体，导致系统压力突然升高，影响连续反应。

压力补偿实际上就是要保持压力的平衡稳定，反应过程中压力不会出现升降的情况。压力平衡不仅对系统的安全和稳定运行很重要，而且与产品的性质密切相关，需要在连续水热转化过程中对压力进行平衡和利用。由于反应过程中所用的物料中会含有一定含量的灰分，在反应器过程中可能会与产品生物原油结合，形成皮克林乳液[20]，导致压力突然上升，影响系统的稳定性，存在安全风险，因此需要解决压力平衡问题。在压力平衡过程中或连续水热反应结束时，排出的产品会带有一定的压力，直接排出会造成能量损失，降低系统的能源效率，应减少能量损失，实现增值利用。

在连续水热液化系统长时间运行过程中，压力一直处于动态平衡过程，期间会随着物料的输入和产物的流出以及反应过程中气体的生成而出现压力波动现象，但波动范围是一个相对稳定的状态，不会影响系统的连续稳定运行。如果在反应过程中产生固体残渣，就会与物料和产品结合造成堵塞，使压力突然升高，从而影响反应器的工作，不能继续稳定运行。针对压力的监测和控制会在压力监测的章节详细描述。

目前反应压力的调节主要采用了两种方法，一种方法是背压阀（背压调节器）[1-8,11,113]，背压阀的具体工作过程会在关键器件的监测部分进行详细介绍；另一种方法是利用氮气瓶上的压力调节器来控制系统压力[14]，其调控原理与产物分离系统结合在一起。采用两个平行的充氮收集罐，在压力和高温下分批收集液体反应产物，与Elliott等[28]使用的配置类似。通过手动气体流量计，调节氮气和反应气体从液体收集罐到排气管道的流量，间接控制系统流量，同时为了防止流量计超压，在上游安装了减压调节器，将压力降低到10bar以下。如果其中一个罐子装满了水，水流就会重新流向另一个罐子，然后罐子就会被排出去，回收液体反应产物，系统压力会随着产物的输出而降低，这时通过压力调节器另一端的氮气瓶给系统进行充压，使其与系统入口压力相等。此外，目前反应产物的压力可以有以下用途：①将高温高压流体转化为机械动能，以便利用叶轮发电；②高压流体转化为机械动能，驱动搅拌轴搅拌原料；③高温高压流体与热交换器结合，加热不进入反应器的物料。

分析压力平衡始终与产物分离是分不开的，我们需要进一步讨论和分析产物分离情况。通过水热液化技术可以获得的产物包括气相、水相、油相和固相等四相，油相、水相和固相是混合产物，成分较为复杂，很难直接利用。虽然各相产物之间由于密度和状态不同会进行一定程度的分离，但会出现油相和水相中悬浮有微小固体颗粒、水相中有轻油和油相中含有水分等现象，油相产物中的水分含量多少也会导致其热值较低或难以直接燃烧，需要通过一定的技术手段将四相产物完全分离，才能够进行下一步的生物油精制、油质改善以及高附加值小分子化合物的分离提取，实现水热产物的有效利用，推动水热液化工业化生产和发展。

有效分离四相产物是连续水热液化系统需要攻克的难点之一。目前常用的分离方法主要有萃取和精馏，萃取方法应用更广泛一些。例如，Selhan等[114]将气体产物收集在聚四氟乙烯袋中，固液混合物利用去离子交换水从高压釜中冲洗，再采用盐酸和真空过滤以及去离子水清洗固体产品。用有机溶剂萃取液相产物得到油相和水相。固体产物用丙酮在索氏提取仪中提取油相混合物，最后采用减压蒸馏去除丙酮得到油相。丙酮不溶性物干燥得到固体残渣。

水热液化产物分离流程见图8-15和图8-16。

Yuan等[115]将气体产物直接排放，液化产物经真空过滤得到水相和水不溶物，水不溶物用四氢呋喃（THF）萃取过滤分离。四氢呋喃相经旋转蒸发得到重油，四氢呋喃不溶物经干燥得到固体残渣。

Elliott等[28]在反应器之后放置了一个分离器，分离器由沉降器和过滤单元组合，其中固体落在容器底部，液体流经过滤器从上方离开。之后产物进入双液体收集系统，其中冷凝

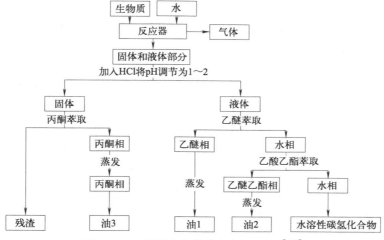

图 8-15 水热液化产物分离流程（一）[114]

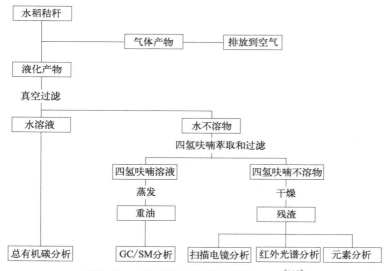

图 8-16 水热液化产物分离流程（二）[115]

液体在压力下被收集。将液体从收集器排到样品罐。较轻的油和较重的水相自发形成分层，通过冷却样品和在油中注入较低黏度的水可以很容易地分离。气体产物通过背压调节器后排放。

Mørup 等[107] 将水热产物先经过逆流管壳式冷却器，为保持生物油黏度较低，并确保它不会粘在油管或冷却器上，冷却后温度必须保持在 70℃ 以上。将产物保持在 100℃ 经过高压过滤器过滤，液体在过滤器上方通过而颗粒在过滤器底部沉淀。之后产物经背压调节器（BPR）进入气液分离容器，获得产物。

Castello 等[116] 将产物送入高压过滤器去除固体，过滤后的产物在二级冷却器中冷却至环境温度并进入产物分离装置。气体在气体分离器中排出，水相和生物原油相在分离漏斗中以重量法分离，液相回收与原料混合。

Jiang 等[117] 通过过滤分离水热液化产物中的固体，其他三相通过交叉换热器预热原料并经过空气冷却器冷却至 60℃，然后在三相分离器中分离。生物原油经进一步冷却后收集。

气体产物与外部天然气相结合，进入热油系统产生热油，向微调加热器和反应器供热。水相产品中含有氨和有机化合物，不经过废水处理直接循环到藻类养殖场。

Cheng 等[113] 改造了中试规模连续流反应器（CFR），在亚临界条件下对藻类浆体进行水热液化（HTL），研究了从间歇式工艺放大到连续式工艺的可行性。改造包括一套并联高压圆筒过滤器，过滤容器有四个阀门：进料口、产物出口、净化气入口和固体出口。正常运行时，固体出口和净化气入口关闭，含有固体的产物进入过滤器壳体的外部，液体和气体穿过过滤元件并从顶部中心产物出口离开，固体被截留在过滤容器内。清洗时，过滤容器阀门均关闭，水热产物流向另一个过滤容器，固体出口打开，固体在系统压力的作用下离开过滤容器进入排污罐。过滤容器排空后固体出口关闭，过滤容器使用气体增压器用压缩氮气加压回系统压力。过滤后的液体和气体产物经过热交换器，然后通过背压调节器（BPR）进入产品收集容器，气体产物在其中蒸发，经过活性炭过滤器后排放。

虽然目前有很多产物分离和收集的方式，但依然存在许多的问题：①水热处理工程过程中气体产物未能进行有效的收集和气体组成分析；②固体残渣的产生会造成系统的堵塞影响系统的正常运行，且在清理残渣的过程中要保证系统整体压力的稳定性，不能出现较大的压力波动；③油相和水相的分离多采用有机溶剂萃取的方法，对溶剂的消耗量大，不但引入了新的成分且溶剂回收较为困难，运行成本高，能源消耗量大。在产物分离过程中出现的现有问题和挑战，需要进行进一步研究。

8.4.2　产物分离设备

目前，连续水热液化反应产物分离采用的仪器都是实验室规模的，还没有真正应用于工业生产的设备。实验室规模的仪器多是采用一些仪器配件的组合形式，比如沉降器和过滤单元组合、气固分离器和分液漏斗组合、利用重力作用的收集罐搭配背压阀的组合、高压过滤器以及过滤器和三相分离器的组合等多种方式，但这些仪器单元的组合仅够满足于实验研究，离工业化的设备还有很大的差距。

8.4.3　挑战与展望

对于系统压力问题，首先需要考虑压力补偿，系统运行过程中的压力平衡至关重要，采取背压阀设定反应压力，不仅可以解决压力平衡问题，还可以保证整个系统的稳定运行，避免存在安全隐患。其次，减少压力损失。利用反应后的压力可以提高系统的能源效率，将压力能转化为机械能是能量的转化，这不仅可以实现末端压力的有效利用，还可以减少对原有机械能的需要。为研究开发连续水热反应系统，中国农业大学采用多批反应器进行耦合，设计了连续水热系统的逻辑控制方法，并利用智能监控系统设置相关参数，控制系统的连续进料和出料。整个系统的高压环境只存在于反应器内，管道内不存在高压。在运行过程中，压力变化只存在于物料的输入和产品的输出阶段，其他操作阶段不产生压力波动。

现阶段大部分连续式水热液化系统只进行固体残渣和气液分离，油相和水相混合收集，还有少部分系统将油水通过重力分离后分别收集，但这样的分离方法并不彻底，分离效率也不稳定。对于连续水热液化系统得到的油水混合物，大多数是采用有机溶剂萃取离心进行油水分离，萃取剂回收困难，增加运行成本。目前利用物理机械方法，形成水热产物分离系统，是水热液化产物分离技术的发展方向。现阶段，对于水热产物分离所用的主要单元操作基本为萃取、过滤、蒸发、蒸馏等有限的几种，但由于生物油热敏特性，蒸馏可能导致生物油成分发生变化，也可能出现分离不完全的现象。水热处理工程过程中气体产物未能进行有效的收集和气体组成分析；固体残渣的产生会造成系统的堵塞影响系统的正常运行，且在清理残渣的过程中要保证系统整体压力的稳定性，不能出现较大的压力波动；油相和水相的分离采用溶剂萃取，对溶剂的消耗量大，不但引入了新的成分且溶剂回收较为困难，运行成本高，能源消耗量大。采用机械方式分离液化产物技术有待突破，整体产物分离系统设计、工艺优化等方面也需要进一步探索，这些问题阻碍了水热液化技术在我国的发展与应用。

8.5　连续水热液化供热与热回收系统

8.5.1　热源与供热方法

连续水热系统在进行水热液化反应时，物料和反应器的加热需要大量的能量，以满足反应所需的温度和压力，因此需要给整套系统提供能量，这里的能量指的是热能。目前连续水热液化反应器的供热方式多采用油浴加热[12]、沙浴加热[8,118] 和电加热[23]，其中油浴加热和沙浴加热都属于热浴法。热浴法指的是将容器置于热浴物质内，让热浴物质的温度缓慢升高到一定程度，再让其缓慢冷却，从而达到改善容器热传递性能，使容器质底均匀的方法。

油浴加热就是使用油作为热浴物质的热浴方法，油浴温度可以达到 $100\sim300℃$，加热的温度不同，使用的油介质也是不一样的，甘油、石蜡油、硅油、真空泵油或一些植物油都是可以的，需要根据最佳加热温度来选择适合的油。这种加热方式多应用于螺旋式和盘管式反应器。此外，油浴加热的加热油使用的时间都比较长，注意及时更换，避免出现溢油着火。在油浴加热时，注意不要让油浴里面溅到水，不然会产生飞溅，影响到操作人员。同时，在使用油浴加热时，要选择耐高温、耐腐蚀工艺制造的材料制造的锅具。操作时，先往锅里加油，接通电源，显示实际测量温度，调节好旋转开关，加热指示灯亮，表明油浴加热已经开始工作，当达到设定温度时，恒温指示灯亮，加热指示灯灭。

沙浴加热就是使用沙石作为热浴物质的热浴方法。沙浴一般使用黄沙，沙升温很高，可达 $350℃$以上，但由于沙比水、油的传热性差，故需把沙浴的容器半埋在沙中，容器四周沙厚，底部沙薄，这种加热方式和油浴加热一样多应用于螺旋式和盘管式反应器。沙浴使用时必须先加沙于锅内，再接通电源，数字温控表显示实际测量温度（沙浴一般是 $300℃$以下），调节旋钮开关，同时观察读数至设定温度值。值得注意的是，第一次使用或长期不用后再次使用，应将沙浴温度设于 $90℃$，并保持 8h 左右，以彻底赶走沙子里的水汽。直接设定到 $100℃$以上，可能发生爆沸现象。在沙浴升温过程中，调整合适的气流量。当温控器到达设定温度后，需平衡 30min 以上，以使沙浴获得较好的温度均一性。当介质沙的温度低于设定温度时，加热指示灯亮，表明加热器已开始工作，当介质沙的温度达到所需温度时，恒温指示灯亮，加热指示灯灭。

电加热是将电能转变成热能以加热物体，是电能利用的一种形式。相比于热浴法加热的方式，电加热可获得较高温度，易于实现温度的自动控制和远距离控制，可按需要使被加热物体保持一定的温度分布。电加热能在被加热物体内部直接生热，因而热效率高，升温速度快，并可根据加热的工艺要求，实现整体均匀加热或局部加热（包括表面加热）。目前，在水热液化领域内，电加热多是采用电加热套的方式对连续反应器进行加热，利用热传递的方式对连续式反应器加热，由于连续水热液化反应是高温高压（$3\sim24MPa$，$100\sim340℃$）反应，因此需要采用高温电热套[23]，采用了更加耐高温的内套织造材料，高温电热套的最高加热温度可达 800~1000℃，能够精确控温加热，使反应器能够受热均匀，多应用于管式反应器。同时，还具有升温快、温度高、操作简便、经久耐用的特点，是做精确控温加热试验最理想的加热方式。采用高温加热套的方式对连续水热液化反应器进行加热，设置的加热套温度和反应温度之间有热传递系数的关系，一般设置为反应温度的 1.2 倍，这样可以保证得到反应温度。加热套的加热升温采用多段加热方式进行升温，这样可以有效保证整个加热套的温度是一致的，电能转化热能效率最大，提高能量效率。

8.5.2 供热装备

目前对水热液化反应进行供热的设备不多，原因是连续水热液化系统的供热方式比较少。供热的方式主要是电加热和热浴法。电加热是采用加热套将反应器包裹起来，利用电能对加热套进行加热，将电能转化为热能，利用热传递的方式对反应器进行加热升温，满足连续水热液化反应的温度条件，设备主要是加热套并连接电源（图 8-17）。热浴法是采用耐高温耐高压的容器设备，里面填充介质（例如油和沙子），反应器完全浸没于介质之中，将介质加热到一定的温度，通过热传递和热传导使反应器能够均匀受热，其内部升温到反应温度进行连续水热液化反应，这套设备如图 8-17 所示。

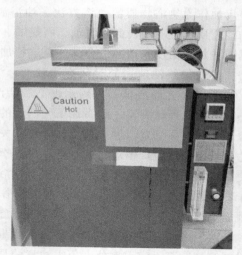

(a) 电加热套　　　　　(b) 热浴法设备

图 8-17　供热设备

8.5.3 余热回收方法与设备

目前在连续水热液化过程中，余热回收多采用热交换的方式，对反应过程中耗散的热量进行回收利用并收集余热，目的是减少能源的消耗、提高热回收率、降低生产成本。

换热系统是工业化生产中必不可少的环节，热交换器是换热系统的核心部件，热交换器通常又被称为换热器，是一种应用于冷流体与热流体之间，把热流体的热量通过某种方式传递给冷流体的节能换热设备[119]。由于换热器在能量的节约使用与循环再利用等方面发挥着至关重要的作用，因此热交换器得到广泛应用，但绝大多数集中于电力、化工、石油、制药、机械、冶金等领域[120-122]。国内外用于水热液化相关领域的换热器应用都比较少。换热器既可作为设备某一个单元，如加热器、冷却器等，也可作为工艺流程的某一组成部分。

目前，生产和生活不同领域所用的热交换器种类和样式繁多。根据换热原理的差异，常见的热交换器大致可分为三大类：蓄热式热交换器、混合式热交换器和间壁式热交换器[123,124]。其中，蓄热式热交换器的换热原理是冷流体和热流体通过蓄热体进行热量交换，通常用于高温热交换；混合式热交换器是通过冷流体与热流体的直接接触混合进行热量交换的一种热交换器，常用于冷热流体可以相互掺混的情况；而间壁式热交换器则是通过冷流体、热流体在其相应的冷流通道、热流通道内通过间隔进行热交换，冷热流体并不进行直接接触，目前应用最为广泛[125]。连续水热液化系统多采用间壁式热交换器，收集散失热量的同时不影响系统的稳定运行。

8.5.4 挑战与展望

虽然现阶段多采用间壁式换热器，但缺乏对水热液化换热系统的研究。在水热液化反应中，生物质原料反应后将会生成气相、水相、油相、固体残渣等四相产物，在反应中会有能量损失，主要包括反应过程和产物收集过程中散失的能量。针对连续水热液化工程换热系统进行系统工艺方案设计，实现提高热回收率、提高余热利用率、减少能源资源消耗等目的，可以为我国自主开发水热处理换热系统技术装置提供思路，推动我国水热液化技术的发展与应用。

8.6 连续水热液化监控系统

连续水热液化反应过程一直处于高温高压状态，对系统的运行进行监测和控制是十分必要的。在线监控系统覆盖全套试验装置系统，包括反应器的温度监控和压力监控、储料罐中物料均一性监控、进料系统的流量监控、连续反应系统的环境监控（如释放气体的浓度），还有关键部件的监控（如防爆阀和背压阀）。

8.6.1 温度监控

温度是工业生产中最常见的工艺参数之一，任何物理变化和化学反应过程都与温度密切相关，因此温度控制是生产自动化的重要任务。不同生产工艺要求下的温度控制方案也有所不同。

保证连续水热液化反应器生产安全，需要对反应器中的温度进行精确控制。反应器中既有放热的化学反应过程，又有物理变化过程，聚合反应机理复杂，开始需要达到温度开始反应，达到一定温度后化学反应会放热，如果不及时移去反应热，将使反应剧烈超出正常范围，若加入过量冷水将使反应降落，直接影响产品的质量和产率，严重时还会危及工作人员的生命安全。因此，反应器温度控制对于保证产品质量和安全起着举足轻重的作用。

连续水热液化反应器是一个典型的非线性模型，化学反应过程中表现出很强的非线性和时间滞后性。在实际工业生产中，连续水热液化反应器必然会受到外部或内部因素的影响，使系统中存在参数摄动、外部干扰等不确定因素，提高精确控制系统的难度。总体上系统温度控制分为两个阶段：反应升温温度控制和反应保温控制。①保证反应器升温速度恒定：保证温度以一定范围的速率上升，提高反应温度有利于主反应的进行，保证升温速度平稳，避免超压问题。②保证反应器保温温度恒定：保温阶段要使反应器温度始终保持在一定温度

（存在温度波动，但变化不大），以使反应尽可能充分地进行，达到尽可能高的主产物产率。在整个过程中，升温阶段中的温度要求以某一个速度上升，是一个变量；而保温阶段中，要求温度始终在某一个数值上，且波动不大，可作为定值控制。

温度监控是针对连续水热液化反应器进行温度的监测及控制，包括反应前加热、反应过程稳定状态以及反应后降温。通过对反应器的外部加热，内部的压强随着温度的升高而升高，在水热液化过程中反应温度和反应压力是基于水的饱和蒸汽压相关系数来变化的，温度的监测和控制是相互关联，相辅相成的。当监测到温度不满足设定温度时，控制电加热套持续加热；当加热到反应温度或监测到温度处于设定温度并稳定持续状态时，停止加热，整个反应过程都处于监测和控制的动态平衡。

最初对反应器加热过程中要时刻关注反应压力的变化，不能只升高反应器的温度而忽略压力的变化，两者的关系要处于饱和蒸汽压的平衡状态，满足物料是液体流动的。当加热温度和压力到达反应温度和反应压力时，化学反应开始进行，反应过程中要对反应温度进行监控，避免出现温度升高或降低的情况，影响反应的连续稳定运行。完成反应后，采用冷却水的方式对反应器进行降温，期间要同加热过程一样始终保持温度和压力的变化关系，避免气化情况的出现。

温度监控要根据系统和反应的需求布局相应的温度监测控制点，监控点的位置要涵盖反应器的全部内容，能够准确监测反应器每个部分的温度，避免出现反应器内部温度不均衡和物料受热不均匀的情况，导致反应无法长时间进行。以"U"形管式反应器为例，需要在反应器外部按照上中下的位置进行布局，可以时刻监测反应器不同位置的温度。此外，两个反应器之间的"桥梁"需要布置监控点，对预加热反应器流出的物料进行温度的监测，准确把握反应器的内部温度，更好地推进连续水热液化反应的进行。

8.6.2   压力监控

压力是工业生产中最常见的工艺参数之一，物理变化和化学反应过程都与压力的变化密切相关，因此压力控制是生产自动化的重要任务。不同生产工艺要求下的压力控制方案也有所不同。

工业生产和系统运行过程中，要保证连续水热液化反应器运行安全，对反应器中的压力进行精确控制。反应器中进行着物理变化和化学反应过程，其反应机理复杂，最初需要达到反应压力开始反应，达到一定压力后由于化学反应会产生气体增大反应器压力，需要对压力进行控制和释放，压力过小无法产生主产物，直接影响产品的质量和产率，压力过大会影响系统的稳定运行并造成反应器的损坏，严重时还会危及工作人员的生命安全。因此，反应器压力控制对于保证产品质量和安全起着举足轻重的作用。

连续水热液化反应器中压力的即时变化是整个连续水热反应过程中需要监测的一个重要工艺参数，不仅对系统的稳定运行和仪表的正常工作有影响，而且与四相产物的分布和主产物的产量密切相关。连续水热液化的压力是存在于整个系统的，包括物料输送、反应过程以及产物输出等，其中管道中同样存在压力，更加说明了压力监控的重要性。

连续水热液化过程中表现出很强的非线性和时间滞后性，在实际的系统运行和工业生产中，连续水热液化反应器必然会受到外部或内部因素的影响，使得系统中存在参数波动、外部干扰等不确定因素。比如由于原料中含有灰分，可能与产品的生物原油结合，形成皮克林乳液，这可能导致管道和反应器的堵塞，造成压力突然上升；产品从产物输出端出来时有一定的压力,需要对其进行监测,以便资源化利用这一压力能量,提高系统的能源效率,增加了精确控制系统的难度。总体上系统温度控制分为四个阶段:物料输送阶段、反应器预加热阶段、反应器反应阶段和产物输出阶段。

压力监控点的布局至关重要,针对不同阶段需进行压力的监测,避免出现安全隐患。压力监控应根据整套系统、反应器的类型和运行过程中物料及产物的流向布局相应的压力监测控制点,监控点的位置要涵盖连续水热液化反应系统的全部内容,要能够准确监测每个阶段的压力,保证整个反应过程中的压力保持一致状态,避免出现压力差的现象,导致反应无法进行。如果在系统运行和工业生产期间某个压力监控点出现大的压力差(不满足压力波动要求),应紧急对该监控点及监测的位置进行调试和检修,检查监控点或压力表是否损坏,必要时停止反应,充分保证操作人员的安全。

8.6.3　流量监控

流量是指反应过程中物料的流速。物料是通过进料系统输送到反应器中,水热液化反应产生四相产物流出反应器,经过产物分离系统获取目标产物。流量的监控是针对连续水热液化反应过程中物料流速的监测和控制,其目的是可以控制反应时间满足试验的需求和监测整个反应过程中物料流速的一致性,科学地计算出系统的转化效率。

为保证进入反应器的物料的稳定,需要对反应器物料流量进行定值控制,同时控制产物的流量,使由反应物带入反应器的热量和由生成物带走的热量达到平衡。反应转化率较低、反应热较小的绝热反应器或者反应温度较高、反应放热较大的反应器,采用这种控制方式有利于反应的平稳进行。物料的流速通过进料系统进行控制,根据反应器的体积和设定的试验反应时间计算出物料流速的具体数值,继而设置进料系统的相关参数,满足试验要求。针对物料流动过程分析,物料最初从进料系统出来,通过管道输送到反应器中,在高温高压环境下产生产物,从反应器流出来。在整个物料流动过程中,为了计算系统的转化率,物料的流速应保持一致性,因此需要采用流量计和传感器布置多个监测位点,对全过程的物料流速进行监测,如进料系统出口处、管道内部以及反应器内部和出口处。根据监测的结果分析物料流动的情况,从而计算整套系统的转化率和能量效率。如果在反应过程中出现不同监测位点的流速不一致,可以结合压力的监控结果分析该监测位点的周围是否出现了堵塞或者物料出现分层现象,结合性质不同的物料在流动过程中运动黏度和动力黏度的不同而导致流速不同的结果,折射出物料的分层,对该物料进行均一性分析和监测,从而满足试验需求。

进料系统的控制和物料监测点作为流量监测模块嵌在连续水热液化监控系统中,利用监控系统的可视化控制面板进行设置和监测,不仅可以实现智能化控制,还可以将结果清晰地展现出来,便于进一步分析和讨论。

8.6.4　均匀性监测

在规模化生产中,当大批量的生物质浆料被泵送入连续式水热液化反应器进行转化时,其均匀性对工艺运行的稳定性(不发生造成工艺停止或反应器损坏的堵塞等问题)和生产产品的选择性(不同批次或时刻进入反应器的相同物料所转化的产品性质一致)具有显著作用。狭义地讲,生物质浆料的均匀性是指生物质浆料在静止或运动过程中物料含固量浓度随时间和空间的变化程度。如果生物质浆料均匀性较差,在一定反应时间下,可能会出现某些时刻获得的产物发生反应不完全的后果,特别是在水热液化反应中,反应不完全会导致大量固体残余物堆积，造成堵塞现象，严重时可能损坏反应器。因此，生物质浆料均匀性的检测和评价是反映连续式水热液化反应器系统运行工况稳定性的重要指标，但一直以来没有受到重视，目前，也没有专门针对物料特性的检测设备及方法的报道。中国农业大学的 E2E 团队正在尝试解决这个问题，从静态体系出发，首先提出了一种物料均匀性检测设备及方法[126]。这套设备利用光电检测原理，将配制好的生物质浆料装在一个样品池中，样品池在旋转升降装置的带动下进行螺旋升降运动，近红外光源在固定位置对上下旋转运动的样品池进行透射，通过光电传感器记录透射后的光强，将多次测量的大量透射光光强值与高度之间的关系建立图像，分别显示水平分层的均匀性和竖直方向的均匀性，以此来判断物料样品整体的均匀性。目前，该检测设备仍处于研发和实验室测试阶段，尚未应用到连续式水热液化系统中物料体系的实际检测中。然而，现有技术在对浆料进行均匀性检测时，仍处于对浆料的静置状态进行检测，评价的是浆料在静置状态下的均匀性，与浆料在实际应用过程中均匀性的变化有所差距，无法真实地反映浆料在实际利用过程中的均匀性变化。因此，亟待研发针对浆料在输送过程中均匀性检测的装置和方法。同时，考虑到在将均匀性检测装置应用到实际的连续式水热液化系统时，光电检测原理在应对不透光的不锈钢等材质时将不再具备优势。而超声衰减法是利用超声波在固液两相流中传播时固体颗粒的粒径、浓度等因素的不同，导致超声波因散射、吸收等产生衰减的衰减系数不同，来对固液混合物浓度或固体颗粒分布进行测量。这种方法因其控制的快速响应以及容易实现在线监测等特点而被应用于固液两相流混合效果的检测[127]。在未来，可以考虑在工艺运行时，利用超声波检测技术实时检测浆料流动过程中的均匀性。

8.6.5 环境安全监测

环境安全监测是针对连续水热液化反应环境的安全监测，最大程度地保证连续水热液化反应可以长时间稳定运行。与此同时，连续水热液化反应是在高温高压的环境下进行的，压力会因堵塞而骤升导致反应系统防爆阀炸裂、物料出现迸溅现象和系统停止运行。因此，考虑到安全性，操作环境是相对封闭的，需要对环境进行长时间的监测。安全监测的指标主要是运行环境的气体浓度和温度。

在连续水热液化过程中，四相产物在产物分离系统会收集分析气体，但在分离收集过程中会有一定量的气体散发到反应器运行环境中，如果运行时间过长和气体浓度过高就会散发到操作环境中，因而需要在反应器运行环境中布置气体监测传感器，监测环境的气体浓度。气体中主要是二氧化碳以及少量有气味的气体，长时间吸入和处于高浓度的环境中会对人体造成一定的危害，因此需要通过监测系统对内部运行环境进行气体监测。

同时，反应系统运行过程中会散失一定的热量，造成运行环境内部温度升高，特别是夏天环境，这种现象尤为明显。连续水热液化系统的整套监控单元处于运行环境中，其控制器对所处的环境温度有一定要求，如果温度超出控制器的要求，控制器就会停止工作并报警提示，无法控制设备的运行如进料系统和监测数据的收集（如温度和压力），导致指标监测失败，反应需要终止。因此需要在环境内部布置温度传感器，当温度即将达到控制器要求的上限时，控制通风设施或降温设施，把运行环境内部温度降下来，满足控制器的物理要求，保证连续反应可以长时间稳定运行。需要注意的一点是，运行环境的内部温度不能调节过低，从而影响反应的运行，所以两者之间需要通过传感器的监测和调节温度设施的控制来进行关联，设置好最低限值。

8.6.6 关键器件监测

在整个连续反应系统中，除了化学反应的主要单元外，还有许多关键器件是十分重要的，需要进行监测，比如防爆阀和背压阀。

防爆阀位于反应器的顶部，目的是防止压力骤升，造成反应器的损害，影响反应的连续运行，从而导致操作人员的人身安全受到伤害。针对压力最大限值的问题，防爆阀压力的最大限值一般设置为反应压力的 2 倍，在防爆阀的前端布置传感器，并将传感器的压力最大限值设置为反应压力的 1.2 倍，当传感器进行报警提示时，反应系统会自动利用另一条通道快速出料把压力降下来，这样多一层安全提示，避免危害的产生。同时，还需要定期监测防爆阀是否可以正常使用，避免出现压力骤升防爆阀无法使用的情况，导致反应器的损害并造成操作人员的人身伤害。

背压阀是由于阀的功能而形成一定的压力，压力一般可以调节，可用于控制水、各种腐蚀性介质、泥浆、油品等各种类型流体的流动。其工作过程为：当系统压力比设定压力小时，背压阀的膜片在自身压力（如弹簧压力和设定好氮气压力）的作用下堵塞管路；当系统压力比设定压力大时，膜片压缩自身压力，管路接通，液体通过背压阀，始终保持压力恒定，系统长期稳定运行。背压阀结构同单向阀相似，可以防止产物回流，但开启压力大于单向阀，在 0.2~1.6MPa 之间。在连续水热液化系统中，背压阀被放置在产物分离系统的上部，当产物从反应器出来经过背压阀流进产物分离系统进行四相产物分离并获取主产物，可以保持系统压力处于稳定状态，达到持续的出料效果。针对背压阀的监测包括：①实时监测背压阀设定的压力是否有所升降，影响产物的正常流出造成系统无法运行；②要定期对背压阀进行监测检修，查看膜片是否损害。

此外，选择合适的背压阀要从整套系统、工艺参数和产物的性质进行考虑：①背压阀的口径，一般是泵出口的管径。②设定的压力范围。③背压阀的材质。对此，一般是从输送的流体性质和温度等方面考虑。常规材质有 PVC、304、316 和 316L 不锈钢、碳钢等。④进出口连接方式，这个一般要求较少。但是在连续水热液化系统，管路对连接方式可能会有特殊要求，要采用卡套连接或者内螺纹的方式，从而保证安全性和密封性。

8.7 连续水热液化系统案例

尽管水热液化技术尚未全面进入工业化和商业化的规模，但已经有一些相关公司积极参与其商业化过程，并建立了较大规模的示范装置。澳大利亚 Licella 控股有限公司开发了名为 Cat HTR™（Catalytic Hydrothermal Reactor）的处理工艺[128]，已经应用到塑料制品的回收利用。其过程是通过先进的水热液化技术将难以回收利用的废弃塑料制品转化成塑料基原油，再从塑料基生物原油中制取塑料制品的关键构件。这项技术的核心是一个催化水热反应器。自 2007 年第一代 Cat HTR™ 小型中式装置投入使用开始，Cat HTR™ 平台已经经历了三次反应器规模放大，目前已商业化。在三个规模的中试装置中，塑料基原油产品的质量都保持不变。2019 年，Licella 控股有限公司开始在澳大利亚新南威尔士州中央海岸建造一座处理量 125000t/a 的商业示范装置（图 8-18），其工艺流程如图 8-19 所示。Licella 用 Cat HTR™ 商业示范装置对各种废弃塑料进行了广泛测试，这种示范平台无须对塑料按聚合物类型进行分类，可以化学回收混合塑料，这是其相较于热解的主要优势。回收的混合塑料首先进行熔化、加压，再与水混合，输送进入高温高压 Cat-HTR™ 反应器，经过约 20min 的处理后，反应器泄压进行产物分离，塑料基原油（产率为 85％）收集后储存以进行后续利用，而气体产物（产率 15％）被循环用于能源供给。工艺生产的产品将用于制取生物燃料和化学品，包括树脂、黏合剂和芳烃。目前，文献报道中没有关于工艺产品的数据。与传统石油原油的温室气体排放量相比，通过 Cat HTR™ 平台生产塑料基原油将减少 64％ 的温室气体排放。例如，当处理量达到每年 12 万吨时，Cat HTR™ 将生产 102000t 可回收的塑料基原油。与化石基原油的生产相比，每年节省了约 6000t 二氧化碳当量的温室气体。

图 8-18　位于新南威尔士州中央海岸的商业规模的 Cat HTR™ 反应器

　　步骤 1——塑料制备（去除非塑料污染）：混合的废弃塑料（软质塑料、多层包装材料和其他难以回收的塑料）；

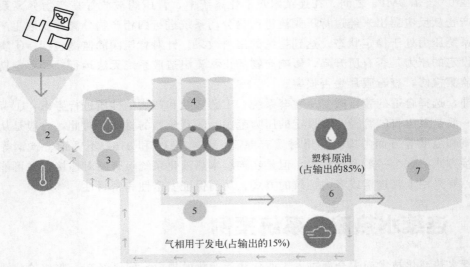

图 8-19　Cat HTR™ 水热液化工艺流程图[128]

　　步骤 2——熔化和加压；
　　步骤 3——与水混合：在高温高压状态下将水添加至熔化后的塑料；
　　步骤 4——Cat HTR™ 反应器处理约 20min；
　　步骤 5——降压；
　　步骤 6——产物分离；
　　步骤 7——产物储存。
　　丹麦-加拿大的斯派尔能源（Steeper Energy）公司与丹麦奥尔堡大学合作开发了 Hydrofaction™ 处理工艺（图 8-20）。这种连续式示范工艺于 2013 年第一季度投产，此后完成了 4000 多小时的热运行，包括 1200h 产油运行。其工艺流程图如图 8-21 所示。

图 8-20　位于奥尔堡大学的 Hydrofaction^{TM} 处理工艺实物图[129]

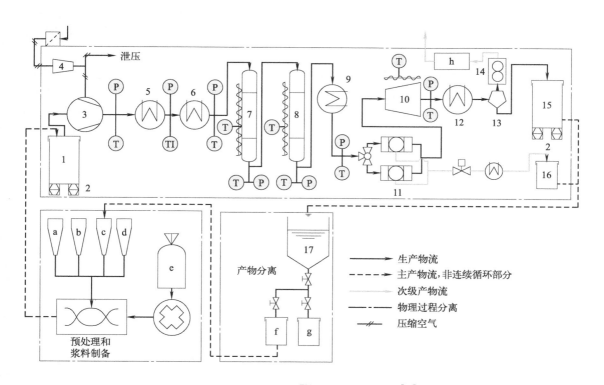

图 8-21　Hydrofaction^{TM} 处理工艺流程图[61]

1—原料桶；2—荷载传感器；3—进料泵；4—压缩机；5—加热器 1；6—加热器 2；7—反应器 1；8—反应器 2；

9—冷却器 1；10—毛细管部分；11—过滤器部分；12—冷却器 2；13—气体分离器；14—气体分析器；

15—主产物桶；16—过滤产物桶；17—重力分离器；a—催化剂；b—水；c—循环相；d—添加剂；

e—干生物质原料；f—水相；g—生物原油；h—CO_2、CH_4、H_2、CO、O_2；

T—温度传感器；P—压力传感器

Hydrofaction™ 处理工艺主要有三个区别于其他工艺的地方：①处理工艺在水的超临界点以上运行，温度达到 450℃，压力达到 35MPa；②处理工艺循环使用水相和油相中的有机物；③在生物质进入连续式水热液化系统前进行温和的水热预处理。选择超临界水条件，可以利用更高的运行温度，加快反应的动力学。压力更高则降低了因温度波动带来的系统运行的不稳定性，因为在较低的操作压力下，密度随温度变化的梯度高得多。而水相和油相的再循环有利于生物质浆料的制备，水相和油相中小分子含氧化合物的存在增强了生物质的亲水性，改善流变性，进而增强了可泵性。此外，在反应过程中，小分子有机物还可充当自由基清除剂，从而减少焦炭和新的水溶性化合物的形成，提高工艺产率。这种中试规模的连续式水热液化系统首次采用毛细管系统控制产物的压力，产物通过一定长度的毛细管系统，由于水头损失而降低压力。毛细管系统为连续式水热液化反应器采用背压阀降压分离产物的选择提供了替代方案。这种工艺自 2013 年第一季度投产，处理量为 30kg/h，完成了 4000 多小时的热运行，包括 1200 h 的产油运行，生物原油产量约为 45%，平均含氧量为 10.5%[129]。

丹麦 SCF Technologies 公司在哥本哈根建立的 CatLiq® 工艺运行着一个处理量为 30kg/h 的连续式水热液化中试装置，其处理工艺流程如图 8-22 所示[76]。物料缸中预处理后的物料由高压给料泵加压进行输送，物料通过加热器进行预热。之后，一股循环流加入刚泵送来的物料中，由于再循环回路内的流量比新的进料流高约 9 倍，注入新的、较冷的进料只需要在后续加热器中增加少量的热量，从而达到一个非常快的加热速率。经过加热器后，物料在填充了非均相催化剂的固定床反应器中完成转化，产物流被排出并通过冷却系统。减压后，通过离心或重力分离从水中分离油相产物。

CatLiq® 工艺的关键特点是存在两种不同类型的催化剂：均相催化剂（通过在进料中混合 K_2CO_3）和非均相催化剂（反应器内使用固定床氧化剂 ZrO_2）。运行条件为亚临界（280~370℃和 25MPa）。这种工艺应用于处理带有可溶物的干酒糟（dried distiller grains with solubles，DDGS），进料混合物的干物质含量为 25%，油产率约为 34%，油中的能量回收率为 73%。

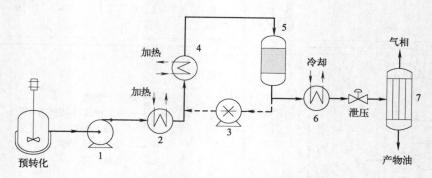

图 8-22　CatLiq® 处理工艺流程图[76]

1—进料泵；2—进料加热器；3—循环泵；4—微调加热器；5—反应器；6—冷却器；7—分离器

为了解决没有地下管网的农村干旱地区厕所粪污难以及时处理的问题，中国农业大学 E2E 团队[130] 建立了一种基于粪便水热处理技术的生态厕所（图 8-23），该生态厕所将真空气冲式厕所与连续式水热液化反应器耦合起来，达到对厕所粪污快速处理与资源化利用的目的。

如图 8-23 所示，真空气冲厕所主要包括气冲坐便器、气冲小便器、负压阀、收集罐、提升罐和真空泵组以及配套的按钮和控制器等。厕所内的粪污利用系统负压抽到真空收集罐

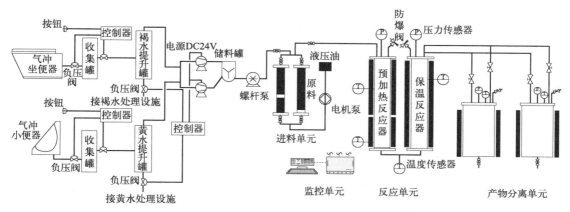

图 8-23　真空气冲式厕所耦合水热处理系统示意图[130]

内，再利用提升泵将真空收集罐抽至 0.55～0.60MPa 的负压，收集得到高浓度粪尿，用于后续资源化处理。水热液化连续式反应器系统主要包括四个部分，自动化进料系统、U 形反应器部分、产物收集和分离部分及监控单元。自动化进料系统主要包括螺杆泵和自动化液压系统等组成部分，采用螺杆泵进行泵送，不仅提高了可泵送物料的浓度，而且提高了出口压力，使得物料可以更加高效地泵送到液压缸中，液压系统采用智能化一键控制的自动化进料方式，提高了系统的自动化程度以及实验操作的安全系数，并且液压进料系统可以进行限位控制，避免造成液压缸因误操作骤降的情况出现。U 形反应器部分主要由预加热反应器与保温反应器组成。预加热与保温反应器主体均为不锈钢，体积为 1.08L。原料通过进料系统首先输送至预加热反应器，原料经过预加热达到一定的温度后再输送至保温反应器进行水热液化反应，系统反应时间由进料流速和反应器的体积进行控制。产物收集和分离部分主要由接受釜和保压系统组成，通过垫片式背压阀控制系统的反应压强和产物的持续出料。在该设计中包含两条出料路径，这样不仅可以稳定输出产物，还可以防止堵塞引起的试验终止。监控单元对整套系统进行检测和调控，包括进料系统的进料流速、反应器加热和控温相关数据的采集等，在整个试验运行过程可以全方位进行在线监测与调控，提高连续式水热液化反应器稳定运行的安全性。

气冲厕所的负压驱动力远远大于普通水冲力，由此设计的厕所不仅可以控制冲水量大约在 0.7L/次，还可以利用负压驱动力对管道内的粪便进行一定程度的粉碎，其收集到的粪便含固量为 14% 左右。该生态厕所通过将真空气冲式厕所和连续式水热液化反应器耦合，这样就可以不经过任何其他处理措施就可以满足水热液化反应条件所提到的含固量要求。对构建起来的耦合系统进行性能测试，可以发现系统连续运行稳定性良好，以含固量为 12.5% 的真实粪便为原料的连续式水热处理测试达到稳态之后系统中压强变化幅度和温度变化幅度的相对标准偏差分别小于 2% 和 5%，结果表明，改进后系统能够稳定持续处理灰分高的真实粪便。据估计，该生态厕所水热处理系统的处理规模为 50kg 湿物料，假设每人粪便量为 200g/次，每人每天用厕 2 次，则该系统每天能处理约 125 人的粪便。

参 考 文 献

[1]　Ocfemia K S, Zhang Y, Funk T. Hydrothermal processing of swine manure into oil using a continuous reactor system: development and testing [J]. Transactions of the ASABE, 2006, 49 (2): 533-541.

[2]　Ocfemia K S, Zhang Y, Funk T. Hydrothermal processing of swine manure to oil using a continuous reactor system: effects of operating parameters on oil yield and quality [J]. Transactions of the ASABE, 2006, 49 (6): 1897-1904.

[3]　Jazrawi C, Biller P, Ross B, et al. Pilot plant testing of continuous hydrothermal liquefaction of microalgae [J]. Algal Research, 2013, 2 (3): 268-277.

[4]　Elliott D C, Hart T R, Neuenschwander G C, et al. Hydrothermal processing of macroalgal feedstocks in continuous-flow reactors [J]. ACS Sustainable Chemistry & Engineering, 2014, 2 (2): 207-215.

[5]　Barreiro D L, Gomez B R, Hornung U, et al. Hydrothermal liquefaction of microalgae in a continuous stirred-tank reactor [J]. Energy & Fuels, 2015, 29 (10): 6422-6432.

[6]　Patel B, Hellgardt K. Hydrothermal upgrading of algae paste in a continuous flow reactor [J]. Bioresource Technology, 2015, 191: 460-468.

[7]　Mørup A J, Becker J, Christensen P S, et al. Construction and commissioning of a continuous reactor for hydrothermal liquefaction [J]. Industrial & Engineering Chemistry Research, 2015, 54 (22): 5935-5947.

[8]　Biller P, Sharma B K, Sharmar B, et al. Hydroprocessing of bio-crude from continuous hydrothermal liquefaction of microalgae [J]. Fuel, 2015, 159: 197-205.

[9]　Elliott D C, Biller P, Ross A B, et al. Hydrothermal liquefaction of biomass: developments from batch to continuous process [J]. Bioresource Technology, 2015, 178 (1): 147-156.

[10]　Pedersen T H, Grigoras I F, Hoffmann J, et al. Continuous hydrothermal co-liquefaction of aspen wood and glycerol with water phase recirculation [J]. Applied Energy, 2016, 162 (3): 1034-1041.

[11]　Andrew R S, Glenn A. Pilot-scale continuous-flow hydrothermal liquefaction of filamentous fungi [J]. Energy & Fuels, 2016, 30 (9): 7379-7386.

[12]　He Y, Liang X, Jazrawi C, et al. Continuous hydrothermal liquefaction of macroalgae in the presence of organic co-solvents [J]. Algal Research, 2016, 17: 185-195.

[13]　Wagner J L, Le C D, Ting V P, et al. Design and operation of an inexpensive, laboratory-scale, continuous hydrothermal liquefaction reactor for the conversion of microalgae produced during wastewater treatment [J]. Fuel Processing Technology, 2017, 165: 102-111.

[14]　Elliott D C, Andrew J S, Todd R H, et al. Conversion of a wet waste feedstock to biocrude by hydrothermal processing in a continuous-flow reactor: grape pomace [J]. Biomass Conversion and Biorefinery, 2017, 7 (5): 455-465.

[15]　Anastasakis K, Biller P, Biller R B, et al. Continuous hydrothermal liquefaction of biomass in a novel pilot plant with heat recovery and hydraulic oscillation [J]. Energies, 2018, 11 (10): 2695.

[16]　Wødrzyk M, Janus R, Mathijs P, et al. Effect of process conditions on bio-oil obtained through continuous hydrothermal liquefaction of *Scenedesmus* sp. microalgae [J]. Journal of Analytical and Applied Pyrolysis, 2018, 134: 415-426.

[17]　Guo B, Walter V, Hornung U, et al. Hydrothermal liquefaction of *Chlorella vulgaris* and *Nannochloropsis gaditana* in a continuous stirred tank reactor and hydrotreating of biocrude [J]. Fuel Processing Technology, 2019, 191 (1): 167-178.

[18]　Chen H, Liao Q, Fu Q, et al. Convective heat transfer characteristics of microalgae slurries in a circular tube flow [J]. International Journal of Heat and Mass Transfer, 2019, 137 (5): 823-834.

[19]　刘志丹, 李虎岗, 朱张兵, 等. 一种生物质连续水热液化制备生物原油的装置及方法: CN110368885B [P]. 2019-07-24.

[20]　Cheng F, Doux T L, Treftz B, et al. Modification of a pilot-scale continuous flow reactor for hydro-

thermal liquefaction of wet biomass [J]. MethodsX, 2019, 6: 2793-2806.

[21]　Huang R, Cheng J, Qiu Y, et al. Solvent-free lipid extraction from microalgal biomass with subcritical water in a continuous flow reactor for acid-catalyzed biodiesel production [J]. Fuel, 2019, 253: 90-94.

[22]　Adar E, Ince M, Bilgili M S. Characteristics of liquid products in supercritical water gasifcation of municipal sewage sludge by continuous flow tubular reactor [J]. Waste and Biomass Valorization, 2019, 11 (11): 167-182.

[23]　Li H, Zhu Z, Lu J, et al. Establishment and performance of a plug-flow continuous hydrothermal reactor for biocrude oil production [J]. Fuel, 2020, 280 (280): 118605.

[24]　Silva T B. Hydrothermal liquefaction of sewage sludge: energy considerations and fate of micropollutants during pilot scale processing [J]. Water Research, 2020, 183: 116101.

[25]　Bhatnagar A, Chinnasamy S, Singh M, et al. Renewable biomass production by mixotrophic algae in the presence of various carbon sources and wastewaters [J]. Applied Energy, 2011, 88 (10): 3425-3431.

[26]　Jena U, Vaidyanathan N, Chinnasamy S, et al. Evaluation of microalgae cultivation using recovered aqueous co-product from thermochemical liquefaction of algal biomass [J], Bioresource Technology, 2011, 102 (3): 3380-3387.

[27]　Biller P, Ross A B, Skill S C, et al. Nutrient recycling of aqueous phase for microalgae cultivation from the hydrothermal liquefaction process [J]. Algal Research, 2012, 1 (1): 70-76.

[28]　Elliott D C, Biller P, Ross A B, et al. Process development for hydrothermal liquefaction of algae feedstocks in a continuous-low reactor [J]. Algal Research, 2013, 2 (4): 445-454.

[29]　Peterson A A, Vogel F D R, Lachance R P, et al. Thermochemical biofuel production in hydrothermal media: a review of sub-and supercritical water technologies [J]. Energy & Environmental Science, 2008, 1 (1): 32.

[30]　Akiya N, Savage P E. Roles of water for chemical reactions in high-temperature water [J]. Chemical reviews, 2002, 102 (8): 2725-2750.

[31]　Gu X, Martinez-Fernandez J S, Pang N, et al. Recent development of hydrothermal liquefaction for algal biorefinery [J]. Renewable and Sustainable Energy Reviews, 2020, 121 (6): 109707.

[32]　Azadi P, Farnood R, Vuillardot C. Estimation of heating time in tubular supercritical water reactors [J]. Journal of Supercritical Fluids, 2011, 55 (3): 1038-1045.

[33]　Alshammari Y M, Hellgardt K. CFD analysis of hydrothermal conversion of heavy oil in continuous flow reactor [J]. Chemical Engineering Research and Design, 2017, 117: 250-264.

[34]　Ranganathan P, Savithri S. Computational fluid dynamics simulation of hydrothermal liquefaction of microalgae in a continuous plug-flow reactor [J]. Bioresource Technology, 2018, 258: 151-157.

[35]　Chen H, Liao Q, Fu Q, et al. Modeling for thermal hydrolysis of microalgae slurry in tubular reactor: microalgae cell migration flow and heat transfer effects [J]. Applied Thermal Engineering, 2020, 180: 115784.

[36]　Chen X, Tian Z F, Philip J, et al. Numerical simulation of hydrothermal liquefaction of algae in a lab-scale coil reactor [J]. Experimental and Computational Multiphase Flow, 2021, 4 (2): 113-120.

[37]　Fierz-David H E. The liquefaction of wood and some general remarks on the liquefaction of coal [J]. Chemical Industry, 1925, 44: 942-944.

[38]　杨中志, 蒋剑春, 徐俊明, 等. 生物质加压液化制备生物油研究进展 [J]. 生物质化学工程. 2013, 47 (2): 29-34.

[39]　骆仲泱, 王树荣, 王琦, 等. 生物质液化原理及技术应用 [M]. 北京: 化学工业出版社, 2013.

[40] Bouvier J M, Gelus M, Maugendre S. Wood liquefaction -an overview [J]. Applied Energy, 1988, 30 (2): 85-98.

[41] Eager R L, Pepper J M, Mathews J F. A small-scale semi-continuous reactor for the conversion of wood to fuel-oil [J]. Canadian Journal of Chemical Engineering, 1983, 61 (2): 189-193.

[42] Molton P M, Fassbender A G, Brown M D. Stors: the sludge-to-oil reactor system [R]. Richland: Pacific Northwest Lab. , 1986.

[43] Itoh S, Suzuki A, Nakamura T, et al. Production of heavy oil from sewage sludge by direct thermo-chemical liquefaction [J]. Desalination, 1994, 98 (1-3): 127-133.

[44] Goudriaan F, Peferoen D G R. Liquid fuels from biomass via a hydrothermal process [J]. Chemical Engineering Science, 1990, 45 (8): 2729-2734.

[45] Castello D, Pedersen T, Rosendahl L. Continuous hydrothermal liquefaction of biomass: a critical review [J]. Energies, 2018, 11 (11): 3165.

[46] Elliott D C, Hart T R, Schmidt A J, et al. Process development for hydrothermal liquefaction of al-gae feedstocks in a continuous-flow reactor [J]. Algal Research, 2013, 2 (4): 445-454.

[47] Albrecht K O, Zhu Y, Schmidt A J, et al. Impact of heterotrophically stressed algae for biofuel pro-duction via hydrothermal liquefaction and catalytic hydrotreating in continuous-flow reactors [J]. Algal Research, 2016, 14: 17-27.

[48] Elliott D C, Hart T R, Neuenschwander G G, et al. Hydrothermal processing of macroalgal feed-stocks in continuous-flow reactors [J]. ACS Sustainable Chemistry & Engineering, 2014, 2 (2): 207-215.

[49] Elliott D C, Schmidt A J, Hart T R, et al. Conversion of a wet waste feedstock to biocrude by hy-drothermal processing in a continuous-flow reactor: grape pomace [J]. Biomass Conversion and Biore-finery, 2017, 7 (4): 455-465.

[50] Marrone P A, Elliott D C, Billing J M, et al. Bench-scale evaluation of hydrothermal processing technology for conversion of wastewater solids to fuels [J]. Water Environment Research, 2018, 90 (4): 329-342.

[51] Jazrawi C, Biller P, Ross A B, et al. Pilot plant testing of continuous hydrothermal liquefaction of microalgae [J]. Algal Research, 2013, 2 (3): 268-277.

[52] He Y, Liang X, Jazrawi C, et al. Continuous hydrothermal liquefaction of macroalgae in the presence of organic co-solvents [J]. Algal Research, 2016, 17: 185-195.

[53] Ofemia K S, Zhang Y, Funk T. Hydrothermal processing of swine manure into oil using a continuous reactor system: development and testing [J]. Transactions of the ASABE, 2006, 49 (2): 533-541.

[54] Ocfemia K S, Zhang Y, Funk T. Hydrothermal processing of swine manure to oil using a continuous reactor system: effects of operating parameters on oil yield and quality [J]. Transactions of the ASA-BE, 2006, 49 (6): 1897-1904.

[55] Suesse A R, Norton G A, van Leeuwen J H. Pilot-scale continuous-flow hydrothermal liquefaction of filamentous fungi [J]. Energy & Fuels, 2016, 30 (9): 7379-7386.

[56] Nguyen T D H, Maschietti M, Åmand L, et al. The effect of temperature on the catalytic conversion of Kraft lignin using near-critical water [J]. Bioresource Technology, 2014, 170: 196-203.

[57] Nguyen T D H, Maschietti M, Belkheiri T, et al. Catalytic depolymerisation and conversion of Kraft lignin into liquid products using near-critical water [J]. The Journal of Supercritical Fluids, 2014, 86: 67-75.

[58] Belkheiri T, Mattsson C, Andersson S, et al. Effect of pH on Kraft lignin depolymerisation in sub-critical water [J]. Energy & Fuels, 2016, 30 (6): 4916-4924.

[59] Belkheiri T, Andersson S, Mattsson C, et al. Hydrothermal liquefaction of kraft lignin in subcritical water: influence of phenol as capping agent [J]. Energy & Fuels. 2018, 32 (5): 5923-5932.

[60] Belkheiri T, Andersson S, Mattsson C, et al. Hydrothermal liquefaction of kraft lignin in sub-critical water: the influence of the sodium and potassium fraction [J]. Biomass Conversion and Biorefinery, 2018, 8 (3): 585-595.

[61] Pedersen T H, Grigoras I F, Hoffmann J, et al. Continuous hydrothermal co-liquefaction of aspen wood and glycerol with water phase recirculation [J]. Applied Energy, 2016, 162 (3): 1034-1041.

[62] Sintamarean I M, Grigoras I F, Jensen C U, et al. Two-stage alkaline hydrothermal liquefaction of wood to biocrude in a continuous bench-scale system [J]. Biomass Conversion and Biorefinery, 2017, 7 (4): 425-435.

[63] Hammerschmidt A, Boukis N, Hauer E, et al. Catalytic conversion of waste biomass by hydrothermal treatment [J]. Fuel, 2011, 90 (2): 555-562.

[64] Hammerschmidt A, Boukis N, Galla U, et al. Conversion of yeast by hydrothermal treatment under reducing conditions [J]. Fuel, 2011, 90 (11): 3424-3432.

[65] Hammerschmidt A, Boukis N, Galla U, et al. Influence of the heating rate and the potassium concentration of the feed solution on the hydrothermal liquefaction of used yeast and apple pomace under reducing conditions [J]. Biomass Conversion and Biorefinery, 2015, 5 (2): 125-139.

[66] Barreiro D L, Gómez B R, Hornung U, et al. Hydrothermal liquefaction of microalgae in a continuous stirred-tank reactor [J]. Energy & Fuels, 2015, 29 (10): 6422-6432.

[67] Guo B, Walter V, Hornung U, et al. Hydrothermal liquefaction of *Chlorella vulgaris* and *Nannochloropsis gaditana* in a continuous stirred tank reactor and hydrotreating of biocrude by nickel catalysts [J]. Fuel Processing Technology, 2019, 191 (1): 168-180.

[68] Biller P, Sharma B K, Kunwar B, et al. Hydroprocessing of bio-crude from continuous hydrothermal liquefaction of microalgae [J]. Fuel, 2015, 159: 197-205.

[69] Mørup A J, Becker J, Christensen P S, et al. Construction and commissioning of a continuous reactor for hydrothermal liquefaction [J]. Industrial & Engineering Chemistry Research, 2015, 54 (22): 5935-5947.

[70] Biller P, Madsen R B, Klemmer M, et al. Effect of hydrothermal liquefaction aqueous phase recycling on bio-crude yields and composition [J]. Bioresource Technology, 2016, 220: 190-199.

[71] Anastasakis K, Biller P, Madsen R, et al. Continuous hydrothermal liquefaction of biomass in a novel pilot plant with heat recovery and hydraulic oscillation [J]. Energies, 2018, 11 (10): 2695.

[72] Johannsen I, Kilsgaard B, Milkevych V, et al. Design, modelling, and experimental validation of a scalable continuous-flow hydrothermal liquefaction pilot plant [J]. Processes, 2021, 9 (2).

[73] Patel B, Hellgardt K. Hydrothermal upgrading of algae paste in a continuous flow reactor [J]. Bioresource Technology, 2015, 191: 460-468.

[74] Wagner J L, Le C D, Ting V P, et al. Design and operation of an inexpensive, laboratory-scale, continuous hydrothermal liquefaction reactor for the conversion of microalgae produced during wastewater treatment [J]. Fuel Processing Technology, 2017, 165: 102-111.

[75] Wądrzyk M, Janus R, Vos M P, et al. Effect of process conditions on bio-oil obtained through continuous hydrothermal liquefaction of *Scenedesmus* sp. *microalgae* [J]. Journal of Analytical and Applied Pyrolysis, 2018, 134: 415-426.

[76] Toor S S, Rosendahl L, Nielsen M P, et al. Continuous production of bio-oil by catalytic liquefaction from wet distiller's grain with solubles (WDGS) from bio-ethanol production [J]. Biomass and Bioenergy, 2012, 36: 327-332.

[77] Cheng F，Jarvis J M，Yu J，et al. Bio-crude oil from hydrothermal liquefaction of wastewater microalgae in a pilot-scale continuous flow reactor [J]. Bioresource Technology，2019，294：122184.

[78] Kristianto I，Limarta S O，Park Y，et al. Hydrothermal liquefaction of concentrated acid hydrolysis lignin in a bench-scale continuous stirred tank reactor [J]. Energy & Fuels，2019，33（7）：6421-6428.

[79] Li H，Zhu Z，Lu J，et al. Establishment and performance of a plug-flow continuous hydrothermal reactor for biocrude oil production [J]. Fuel，2020，280（280）：118605.

[80] Zoehrer H，de Boni E，Vogel F. Hydrothermal processing of fermentation residues in a continuous multistage rig -operational challenges for liquefaction，salt separation，and catalytic gasification [J]. Biomass & Bioenergy，2014，65：51-63.

[81] 张迪茜. 生物质能源研究进展及应用前景 [D]. 北京：北京理工大学，2015.

[82] 谢光辉. 非粮生物质原料体系研发进展及方向 [J]. 中国农业大学学报，2012，17（6）：1-19.

[83] 程序，朱万斌，谢光辉. 论农业生物能源和能源作物 [J]. 自然资源学报，2009，24（5）：842-848.

[84] 陈玉炜，聂小安. 微生物油脂制取生物燃料研究进展 [J]. 当代化工研究，2022（5）：147-149.

[85] Tian C，Li B，Liu Z，et al. Hydrothermal liquefaction for algal biorefinery：a critical review [J]. Renewable & Sustainable Energy Reviews，2014，38（29）：933-950.

[86] Barreiro D L，Prins W，Ronsse F，et al. Hydrothermal liquefaction（HTL）of microalgae for biofuel production：state of the art review and future prospects [J]. BIiomass & Bioenergy，2013，53（SI）：113-127.

[87] Kumar M，Oyedun A O，Kumar A. A review on the current status of various hydrothermal technologies on biomass feedstock [J]. Renewable & Sustainable Energy Reviews，2018，81（2）：1742-1770.

[88] Costandy J G，Edgar T F，Baldea M. Switching from batch to continuous reactors is a trajectory optimization problem [J]. Industrial & Engineering Chemistry Research，2019，58（30）：13718-13736.

[89] Elliott D C，Biller P，Ross A B，et al. Hydrothermal liquefaction of biomass：developments from batch to continuous process [J]. Bioresource Technology，2014，178（1）：147-156.

[90] Jindal M K，Jha M K. Effect of process parameters on hydrothermal liquefaction of waste furniture sawdust for bio-oil production [J]. RSC Advances，2016，6（48）：41772-41780.

[91] Chan Y H，Yusup S，Quitain A T，et al. Effect of process parameters on hydrothermal liquefaction of oil palm. Biomass for bio-oil production and its life cycle assessment [J]. Energy Conversion and Management，2015，104（SI）：180-188.

[92] Eboibi B E，Lewis D M，Ashman P J，et al. Effect of operating conditions on yield and quality of biocrude during hydrothermal liquefaction of halophytic microalga *Tetraselmis* sp. [J]. Bioresource Technology，2014，170：20-29.

[93] Anastasakis K，Ross A B. Hydrothermal liquefaction of the brown macro-alga *Laminaria saccharina*：effect of reaction conditions on product distribution and composition [J]. Bioresource Technology，2011，102（7）：4876-4883.

[94] Zhang B，von Keitz M，Valentas K. Thermal effects on hydrothermal biomass liquefaction [J]. Applied Biochemistry and Biotechnology，2008，147（1-3）：143-150.

[95] Lindstrom J K，Shaw A，Zhang X，et al. Condensed phase reactions during thermal deconstruction [M] //Thermochemical processing of biomass：conversion into fuels，chemicals and power. Brown R C. New Jersey：John Wiley & Sons，Ltd，2019：17-48.

[96] Basar I A，Liu H，Carrere H，et al. A review on key design and operational parameters to optimize

and develop hydrothermal liquefaction of biomass for biorefinery applications [J]. Green Chemistry, 2021, 23 (4): 1404-1446.

[97]　杨明，王彭年，赵民育. 连续搅拌釜式反应器的特性与设计（Ⅰ）[J]. 石油化工，1974（5）：452-464.

[98]　杨明，王彭年，赵民育. 连续搅拌釜式反应器的特性与设计（Ⅱ）[J]. 石油化工，1974（6）：568-576.

[99]　Roberts G W. Chemical reactions and chemical reactors [M] New Jersey: John Wiley & Sons, Ltd, 2008.

[100]　Cheng F, Le Doux T, Treftz B, et al. Modification of a pilot-scale continuous flow reactor for hydrothermal liquefaction of wet biomass [J]. MethodsX, 2019, 6: 2793-2806.

[101]　Marx S, Venter R, Karmee S K, et al. Biofuels from spent coffee grounds: comparison of processing routes [J]. Biofuels-UK, 2020.

[102]　Tran K. Nozzle reactor for continuous fast hydrothermal liquefaction of lignin residue [M] //Waste biorefinery: integrating biorefineries for waste valorisation. Amsterdam: Elsevier, 2020: 83-105.

[103]　Sierra-Pallares J, Huddle T, Alonso E, et al. Prediction of residence time distributions in supercritical hydrothermal reactors working at low Reynolds numbers [J]. Chemical Engineering Journal, 2016, 299: 373-385.

[104]　Gruar R I, Tighe C J, Darr J A. Scaling-up a confined jet reactor for the continuous hydrothermal manufacture of nanomaterials [J]. Industrial & Engineering Chemistry Research, 2013, 52 (15): 5270-5281.

[105]　Lester E, Blood P, Denyer J, et al. Reaction engineering: the supercritical water hydrothermal synthesis of nano-particles [J]. Journal of Supercritical Fluids, 2006, 37 (2): 209-214.

[106]　刘志丹，孔德亮，徐永洞，等. 连续制备生物原油的装置及方法：CN202111082824.4 [P]. 2021-12-21.

[107]　Mørup A J, Christensen P R, Aarup D F, et al. Hydrothermal liquefaction of dried distillers grains with solubles: a reaction temperature study [J]. Energy & Fuels, 2012, 26 (9): 5944-5953.

[108]　李艳美，田纯焱，柏雪源，等. 完全连续式生物质水热转化系统的研发趋势 [J]. 化工进展，2021，40（2）：736-746.

[109]　Daraban J M, Rosendahl L A, Pedersen T H, et al. Pretreatment methods to obtain pumpable high solid loading wood-water slurries for continuous hydrothermal liquefaction systems [J]. Biomass & Bioenergy, 2015, 81: 437-443.

[110]　Sintamarean I M, Pedersen T H, Zhao X, et al. Application of algae as cosubstrate to enhance the processability of willow wood for continuous hydrothermal liquefaction [J]. Industrial & Engineering Chemistry Research, 2017, 56 (15): 4562-4571.

[111]　Shah A A, Toor S S, Seehar T H, et al. Bio-crude production through co-hydrothermal processing of swine manure with sewage sludge to enhance pumpability [J]. Fuel, 2021, 288: 119407.

[112]　Berglin E J, Enderlin C W, Schmidt A J. Review and assessment of commercial vendors/options for feeding and pumping biomass slurries for hydrothermal liquefaction [R]. Richland: Pacific Northwest National Laboratory, 2012.

[113]　Cheng F, Jarvis J M, Yu J L, et al. Bio-crude oil from hydrothermal liquefaction of wastewater microalgae in a pilot-scale continuous flow reactor [J]. Bioresource Technology, 2019, 294: 184-197.

[114]　Karagoz S, Bhaskar T, Muto A, et al. Comparative studies of oil compositions produced from sawdust, rice husk, lignin and cellulose by hydrothermal treatment [J]. Fuel, 2005, 84 (8): 875-884.

[115] Yuan X Z, Tong J Y, Zeng G M, et al. Comparative studies of products obtained at different temperatures during straw liquefaction by hot compressed water [J]. Energy & Fuels, 2009, 23 (6): 3262-3267.

[116] Castello D, Pedersen T, Rosendahl L. Continuous hydrothermal liquefaction of biomass: a critical review [J]. Energies, 2018, 11 (11): 3165.

[117] Jiang Y, Jones S B, Zhu Y, et al. Techno-economic uncertainty quantification of algal-derived biocrude via hydrothermal liquefaction [J]. Algal Research, 2019, 39: 101450.

[118] Wądrzyk M, Rafa J, Vos M P, et al. Effect of process conditions on bio-oil obtained through continuous hydrothermal liquefaction of *Scenedesmus* sp. microalgae [J]. Journal of Analytical and Applied Pyrolysis, 2018, 134: 415-426.

[119] 史美中, 王中铮. 热交换器原理与设计 [M]. 南京: 东南大学出版社, 2014.

[120] 徐标. 换热器行业未来发展趋势浅析 [J]. 工程技术, 2016 (9): 297.

[121] 董旭宇, 阎依强, 李想, 等. 石油化工行业中换热器的种类及用途原理 [J]. 硅谷, 2013, 6 (16): 130+110.

[122] 王瑶. 石油化工行业中换热器的种类及用途原理 [J]. 科技与企业, 2014 (16): 442.

[123] 毛文睿, 李亚飞, 张龙龙, 等. 换热器的研究现状及应用进展 [J]. 河南科技, 2014 (2): 105-106.

[124] 高广超, 张鑫, 李超. 换热器的研究发展现状 [J]. 当代化工研究, 2016 (4): 83-84.

[125] Larry Baxter, et al. Combined direct contact exchanger and indirect-contact heat exchanger: US20190070551A1 [P]. 2019-03-07.

[126] 刘志丹, 杨睿, 曾宇斐, 等. 一种物料均匀性检测设备及检测方法: CN201910681037.8 [P]: 2020-05-22.

[127] 郭长皓, 鸦明胜, 徐幼林, 等. 固液两相混合方法及其均匀性检测技术 [J]. 化工进展, 2022, 41 (7): 3413-3430.

[128] Plastic Waste Advanced Recycling Feasibility Study. The opportunity for a local circular economy for plastic [R]. https://www.licella.com/wp-content/uploads/2021/11/2021_Licella_Report_FINAL_1Nov_spreads_EMAIL.pdf, 2022.

[129] Jensen C U, Guerrero J K R, Karatzos S, et al. Fundamentals of hydrofaction: renewable crude oil from woody biomass [J]. Biomass Conversion and Biorefinery, 2017, 7 (4): 495-509.

[130] 孔德亮. 微水冲厕所与连续水热处理耦合一体化装置研究 [D]. 北京: 中国农业大学, 2019.

第**9**章
水热液化过程及产品分析方法

9.1 水热液化分析方法

9.1.1 物质解聚

生物质水热液化过程伴随着许多复杂的解聚过程，包括水解反应、脱羧反应、分解反应、聚合反应以及美拉德反应等。生物质三大组分主要包括碳水化合物（纤维素、半纤维素、木质素等）、蛋白质及脂质。三种组分在水热液化过程中均发生复杂的化学反应，高温高压水热反应过程伴随着原料中有机物质的分解。

为了深入了解生物质原料解聚的主要途径，一般采用模型化合物进行反应，并通过 GC-MS 进行检测分析。虽然选取了模型化合物作为水热液化的反应物，但反应产物中化合物种类繁多，反应过程依然复杂，必须结合文献进行分析和推测。如图 9-1 所示，通过模型化合物反应产物预测物质解聚的反应路径[1]。

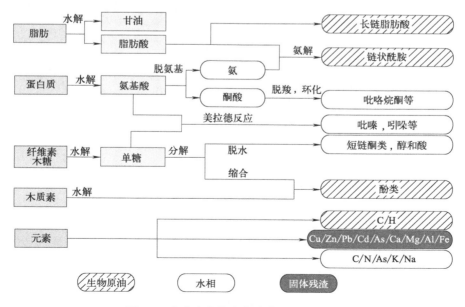

图 9-1　畜禽废弃物水热液化过程反应图

9.1.2　元素迁移

　　水热液化是一个非常复杂的热化学反应过程，其中伴随着物质和能量的流动、元素的迁移以及物质的反应。其中元素的迁移对于从微观的尺度解析水热液化过程机理和作用机制至关重要。元素的迁移是指元素从原料到水热液化反应后的四相产物的流动过程。元素迁移分为有机元素和无机元素的迁移。有机元素中碳和氮元素的迁移研究较多，无机元素的迁移主要以重（准）金属元素的为主。

　　研究者采用上述研究方法，观察猪粪水热液化产物中碳和氮的迁移分布情况，研究温度、滞留时间以及固含量对元素迁移分布的影响规律。从图 9-2 中可以看出[2]，碳元素主要迁移到生物原油中，而氮元素主要迁移到水相产物中。元素迁移分布的分析方法在研究水热液化过程反应机理方面具有重要意义。通常来说，水热液化过程中的脱氧脱氮过程对于理解水热成油机理极为重要。其中观察原料和生物原油产物的 N/C 和 O/C 情况，可以描述不同反应状态下成油过程元素迁移特性。有机元素的迁移过程及反应机理一般采用的分析方法是范式图（图 9-3），比如田纯焱等人的研究[3]。除了有机元素外，研究人员还探究了无机元素的迁移分布规律，比如碱金属和重金属的迁移，采用的计算办法和有机元素的类似，一般通过 origin 软件中 sankey 图或 Alluvial 图来体现，如图 9-4 所示。

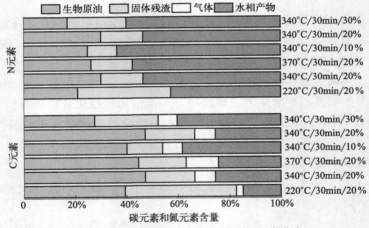

图 9-2　猪粪水热液化产物中碳和氮元素分布

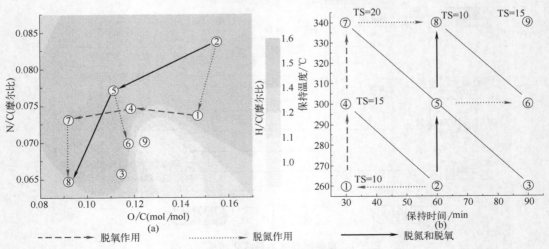

图 9-3　有机元素的范式图

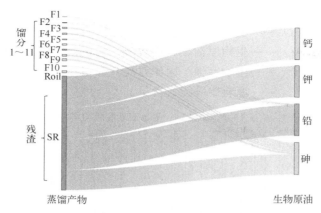

图 9-4 无机元素的迁移图

上述有机和无机元素在四相产物中的分布情况，所采用的计算方法是一样的，以 C 元素为例，其产物中 C 分布计算公式如下：

$$B_c(\mathrm{dw}, \%)=(B_y \times C_b) \times 100 \div F_c \tag{9-1}$$

$$SR_c(\mathrm{dw}, \%)=(SR_y \times C_{sr}) \times 100 \div F_c \tag{9-2}$$

$$G_c(\mathrm{dw}, \%)=(G_y \times C_g) \times 100 \div F_c \tag{9-3}$$

$$AQ_c(\mathrm{dw}, \%)=(AQ_y \times C_{aq}) \times 100 \div F_c \tag{9-4}$$

式中　B_c，SR_c，G_c，AQ_c——生物原油、固体残渣、气相、水相中的碳的百分含量，dw，%；

B_y，SR_y，G_y，AQ_y——生物原油、固体残渣、气相、水相的产率，dw，%；

C_b，C_{sr}，C_g，C_{aq}——生物原油、固体残渣、气相、水相的碳元素含量；

F_c——原料中碳元素含量。

9.1.3 元素在产物中的分布

水热液化反应是在一个密闭的反应系统中进行的，根据质量守恒定律原理，水热液化反应前后质量恒定。反应前水热液化的输入部分是原料和水，反应后生成生物原油、水相、固相以及气相四种产物。基于物质质量守恒和能量守恒原理，可以计算各种产物的质量分布情况。

产物分布的分析是水热液化研究中非常常规的方法之一。分析不同处理（反应温度、时间、含固量、原料等）下水热液化产物分布的变化情况，可以分析反应影响因子对水热液化反应产品种类变化的影响规律。多数研究者采用这种方法研究水热液化的产物分布特性及影响关系，如图 9-5 所示，研究畜禽废弃物水热液化产物分布情况。

水热液化产物产率的计算方法有两种：一种是基于干燥无灰基（daf，dry ash-free basis），另一种是基于干重（dw，dry weight）的计算方式。基于干重的计算公式与基于干燥无灰基的类似，区别在于分母是"原料的干重部分质量"。其中基于干燥无灰基产物产率（daf，%）的计算公式如下：

$$B_c=(B_y \times C_b) \times 100 \div F_c \tag{9-5}$$

$$SR_c=(SR_y \times C_{sr}) \times 100 \div F_c \tag{9-6}$$

$$G_c=(G_y \times C_g) \times 100 \div F_c \tag{9-7}$$

$$AQ_c = (AQ_y \times C_{aq}) \times 100 \div F_c \qquad (9\text{-}8)$$

式中　B_c，SR_c，G_c，AQ_c——生物原油、固体残渣、气相、水相中的碳的百分含量，%；

　　　　B_y，SR_y，G_y，AQ_y——生物原油、固体残渣、气相、水相的产率，%；

　　　　C_b，C_{sr}，C_g，C_{aq}——生物原油、固体残渣、气相、水相碳元素含量；

　　　　F_c——原料中碳元素含量。

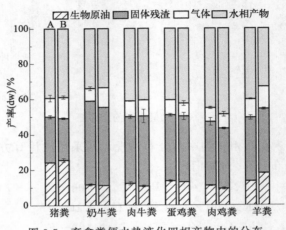

图 9-5　畜禽粪便水热液化四相产物中的分布

9.1.4　机器学习及其在水热液化中的应用

(1) 机器学习的基本原理与常用算法

机器学习作为人工智能发展最为迅速的一个分支，相较于传统的"试错型"研究方法，具有成本低、效率高、周期短、尺度广等特点，在材料领域引起极大重视。近十年，机器学习在材料科学研究中的应用呈爆发性增长，尤其在新材料的合成设计、性能预测、材料微观结构深入表征以及改进材料计算模拟方法等方面，均有出色的表现。当然，作为一项数据驱动技术，如何获取大量实验数据并将其构建为行之有效的数据集仍是现阶段机器学习技术在材料科学领域应用的热点和难点。一方面，材料学领域在信息时代产生了海量数据，并建立了较大规模的数据库，由于机器学习核心算法对大数据具有良好的处理和泛化能力，能够从已有的实验数据中挖掘出新的信息，探索各类参数间复杂的隐含关系，建立精准的预测模型，充分发挥实验数据的作用。另一方面，在计算材料领域，目前常用的计算模拟方法（如第一性原理计算、分子动力学、有限元模拟等）不但需要耗费大量的时间和资源，还存在诸多限制，而机器学习不但可以大大节省计算时间，扩大计算体系的空间和时间尺度，还可以通过数据拟合优化原子势函数，使已有的计算模拟方法更加快速、精确。此外，随着机器学习在计算机视觉以及图像识别等领域的不断发展，将机器学习用于宏观组织分析和微观结构表征，甚至晶体结构建模和预测都已成为可能，且将会是未来研究材料结构的有效手段。

① 机器学习的基本原理与常用算法。机器学习是一门多学科交叉专业，涵盖计算机科学、概率论、统计学、近似理论和复杂算法等知识，它的本质是基于大量的数据和一定的算法规则，使计算机可以自主模拟人类的学习过程，并通过不断的数据"学习"提高性能并作出智能决策的行为。

在传统的计算方法中，计算机只是一个计算工具，按照人类专家提供的程序运算。在机器学习中，只要有足够的数据和相应的规则算法，计算机就有能力在不需要人工输入的情况下，对已知或未知的情境做出判断或预测，学习数据背后的规则。简而言之，机器学习就是研究如何让机器像人类一样"思考与学习"，这与机器按照人类专家提供的程序工作有本质的区别。

通常人类的学习过程要经历知识积累、总结规律，最终才能达到灵活运用的阶段。类似地，机器学习也分为输入、学习、输出三个阶段，机器学习的基本流程如图 9-6 所示。

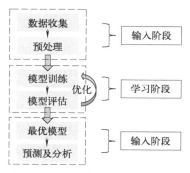

图 9-6　机器学习的基本流程图

数据的输入阶段，包括数据的收集和预处理，机器学习的核心是数据，收集充足的数据并建立有效的数据集是数据挖掘的前提，数据应尽可能完整且分布均匀，原始数据可以是文本、数值甚至音像，但数据呈现的形式往往会影响模型学习。对于相同的原始数据，机器学习算法使用一种格式可能比使用另一种更有效，输入数据的表现形式越合适，算法将其映射到输出数据的精度就越高。将原始数据转化成更适合的算法形式的过程称为特征化或特征工程。

模型的学习阶段，是指通过一定的算法对数据进行识别分析或探寻数据间的隐含关系，此阶段通常包括算法的选择、模型结构参数优化、训练及测试等过程。不同算法依据不同的数学原理，也对应不同的模型结构参数，算法与数据的契合程度决定了学习模型的准确度，可以通过增加有效训练数据、优化模型结构和参数等方式获得最优模型。

最后的输出阶段就是利用优化好的模型对未知的数据做出预测或者分析，机器学习适用范围非常广，实际应用效果取决于模型的精度，通俗地说，就是是否已经通过学习大量相似的老问题而总结出非常可靠的经验规律来解决一个新问题。

机器学习系统通常被分为监督学习、无监督学习以及强化学习三大类。在监督学习问题中，一个程序的学习内容通常要包含标记的输入和输出，并从新的输入预测新的输出，通俗地说，即程序从提供了"正确答案"的例子中学习。

相反，在无监督学习中，一个程序不会从标记数据中学习，它尝试在数据集中发现模式，即程序去自己寻找规则并预测答案。强化学习靠近监督学习一端，区别是强化学习程序不会从标记的输出中学习，而是从决策中接收反馈。例如，当机器程序对一个项目完成度较高时进行奖励，完成度较低时给予惩罚，从而提高此项目的完成效果，但是强化学习并不能指导程序如何完成项目。根据学习任务的不同，机器学习可以分为四类，分类和回归是两种最常用的监督学习任务，聚类和降维是两种最常用的无监督学习任务。机器学习模型中的具体计算规则被称为算法。对于相同数据集，即使采用同类不同种的算法计算，结果也会有差别，因为选择契合数据的算法是机器学习过程中至关重要的一环。

② 机器学习的算法。机器学习的算法有很多种，一些较常见的算法有：朴素贝叶斯（NB）、K 相邻（KNN）、支持向量机（SVM）、决策树（DT）、随机森林（RF）、最大期望（EM）算法、人工神经网络（ANN）以及深度学习（DL）等，在这里对以上算法进行简单介绍。

a. 朴素贝叶斯：基于贝叶斯概率理论的一种常用的分类算法，通过计算不同独立特征的条件概率来进行类别划分。该算法在数据较少的情况下依然有效且可以处理多类别问题，但是对数据的输入方式较为敏感。

b. K 近邻算法：K 近邻算法是最简单的机器学习算法之一，通过计算空间中样本与训练数据之间的距离，再以 K 个"最近邻"点中大多数点的类别决定样本类别的算法。K 近邻算法精度高，无数据输入假定，但是当数据量增加时，空间计算复杂程度也相应提升。

c. 支持向量机：支持向量机模型是一种二分类模型，其学习策略是通过构造一个最大的超平面将多维空间分为两个区域来进行分类。此算法的核心是依靠"核函数"将低维数据提升到更高维度的空间来寻找到具有最大间隔的超平面。

d. 决策树：决策树基于树形结构，结构简单，效率较高，是一种十分常用的分类方法。决策树以流程图的方式将一个类标签分配给一个实例，从包含训练集中所有数据的根节点开始，根据一个属性的值分成两个子节点（子集）。选择属性和相应的决策边界，使用其他属性从两个子节点继续分离，直到一个节点中的所有实例都属于同一个类。结束节点通常被称为叶节点。其核心思想是递归选择最优特征进行分类。

e. 随机森林：随机森林是一种重要的基于 Bagging 的集成学习算法，可以用于处理分类和回归问题。此算法通过构建多棵决策树提高信息增益，从而降低噪声数据带来的干扰，随机森林的输出由决策树输出的众数决定。

f. 最大期望：最大期望算法是一种启发式的迭代算法，可以实现用样本对含有隐变量的模型的参数做极大似然估计。已知的概率模型内部存在隐含的变量，导致不能直接用极大似然法来估计参数，最大期望算法就是通过迭代逼近的方式用实际的值代入求解模型内部参数。

g. 人工神经网络：人工神经网络通过模拟人类大脑的神经元神经网络处理进行数据信息处理，分为输入层、隐藏层以及输出层三部分，输入层单元接受外部的信号与数据，隐藏层处在输入层和输出单元之间，主要用于调整神经元的连接权值与单元间的连接强度，最终处理结果传递到输出层，输出层结果被激活函数激活后实现系统处理结果的输出。

h. 深度学习：深度学习可以简单地理解为具有深层网络结构的人工神经网络，与人工神经网络相比，其网络结构更加复杂，计算量也更大。深度学习网络在处理图像方面具有极大的优势，常用的深度学习模型包括卷积神经网络（CNN）和深度置信网络（DBN）等。

(2) 机器学习在水热液化技术方面的应用

近些年来，机器学习在推进各个科学领域发展的过程中起到了越来越重要的作用。特别是在能源领域，学者们通过机器学习的方法，利用大数据进行整合计算建模，对新型能源材料进行性能预测、实验解释以及结构设计，并通过理论计算节约实验成本。机器学习为这个新兴的交叉领域带来了机遇，同时也带来了极大的挑战——它需要科研人员对物理、化学、材料、能源、计算机等领域都有深入的见解。机器学习在近 5 年才被应用于预测生物质水热液化产率、生物油热值、油相、水相、固相特性及反应条件优化参数等[4,5]，还应用于生物质水热炭化的动力学研究[6]。通过建模评估优化水热处理技术在水热产物特性和环境效益

（是否为负碳能源技术）方面的表现。生物质水热液化的深度学习预测和优化示意图见图 9-7。

图 9-7　生物质水热液化的深度学习预测和优化示意图

9.2　生物油及炼制产品分析方法

9.2.1　化学性质

生物质水热液化反应结束后，液相产物通常会在重力作用下分层，形成漂浮在水相产物上的油状产物。这种油相产物用溶剂萃取，再将溶剂蒸发脱除后得到生物原油，由于生物油的化学性质的复杂性，单一分析手段往往无法全面揭示其化学特性。本小节内容在对比生物油化学性质的同时，比较分析了各种表征方法的原理和它们之间的差异，并阐述了不同表征结果之间的补充关系。

（1）气相色谱质谱联用质谱仪（GC-MS）

气相色谱质谱联用（gas chromatography-mass spectrometer，GC-MS）是最常用的化学组成表征手段，其原理是将样品汽化后随气体流动相进入色谱柱分离，再进入质谱分析。由于受汽化温度（≤350℃）的限制，GC-MS 适用于表征分子量（≤400）较小、沸点（≤500℃）较低、可挥发且热稳定的物质。生物原油的化学组成是影响其油品性质的内在原因，其中一些组分与其劣质性直接相关，如酸类物质引起酸性和腐蚀性，含氧、含氮化合物导致热值降低及化学不稳定性，大分子物质提高黏度和重质组分含量等。而重质组分则难以进入色谱柱，因此无法被 GC-MS 检出。

生物原油是一种复杂的混合物体系，研究者利用 GC-MS 检测出其中含有烃类以及多种含氧、含氮化合物，包括酸类、酮类、酯类、胺类、酚类、醇类和含氧、含氮杂环类化合物等。反应温度、时间和原料化学组成是影响其化学组成的重要因素，有研究者将化学组分归类，利用组分簇的相对含量即峰面积变化，来分析反应条件对微藻生物油性质的影响，近几年文献中常用的最优反应条件是 300～350℃ 和 30～60min。Ross 等[7] 利用多种微藻和模型化合物进行水热液化，发现清蛋白和大豆蛋白质的产物特征相似，主要包括酚类、吲哚、吡咯类和哌啶，葡萄糖和淀粉的产物特征相似，主要包括苯和酮类（特别是环酮类），葵花油的产物主要是脂肪酸类；相比模型化合物，微藻生物油的化学组成则更加复杂，不仅包括上述主要物质，还含有胺类和烃类；此外添加催化剂也对生物油化学组成有一定影响。Py-GC-MS 将热解技术与气相色谱耦合，用于分析常规气相色谱无法表征的大分子组分。Torri 等人利用 Py-GC-MS 分析微藻（*Desmodesmus* sp.）生物油，并将其化学组分细分为十五类，再利用分步热解结合热重数据对各组分类别进行绝对定量，这是 GC-MS 无法独立完成的，并由此进一步分析工艺参数对生物油各组分产率的影响，推断可能的成油机理。

微藻生物油中含有大量含氧、含氮化合物，降低了油品质量，需要在后续精制工艺中对氧、氮杂原子进行脱除。为开发更合适的微藻生物油精制工艺，特别是催化加氢精制工艺，还要进一步分析其中氧、氮杂原子的赋存形态及丰度，即官能团与杂原子化合物组成。另外，GC-MS 难以表征的大分子和高沸组分，也需要其他方法进行分析。

(2) 傅里叶变换离子回旋共振质谱仪（FT-ICR MS）

傅里叶变换离子回旋共振质谱仪（FT-ICR MS）是一种新型质谱分析技术，其原理是将待测物质电离后不经分离，离子同时在磁场作用下做回旋运动并产生感应电流，通过检测感应电流无损得到离子质荷比及丰度，因此具有超高质量分辨率，能够给出准确的元素组成和分子式等信息。近年来，电喷雾技术（ESI）与 FT-ICR MS 结合为重质油中的极性杂原子化合物分析带来突破性进展。Chiaberge 等[8] 分别使用 ESI、APCI（大气压化学电离）和 APPI（大气压光电离）3 种电离源与 FT-ICR MS 结合对生物油进行了表征，结果显示 ESI 电离源对极性化合物更敏感。生物油精制需要脱除生物油中的氧、氮杂原子，研究者普遍使用 ESI 电离源结合 FT-ICR MS 分析极性杂原子化合物，其中正离子模式分析碱性化合物（主要是含氮化合物），负离子模式分析酸性化合物（主要是含氧化合物）。Sudasinghe 等[9] 人利用 ESI 电离源结合 FT-ICR MS 分析了微藻（$N.\,salina$）生物油的杂原子组成，得到了氧、氮杂原子的赋存形态及相对丰度信息：生物油中的酸性化合物主要是 O_2 化合物，其相对丰度超过 80%，结合有效双键数（double bond equivalents，DBE）和碳原子数，认为 O_2 化合物含有不同不饱和度的脂肪酸（$C_{14} \sim C_{20}$）和芳香酸（$C_7 \sim C_{13}$），酸性化合物还包括少量 O_4 化合物即二酸（C_{32}）；生物油中的碱性化合物分布较广泛，主要是含有 $0 \sim 3$ 个氧原子的含氮化合物，其中 N_2 化合物（$C_9 \sim C_{28}$）相对丰度最高，超过 35%，如图 9-8 所示，结合线性离子阱质谱分析确认，主要是咪唑衍生物（DBE=3）、吡嗪衍生物（DBE=4）以及附加更多苯环结构的咪唑类和吡嗪类衍生物（如喹喔啉 DBE=7、吩嗪 DBE=10 等），N_1 化合物（$C_{12} \sim C_{27}$）主要包括吡啶衍生物和苯并吡啶（喹啉）衍生物等，N_3 化合物（$C_{25} \sim C_{30}$）推测包含烷基取代的吡啶基哌嗪等物质，$N_x O_y$ 化合物检测出酰胺类（$N_1 O_1$）、氧化咪唑类（$N_2 O_1$）、氧化吡嗪类（$N_2 O_2$）、环缩二肽类（$N_2 O_2$）及 N_3 化合物的氧化物（$N_3 O_3$）等物质，N_1、N_3 以及各类 $N_x O_y$ 化合物的相对丰度为 5% $\sim$ 15%。Sudasinghe 等[10] 继续分析了不同反应温度下的微藻生物油，指出低温（<225℃）下生物油产率较低，其主要成分是甘油酯，即脂类的分解产物；随着反应温度的升高，蛋白质和糖类的分解使得生物油产率显著增加，但分解产物的交叉反应生成大量含氮、含氧化合物（N_1，N_2，N_3，$N_1 O_1$，$N_2 O_1$，$N_2 O_2$，$N_3 O_1$，$N_3 O_2$），导致生物油中氧、氮元素含量上升。

Sanguineti 等[11] 研究人员利用 APCI 电离源结合 FT-ICR MS 分析了微藻（$N.\,salina$）生物油的组成，重点得到了 ESI 电离源选择性较差的烃类的质谱信息。生物油中的烃类其碳数集中在 $C_{27} \sim C_{29}$，平均 DBE 为 $7 \sim 8$，未检测到饱和烃。烃类芳香度随反应温度升高而增加，在 300℃ 时检测到多环芳烃及其烷基取代物。

生物原油的有机化合物成分复杂，仅仅采用 GC-MS 很难全部被分析出来，通常会采用分辨率更高的 FTICR MS 测定挥发性和分子量更高的有机化合物分子。FTICR MS 和 GC-MS 相互结合，有利于达到最大程度解析生物原油中有机化合物的具体成分的目的。

(3) 傅里叶变换红外线光谱分析仪（FTIR）

傅里叶变换红外线光谱分析仪（Fourier translation infrared spectroscopy，FTIR）是利

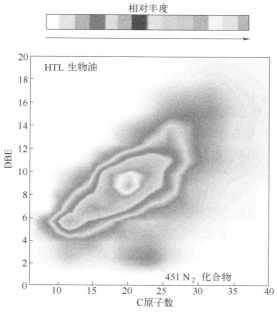

图 9-8 水热液化生物原油中 N$_2$ 化合物的 DBE-碳数
丰度云图（从边缘到中心丰度越来越高）

用分子振动时吸收特定波长的红外光而产生的吸收光谱来分析化合物分子结构等信息的仪器。在红外光谱图的解析中，$4000 \sim 1300 \mathrm{cm}^{-1}$ 被称为官能区，可用于鉴别特定基团的存在性，而 $1300 \sim 400 \mathrm{cm}^{-1}$ 被称为指纹区，可用于鉴别化合物及其分子结构。

对于生物油这一类复杂混合物体系，指纹区信息往往不可用，官能区特征峰也会发生重叠，给分析带来一定困难。文献中 FTIR 常用于分析微藻生物油的官能团组成，典型的微藻生物油 FTIR 谱图中得到的官能团信息与其化学组成基本一致，其中常见的吸收峰有 $3200 \sim 3500 \mathrm{cm}^{-1}$ 附近宽而强的吸收峰，可能是 O—H 和 N—H 伸缩振动峰的叠加，说明可能存在酚类、醇类和胺类物质。吸收峰 $2850 \sim 3000 \mathrm{cm}^{-1}$ 附近 $2 \sim 3$ 个尖锐的吸收峰，是饱和 C—H 的伸缩振动峰，$1375 \mathrm{cm}^{-1}$ 和 $1465 \mathrm{cm}^{-1}$ 附近中等强度的吸收峰，认为是饱和 C—H 的弯曲振动峰，对应烃类物质的存在。$1700 \mathrm{cm}^{-1}$ 附近的强吸收峰是 C=O 的伸缩振动峰，说明可能存在酮类、醛类、酸类、酯类和酰胺类物质。$1000 \sim 1300 \mathrm{cm}^{-1}$ 附近的吸收峰是 C—O 的伸缩振动峰，说明可能存在酚类、醇类、酸类和酯类物质。$1500 \sim 1650 \mathrm{cm}^{-1}$ 附近 $2 \sim 3$ 个中等强度的吸收峰，可能是 N-H 的弯曲振动峰，对应胺类和酰胺类物质的存在。FTIR 分析生物油官能团组成的缺点在于难以得到丰度的定量信息。

FTIR 也可以用于分析微藻水热液化的气相和固相产物。Ross[7] 等利用 FTIR 分析微藻水热液化的气相产物，指出相比碱催化剂，有机酸催化剂能够降低水相产物中的氮含量，增加气相产物中的含氮组分含量。

（4）核磁共振技术（NMR）

核磁共振技术（nuclear magnetic resonance，NMR）是有机物结构分析的重要方法，其原理是磁性核（^{1}H，^{13}C 等）在外磁场作用下发生能级分裂，共振吸收并辐射一定频率（$60 \sim 1000 \mathrm{MHz}$）的射频辐射，形成 ^{1}H NMR、^{13}C NMR 等谱图。谱图中磁性核共振峰的化学位移反映其所在的化学环境，进而识别磁性核所处的基团和基团所在的位置，推断样品的分子结构。NMR 谱图是微藻生物油分析的常用工具之一，同 GC-MS 类似，有研究者将不同化学位移区间对应的官能团进行归类。一般认为，在 ^{1}H NMR 谱图中，$\delta=0.5\sim1.5$ 对应饱和脂肪氢，$1.5\sim3.0$ 对应不饱和键和 α-杂原子氢，$3.0\sim4.4$ 对应羟基和醚键氢，$4.4\sim6.0$ 对应甲氧基氢，$6.0\sim8.5$ 对应芳环和杂环氢；而在 ^{13}C NMR 谱图中，$\delta=0\sim28$ 对应短链脂肪碳，$28\sim55$ 对应含支链长链脂肪碳，$55\sim95$ 对应羟基和醚键碳（醇类、糖类和醚类），$95\sim165$ 对应芳环、杂环及烯烃碳，$165\sim180$ 对应羧酸类羰基碳（酸类、酯类和酰胺类），$180\sim215$ 则对应醛酮类羰基碳（醛类和酮类）。典型的微藻生物油 NMR 谱图可以观察到在上述区间内都存在明显的吸收峰，说明微藻生物油具有比较复杂的官能团组成。

　　NMR 不仅能够鉴别基团的存在性，还能确定基团所在的分子位置，因此得到的官能团信息更加丰富和准确。Vardon 等人利用 FTIR 检测出微藻生物油中含有 C＝O（$1700cm^{-1}$），但未在 ^{1}H NMR 谱图中检测到醛基氢（$\delta=9.0\sim10.0$），进而排除了可能存在醛类物质。NMR 还能定量计算磁性核在不同官能团中的相对丰度，为比较微藻生物油与其精制油的化学性质差异和评价生物油精制工艺提供了手段。研究显示，微藻（*Spirulina*）生物油具有较强的脂肪性（^{1}H NMR $\delta=0.5\sim1.5$ 约占 53%，^{13}C NMR $\delta=0\sim55$ 约占 65%），以及一定的芳香性和不饱和性（^{1}H NMR $\delta=1.5\sim3.0$ 和 $\delta=6.0\sim8.5$ 约占 38%，^{13}C NMR $\delta=95\sim165$ 约占 30%）。

(5) 凝胶渗透色谱（GPC/SEC）

　　凝胶渗透色谱（GPC）是液相色谱的一种类型，因此，同普通液相色谱一样也使用固体固定相和液体流动相。然而，凝胶渗透色谱技术的分离机理完全依靠溶液中聚合物分子的大小，并非分析物和固定相间的任何化学作用。凝胶渗透色谱利用微球孔内滞留的液体为固定相，以流动的液体为流动相，因此，流动相可以在微球间流过，也可以流入流出微球上的孔。分离机理是基于溶液中聚合物分子的大小。凝胶渗透色谱也叫体积排阻色谱（GPC/SEC）。GPC（gel permeation chromatography）和 SEC（size exclusion chromatography）这两个术语描述的是同一个液相色谱过程，只不过是不同行业使用的首字母缩写不同而已。一般而言，分析人员讨论 GPC 和 SEC 时，他们指的是相同类型的色谱分析。国际理论与应用化学联合会（IUPAC）倾向于使用 SEC。尽管名称不一，但所有的类型原理却相同，即体积排阻，因此叫体积排阻色谱法。SEC 柱的多孔介质由凝胶制成，因此创造了凝胶渗透色谱这个词，这个词至今在工业中仍然普遍使用。生物化合物的低压分析一般称为凝胶过滤色谱（GFC）。对于我们来说，SEC 和 GPC 代表的是相同的仪器和色谱柱技术，没有什么差别。

　　GPC/SEC 仪器由推动溶剂通过仪器的泵、将待测样品导入色谱柱的进样口、一支盛装固定相的色谱柱、一个或多个检测流出色谱柱组分的检测器，以及控制仪器各部件并计算和显示结果的软件组成。先将聚合物样品溶解在溶剂中，这一步非常重要，因为尽管聚合物是由单体链接成的长链分子，但在溶液中却不是这样。一旦溶解在溶液中，聚合物分子链便缠绕起来呈线圈形态，进而组成一个线球。因此，尽管聚合物是链式分子，但当分析人员使用 GPC/SEC 分析时，却可将其看作微型小球。微型小球的大小取决于分子量，分子量越高缠绕成的聚合物球越大。这些缠绕起来的聚合物分子随后被导入到流动相中并随着流动相流入 GPC/SEC 色谱柱。随着流动相流过色谱柱，溶解在流动相中的聚合物分子也被携带着流过固定相颗粒。聚合物线团经过固定相微球颗粒时，有几种情况可能发生。如果聚合物线团比固定相微球上最大的孔还要大，它们将不能进入孔内，而随着流动相直接流过固定相微球。

如果聚合物线团比最大的孔略微小些，它们可以进入较大的孔内，但不能进入较小的孔内。随着流动相的流动，聚合物线团占据部分孔隙，但不是所有孔隙都被占据。如果聚合物线团比固定相微球上最小的孔还要小些，那么它们能进入任何一个孔内，因此可能占据固定相上所有的孔隙。随着聚合物分子进入色谱柱，这种分配不断重复进行，以扩散的形式在它们通过色谱柱时所经过的每一个孔内进去再出来。结果是，小聚合物线团由于能进入固定相微球上的多数孔而需要较长时间才能通过色谱柱，相应地流出色谱柱较慢。相反地，大聚合物线团由于不能进入孔内而只需较短时间就能通过色谱柱，而中等大小的聚合物线团通过色谱柱的时间介于这两者之间。简而言之，其分离机理可以表述为：一定的凝胶填料有它一定的使用范围，相对于凝胶的孔径不同大小的分子，要么能进入凝胶全部的内孔隙（完全渗透），要么完全不能进入凝胶的任何内孔隙（完全排除），此外分子大小适中，能进入凝胶的内孔隙中孔径大小相应的部分（部分渗透）。图 9-9 列出了分离机理，孔为圆锥形，实际上可能不是这样。下例为包含 A、B 和 C 三种组分的混合物，A 最大而 C 为最小。由于组分被流动相携带通过色谱柱，组分 A 不能分散到孔内（称为完全排阻），组分 B 有部分分散到孔内（称为部分渗透），组分 C 可能全部进入孔内（称为完全渗透）。这样从色谱柱内的洗脱顺序为 A、B、C。

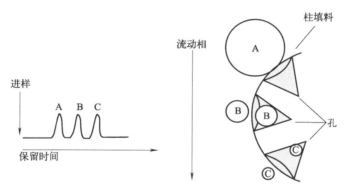

图 9-9　GPC/SEC 的分离机理

随着各组分流出色谱柱并被多种检测方式检测到，样品的洗脱行为能以图表或色谱图形式展示出来。色谱图上显示了任一时间点上有多少物质流出色谱柱，在色谱图上，较高分子量、较大的聚合物线团先洗脱下来，较低分子量（较小的线团）随后相继流出。不同分离产物对应不同的洗脱体积。为了便于测量，将洗脱体积转换成时间（前提是流速是恒定的）。将相同大小的一组分子（一个流分）从色谱柱上洗脱下来的时间称为保留时间，因为该时间内这些分子保留在色谱柱上。然后，将生成色谱图的数据与校准曲线对比。校准曲线显示了一系列已知分子量的聚合物的洗脱行为。通过与校准曲线对比可以计算样品的分子量分布。样品的分子量分布为聚合物化学家提供了重要的信息，因为他们可以使用分子量分布预测聚合物的性能。对于 GPC/SEC，需要记住的很重要一点是分离基于分子大小而非化学性质。这些技术给出的有关溶液中聚合物分子大小的信息是通过使用校准曲线而转换成分子量的。它们并不能告诉我们有关样品化学性质的任何信息，甚至是样品中是否含有化学性质不同的组分。GPC/SEC 仅仅是根据样品大小进行的物理分级。

GPC/SEC 有两个主要用途是表征聚合物和将混合物分离成独立的组分，例如聚合物、低聚物、单体以及任何非聚合体的添加剂。GPC/SEC 是现有的唯一能表征聚合物分子量分布（所有合成聚合物都具有的性质）的技术。此外，聚合物混合物也可以被分离成独立的组分，例如聚合物和塑化剂。天然存在的聚合物（例如木质素、蛋白质和多糖）也常用极性有机相或水相 GPC/SEC 进行研究。GPC/SEC 对低聚物和小分子的分离也非常出色。为了避免在色谱分离过程中损坏脆弱的生物化合物，生物学家和生物化学家一般使用低泵压和填充了凝胶（例如聚丙烯酰胺、葡聚糖或琼脂糖）的色谱柱。尽管此技术不是十分高效，但其优势是化合物的生物活性没有破坏，因此，从色谱柱上流出的组分可以用于其他实验。以下内容介绍了通常使用凝胶渗透色谱/体积排阻色谱测定的平均分子量概念，它们是如何定义的，以及原来的经典方法是如何测定它们的。

① 数均分子量：M_n 数均分子量是样品中所含有聚合链分子量的统计平均值，M_n 可以通过聚合机制来进行预测，并通过测定给定质量样品中的分子数量来确定，例如端基分析等依数性方法。如果用 M_n 来表征分子量分布，则 M_n 两侧分布有同等数量的分子。M_n 的计算公式如下：

$$M_n = \frac{\sum N_i \times M_i}{\sum N_i}$$

式中，M_i 代表单链分子量；N_i 代表具有相应分子量的链数目。

② 重均分子量：M_w，相对于 M_n，M_w 测定平均分子量时把单链分子量大小对 M_w 的贡献也考虑进去。链的质量越大，对 M_w 的贡献也越大。通过灵敏地测定分子大小，而不只是测定其数量的方法来确定 M_w，如运用光散射技术。如果用 M_w 表征分子量分布，则 M_w 两侧分布有同等重量的分子。

③ 更高的平均分子量：M_z，M_z+1。通常，一系列的平均分子量可以由下面的方程定义：当 $n=1$ 时，$M=M_w$；当 $n=2$ 时，$M=M_z$；当 $n=3$ 时，$M=M_z+1$。更高的平均分子量更多地依赖于高分子量的组分，因此也就更难以进行精确测定。通常需要使用诸如扩散和沉降等技术测量聚合物分子的行为来进行测定。虽然 Z 均分子量不常用于表征聚合物，但还是有几种重要的方法能够通过测定链长获得 Z 均分子量。针对所有合成的多分散性聚合物：$M_n < M_w < M_z < M_z+1$。

④ 多分散性指数：多分散性指数用于衡量聚合物分子量分布的广度，其定义如下：多分散指数$=M_w/M_n$，多分散性指数越大，分子量分布越广。所有链长都相等的单分散聚合物（如蛋白质），其 $M_w/M_n=1$。经过最佳控制合成的合成聚合物（用于校正的窄分子量分布聚合物），其 M_w/M_n 值应在 1.02 到 1.10 之间。逐步聚合反应生成高聚物的 M_w/M_n 值通常在 2.0 左右，而连锁聚合反应产物的 M_w/M_n 值在 1.5 到 2.0 之间。

⑤ GPC/SEC 测定的平均分子量和 M_p。SEC 是唯一一种在测定聚合物整体分布时，能同时测定 M_n、M_w、M_z 和 M_{z+1} 的技术。SEC 也可以对另一种平均分子量 M_p 进行计算，峰分子量 M_p 定义如下：M_p 为最高峰的分子量，因此，M_p 也是分子量分布的一种表达方式。M_p 用于表征分子量分布极窄的聚合物，如校准聚合物标准品。

（6）超临界流体色谱法

超临界流体色谱法（SFC）是以超临界流体作流动相，以固体吸附剂（如硅胶）或键合在载体（或毛细管壁）上的有机高分子聚合物作固定相的色谱方法。SFC 与 GC 分离操作条件不同，其操作压力较高，一般为 $(70 \sim 450) \times 10^5$ Pa，SFC 和 HPLC 也不一样，其色谱柱工作温度较高，从常温到 250℃。流动相的压力和密度在每一温度下以同样方式影响保留值，甚至在类似 GC 区也一样，增加压力，k（容量因子）值降低。而在较低温度下与

HPLC 的保留行为相似，k 值随压力增加而降低。SFC 常采用程序压力、程序温度操作，包括线性压力/密度程序、非线性压力/密度程序、线性温度程序和非线性温度程序。在实际分析中可根据情况灵活选择。对一些较复杂试样，可采用同步密度、温度程序操作。超临界流体色谱仪由进样系统、高压泵、色谱柱、限流器、检测器等部分构成，整个系统基本上处于高压、气密状态。

　　以超临界流体作为流动相的色谱技术被称为超临界流体色谱法。虽然超临界流体色谱法20 世纪 60 年代就出现了，但是直到 21 世纪才得到成功应用。目前超临界流体色谱法仍然是较新的色谱分析方法，很多人对它的了解不多，下面就简单介绍一下它的特点与适用范围。

　　超临界流体色谱法主要用于分析可溶的多种化合物，其分离原理为二氧化碳作为流动相通过改变色谱柱、压力和温度、添加有机助溶剂来调节分离；分析挥发性化合物时不需要衍生化。气相色谱法主要用于分析易挥发、难降解的化合物，其分离原理是通过改变色谱柱、温度来调节分离，样品需气化才能分离，有时需要衍生化。高效液相色谱法主要用于分析多种可溶的、加热易降解的化合物，其分离原理是通过改变色谱柱、流动相和温度来调节分离，有时需要衍生化。

　　超临界流体色谱法和气相色谱法、高效液相色谱法有不同的选择性，可以和气相色谱法、高效液相色谱法形成很好的互补。对于复杂体系样品，超临界流体色谱法结合其他的色谱分离手段可以更加完整地对样品进行分析。超临界流体色谱法通常是一种正相技术，因为组分按极性由低到高的程序运行。超临界流体色谱法与液相色谱相比具有显著的优势，其平衡速度极快，重现性非常出色，甚至可以进行水性样品分析。

　　超临界流体色谱法非常适合用于分离极性很低的化合物，例如许多天然产物。包括脂溶性维生素、脂溶性药物杂质、类胡萝卜素和脂质。对于此类样品，常以 C_{18} 作为固定相。在脂溶性化合物的分离上基本可以完全代替正相色谱，并获得更佳的分离效果。早期大多数应用使用纯二氧化碳、压力程序和火焰离子化检测器（FID）。超临界流体色谱法是分离各种结构类似物的较好选择，例如各种手性药物异构体（包括手性药物杂质）、位置异构体、顺反异构体等。

　　超临界流体色谱法可以分析挥发性化合物，特别是对热不稳定的挥发性化合物，分析挥发性化合物时不需要衍生化，并且可以从分析放大到制备，突破气相色谱不能制备的瓶颈。超临界流体色谱法还在能源、化工及化学等方面获得广泛应用[12]。研究人员以二氧化碳单一作流动相，ODS 柱为固定相，用超临界流体色谱法分离了二十碳五烯酸（EPA）和二十二碳六烯酸（DHA）[13]。

（7）全二维气相色谱-质谱仪

　　全二维气相色谱-质谱仪主要用于环境及生物样品等复杂基质中 PCDD/Fs、多氯联苯、多环芳烃、多溴二苯基醚、毒杀芬、有机卤化物、农药及其代谢产物的目标组分分析、族组分分离、指纹图谱构建、未知物鉴定等。全二维气相色谱/飞行时间质谱仪由气相色谱仪（含主机、自动进样器等）、高分辨飞行时间质谱仪、制冷机制冷调制器、工作站、工具包、色谱柱等组成。该仪器的色谱分离系统将两根性质不同且相互独立的色谱柱由调制器串联，样品经第一根色谱柱分离后的每一个色谱峰都经过调制器调制后以脉冲方式送到第二根色谱柱进一步分离，最后经由 TOF MS 进行检测。该仪器具有分辨率高、峰容量大、灵敏度高、分析速度快等特性，非常适合于复杂体系中化合物或痕量化

合物的有效分离与分析，目前已成为石油、能源、环境科学、生命科学、食品等领域最
具有竞争力的色谱质谱分析技术。

9.2.2 物理性质

(1) 密度

生物油的密度在生产和储运过程中有着重要意义。生物油密度的测量方法有密度计法
（GB/T 1884）、比重瓶法（GB/T 13377）和 U 形振动管法（SH/T 0604）等。标准密度计
法和比重瓶法的生物油用量较大，对于实验室小型水热液化装置，可采用 U 形振动管法。
由水热液化产物的分层现象可以推测，微藻生物油的密度比水略小。研究结果显示，微藻生
物油密度约为 $0.940 \sim 0.970 \mathrm{g/cm^3}$，大于内燃机燃料油，与劣质原料油（$0.930 \sim 1.000\mathrm{g/}$
$\mathrm{cm^3}$）相当。微藻（*Nannochloropsis*）在 260℃ 下水热液化获得的生物油密度为 $0.9612\mathrm{g/}$
$\mathrm{cm^3}$（22.8℃）。Zhu 等[14] 对微藻（*N. salina*）在约 350℃ 条件下进行水热液化，得到的
生物油密度为 $0.943\mathrm{g/cm^3}$（40℃）。Elliott 等研究了四种不同来源的微藻（*Nannochloropsis*
sp.），水热液化温度约 350℃，生物油密度为 $0.943 \sim 0.960\mathrm{g/cm^3}$。

(2) 黏度

黏度是评定油品流动性的指标，不仅与油品的输送性能密切相关，也是炼油工艺计
算的重要参数，还直接影响燃料油的雾化性能。生物油黏度的实验室测量方法主要是
毛细管黏度计法（GB/T 265），也可以利用各种自动黏度仪（ASTM D1200、D2983、
D7042 等）。自动黏度仪可以自动完成整个测量循环，测量精度高，测量范围宽，实验
室有条件可以采用自动黏度仪进行测量。微藻生物油黏度约为 $100 \sim 400\mathrm{cP}$（40℃，1cP
=1mPa·s），与孤岛原油（333.7cP，50℃）等重质原油接近，高于木质纤维素类生
物质快速热裂解生物油（$40 \sim 100\mathrm{cP}$，50℃）。Das 等对微藻（*S. platensis*）进行水热液
化，得到的生物油黏度为 189.8cP（40℃），高于同种原料热裂解生物油 79.2cP
（40℃）。Elliott 等[15] 对 4 种微藻（*Nannochloropsis* sp.）的水热液化研究显示，制得
的生物油黏度为 $109 \sim 338\mathrm{cP}$（40℃），且原料油脂含量对生物油黏度没有显著影响。采
用微藻（*Dunaliella tertiolecta*）分别在 250℃、300℃ 和 340℃ 这三个不同温度下进行
水热液化，发现所得生物油的黏度随反应温度的升高明显降低。Yuan 等[16] 利用甲
醇、乙醇和二噁烷等溶剂对微藻（*Spirulina*）进行水热液化，发现液化溶剂对生物油
黏度和密度有很大影响。由于水在处理微藻等含水量较高的生物质原料时具有独特优
势，因此本文不再讨论其他溶剂条件的情况。

(3) 酸性

微藻生物油呈一定酸性，给其储存、运输和加工等环节带来腐蚀问题。与原油类似，生
物油酸性常用总酸值（total acid number，TANmgKOH/g）来表示，主要的测量方法有滴
定法（GB/T 264）、电位滴定法（GB/T 7304）、颜色指示剂法（GB/T 4945）、半微量颜色
指示剂法（SH/T 0163）等。其中滴定法、颜色指示剂法和半微量颜色指示剂法是根据颜色
的变化判断终点，方法简单，不需要其他特殊设备，但对深色油品的终点难以判断；而电位
滴定法是根据电极电位的变化判断终点，不受溶液颜色的限制，更适合微藻生物油总酸值的
测量。总酸值较高的环烷基原油，如单家寺原油，其总酸值为 7.4mgKOH/g，微藻生物油
总酸值则远高于此，达到 50mgKOH/g 以上。对微藻（*Nannochloropsis* sp. 和
C. pyrenoidosa）进行水热液化，得到的生物油总酸值分别为 256mgKOH/g 和

133.2mgKOH/g。对 4 种微藻（*Nannochloropsis* sp.）的水热液化研究显示，生物油总酸值为 59～74mgKOH/g。微藻生物油的酸性主要来自水热液化反应中生成的酸性含氧化合物，因此在不同原料和不同工艺条件下会有一定差别。

（4）元素组成与热值

热值是燃料质量的一项重要指标，生物原油热值越高，其能量密度越大，相对运输成本就越低。生物油热值可以通过氧弹量热仪直接测量，但更多研究者选择利用元素组成由计算公式得出。针对氮、硫元素和灰分含量的不同，常用的有 Dulong 公式：$HHV(MJ/kg) = 0.3382C + 1.4428(H - O/8)$；Boie 公式：$HHV(MJ/kg) = 0.3516C + 1.16225H - 0.1109O + 0.0628N + 0.10465S$；Channiwala 和 Parikh 公式：$HHV(MJ/kg) = 0.3491C + 1.1783H + 0.1005S - 0.1034O - 0.0151N - 0.0211Ash$（灰分）三大热值计算公式。元素组成不仅是生物质生物原油热值计算的依据，也是分析其复杂混合物体系化学组成和结构的入手点。研究者一般利用元素分析仪分析生物油中碳、氢、氮、硫和氧元素含量。由于不同种类生物质元素及化学组成存在差异，其水热液化生物油元素组成也有所不同。研究人员对生物质生物油的元素组成及热值进行了总结，其大致范围是 C70%～80%、H8%～10%、N4%～8%、S<1%、O8%～15%、HHV32～38MJ/kg。与重质原油或常减压渣油相比，生物原油的特点是：H/C 比较低，氮、氧含量较高，硫含量较低。这意味着微藻生物油中含有较多的芳香基和不饱和键，且存在大量非烃化合物，如含氮、含氧化合物等，热值相对较低，但更加清洁。生物原油中氮、氧含量远低于原料，说明水热液化过程中有脱氮、脱氧反应发生。Toor 等研究显示，随着反应温度升高到 350℃，生物油中氮、硫、氧含量显著降低，生物原油热值升高。

（5）沸程分布

由元素组成分析可知，生物原油与重质原油相比，烷烃特别是直链烷烃含量低，芳香基、不饱和键以及杂原子化合物含量高，因此其沸程分布也有所不同。生物油沸程分析主要是利用高温气相色谱（汽化温度＞400℃）法进行模拟蒸馏（ASTM D2887，D7169）。Ross 等提出利用热重法分析生物油沸程，但热重法受加热速率影响，当缺少高温气相色谱实验条件时，该方法可作为补充。微藻生物油与重质原油相比，低沸点组分含量较低，高沸点组分含量较高。Vardon 等[17] 分析了微藻（*Spirulina*、*Scenedesmus*）生物油的沸程分布，并与 Illinois 页岩油进行了对比，微藻生物油沸程 400℃以上约占 46%～55%，其中约 20%属于减压渣油（＞538℃），而与轻质油品相关的低沸点（100～200℃）组分含量不足 5%，明显低于 Illinois 页岩油。Rosis 等报道了相似的研究结果，微藻（*Nannochloropsis*）生物油沸程主要分布在 332～549℃，约占 64%，沸程 254℃以下少于 5%。Eboibi 等[18] 对微藻（*Spirulina* sp. 和 *Tetraselmis* sp.）生物油的实验数据也验证了微藻生物油沸程分布的一般特点。

（6）平均分子量

生物原油是一种复杂混合物体系，分子量范围很广，平均分子量可以通过尺寸排阻色谱法（size exclusion chromatography，SEC）测量，它是根据试样分子的尺寸和分子量不同来实现分离的。测量时生物油通常溶解在有机流动相中，因此该方法也被称为凝胶渗透色谱法（gel permeation chromatography，GPC）。生物油中含有大量重质分子，微藻（*Spirulina*）生物油的重均分子量 M_w 和数均分子量 M_n 分别为 1870 和 890，其分子量范围一直延续到 10000 以上。对微藻（*Spirulina* 和 *Scenedesmus*）生物油和 Illinois 页岩油进行了分析对比，两种生物油的平均分子量 M_w/M_n 分别为 1860/700 和 3260/1330，远高于页岩油的 670/270。Alba 等[19] 报道了类似的结果，反应温度为 250℃时，微藻（*Desmodesmus* sp.）生物油中含有大量重质油分子（2000~10000），并有 3 个明显的分布峰（400~500，900~1000，1000~1100）；当反应温度升高到 375℃时，重质分子含量降低，轻质分子含量增加。Barreiro 等[20] 测量了 8 种不同微藻生物油的分子量分布，在上述相同范围内出现分布峰，随着反应温度升高，峰逐渐宽化并向轻质分子一端移动。

9.2.3 工程热物理特性

水热生物原油分子量比较大，与航油的黏度、分子量和热值非常接近，一般称之为生物重油。生物原油及固体水热炭的热稳定性及工程热物理特性一般通过热重分析（TG-DTG）表征。热重分析，是在程序控制温度下，测量物质的质量与温度或时间的关系的方法。通过分析热重曲线，我们可以知道样品及其可能产生的中间产物的组成、热稳定性、热分解情况及生成的产物等与质量相联系的信息。热重曲线可以通过热重分析仪进行测定，热重分析仪（thermal gravimetric analyzer）是一种利用热重法检测物质温度-质量变化关系的仪器。热重法是在程序控温下，测量物质的质量随温度（或时间）的变化关系。热重法试验得到的曲线称为热重曲线（TG 曲线），TG 曲线以质量作纵坐标，从上向下表示质量减少；以温度（或时间）作横坐标，自左至右表示温度（或时间）增加。热重分析仪主要由天平、炉子、程序控温系统、记录系统等几个部分构成。最常用的测量的原理有两种，即变位法和零位法。所谓变位法，是根据天平梁倾斜度与质量变化成比例的关系，用差动变压器检测倾斜度，并自动记录。零位法是采用差动变压器法、光学法测定天平梁的倾斜度，然后去调整安装在天平系统和磁场中线圈的电流，使线圈转动恢复天平梁的倾斜，即所谓零位法。由于线圈转动所施加的力与质量变化成比例，这个力又与线圈中的电流成比例，因此只需测量并记录电流的变化[21]，便可得到质量变化的曲线[22]。从热重量分析可以派生出微商热重分析，也称导数热重量分析，它是记录 TG 曲线对温度或时间的一阶导数的一种技术。微商热重分析又称导数热重分析（derivative thermogravimetry，DTG），它是 TG 曲线对温度（或时间）的一阶导数。以物质的质量变化速率（dm/dt）对温度 T（或时间 t）作图，即得 DTG曲线。实验得到的结果是微商热重曲线，即 DTG 曲线，以质量变化率为纵坐标，自上而下表示减少；横坐标为温度或时间，从左往右表示增加。

热重分析的主要特点是定量性强，能准确地测量物质的质量变化及变化率。可以说，只要物质受热时质量发生变化，都可以用热重分析来研究，热重分析和微商热重分析是分析水热液化产物热稳定性的非常有力的基础分析方法之一。

9.3 水热液化水相及资源化产品分析方法

水热液化水相成分复杂，不仅仅含有有机物质，也含有许多可以被微生物和微藻利用的无机物质。针对水热液化水相的理化特性，一般的检测指标有 COD、总有机碳（total organic carbon，TOC）、生化需氧量（biochemical oxygen demand，BOD）、VFAs（甲酸、乙酸、丙酸、丁酸）、阴阳离子、NH_3-N、NO_3-N、NO_2-N、TKN（总凯氏氮）、有机化合物等。

9.3.1　物理化学性质

(1) COD

COD 测定是一个化学测定方法。化学需氧量是指水中的还原性物质在强氧化剂的作用下，发生氧化还原反应时消耗氧的量。一般采用的方法是重铬酸钾法测定法。COD 的测定一般由 HACHI 分析仪（DR 2800，HACHI，美国）分析完成。

重铬酸钾法测定 COD 原理：在强酸性溶液中，准确加入过量的重铬酸钾标准溶液，加热回流，将水样中还原性物质（主要是有机物）氧化，过量的重铬酸钾以试亚铁灵作指示剂，用硫酸亚铁铵标准溶液回滴，根据所消耗的重铬酸钾标准溶液量计算化学需氧量。

$$Cr_2O_7^{2-}+14H^++6e \Longrightarrow 2Cr^{3+}+7H_2O（水样的氧化）$$
$$Cr_2O_7^{2-}+14H^++6Fe^{2+} \Longrightarrow 2Cr^{3+}+6Fe^{3+}+7H_2O（滴定）$$
$$Fe^{2+}+试亚铁灵（指示剂）\longrightarrow 红褐色（终点）$$

(2) BOD

生化需氧量（BOD）测试采用 BOD 分析仪，即生物需氧量分析仪，是用来分析某水体的生物需氧量的仪器。生物需氧量是微生物在一定量的水体中生长所消耗的氧气的量，是一种环境监测指标，主要用于监测水体中有机物的污染状况。

生物需氧量定义为：在规定的条件下，微生物分解存在于水中的某些可氧化物质（特别是有机物）所进行的生物化学过程所消耗的溶解氧量。该过程进行的时间很长，如在 20℃ 培养条件下，全过程需 100 天，根据目前国际统一规定，在（20±1）℃的温度下，培养五天后测出的结果，称为五日生化需氧量，记为 BOD_5，其单位用质量浓度（mg/L）表示。对于水热液化废水而言，虽然含较多复杂的有机物，如果样品含有足够的微生物和足够氧气，就可以将样品直接进行测定，但为了保证微生物生长的需要，需加入一定量的无机营养盐（磷酸盐、钙、镁和铁盐）。某些不含或少含微生物的工业废水、酸碱度高的废水、高温或氯化杀菌处理的废水等在测定前应接入可以分解水中有机物的微生物，这种方法称为接种。对一些废水中存在难被一般生活污水中微生物以正常速度降解的有机物或含有剧毒物质时，可以将水样适当稀释，并用驯化后含有适应性微生物的接种水进行接种，水热液化废水大多含有多种难以降解的有机物，一般都需要进行稀释处理。

一般检测水质的 BOD_5 只包括含碳有机物质氧化的耗氧量和少量无机还原性物质的耗氧量。由于许多二级生化处理的出水和受污染时间较长的水体中往往含有大量硝化微生物，这些微生物达到一定数量就可以产生硝化作用，为了抑制硝化作用的耗氧量，应加入适量的硝化抑制剂。

(3) 有机化合物

水相中的有机化合物可用气相色谱-质谱（GC-MS）联用仪测定（型号：Model QP2010，岛津公司，日本）。色谱仪中将氢气作为载气，流速为 1.64mL/min。界面温度和注射温度均设置为 250℃，离子源温度为 200℃。柱温箱的温度为 35℃ 并保持 5min，之后以 25℃/min 的升温速率升温到 130℃，保持 4min，240℃ 保持 4min 和 280℃ 保持 7min。质谱仪在 70eV 下运行，扫描的质谱范围为 $35\sim500m/z$。其中用乙醚萃取样品中的有机物，且样品与乙醚的体积比为 1∶3（取 3mL 水样加入 9mL 乙醚中），每次测样时样品的注射体积为 1μL，在测定后的图谱中选取前 30 个峰进行分析。

(4) 挥发性脂肪酸

水热液化水相中挥发性脂肪酸的测定常采用高效液相色谱-质谱联用技术（HPLC-MS），首先高效液相色谱是溶质在固定相和流动相之间进行的一种连续多次的交换过程，它借溶质在两相间分配系数、亲和力、吸附能力、离子交换或分子大小不同引起的排阻作用差别使不同溶质进行分离。质谱法即物质分子的质量谱，实际是分离和测定分子的质量和强度信息的方法，并由此表示物质的成分与结构。质谱分析可以得到化合物的分子量、分子式及元素组成等信息。

挥发性脂肪酸测定一般有两种方法，方法一：用高效液相色谱法测定（LC-10AVP，岛津公司，日本）。流动相为 5mmol/L 硫酸，流速为 1mL/min。进样前所有样品均用 $0.45\mu m$ 膜过滤。方法二：用高效液相色谱法测定（Agilent Technologies）。10mmol/L 磷酸作为流动相，其流速为 1mL/min。

(5) 溶液电导率和 pH 值

溶液电导率与 pH 值分别用 pH 计（FE20，梅特勒-托利多，德国/Orion star A216）和电导率仪（FE30，梅特勒-托利多，德国/HACH）测定。所有的样品进行三次测试，并得出平均值。

(6) 有机碳（TOC）和总碳（TC）

总有机碳（TOC）是以碳（C）的含量表示水中有机物的总量，结果以碳的质量浓度（mg/L）表示。碳是一切有机物的共同成分，是组成有机物的主要元素，水的 TOC 值越高，说明水中有机物含量越高，因此，TOC 可以作为评价水质有机污染的指标。其测定方法有燃烧氧化-非分散红外吸收法、电导法、湿法氧化-非分散红外吸收法。燃烧氧化-非分散红外吸收法流程简单、重现性好、灵敏度高，在国内外被广泛采用。燃烧氧化-非分散红外吸收法测定 TOC 的基本原理是用稀盐酸去除样品中的无机碳，然后在高温氧气流中燃烧，使总有机碳转化成二氧化碳，再根据二氧化碳与总有机碳之间碳含量的对应关系，最后经红外检测器/热导检测器检测出二氧化碳的含量，再计算出总有机碳的含量。有机碳（TOC）的主要分析仪器是有机碳分析仪，在测定水中碳化物时，以钴作催化剂，在 950℃ 高温下燃烧。燃烧时产生 CO_2，用非分散型红外线气体分析仪器进行测定，换算出总碳（TC）。其间把无机碳酸盐在 150℃ 低温条件下燃烧，测出其 CO_2 数量，从而换算出无机碳。从总碳（TC）中减去此无机碳后，就为有机碳的测定值。

9.3.2 生物性质

木质纤维素水热合成腐殖酸因其原料易得、产品功能性强等优势逐渐受到人们的关注。木质纤维素类生物质水热液化（亚临界）和水热炭化过程中会反应生成一部分腐殖酸。研究人员已经通过污泥、造纸废液和酒糟等生物质原料通过水热炭化制备腐殖酸。腐殖酸是一类含有苯环、稠苯环和各种杂环，各苯环之间有桥键相连，苯环上有羧基、酚羟基、甲氧基、酮基等多种官能团结构的高分子有机酸类物质。

一般采用紫外可见吸收光谱法（紫外-可见光扫描）和 3D EEM（三维荧光光谱）分析进行腐殖酸的表征。根据相关文献资料比对，腐殖酸类物质在波长为 220nm 以及 254nm 处有较高的吸收强度。紫外可见吸收光谱法是利用某些物质的分子吸收 10～800nm 光谱区的辐射来进行分析测定的方法，这种分子吸收光谱产生于价电子和分子轨道上的电子在电子能级间的跃迁，广泛用于有机和无机物质的定性和定量测定。该方法具有灵敏度高、准确度好、选择性优、操作简便、分析速度快等特点。如图 9-10 所示，其中 254nm 处为含有 C═C 以及 C═O 结构的芳香族化合物成分，相比之下，KOH-HA 吸光强度最高，腐殖酸有效成分含量也较高。所有条件下的人工腐殖酸相比煤炭天然腐殖酸，在 254nm 处峰值更加明显，表明其有效成分中含有更多的芳香化合物。

三维荧光光谱（3D EEM）技术也可以检测腐殖酸，三维荧光光谱图可以大致分为 4 个区域，通过腐殖酸的荧光图的波长区域范围，可以大致分析其荧光特性。相同的波长范围，强度越强，说明腐殖酸类物质占比越大，有效成分含量越高。腐殖酸的化学结构分析表征采用的是 FTIR 分析，通过 FTIR 可以分析得到其官能团的结构及强度，文献中检测发现腐殖酸中存在芳香族结构，芳香结构（C═C，C═O）官能团的存在说明水热反应中木质素参与了反应。褐煤腐殖酸三维荧光图见图 9-11。

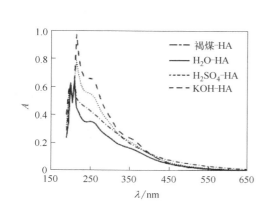

图 9-10　腐殖酸紫外-可见光全扫描

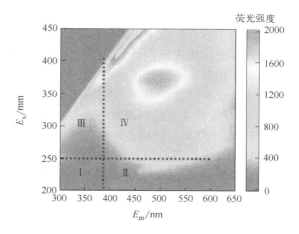

图 9-11　褐煤腐殖酸三维荧光图

水热液化水相由于含有酚类、醛类、嘧啶、吡啶和酮类化合物，这与传统的杀菌剂和杀虫剂有效成分很类似，因此具有杀菌剂和杀虫剂的潜在特性。这说明水热液化水相具有较高的生物毒性。一般水相中含有的有机化合物成分采用气相色谱质谱联用仪（GC-MS）测定，定量测定一般采用内标法。水热液化水相中的这些物质一般会对动植物细胞具有毒害性，其细胞毒性大小可以通过系统性的细胞毒性实验进行评价[23]。

9.4　水热液化气相及固相分析方法

9.4.1　气相分析方法

生物质水热液化的气相成分占比很小，这主要是由于高温下的脱羟基和脱羧基等反应得到气体成分比例较少。水热液化反应气相产物中包含的主要气体成分有 CO_2、NH_3、H_2 和 CH_4 等，一般采用气相色谱（GC）的方法进行测定，不同的气体采用的气体分离柱和检测器有区别，测定特定的气体时，气相色谱仪必须采用与其匹配的气体分离柱和检测器，否则无法得到准确的测定结果。

生物质水热液化产生的气体首先用气袋收集，气体成分用气相色谱仪（GC1490，安捷伦科技公司/SP-6890）进行分析，气体成分主要包括氢气、甲烷和二氧化碳，一般采用外标法进行定量分析，外标法需在进样量、色谱仪器和操作等分析条件严格固定不变的情况下，先用组分含量不同的纯样等量进样，进行色谱分析，求得含量与色谱峰面积的关系，其中氢气的标准曲线如图 9-12 所示。

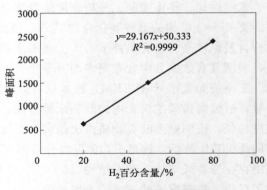

图 9-12　氢气定量的标准曲线

9.4.2　固相分析方法

水热转化的固相产物主要是含碳的水热炭及灰分，一般可以应用于固体燃料、环境修复、土壤改良、气体吸附以及催化剂等领域。一般根据炭的使用途径不同而采用针对性的分析手段。

通常采用颗粒粒径分布、表观形貌分析（SEM、SEM-EDS）、有机元素分析、比表面积和孔隙率、表面官能团分析（FTIR、XPS）、热重分析（TGA）分析其热稳定性和燃烧特性；GC-MS 分析其有机溶出物的种类。ICP-MS 或者 ICP-OES 用于分析测定重金属元素浓度；XRD 用于分析其物相、结构特性及微晶尺寸。当生物炭作为土壤改良剂或者添加剂时，需要评价其对生态环境的影响，通常采用的分析方法有 BCR 分析、ICP 分析以及浸出分析等。当水热炭被当作特殊材料制备电容器或电池时，需要测试相关电特性的指标（比如 OPR 和 CV 曲线）。

（1）场发射扫描电镜

场发射扫描电子显微镜（SEM）是一种用于高分辨形貌观察的大型精密仪器。SEM 具有景深大、分辨率高、成像直观、立体感强、放大倍数范围宽以及待测样品可在三维空间内进行旋转和倾斜等特点。另外具有可测样品种类丰富、几乎不损伤和污染原始样品以及可同时获得形貌、结构、成分和结晶学信息等优点。目前，扫描电子显微镜已被广泛应用于生命科学、物理学、化学、地球科学、材料学以及工业生产等领域的微观研究。

（2）透射电子显微镜

透射电子显微镜（transmission electron microscope，TEM），可以看到在光学显微镜下无法看清的小于 $0.2\mu m$ 的细微结构，这些结构称为亚显微结构或超微结构。要想看清这些结构，就必须选择波长更短的光源，以提高显微镜的分辨率。1932 年 Ruska 发明了以电子束为光源的透射电子显微镜，电子束的波长要比可见光和紫外光短得多，并且电子束的波长与发射电子束的电压平方根成反比，也就是说电压越高波长越短。目前 TEM 的分辨力可达 0.2nm。TEM 主要用于无机材料（粉体）微结构与微区组成的分析和研究，不适用于有机和生物材料。表征范围包括微观形貌、颗粒尺寸、微区组成、元素分布、晶体结构、相组成、结构缺陷、晶界结构和组成等，成像有衍衬像、高分辨像（HRTEM）、扫描透射像。微区成分有 EDS 能谱的点、线和面分析，电子选区衍射。

（3）X 射线光电子能谱

X 射线光电子能谱技术（XPS）是电子材料与元器件显微分析中的一种先进分析技术，而且是和俄歇电子能谱技术（AES）常常配合使用的分析技术。由于它可以比俄歇电子能谱技术更准确地测量原子的内层电子束缚能及其化学位移，所以它不但为化学研究提供分子结构和原子价态方面的信息，还能为电子材料研究提供各种化合物的元素组成和含量、化学状态、分子结构、化学键方面的信息。它在分析电子材料时，不但可提供总体方面的化学信息，还能给出表面、微小区域和深度分布方面的信息。另外，因为入射到样品表面的 X 射线束是一种光子束，所以对样品的破坏性非常小，这一点对分析有机材料和高分子材料非常有利。X 射线光电子能谱法是一种表面分析方法，提供的是样品表面的元素含量与形态，其样品分析深度约为 10nm 以内。如果辅以离子刻蚀手段，再利用 XPS 作为分析方法，则可以实现对样品的深度分析。

电子能谱法的特点：①可以分析除 H 和 He 以外的所有元素，可以直接测定来自样品单个能级光电发射电子的能量分布，且直接得到电子能级结构的信息。②从能量范围看，如果把红外光谱提供的信息称为"分子指纹"，那么电子能谱提供的信息可称作"原子指纹"。它提供有关化学键方面的信息，即直接测量价层电子及内层电子轨道能级。而相邻元素的同种能级的谱线相隔较远，相互干扰少，元素定性的标识性强。③是一种无损分析。④是一种高灵敏超微量表面分析技术。分析所需试样极少量即可，样品分析深度 0.5~10nm。X 射线光电子能谱法应用于元素定性分析、元素定量分析、固体表面分析、化合物结构鉴定。X 射线光子的能量在 1000~1500eV 之间，不仅可使分子的价电子电离，而且也可以把内层电子激发出来，内层电子的能级受分子环境的影响很小。同一原子的内层电子结合能在不同分子中相差很小，故它是特征的。光子入射到固体表面激发出光电子，利用能量分析器对光电子进行分析的实验技术称为光电子能谱。

XPS 的原理是用 X 射线去辐射样品，使原子或分子的内层电子或价电子受激发射出来。被光子激发出来的电子称为光电子。可以测量光电子的能量，以光电子的动能/束缚能 $[\text{binding energy}, E_b = h\nu(\text{光能量}) - E_k(\text{动能}) - w(\text{功函数})]$ 为横坐标，相对强度（脉冲/s）为纵坐标可作出光电子能谱图。从而获得试样有关信息。X 射线光电子能谱因对化学分析最有用，因此被称为化学分析用电子能谱（electron spectroscopy for chemical analysis）。

（4）X 射线衍射

1912 年，劳厄等人根据理论预见，证实了晶体材料中相距几十到几百皮米（pm）的原子是周期性排列的，这个周期排列的原子结构可以称为 X 射线衍射的"衍射光栅"。X 射线具有波动特性，是波长为几十到几百皮米的电磁波，并具有衍射的能力。这一实验成为 X 射线衍射学的第一个里程碑。当一束单色 X 射线入射到晶体时，由于晶体是由原子规则排列成的晶胞组成，这些规则排列的原子间距离与入射 X 射线波长有 X 射线衍射分析相同数量级，故由不同原子散射的 X 射线相互干涉，在某些特殊方向上产生强 X 射线衍射，衍射线在空间分布的方位和强度与晶体结构密切相关，每种晶体所产生的衍射花样都反映出该晶体内部的原子分配规律。这就是 X 射线衍射的基本原理。通过对材料进行 X 射线衍射，得到其衍射图谱，可获得材料的成分、内部原子或分子的结构或形态等信息，可用于物相鉴定，粒径表征，点阵参数、结晶度、残余应力、晶体取向及织构的测定，具有不损伤样品、无污染、快捷、高精度、可获取信息量大等优点。X 射线衍射（XRD）技术已经成为最基本、最重要的一种结构测试手段，其应用主要有以下几个方面：

① 物相分析：物相分析是 X 射线衍射在金属中用得最多的方面，分定性分析和定量分析。前者把对材料测得的点阵平面间距及衍射强度与标准物相的衍射数据相比较，确定材料中存在的物相；后者则根据衍射花样的强度，确定材料中各相的含量。在研究性能和各相含

量的关系、检查材料的成分配比及随后的处理规程是否合理等方面都得到广泛应用。

② 结晶度的测定：结晶度定义为结晶部分重量与总的试样重量之比的百分数。非晶态合金应用非常广泛，如软磁材料等，而结晶度直接影响材料的性能，因此结晶度的测定就显得尤为重要了。测定结晶度的方法很多，但不论哪种方法都是根据结晶相的衍射图谱面积与非晶相图谱面积决定。

③ 精密测定点阵参数：常用于相图的固态溶解度曲线的测定。溶解度的变化往往引起点阵参数的变化，当达到溶解限后，溶质的继续增加引起新相的析出，不再引起点阵参数的变化。这个转折点即为溶解限。另外精密测定点阵参数可得到单位晶胞原子数，从而确定固溶体类型；还可以计算出密度、膨胀系数等有用的物理常数。

(5) 傅里叶变换红外光谱仪（FTIR）

傅里叶变换红外光谱仪是对物质在中红外波段响应测试的主要设备，其可以对材料的化学键进行定性以及半定量的分析和研究，被广泛应用于基础物理、光学、材料、化学、生物、医学、环境等多个研究领域，如新型光学材料开发、太阳能吸光材料、建筑物保温材料、硅基元器件的缺陷以及异物表征、高分子材料研发、环境中微塑料的研究等。主要用于测量物质对红外的吸收，广泛用于表征材料的分子结构和化学键等信息，配备 ATR 和积分球附件，除透射外还支持内反射和漫反射测量方式。主要用途包括：①两种测试方法中透射法适用于液体样品、固体可研磨样品；反射法适用于薄膜类、橡胶类等不可研磨样品或需检测表面结构信息的样品。②有机物质结构定性分析。

FTIR 主要由迈克尔逊干涉仪和计算机两部分组成。由红外光源 S 发出的红外光经准直为平行红外光束进入干涉系统，经干涉仪调整后得到一束干涉光。干涉光通过样品，获得含有光谱信息的干涉信号到达探测器 D 上，由 D 将干涉信号变为电信号。此处的干涉信号是一时间函数，即由干涉信号绘出的干涉图，其横坐标是动镜移动时间或动镜移动距离。这种干涉图经过 A/D 转换器送入计算机，由计算机进行傅里叶变换的快速计算，即可获得以波数为横坐标的红外光谱图，然后通过 D/A 转换器送入绘图仪而绘出人们十分熟悉的标准红外吸收光谱图。

(6) 全自动物理吸附仪

全自动物理吸附仪（BET）比表面积测试法简称 BET 测试法，该方法以依据著名的BET 理论而得名。BET 的功能：氮气气氛可提供比表面积、孔径分布和吸脱附曲线数据；可提供二氧化碳、甲烷、氢气气氛的测试。

采用快捷高效的连续流动法氮吸附测量原理，可进行直接对比法比表面积分析测试及BET 法比表面积分析测试，广泛适用于粉体颗粒材料的比表面积分析测试及生产质量监测。相比国内外同类产品，多项独创技术的采用使产品整体性能更加完善，测试结果的准确性和一致性进一步提高，测试过程的稳定性更好。产品设计基于兵器系统高可靠性要求，通过采用合资或进口零配件，大大提高了产品可靠性和使用寿命。为适应产品民用化发展战略，多项改进措施更多从用户使用的角度出发，使比表面积分析测试仪产品具备了完全的自动化操作，大大减轻了测试人员的工作量；整体设计上的完善和严格的产品制造及检测工序，确保产品更加符合用户实际需求，同时比表面积分析测试仪产品的高性价比有效保障了用户的投资利益，灵活的产品配置可满足不同用户的不同需求。广泛适用于粉体颗粒类材料的比表面积分析测试及生产质量监测。

(7) 同步辐射吸收谱

同步辐射吸收谱（X-ray absorption spectroscopy，XAS）为 X 射线吸收精细结构，也叫作 X 射线吸收谱。而 XANES（X-ray absorption near-edge structure，XANES）叫作 X 射线吸收近边结构，指的是吸收边前 10eV 到边后 30～50eV 的区域；而扩展边 X 射线吸收结构（extended X-ray absorption fine structure，EXAFS）则包含从边后 50eV 开始到 1000eV 范围的区域。XAFS 是一种基于同步辐射光源研究材料局域原子或电子结构的有力工具，广泛应用于催化、能源、纳米等热门领域，如图 9-13 所示，元素周期表中绝大部分的元素可以通过同步辐射吸收谱进行测试。主要有以下优点：①不依赖于长程有序结构，可用于非晶态材料的研究；②不受其他元素干扰，可对同一材料中不同元素分别研究；③不受

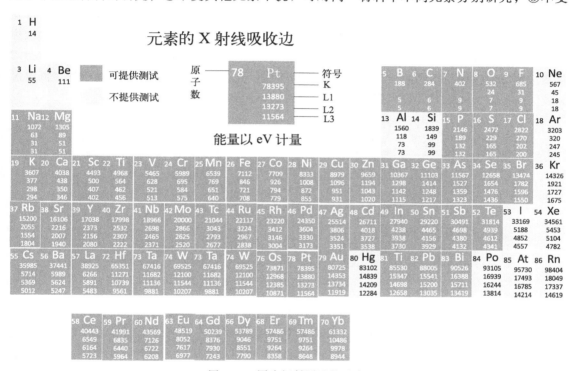

图 9-13 同步辐射测试的元素

样品状态影响，可测量固体（晶体、粉末）、液体（溶液、熔融态）和气体等；④对样品无破坏，可进行原位测试；⑤能获得高精度的配位原子种类、配位数及原子间距等结构参数，一般认为原子间距精确度达 0.01Å。

目前研究人员采用 XAFS 分析水热炭材料表面的化学键键合机制、表面的金属化合物形态，表面金属元素的化学键类型等[24]。采用 XANES 测定有关氧化态和分子结构；扩展 X 射线吸收精细结构（EXAFS）测定有关金属位点连接的结构信息，即相邻原子的类型、配位数和键距；利用 Athena 软件对 X 射线吸收近边

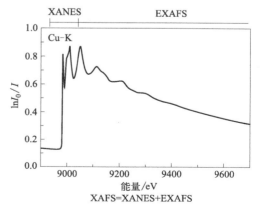

图 9-14 XAFS、XANES 和 EXAFS 关系图

缘结构光谱（XANES）和扩展 X 射线吸收精细结构光谱（EXAFS）数据进行拟合分析。XAFS、XANES 和 EXAFS 都是同步辐射测试，其关系如图 9-14 所示。

(8) 电感耦合等离子体质谱

电感耦合等离子体质谱（ICP-MS）是一种灵活的化学分析方法，可以定制以满足各种行业的需求，包括自然资源勘探、环境和监管、医疗和制药、材料、冶金和纳米技术。在其最简单的形式中，电感耦合等离子体质谱通过雾化器泵送含有分析物的制备液体以产生气溶胶，然后将其引入氩等离子体。等离子体的高温（5500～6500K）足以雾化电离几乎所有元素，包括电离电位最高的元素。由此产生的分析物离子可以通过静电离子光学元件进入质谱仪，并且离子可以被分离成它们的质荷比（m/z）并在质谱仪中被检测。

图 9-15 为 ICP-MS 系统的各种组件的示意图。液体样品通过蠕动泵或自吸被吸入雾化器，在那里它们形成细小液滴的气溶胶。并非所有的雾化器都是相同的，所选择的类型取决于待分析样品的黏度、体积和清洁度等。雾化器产生的细小液滴在进入等离子体之前穿过雾化室。可以再次使用不同的类型，但功能保持不变：允许大量小液滴进入等离子体，同时区分较大的液滴。如果允许进入等离子体，就会出现分析问题。

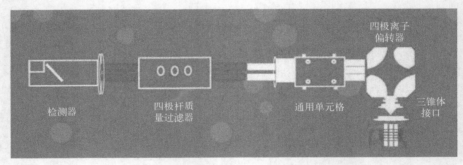

图 9-15　ICP-MS 系统主要部件示意图

在 ICP 中产生的氩等离子体具有 5500～6500K 的温度，这是通过使氩穿过一端包含在射频（RF）线圈中的同心石英管（通常称为 ICP 炬管）而产生的。由射频发生器提供给线圈的能量与氩气结合产生等离子体。当液滴进入高温等离子体时，会转化为气态。随着它们吸收更多的能量，它们最终会释放出一个电子，形成一个带正电的离子。

将等离子体产生的离子引入质谱仪的界面区域是一项工程挑战。首先，火炬区达到约6000K 的温度，界面另一侧保持室温。其次，炬管必须回填产生等离子体所需的氩气，质谱仪将处于高真空条件下。针对这些挑战，制造商有不同的解决方案，最常使用的策略是采用两个或多个锥形结构（透镜）来防止离子在进入高真空区域时大范围发散，并将其聚焦在碰撞池或直接进入质谱仪。

离子不是离开等离子体的唯一物质，中性原子和光子也存在。光子会导致不正确的离子计数，因此将它们从离子路径中移除非常重要。不同的制造商如何处理这个问题有所不同，但一个常见的解决方案是放置某种形式的透镜元件，它将选择性地仅将离子弯曲到四极质谱仪中。大多数现代仪器在离子光学元件和质谱仪之间有一个"通用"或"反应/碰撞"单元，以帮助减少质量干扰。这发生在两个离子中，一个元素离子（如 Fe 56）和一个分子离子[可能由样品基质和等离子体中的氩气体（如 Ar 40 O 16）引起]，它们在表面上具有相同的 m/z 值 56 Amu（原子质量单位）。仅根据质谱仪的质量分辨能力很难分离这些干扰。除非消除这种质量干扰，否则测量结果将具有高背景和低检测限，这直接归因于 Ar 40 O 16 或其他干扰离子。

在碰撞模式下，反应池回填有分压的惰性气体，元素离子和分子离子在通过反应池时，会因与惰性气体原子碰撞而损失一些动能。对于大得多的 Ar 40 O 16 来说，这种碰撞的可能性更大，所以当它到达电池的末端时，会损失更多的动能。通过在这里放置一个动能带通滤波器，可以利用动能差有效分离两种离子，只有 Fe 56 将继续其进入四极质谱仪的旅程。Fe 56 能量过滤器也将略微降低其强度，尽管比例要小得多，然而，检测极限将受到不利影响。

在反应池中，惰性气体原子被反应性气体物质取代。基本原理是引入的气体会与干扰物质发生反应，产生中性物质，不再受离子光学或四极静电场的影响。它将被有效地过滤掉。分析物离子不受影响，因此与碰撞池相比，它是一种更有效的消除质量干扰的方法。但是，应注意确保在此过程中不会出现新的质量干扰。

四极质谱仪最常用于电感耦合等离子体质谱仪器，但也可以使用基于磁扇区和飞行时间的其他质谱仪。四极质谱仪一次测量一个质量，并且 RF 电压和直流（DC）偏置电压被设置为仅允许具有单个特定 m/z 值的离子在构成质谱仪的四个极之间的区域中振荡。其他质量的离子将与棒碰撞并被消除。可以连续扫描射频和 DC 电压，以检测分析中所需的 m/z 范围。根据该配置，扇形磁场质谱仪以类似的方式操作，除了扫描磁场以将期望 m/z 范围内的离子轨迹弯曲到检测器。

由于质谱仪的长度较长，离子必须通过这个长度才能实现质量分离，所以这个区域必须处于高真空状态，否则，分析物离子可能会与气体分子碰撞，导致可能的电荷交换反应，降低整体灵敏度并增加不必要的质量干扰。

电感耦合等离子体质谱（ICP-MS）一般用于测定含量 10^{-6} 和 10^{-9} 级别的无机元素，如重金属和碱金属的离子浓度。近年来研究污泥、畜禽废弃物等生物质水热液化产物重金属浓度、迁移及形态演变的文献中，大部分采用的方法就是电感耦合等离子体质谱的测试方法。水热液化伴随着有机物质解聚以及无机元素释放，并伴随着离子化反应的进行，这个热化学过程中重金属离子在水热液化固相产物中是否富集、富集程度及整个水热液化体系中，从原料到水热液化四相产物的分布及流动等都需要首先检测样品中的基础数据，即重金属的浓度，因此电感耦合等离子体质谱在解析水热液化过程无机化学，研究无机元素在水热液化反应过程的元素迁移规律以及钝化机制等方面发挥重要的作用。

参 考 文 献

[1]　Lu J，Zhang J，Zhu Z，et al. Simultaneous production of biocrude oil and recovery of nutrients and metals from human feces via hydrothermal liquefaction [J]. Energy Conversion and Management，2017，134：340-346.

[2]　Lu J，Watson J，Zeng J，et al. Biocrude production and heavy metal migration during hydrothermal liquefaction of swine manure [J]. Process Safety and Environmental Protection，2018，115：108-115.

[3]　田纯焱. 富营养化藻的特性与水热液化成油的研究 [D]. 北京：中国农业大学，2015.

[4]　Zhang W，Li J，Liu T，et al. Machine learning prediction and optimization of bio-oil production from hydrothermal liquefaction of algae [J]. Bioresource Technology，2021，342：126011.

[5]　Katongtung T，Onsree T，Tippayawong N. Machine learning prediction of biocrude yields and higher heating values from hydrothermal liquefaction of wet biomass and wastes [J]. Bioresource Technology，

2022，344：126278.

[6]　Aghaaminiha M，Mehrani R，Reza T，et al. Comparison of machine learning methodologies for predicting kinetics of hydrothermal carbonization of selective biomass [J]. Biomass Conversion and Biorefinery，2021.

[7]　Biller P，Ross A B. Potential yields and properties of oil from the hydrothermal liquefaction of microalgae with different biochemical content [J]. Bioresource Technology，2011，102 (1)：215-225.

[8]　Chiaberge S，Leonardis I，Fiorani T，et al. Bio-oil from waste：a comprehensive analytical study by soft-ionization fticr mass spectrometry [J]. Energy & Fuels，2014，28 (3)：2019-2026.

[9]　Sudasinghe N，Dungan B，Lammers P，et al. High resolution FT-ICR mass spectral analysis of bio-oil and residual water soluble organics produced by hydrothermal liquefaction of the marine microalga Nannochloropsis salina [J]. Fuel，2014，119：47-56.

[10]　Sudasinghe N，Reddy H，Csakan N，et al. Temperature-dependent lipid conversion and nonlipid composition of microalgal hydrothermal liquefaction oils monitored by Fourier transform ion cyclotron resonance mass spectrometry [J]. BioEnergy Research，2015，8 (4)：1962-1972.

[11]　Sanguineti M M，Hourani N，Witt M，et al. Analysis of impact of temperature and saltwater on Nannochloropsis salina bio-oil production by ultra high resolution APCI FT-ICR MS [J]. Algal Research，2015，9：227-235.

[12]　刘娜. 超临界流体色谱的应用进展 [J]. 军事医学，2021，45 (7)：558-561.

[13]　任其龙，熊任天，王宪达，等. 超临界流体色谱法分离二十碳五烯酸和二十二碳六烯酸 [J]. 分析化学，2001，29 (9)：1076-1078.

[14]　Zhu Y，Albrecht K O，Elliott D C，et al. Development of hydrothermal liquefaction and upgrading technologies for lipid-extracted algae conversion to liquid fuels [J]. Algal Research，2013，2 (4)：455-464.

[15]　Elliott D C，Hart T R，Schmidt A J，et al. Process development for hydrothermal liquefaction of algae feedstocks in a continuous-flow reactor [J]. Algal Research，2013，2 (4)：445-454.

[16]　Yuan X，Wang J，Zeng G，et al. Comparative studies of thermochemical liquefaction characteristics of microalgae using different organic solvents [J]. Energy，2011，36 (11)：6406-6412.

[17]　Vardon D R，Sharma B K，Blazina G V，et al. Thermochemical conversion of raw and defatted algal biomass via hydrothermal liquefaction and slow pyrolysis [J]. Bioresource Technology，2012，109：178-187.

[18]　Eboibi B E，Lewis D M，Ashman P J，et al. Hydrothermal liquefaction of microalgae for biocrude production：improving the biocrude properties with vacuum distillation [J]. Bioresource Technology，2014，174：212-221.

[19]　Garcia Alba L，Torri C，Samorì C，et al. Hydrothermal treatment (HTT) of microalgae：evaluation of the process As conversion method in an algae biorefinery concept [J]. Energy & Fuels，2012，26 (1)：642-657.

[20]　López Barreiro D，Zamalloa C，Boon N，et al. Influence of strain-specific parameters on hydrothermal liquefaction of microalgae [J]. Bioresource Technology，2013，146：463-471.

[21]　谢启源，陈丹丹，丁延伟，热重分析技术及其在高分子表征中的应用 [J]. 高分子学报，2022，53 (2)：192-210.

[22]　陈超，罗建明，胡雅忠，等. 热重分析仪质量、温度示值误差不确定度评定 [J]. 计量与测试技术，2021，48 (5)：111-113.

[23]　徐永洞，刘志丹. 生物质水热液化水相产物形成机理及资源回收 [J]. 化学进展，2021，33 (11)：2150-2162.

[24]　Li H，Cao M，Watson J，et al. In situ hydrochar regulates Cu fate and speciation：insights into transformation mechanism [J]. J Hazard Mater，2021，410：124616.

第 10 章
水热液化产业化挑战与机遇

10.1 系统分析与评价

10.1.1 生命周期分析

近年来，大量的分析技术被用于评估通过生物质水热液化生产的生物燃料的商业和工业可行性。为了分析这一热化学过程的环境影响和技术经济可行性，研究人员普遍采用生命周期评价和技术经济分析作为工具，以决策出提升水热液化过程的潜力策略，从而更好地满足世界的燃料需求。很少有生命周期分析研究评估由藻类以外的原料生产的生物原油，因为藻类生产的生物原油是一种经过充分研究的、成熟的、全面的生物原油生产方法。在水热液化生命周期分析研究中出现的能源消耗和排放的计算和量化可以分为两个不同的类别：原料生产（藻类生长、培养和收获）和生物原油生产（水热液化加工、水热水相的生产等）[1]。然而，由于生命周期分析涉及建立有关工艺的各种假设，并且由于该领域的研究人员对这些假设缺乏标准化，生命周期分析研究提出的结果具有高度的不确定性，不同研究之间对净能源生产和温室气体排放的评估难以比较。表 10-1 从排放和能源的角度对水热液化和其他生物质能转换技术进行了比较[2]。水热液化技术可以通过采用温和的提质技术，包括蒸馏和酯化，而不是传统的加氢处理或加氢裂化来增加其能源和生命周期分析的优势。尽管温和的提质技术减少了能源投入，但目前的水热液化技术仍然需要比柴油生产技术多出 28% 的能源投入，同时与传统的填埋和焚烧方法相比，投入要大得多。然而，从能源回收和排放的角度来看，水热液化具有更加广泛的优势和前景。

表 10-1 生物质能转化的能源需求、能源消耗率（ECR）和温室气体排放估计

技术	能量输入 /(MJ/kg 原料)	能量回收率	温室气体 /(kg CO$_2$/kg 产品)	产物
柴油	2.5	0.3	0.2	燃料
填埋	0.03～0.04	0	0.9～1.8	甲烷
焚烧	0.02～0.03	2.3×10^{-4}	2.0	电力
厌氧消化	0.7	0.1～0.6	0.1	甲烷
脂质提取	3.7(湿)～17(干)	0.4(干)～0.8(湿)	1.1(湿)～7.4(干)	生物柴油
HTL＋加氢处理	8.9	0.4		柴油混合原料
HTL＋蒸馏＋酯化	3.2	0.8	0.2	柴油混合燃料

具体来说，与传统的柴油和厌氧消化技术相比，水热液化技术能显著提高能源回收率，

这主要取决于水热液化过程中使用的提质技术类型。水热液化还具有明显的环境优势。尽管水热液化结合温和的提质技术被发现与传统的柴油和厌氧消化技术有类似的排放，但水热液化导致的排放明显低于填埋（4.5～9倍）、焚烧（10倍）和脂质提取（5.5～37倍）。水热液化和提质技术的生命周期评价结果很好，并且还可以通过对水热水相的增值化利用估值进一步提高其评估潜力。

有研究者研究了废水藻类水热液化中提取的生物原油的提质处理对环境的影响，结果发现，当水热水相的催化气化和生物原油的加氢处理都参与时，总的温室气体排放量为 110gCO$_{2\text{-eq}}$/MJ，比传统柴油的排放量要少[3]。同时，Ponnusamy 等[4] 报道，在系统中使用水热水相的厌氧消化和反酯化过程时，1kg 由亚临界水生产的藻类生物柴油会产生 0.6kg 的二氧化碳，能量需求为 28.23MJ。然而，将微藻水热转化为生物柴油的途径与其他途径进行比较时并没有包括涉及藻类培养、水热水相价值化等情况。因此，与生物原油生产有关的生命周期性能报告在很大程度上受到水热液化的工艺设置和假定性能参数的影响，使得不同研究之间的比较变得不合理。此外，由于水热液化加工的上游和下游因素对生命周期评价输出参数至关重要，因此需要进行标准化，以避免不同研究小组之间的数据输出出现巨大差异。

近年来，研究人员试图利用除藻类以外的其他原料进行生命周期评价研究。研究人员开始研究利用湿生物质废弃物（主要包括污泥和粪便等）作为水热液化原料，然而，当考虑到这种类型的原料时，工艺参数可能变得比藻类生物质更复杂。关于水热水相的增值化利用方面，以前的生命周期评价研究集中在几个不同的方法和增值化方法上，包括催化气化、厌氧消化、水热水相循环利用到水热液化反应以及通过藻类培养回收水热液化水相中的营养物质。以前的研究表明，水热水相的循环利用或增值化利用对整个生命周期评价分析结果有重要影响。如图 10-1 所示，大量的生命周期评价研究报告中包含了不同的水热水相增值化利用方式下将生物质废弃物转化为生物燃料研究的温室气体排放情况。

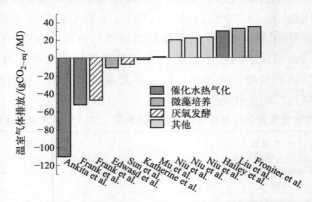

图 10-1　厌氧消化、藻类培养、催化水热气化等技术的温室气体排放

技术经济评估模型已成为了解生物质废弃物转化为生物燃料热化学技术的商业可行性的重要工具。与模拟软件包有关的工程再加工模型通常被用来估计投资、最终销售价格和最后的产品。以前的研究已经确定，不仅生物原油产量是影响技术经济评估研究乐观或悲观的因素，而且可持续生产的能力也在这一分析中起着关键作用。另外两个重要的参数包括减少水热液化过程对环境的负担和最大化长期盈利能力。对于从海藻水热液化中提取的生物原油，技术经济评估研究已经成功地分析了运营成本、能源效率、税收等因素的经济产出。Jiang

等[5]估算了藻类水热液化制备生物原油的技术经济不确定性，结果表明，生物原油的最低销售价格接近 5~16 $/GGE，不确定性水平约为 12%。总体成本的巨大不确定性与原料成本有关。在 Jiang 等[5]的研究中，假设获得用于水热液化反应的海藻的价格可能在 400 $/t到 1800 $/t 之间。这项研究得出的结论是，在技术经济评估分析中，原料成本和生物原油的选择性都会产生很大的不确定性。Katherine 等[6]利用技术经济分析评估了微藻类水热液化的经济可行性指标，并重新确定了 10.4 $/GGE 的最低销售价格。另外，根据敏感性分析，藻类的灰分含量、生物质成本和反应产量被认为是影响生物原油生产可行性的最重要因素。当发酵步骤被用于预处理水热液化的原料以裂解燃料酒精时，由于高运营成本和额外的税收，生物原油的最低销售价格增加到 12.8 $/GGE。Panneerselvam 等[7]评估了从废水中的藻类加氢处理的生物燃料的技术经济评估分析，碳氢化合物的最低销售价格为 12.8 $/GGE。

Panneerselvam 等人对从废水培养的藻类水热液化制备的生物燃料方案进行技术经济分析，评估结果表明，该类藻类生物油的最低销售价格应为 4.3 $/GGE[7]。另外，结果表明，藻类培养和公共设施成本分别占资本成本和运营成本的大部分。

Nie 等人的研究发现，农林废弃物生产的生物原油最低销售价格据说比传统石油燃料高出 63%~80%[8]。生物原油的产量是决定销售价格的最重要的参数。另一个重要的因素是生物原油的运输成本。研究发现，最大限度地减少生物原油生产地点与后生产设施（生物炼油厂、石油预处理炼油厂等）之间的运输距离能够降低运营成本；然而，与运输有关的成本对这项支出的总体资本投资没有很大影响。因此，最大限度地提高生物原油产量对于提高水热液化工艺的经济性能至关重要。总之，原料的特性、采用的预处理工艺、生物原油的运输、资本投资和技术进步的潜力都有可能影响技术经济评估的产出，从而在不同的研究中导致巨大的价格波动。因此，控制这些经济不确定性的关键因素成为未来研究的重点，以确保不同研究的可比性。图 10-2 描述了美国能源部为 2015 年水热液化技术状态（SOT）计算的当前成本贡献[3]，以及预计 2022 年水热液化技术情况的预测成本信息。为了达到预计的 4.5 $/GGE 的燃料销售价格，并最终达到能源部 3.0 $/GGE 的性能目标，需要实现成本的大幅降低。目前，水热水相的原料和加工占销售价格的最大部分，分别占销售价格的 67%~81% 和 10%~12%。然而，通过利用废弃的原料（餐厨垃圾、动物粪便等）而不是培养的藻类，可以降低原料的成本。蒸馏法与酯化相结合，最近也被提议作为一种替代性的生物原油提质方法，它作为一种廉价的方法，可以通过减少与生物原油提质相关的成本来进一步降低总体销售价格。然而，能源部提出，需要解决的根本问题是确保从水热水相中获得最高价值，以实现目前的预测目标。

水热液化-水热水相预处理耦合工艺的选择已被证明会产生可观的经济成本，这影响了技术经济评估研究的前景。前人先分析了与生产可再生柴油有关的技术经济变量，这些柴油是由废水中培养的藻类生产的，同时采用了催化水热气化作为水热液化-水热水相的处理步骤。结果表明，水热液化-水热水相的增值化对可再生柴油的销售价格有很大的影响。该研究的敏感性分析表明，水热液化-水热水相的总产量对可再生柴油的销售价格有很大的影响。此外，可再生柴油的价格被计算为 6.62 $/GGE，藻类的培养和收获占总成本的最大部分（约 56%）。有人比较了海藻的水热液化与三种不同的水热水相价值化方法的经济分析：直接回收到海藻农场，催化水热气化，以及厌氧消化。结果表明，与直接回收水热水相相比，厌氧消化和催化水热气化使最低燃料销售价格分别提高了约 11% 和 2.9%。其主要原因是资

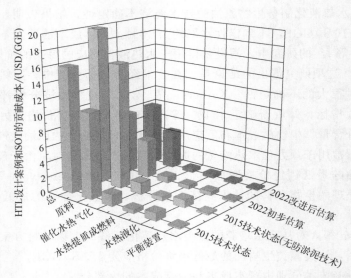

图 10-2　水热液化设计案例和技术状态（SOT）的成本贡献总结

本和运营成本较高。同时，由于能源需求和成本较低，水热水相的厌氧消化比催化水热气化更加具有优势。Si 等[9] 比较了两种不同的水热水相增值化方法的基准商业应用[9]，即两阶段发酵和催化水热气化，以生产生物燃气。结果表明，两阶段使用传统反应器进行发酵的结果是比催化水热气化的净能源回报率高。此外，两阶段发酵加上具有高密度强壮微生物的高速反应器，导致其最低销售价格（－0.71～2.59 $ /GGE）低于传统石油燃料，这表明有必要将水热水相的价值化方法纳入水热液化范式，以确保财务可行性。目前，为了提高技术经济评估的前景，专注于水热水相的不同价值化技术的研究是稀缺的。由于在水热液化过程中生产水热水相已被证明对水热液化的经济前景有负面影响，未来的研究需要把重点放在水热水相的增值化上，以确保这种热化学技术的经济效益。然而，由于其对环境的影响，水热水相也需要进一步研究。随着环境标准的日益严格，将水热水相纳入经济分析是非常重要的，这样可以确保水热液化工艺符合环境法规，以便于后续的排放和循环利用。水热液化的规模和工业化潜力仍有待进一步探索。目前，缺乏专注于大规模生产生物原油挑战的中试规模研究，而将废物转化为能源和处理水热水相的可持续方式仍有待深层次的研究。总之，考虑到水热水相的处理方式，处理和回收的方式需要进行更多的研究以更好地了解提供最乐观的技术经济评估和生命周期评价前景的水热水相增值化的具体途径。

10.1.2　技术经济性分析

技术经济分析（techno-economic analysis，TEA）是一个非常有用的工具，可以从经济角度确定一个新工艺的商业发展的可行性。燃料工业用来评估不同技术的一个重要的技术经济分析参数是最低燃料销售价格。水热液化制备生物油及其化学品行业在近年来得到迅速发展。藻类生物原油生产和营养物质回收的多工艺流程图如图 10-3 所示。据报道，藻类生物燃料的生产成本大致为 0.45～7.93 $ /L。藻类生物燃料的生产成本由多种因素决定，如海藻原料、收获方式、生物油产量、工厂位置、营养物回收和废物处理。根据藻类水热液化实验的敏感性分析，如果原料成本、生物油产量和工厂规模不变，养分回收和总投资的积分可以在确定藻类生物燃料的最低燃料销售价格中发挥重要作用。因此，增加营养物质的回收量和降低投资成本可以获得更好的最低燃料销售价格。由于操作温度和压力较低，多阶段水热液化预计会有较低的投资成本。根据藻类水热液化实验的敏感性分析，如果原料成本、生物油产量和工厂规模不变，营养物质循环的积分和总投资在确定藻类生物燃料的最低燃料销售价格方面可以发挥重要作用。因此，增加营养物质的回收量和减少投资成本可以获得更好的最低燃料销售价格。

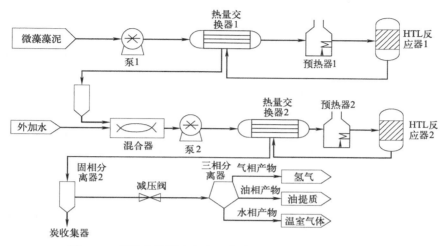

图 10-3　藻类生物原油生产和营养物质回收的多工艺流程图

近年来关于采用水热液化工艺用于藻类生物燃料生产的技术经济分析的报道很多（表 10-2）。研究人员主要从生物油转化率、温度及燃料价格等方面对不同类型的微藻及大藻生物质水热液化制备生物原油的技术和经济可行性指标方面进行对比评估。

表 10-2　水热液化工艺用于海藻生物燃料生产的最先进技术经济分析的报道

年份	藻类菌种	原料浓度（质量分数）/%	生物油转化率（质量分数）/%	温度/℃	燃料价格/($/L)	参考文献
2015	衣单胞菌（*Chlamydomonas reinhardtii*）	14	59	310	2.70	[10]
2016	模型中的藻类	20	30	320	1.23	[11]
2016	小球藻	20	71	350	0.32	[12]
2016	混合藻类	21	32	325	2.96	[13]
2017	模型中的藻类	20	50	350	0.95	[14]
2017	小球藻（*vulgaris*）	20	37	340	1.75	[15]
2018	*Scenedesmus* sp.	20	42	280	1.49	[16]
2019	混合藻类	20	51	349	1.21	[7]
2019	小球藻	23	38	350	3.51	[17]
2019	模型中的藻类	20	35	350	2.92	[6]

10.1.3　技术经济评估案例

本案例以污泥为原料，利用超临界和亚临界水热液化制备生物重油的技术经济分析为案例，让读者从背景介绍、技术经济分析方法、建模、能源成本分析和敏感度分析等多个方面全方位了解整个技术经济分析在水热液化技术工业化过程中的评估方法和重要意义。

(1) 背景介绍

污泥是一种生产生物燃油的有潜力的生物质资源。脱水污泥含有大量的水分（含水率75%～85%）、有害的化学物质（比如致病菌和重金属）、臭气以及有机物质。污泥热化学转化制备生物油相比于填埋和焚烧，更加具有可实施性和环境友好性。污泥热解可以获得40%～50%的生物油，然而污泥热解前需要干燥处理，而干燥处理过程需要消耗大量的能量，这使得污泥热解技术在实际应用中能量消耗太大。相比于热解技术，水热液化技术可以直接利用脱水污泥而无须干燥处理，据估算，污泥直接水热液化相比热解，前期的能量消耗减少了近30%。污泥直接水热液化可以减少能量消耗较大的干燥而制备具有较高热值的生物油。

水在超临界和亚临界状态下表现为较小的介电常数，对有机物具有高溶解度、高扩散性、低表面张力及高反应性。这些特性使超临界和亚临界水适用于将湿生物质转化为液体燃料。污泥水热液化的生物油产量在40%～55%（质量分数）之间，生物油的热值为30～35MJ/kg，这取决于所使用的反应条件和分离方法。生物原油可以作为工业锅炉的燃烧燃料使用。可再生能源的经济可行性分析是为商业应用做出合理决策的关键技术手段。技术经济分析被用来从技术和经济的角度评估经济可行性。

本案例分别采用污泥日处理量为100t的超临界和亚临界水热液化制备生物原油的工厂制订工艺流程图，以估算总资本投资和总生产成本，评估两个生物原油工厂在投资回报率、投资回收期和内部收益率方面的经济可行性。此外，对两个工厂进行敏感性分析，以确定影响经济价值的主要因素，并找出超临界和亚临界水热液化制备生物原油的工厂可以盈利的情况。

(2) 技术经济分析的方法

从技术经济评估的技术角度来看，为一个特定的工厂建立流程图，并解决质量和热量平衡问题，温度（T）、压力（p）、流速（Q）和每个流的成分都从质量和热量平衡中获得。设备类型和尺寸需要首先确定用于估算工厂的总安装成本和总生产成本。使用总安装成本和总生产成本来计算经济价值，如投资回报率、回收期和内部盈利率，并进行敏感性分析以确定影响经济价值的主要因素[7]。四级经济潜力法（第4级经济效益）是初步设计阶段技术经济分析的一种系统化、高层次的方法。第4级经济效益包括：①输入和输出结构；②流片结构；③热集成（HI）；④经济可行性分析。对于两个拥有超临界（超临界生物原油）和亚临界（亚临界生物原油）水的生物原油工厂，在表10-3所示的假设条件下应用了4级经济效益。

表10-3　污泥超临界和亚临界水热液化制备生物原油工艺经济假设

参　　数	假　　设
负债率	70%(30%股权)
工厂可用性	8000h/a

续表

参　　数		假　　设
建设期		1 年
开始时间		4 月
工厂寿命		20 年
工厂折旧期		10 年
流动率		2.0%/a
公司税率		22%/a
利率		4.2%/a
残值		0 $
工人工资		6 $/h(工人) 12 $/h(主管)
土地和土木工程成本		20t/d、50t/d 和 100t/d 处理量对应 0.25 $、0.5 $ 和 0.99 $
资本支出(M$/a)		0%的固定成本 I
购置的设备和 100t/d 工厂的安装费用		
泥浆泵(1bar/230bar)		0.5M $
浆液和反应器出口之间的热交换器(25→100℃)		0.9M $
泥浆和热气之间的热交换器(100→325/375℃)		0.2M $
超临界或亚临界水反应器		0.3M $
共计(反应器及周边设备和安装)		1.9M $
公用事业价格	电价	0.098 $/kWh
	液化天然气	0.448 $/kg
	冷却水价格	0.273 $/m³
	萃取溶剂(折旧费：二氯甲烷)	300 $/t
	4%氢氧化钠	12 $/t
	5%硫酸	15 $/t
原材料和 产品价格	亚临界生物原油价格	525 $/t
	超临界生物原油价格	575 $/t
	污泥处理费用	100 $/t
	加氢处理的氢气	1800 $/t
冷却水损失		2%
萃取溶剂损失		2%
液化天然气燃烧器的热损失		5%

(3) 过程描述和建模

图 10-4 和图 10-5 分别列出了 100t/d 处理能力的污泥超临界水热反应（案例 1）和亚临界水热反应（案例 2）的流程图。流程图分为：①超临界或亚临界反应区；②分离区；③脱硫区；④废水处理区；⑤两级洗涤器区；⑥热工区区域；⑦冷设施区域；⑧储存区域。非随机双液模型被用来计算生物原油工厂的质量和能量平衡。该模型被推荐用于高度非理想的化

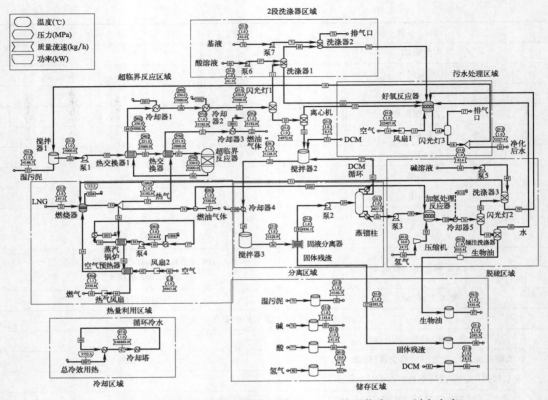

图 10-4 超临界水热反应装置的流程图（100t/d 处理能力，80％含水率）

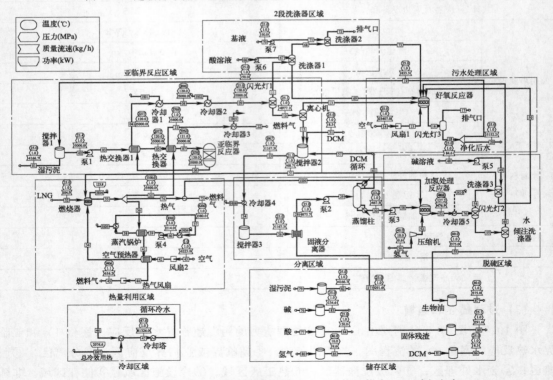

图 10-5 亚临界水热反应装置的流程图（100t/d 处理能力，80％含水率）

学系统，并已被用于汽液平衡和液液平衡的应用。

在反应区，超临界水反应发生在 375℃ 和 230bar 压力，而亚临界反应发生在 325℃ 和 120bar 压力。然后，反应的产物被送入一个两级冷凝器，气相和液相产品被分离。包括酸性气体在内的气流被一个两级洗涤器净化并排放出去。生物原油是通过分离和脱硫区从液体流中产生的，生物原油通过进一步的加氢处理。来自两级洗涤器、离心机、液-液分离器、固-液过滤器和水-油玻璃水瓶的废水在废水处理区通过好氧反应进行净化。

① 污泥和生物油特性分析。表 10-4 列出了通过实验测量的污泥的近似值和最终分析结果。干燥后的污泥含有杂原子［3.5%（质量分数）的 S 和 7.1%（质量分数）的 N］和金属/灰分物种［例如，Fe、Ca 和 Si，10.8%（质量分数）］。污泥的高位热值（HHV）和水含量分别为 18.3MJ/kg 和 80%（质量分数）。

使用定制的批量反应器对超临界和亚临界水反应产生的生物原油进行物理化学性质分析（见表 10-4）。超临界生物原油的高位热值（36MJ/kg）高于亚临界生物原油的高位热值（33.9MJ/kg），因为超临界生物原油比亚临界生物原油的碳含量高，氧含量低。两个高位热值的实测值和计算值（分别为 35.3MJ/kg 和 33.2MJ/kg）几乎相同。超临界生物原油的销售价格比亚临界生物原油高。亚临界生物原油表现出比超临界生物原油更高的质量密度和分子量。碳链长度从 C_6 到 C_{29} 的生物原油含有甲苯、甲酚、芳烃、长链碳氢化合物和醇类物质。此外，生产的生物原油中的无机物，如 Fe、Zn、Si 和 Ni 的含量可以忽略不计（见表 10-4），这表明污泥中的灰分有效地迁移到水热固体残渣中。

表 10-4 超临界和亚临界条件下生产的生物原油的物理化学特性

基础分析(质量分数)/%			物理特性		
元素	超临界生物原油	亚临界生物原油		超临界生物原油(案例 1)	亚临界生物原油(案例 2)
C	77.5	72.9	密度/(kg/m³)	950	1040
H	7.2	7	平均分子量	458g/mol	584g/mol
O	3.6	4.7	主要化学组分	甲苯、对甲酚、乙苯、苯酚、4-乙基-苯酚、顺式-3-十二碳烯、吲哚、3-甲基吲哚、1-癸烯、十六烯	甲苯、顺式-3-十二碳烯、对甲酚、胆甾-4-烯、反式-5-十八碳烯、5H-1-吡啶、1-癸烯、十六烯、胆甾烯
N	4.2	4.2			
S	4.3	3.4			
其他	3.2	7.8			
高位热值/(MJ/kg)	36	33.9	灰分含量(质量分数)	Fe0.14%,Zn 0.01%	Fe0.14%, Si0.39%,Zn0.01%, Ni0.01%

在工艺模拟中，从超临界和亚临界水反应中得到的生物原油由醇、酯、酸和芳烃组成（见表 10-5）。1-丁醇和 1-己醇被视为水溶性有机物（WSOs）被排入废水。在表 10-4 所示的真实生物原油成分的基础上，确定了模拟的生物原油成分，以便从使用模拟成分的过程模拟中获得实验证实的总产量。然而，在气相和液相中使用模型成分的元素平衡不能完全满足污泥和生物原油的最终分析。对于硫（S），假定 90% 的原料中的硫被转化为噻吩（C_4H_4S），并在脱硫区被去除。对于氮（N），大约 31% 的原料中的氮被转化为 2,4,6-三甲基吡啶、2,6-二甲基吡啶和 O-乙基苯胺。固体残留物包括硫和氮的其余部分。

表 10-5 过程模拟中使用的超临界生物油和亚临界生物油的组分

生物原油组分	质量分数/%	
	超临界生物原油	亚临界生物原油
1-丁醇	22.86	21.53
1-己醇	22.74	18.56
正十六烷酸	5.56	6.12
苯基乙醇酸乙酯	5.06	5.57
琥珀酸二乙酯	2.93	3.23
对甲酚	4.91	5.41
2,4,6-三甲基吡啶	13.28	14.62
2,6-二甲基吡啶	5.86	6.45
O-乙基苯胺	10.83	11.92
正丁酸	3.59	3.95
甲苯	2.39	2.63
共计	100	100

② 超临界和亚临界反应区。100t/d（或 4167kg/h）的污泥与循环水（20t/d 或 833.3kg/h）混合，然后分别送入 375℃或 325℃的超临界或亚临界水反应器。进料被泵送并压缩到 230bar 或 120bar，并通过进料和反应器出口流之间的热交换器进行预热。产品流被两个间接热交换器急剧冷凝并冷却到 25℃。水和粗生物原油的混合物通过离心机分离，在随后的分离区产生生物原油。大部分的水（案例 1 和案例 2 分别为 4166kg/h 和 4167kg/h）被离心机分离。实验是使用实验室规模的反应器进行的，从实验数据中得到了基于 100t/d 污泥处理规模下总体质量平衡，如表 10-6 所示。超临界水热反应的生物原油产品的产量（8.0%，质量分数）低于亚临界水热反应的产品（9.0%，质量分数）。与亚临界水热反应相比，在超临界反应中产生了更多的水溶性有机物，包括灰分和焦油在内的固体残渣约为 6.5%（质量分数）。超临界和亚临界反应器由产量反应器建模，使用商业工艺模拟器（ASPEN Plus），其中出口成分和产量是基于实验数据而确定的。

表 10-6 超临界和亚临界反应器的产量和流速

案例	单位	生物原油	水	气体	水溶性有机物	固体残渣	总计
案例 1	%	8.0	80.0	0.8	4.2	7.0	100
	kg/h	335	3334	28	177	292	4166
案例 2	%	9.0	80.8	0.5	2.7	7.0	100
	kg/h	375	3365	23	112	292	4167

气相产物（案例 1 和案例 2 分别为 28kg/h 和 23kg/h）从反应区中分离出来。气体产品的组成见表 10-7，由表可知，与亚临界反应相比，超临界水热反应的气体产物具有较高的可燃气体含量和较低的二氧化碳含量。

③ 分离区。混合产物经过离心机离心后，生物原油和固相产物的混合物（超临界生物原油和亚临界生物原油分别为 712kg/h 和 751kg/h）与含有水溶性有机物的水相分离。然后将从离心机中回收的生物原油和固相产物的混合物引入一个使用二氯甲烷作为溶剂的混合器。

表 10-7 超临界反应（案例 1）和亚临界反应（案例 2）的气体产物的组成

案例	成分	CH_4	C_2H_4	C_2H_6	C_3H_8	CO	CO_2	其他	总计
案例 1	%（质量分数）	2	0.6	1.5	3.4	3.7	84.1	4.7	100
	%（体积分数）	5	0.9	2	3.2	5.4	77.6	5.9	100
案例 2	%（质量分数）	0.4	0.4	0.2	1.5	2.2	93.7	1.6	100
	%（体积分数）	1	0.6	0.4	1.5	3.4	92	1.1	100

使用溶胶液体过滤，固体残渣（292kg/h）从溶解在二氯甲烷中的生物原油中被消除。在工艺模拟中，过滤器被模拟为去除固体残渣的成分分离器。二氯甲烷通过蒸馏塔循环使用。由于回收的溶剂（408kg/h）损失了 2%，所以加入了新鲜的溶剂（8.3kg/h）。从蒸馏塔底部回收的粗制生物原油（427.7kg/h 或 467.3kg/h）进入脱硫区，在蒸馏塔中，理论塔板数为 13 个。

④ 脱硫区。用于脱硫的加氢处理反应器在 404℃温度和 127bar 压力条件下运行。向该反应器提供 9.7kg/h 或 9.6kg/h 的氢气，这比氢气消耗率高 20%。加氢处理反应器由一个随机反应器来模拟。表 10-8 显示了具有一定转化率的九个随机反应。假设硫在第 8 个反应中完全转化为硫化氢，发生 8 个脱氧反应，产生水和轻质碳氢化合物（$C_1 \sim C_4$ 混合物）。在满足生物原油产量方面，案例 2 的脱氧转化率低于案例 1（见表 10-8）。来自加氢处理反应器的气体和液体产品通过搅拌器分离。最终产品（335.4kg/h 或 375kg/h 的生物原油）通过水油分离器从液体产品中获得。气体产品（96.3kg/h 或 96.6kg/h），包括来自浮渣的硫化氢和轻质碳氢化合物，在脱硫区用 4% 的氢氧化钠溶液湿式洗涤器进行清洗。从洗涤器顶部出来的清洁气体（轻碳氢化合物）被输入热公用区的液化天然气燃烧器。来自洗涤器的废水和水油分离器进入废水处理区。

表 10-8 加氢脱硫反应器化学计量反应模拟

反应	反 应 式	转化率	
		案例 1	案例 2
1	$H_2 + C_4H_{10}O \Longrightarrow H_2O + C_4H_{10}$	0.12	0.088
2	$H_2 + C_6H_{14}O \Longrightarrow H_2O + C_6H_{14}$	0.12	0.088
3	$3H_2 + C_{16}H_{32}O_2 \Longrightarrow 2H_2O + C_{16}H_{34}$	0.25	0.088
4	$3H_2 + C_3H_6O_2 \Longrightarrow 2H_2O + C_3H_8$	0.25	0.18
5	$2H_2 + C_4H_8O \Longrightarrow H_2O + C_4H_{10}$	0.25	0.18
6	$2H_2 + C_4H_{10}O \Longrightarrow H_2O + CH_4 + C_3H_8$	0.25	0.174
7	$3H_2 + C_6H_{14}O \Longrightarrow H_2O + CH_4 + C_2H_6 + C_3H_8$	0.12	0.088
8	$4H_2 + C_4H_4S \Longrightarrow C_4H_{10} + H_2S$	1	1
9	$2H_2 + C_6H_{14}O \Longrightarrow H_2O + CH_4 + C_5H_{12}$	0.12	0.088

⑤ 废水处理区和两级洗涤器区。废水处理区由一个供应空气的风机、一个用于分解有机物的好氧反应器和一个用于气体和液体分离的闪光灯组成。来自离心机、倾析器和洗涤器的所有废水都在这个区域处理。净化后的水以 833.3kg/h 的速度被循环到反应区的混合器中。来自超临界和亚临界反应区的气体在这里进行处理。在一个两阶段的湿式化学洗涤器中进行处理以控制气味。该湿式洗涤器在第一阶段使用 5% 的硫酸，在第二阶段使用 4% 的氢

氧化钠来去除酸性气体。酸性和碱性湿式洗涤器旨在去除有气味的化合物，如硫化氢、硫醇、有机硫化物、氨、胺和挥发性有机化合物。尽管两种电解质溶液（4%的氢氧化钠和5%的硫酸）没有在工艺模拟中进行建模，但这两种溶液的成本被纳入经济分析中。

⑥ 冷热公用设施区和存储区。热公用设施包括一个液化天然气燃烧器，为超临界或亚临界反应器、加氢处理反应器和蒸馏塔提供所需热量。冷水（冷却水）包括一个冷却塔，将水从47℃冷却到25℃。冷水用于反应区的两级冷凝器、分离区的蒸馏塔冷凝器和脱硫区的冷却器。七个储罐被用来储存进料污泥、碱和酸溶液、氢气、二氯甲烷、生物原油产品和固体残渣7天。

（4）能源消耗

两种情况的能量消耗列于表10-9。实例1（超临界生物原油）的冷热负荷高于实例2（亚临界生物原油），这主要是为了冷却超临界或亚临界反应后的气流。由于热交换器的存在，两个案例的热负荷几乎相同。案例1比案例2需要更多的电力。电力主要用于将污泥泵入超临界（230bar）或亚临界（120bar）反应器。

表 10-9　100t/d 污泥的超临界和亚临界生物原油工厂的能源消耗

单元	设备	案例1（超临界生物原油）	案例2（亚临界生物原油）
加热单元/kW	超临界反应器	1208.05	1319.44
	再沸器(蒸馏塔)	125.38	124.64
	加氢处理反应器	76.59	88.20
	小计	1410.02	1532.28
冷却单元/kW	冷却器1	−2614.66	−895.01
	冷却器2	−424.75	−425.35
	冷却器3	−373.70	−403.80
	冷却器4	−47.13	−47.14
	冷却器5	−191.73	−208.16
	冷凝器(蒸馏塔)	−100.05	−97.13
	小计	−3752.03	−2076.59
电力/kW	泵1	90.44	47.19
	泵2	0.01	0.00
	泵3	5.96	6.60
	泵4	0.03	0.03
	泵5	0.00	0.00
	泵6	0.00	0.00
	泵7	0.00	0.00
	风机1	5.28	5.28
	风机2	6.55	6.86
	热气扇	0.98	1.02
	压缩机	18.05	17.87
	小计	127.31	84.85

表 10-10 列出了 4 级经济收益的详细结果。在第一级，计算了生产 1kg 生物原油的原材料成本和产品销售利润。案例 1 和案例 2 中生物原油的总原料成本分别为 0.067 \$/kg 和 0.059 \$/kg。案例 2 的总销售利润（包括污泥处理成本）（1.64 \$/kg）低于案例 1（1.82 \$/kg）。然而，案例 2 的生物原油生产率（3.0kt/a）高于案例 1（2.7kt/a），案例 2 的年销售收入（4.91M\$/a）略高于案例 1（4.88M\$/a）。污泥处理成本是生物原油销售价格的两倍。通过从总销售利润中减去总原料成本，可以得到第一级的经济收益。案例 2 的经济收益（4.73M\$/a）略高于案例 1（4.70M\$/a）。

表 10-10　案例 1 和案例 2 的 4 级流程图结果

第 1 级:投入-产出结构

案例 1	输入	原材料成本/(\$/kg)	所需数量/(kg/kg,生物原油)	成本/(\$/kg)
	二氯甲烷	0.007	0.025	0.300
	氢氧化钠	0.005	0.017	0.300
	硫酸	0.003	0.009	0.300
	氢气	0.052	0.029	1.800
	原材料总成本	0.067		
超临界生物原油	产出	产品收入/(\$/kg)	其他产品/(kg/kg,生物原油)	价格/(\$/t)
	污泥处理补贴	1.242	12.424	0.100
	生物原油	0.575	生物原油产率/(t/a)	2683
	总产品销售利润	1.817	年销售收入/(M\$/a)	4.88
	经济潜力/(\$/kg)	1.750		
	经济收益 EP1/(M\$/a)	4.70		
案例 2	输入	原材料成本/(\$/kg)	所需数量/(kg/kg,生物原油)	成本/(\$/kg)
	二氯甲烷	0.007	0.022	0.300
	氢氧化钠	0.004	0.014	0.300
	硫酸	0.002	0.007	0.300
	氢气	0.046	0.026	1.800
	原材料总成本	0.059		
亚临界生物原油	产出	产品收入/(\$/kg)	其他产品/(kg/kg,生物原油)	价格/(\$/t)
	污泥处理成本	1.111	11.112	0.100
	生物原油	0.525	生物原油产率/(t/a)	3000
	总产品销售利润	1.636	年销售收入/(M\$/a)	4.91
	经济潜力/(\$/kg)	1.577		
	经济收益 EP1/(M\$/a)	4.73		

第 2 级:流程表结构

	案例 1	案例 2	公共设施	案例 1	案例 2
安装成本/M$	8.55	8.03	电力	0.10	0.07
经济收益 EP2 /(M$/a)	2.53	2.68	热量	0.35	0.37
				0.00642	0.00355
			公用事业费用 /(M$/a)	0.46	0.44

第 3 级:热整合

节省水电费	案例 1	案例 2
	0.00	0.00
	0.00	0.00
	0.00	0.00
经济收益 EP3/(M$/a)	2.53	2.68

第 4 级:经济可行性评估

		案例 1	案例 2
经济价值	资本投资总额/M$	15.09	14.29
	平均总生产成本/(M$/a)	2.65	2.61
	平均年销售收入/(M$/a)	6.00	6.04
	平均折旧成本/(M$/a)	0.67	0.63
	20 年的本金和利息/M$	0.76	0.72
	平均利润总额/(M$/a)	1.92	2.08
	平均公司收入税/(M$/a)	0.43	0.46
	平均现值现金流/(M$/a)	1.39	1.45
	经济收益 EP4/(M$/a)	0.86	0.94
	投资回报率/(%/a)	5.7	6.6
	投资回报期/a	9.63	8.73
	内部回报率/(%/a)	13.2	14.7

在第 2 级中,计算所建工艺流程图的总安装成本,包括购买设备成本和设备安装成本。此外,电力、液化天然气和冷却水的总公用事业成本(总效用成本)是根据工艺流程图的模拟计算出来的(见表 10-10)。通过使用资本费用系数将总安装成本(M$/a)转换为年度费用(M$/a),得到第二级经济收益(M$/a),如下所示:

$$EP2 = EP1 - 0.2 \times 总安装成本 - 总效用成本 \tag{10-1}$$

案例 2 的第二级经济收益(EP2=2.68M$/a)高于案例 1(2.53M$/a),因为案例 2 的总资本投资和总效用成本比案例 1 的低。案例 1 和案例 2 的安装总成本中反应区和脱硫区占总投资的 55% 以上。由于案例 1 比案例 2 需要更多的热负荷,因此案例 1 的公用设施区产生的资本成本高于案例 2。购买设备成本和设备安装成本是通过使用 Aspen 经济分析器

（ASPEN Tech，美国）对每项设备进行测绘和选型得到的。在第 3 级，冷热水电由热量整合装置保存。由于主要的热网包括在本工艺流程图中，因此热联合没有被进一步利用。在第 4 级，经济价值，如投资回报率、回收期和内部盈利率，是根据总资本投资和生产总成本来估计的。固定资本投资包括总安装成本、间接成本（直接成本，购买设备成本的 89％）和项目应急费用（项目应急，总安装成本和直接成本的 10％）。总资本投资是固定资产投资、周转资金（营运资本，固定资产投资的 5％）以及土地和土木工程费用的总和。表 10-11 列出了总安装成本的细节。总生产成本是总原料成本、总效用成本和固定成本之和。如表 10-12 所示，固定成本包括经营性劳动力成本（人工成本为一名主管和 12 名工人）、工厂维护成本（固定成本Ⅰ的 2％）、经营费用（人工成本的 25％）、工厂间接费用（人工成本的 50％）以及一般和管理费用（人工成本的 8％）。固定成本Ⅰ较高，案例 1 的维护成本高于案例 2。案例 1 和案例 2 在运行第一年的总成本分别为 2.13M＄/a 和 2.10M＄/a。

表 10-11　案例 1 和案例 2 的资本投资总额（数据来自 100t/d 污泥处理能力工厂）

项　　目	案例 1	案例 2
所购设备费用总额（TPEC）/M＄	2.96	2.95
间接成本（IC＝0.89×TPEC）/M＄	3.66	3.48
总安装成本（TIC）/M＄	8.55	8.03
直接和间接费用总额（TDIC＝IC＋TIC）/M＄	12.20	11.51
项目应急费用（PC＝0.1×TDIC）/M＄	1.22	1.15
固定资本投资（FCI＝TDIC＋PC）/M＄	13.42	12.66
营运资金（WC＝0.05×FCI）/M＄	0.67	0.63
土地和土建工程费用（6600m²×150＄/m²＝0.99M＄）	0.99	0.99
资本投资总额（TCI＝FCI＋WC＋土地）/M＄	15.09	14.29

表 10-12　案例 1 和案例 2 的固定成本（数据来自 100t/d 污泥处理能力工厂）

固定成本项目	案例 1	案例 2
经营性劳动成本/(M＄/a)	0.672	0.672
维修费用/(M＄/a)	0.268	0.253
业务费用/(M＄/a)	0.168	0.168
工厂管理费/(M＄/a)	0.336	0.336
一般和行政费用/(M＄/a)	0.054	0.054
固定成本（FC）/M＄	1.498	1.483

在 20 年内，如果将物价稳定视为 2％/a，总生产成本每年都会增加。案例 1 和 2 的 20 年平均总生产成本分别为 2.65＄/a 和 2.61＄/a（见表 10-10）。由于通货膨胀的影响，年销售额也逐年增加。在折旧期为 10 年及厂房寿命为 20 年的情况下，固定成本中的折旧费用是平均分配的。当 30％的股权（总安装成本的 70％债务）应用于工厂，债务偿还成本（债务偿还成本）包括工厂寿命期间（厂房寿命＝20 年）完全摊销的本金和利息。债务偿还成本是厂房寿命的平均数。总利润的获得方法如下：

$$总利润＝年销售额－总生产成本－折旧费用－债务偿还成本 \tag{10-2}$$

22％的公司所得税被应用于总利润。然而，如果一年内总利润为负数，则不支付公司所得税。净利润是通过从总利润中减去公司所得税得到的。现金流是总利润和折旧费的总和。净利润和现金流被用利率（4.2%/a）转换成现值，用于计算投资回报率和回收期。对于现值的净利润和现金流，平均净利率和平均现金流是厂房寿命的平均数。平均净利润由表10-10 第 4 级的经济收益代替。如前所述，由于较低的总安装成本和总生产成本，案例 2 的经济收益（0.94M$/a）要高于案例 1（0.86M$/a）。

投资回报率是平均净利率与总安装成本的比率。内部收益率是指使厂房寿命现值的总现金流等于固定成本 I 的利率。案例 2 的投资回报率、回收期和内部盈利率分别为 6.6%/a、8.73 年和 14.7%/a，表明与案例 1 相比，经济性能有所提高。

(5) 敏感度分析

敏感性分析可以确定影响经济价值的关键因素，并考虑因素的不确定性。由于污泥的运输成本，工厂容量大于 100t/d 可能是不实际的，工厂规模的范围被设定为 20~100t/d 的污泥。投资回报率随着工厂规模的增加而逐渐增加。两个案例的投资回报率和第 4 级的经济收益在 60t/d 以上都是正数。在整个工厂规模中，案例 2（亚临界生物原油）显示出比案例 1（超临界生物原油）略高的投资回报率和第 4 级的经济收益。在敏感性分析中，影响经济价值的因素以±30%的速度变化。在表 10-13 中，总安装成本、总生产成本、污泥处理费用和生物原油价格的绝对值是根据±30%的相对变化而呈现的。

表 10-13 敏感性分析中使用的因素的绝对值

项目		相对变化/%						
		−30	−20	−10	0（基值）	10	20	30
100t/d 资本投资总额/M$	案例 1	10.56	12.07	13.58	15.09	16.59	18.10	19.61
	案例 2	10.00	11.43	12.86	14.29	15.72	17.14	18.57
100t/d TPC /(M$/a)	案例 1	1.49	1.71	1.92	2.13	2.35	2.56	2.78
	案例 2	1.47	1.68	1.89	2.10	2.32	2.53	2.74
污泥成本/($/t)		70.0	70.0	80.0	90.0	100.0	110.0	120.0
超临界生物原油价格/($/t)		402.5	402.5	460.0	517.5	575.0	632.5	690.0
亚临界生物原油价格/($/t)		367.5	367.5	420.0	472.5	525.0	577.5	630.0

图 10-6 为第 4 级投资回报率和经济收益的敏感性图。100t/d 的工厂规模被作为基本情况。投资回报率或第 4 级的经济收益与各因素相对变化的斜率越大，表明对投资回报率或第 4 级的经济收益的影响越大。污泥处理费用比生物原油价格的影响更大，因为生物原油工厂的主要收入来源是污泥处理费用，如表 10-10（一级）所示。总安装成本对投资回报率的影响大于总生产成本，这对与总生产成本密切相关的第 4 级的经济收益来说是相反的。案例 1 和 2 显示了同样的趋势。然而，在相同因素的相对变化下，案例 2 的投资回报率和第 4 级的经济收益高于案例 1。对于污泥与甲醇的溶热液化装置，投资回报率高于水热液化装置，因为生物原油价格高（800$/t）且没有脱硫装置。当污泥费用＞120$/t，生物原油价格＞700$/t，总安装成本＜1000 万美元，或总生产成本＜1.50M$/a 时，100t/d 的亚临界生物原油工厂的投资回报率可以达到 10%以上。如果亚临界生物原油价格高于 15%投资回报率的燃油最低售价（0.90$/kg），100t/d 的亚临界生物原油工厂是可行的。

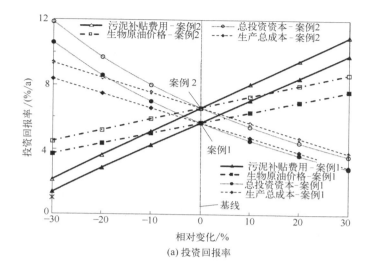

(a) 投资回报率

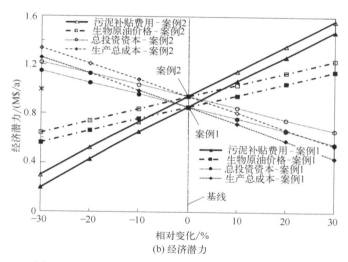

(b) 经济潜力

图 10-6 对第 4 级投资回报率和经济收益的敏感性图

10.2 技术放大挑战与机遇

10.2.1 技术适应性

适用技术不是一种固定的技术实体，而是一种达到特定目标的发展技术的途径，是一种确定技术发展方向的指导思想。它是一种从本国、本地区的实际情况出发，把技术目标、经济目标、社会目标和环境目标整合起来进行技术选择的理论。适用技术包括以下一些基本的思想：它要求把发展技术的经济目标同社会目标、生态目标统一起来，采用综合的指标体系来评价技术，而不是孤立地、片面地强调技术发展的某一个方面（如利润率）的标准。它要求根据不同国家、地区的具体情况去发展或选择技术体系，不能仅仅考虑技术本身的先进性而忽略了技术发展的社会环境。适用技术用"适用"的概念取代"先进"的概念，从而确切地反映了世界各国对于技术发展的具体要求。某种先进技术对于发达国家可能是适用的，而某种不太先进的技术对于发展中国家来说可能同样是适用的。适用技术不同于中间技术、落后技术。中间技术和落后技术主要强调技术的水平，而适用技术则要求建立和发展包括先进技术、中间技术和传统技术在内的技术体系，并在此基础上来寻求经济、社会与生态发展的最佳综合效益，强调技术的引进和发展应当适应不同国家、地区或民族的具体情况和实际水平。

水热液化生物原油和热解生物油一样，一般被定性为低品位的燃料。关于采用热解生物油作为燃气轮机的研究，最早追溯到 1995 年加拿大 Orenda Aerospace 公司，该公司对 OGT2500 型燃气轮机（2.5MWe）的供油系统和雾化喷嘴等部件的结构进行了改进，在高温部件上做了特殊的防护涂层处理以适应生物原油的性能，同时减少碱金属带来的腐蚀不良影响。燃烧实验结果表明，生物原油表现出和柴油基本相同的燃烧特性；在环境污染物排放方面，热解生物油燃烧后一氧化碳和固体颗粒浓度明显高于柴油；氮氧化物的排放方面，生物油是柴油的一半，硫氧化物的排放方面，生物油几乎检测不到，比如轮船发动机燃烧重油成分和生物原油很类似。

水热液化将 30%～60% 的生物质转化为生物原油，其余的转化为一系列的溶解有机碳、生物碳和二氧化碳。为了提高产量和工艺经济性，同时减少对环境的影响，有必要尽可能地重复利用这些副产品。已经证明水热液化工艺水在 200～400 倍的稀释范围内可以维持微藻、小球藻的生长，然而，存在于水热液化水中的大部分有机碳具有潜在的生长抑制作用。据报道，细胞在水热液化水中培养 5 个周期后出现变形。有机碳的存在也会促进各种微生物的异养生长，导致污染物的产生和生物量的降低。在水热液化产品中发现的其他化合物包括氨、有机氮、磷酸盐和矿物质。这些化合物中的一些在适当稀释后可以作为营养物质回收，但其中许多会对环境造成潜在的损害，需要适当处理。

存在于水热液化水相中的其他生长抑制性化合物的来源包括：高浓度的 $NH_3 + NH_4^+$，并且有必要转化为硝酸盐。这种水平的 $NH_3 + NH_4^+$ 也会抑制厌氧消化，而厌氧消化可以作为一种营养物质循环过程。反应器壁上的镍浸出限制了水热液化水相的循环次数，据报道，最大的循环次数为 15 次。目前水热液化水相和营养物质回收技术还不成熟且存在较大的局限性。

10.2.2　运行稳定性

作为商用液体燃料，生物油在热力设备中使用必须具有和化石燃料相似的运行稳定性，水热液化能够将湿生物质（微藻类）直接转化为生物原油。这种转化是在亚临界水温 300～370℃ 和 20～23MPa 的范围内进行的，这个过程消耗的能量比提取和转化脂类低。目前，绝大多数关于微藻类水热液化的研究都是在小型实验室间歇反应器的基础上进行的，关于连续化水热液化反应工艺的报道仅限于少数研究人员，规模化水热液化转化工艺的生产问题，如工艺能耗、反应器设计和中间副产物处理等往往被忽视。

连续化水热液化反应器设计需要明确反应类型以设计反应系统。因此明确水热液化系统是吸热反应还是放热反应，水热液化反应焓变非常重要，一般焓变由原料特性和反应条件共同决定，在设计大规模连续反应器时特别重要。①生物原油的经济价值较低，要求所有的资源和能源投入，包括反应过程能源需求都要进行优化；②为了使得反应达到最大的反应速率和生物原油产量，反应器温度需要控制在临界水温约 370℃ 的范围内。反应熔变的未知性阻碍商业规模化的水热液化反应器的传热系统的合理设计。

　　高达 375℃ 的临界水温和超过 22MPa 的操作压力需要大量的热量输入，反应过程的热量需要通过热交换器在水热液化工艺的下游进行回收；然而，生物质固含量在 15%～20% 时具有一定的糊状稠度，表现为非牛顿流体，高黏度导致传热特性差，因此需要一个较大的热交换面积来提高热回收效率。此外，反应器和热交换器需要足够厚的壁以承受水热液化的高温高压，例如，标准的 3 英寸 316 不锈钢污泥管在 325℃ 时的额定压力为 20MPa，其壁厚为 15.2mm。这种壁厚将进一步降低热回收的效率。对于实验室规模的水热液化反应，反应温度和持续时间可以很容易地通过过度供热和密封反应器的淬火来控制，但消耗的热量无法回收。大面积的要求、高操作温度和压力，加上低能量回收，将增加水热液化反应器的建设和维护成本。在规模化水热液化反应器中，由于传热的限制，反应物的温度需要一段时间才能从环境温度提高到水热液化反应目标温度，在这段时间内，在 250～300℃ 的温度范围内反应物容易发生炭化，将生物质转化为水热炭和焦油状颗粒，并降低生物原油的产量。工业化中，热能通常由热交换器回收，反应物温度的上升将比在实验室反应器中慢得多，水热炭化将减少生物原油产量。除了与碳化有关的问题外，更长的反应时间将需要更大的反应器，导致设备成本升高，需要的混合能量和传热能力也升高。较大的水热液化反应器在相对较高的温度（300～350℃）范围下运行，也会因对流和辐射的热能损失而受到影响。使用连续水热液化反应器，文献报道的最佳反应时间由 0.5min 到 40min 不等；此外，达到生物原油最佳产量和质量的反应时间仍有待优化，反应时间的不确定性使得确定适合大规模水热液化的反应器尺寸变得非常困难。

10.2.3　操作安全性

　　水热液化产生一系列含氧和氯化的化合物，包括有机酸和醛类。这些化学品在溶解的矿物离子和高温的存在下形成一个腐蚀性的环境。主要的腐蚀类型包括氢脆性、点蚀、晶间和金属应力疲劳。亚临界应用中常用的抗腐蚀结构材料通常是镍合金。腐蚀会削弱金属晶粒结构，导致反应金属的浸出，造成安全性和金属污染的问题。从技术上讲，腐蚀不是一个无法克服的障碍，但它增加了反应器的建设成本。

　　在 20MPa 的高压下泵送生物质浆液进料需要工程精度高的设备；然而，大规模的多级高压泵系统通常是为处理流体而设计的，因此不太适合处理固液混合状的生物质浆料，特别是木屑或玉米秸秆等木质素类生物质往往会在管道直径上纠缠并形成拱形。微藻类具有粒径小、不溶于水的无机物含量低的优势，非常适合连续式水热液化的泵送。研究人员采用海藻（绿色、棕色和红色）、微藻和木材浆料混合配置可以很大程度上改善原料的均一性和可泵性。使用海藻作为木质纤维素类浆料的稳定剂主要是由于大藻和微藻表面含具有增稠性和亲水性的多糖，这种多糖可以防止木质纤维素类浆料脱水和沉淀。

　　连续式水热液化的一个非常重要的问题是系统的堵塞问题，尤其是原料中木质纤维素类物质和灰分含量较高时，在 250～300℃ 的反应温度下会发生碳化反应，生成焦炭和皮克林乳液，一方面容易堵塞反应器管道、背压阀等器件，另一方面会影响反应体系的稳定状态，影响原油的回收率。

　　生物固体浆液是类似于沙子/黏土的水浆液，具有随时间出现固液分离而沉淀的特性。在原料泵送及水热液化反应过程中，反应的生物固体浆液的重力沉降受到生物固体/水混合物中的生物固体性质和行为的极大影响。人们对生物固体的沉降特性和流动特性知之甚少，原料浆料在水热液化反应器中流动和反应期间的均匀性和稳定性还需要深入探讨。文献中还没有对用于水热液化的生物固体泥浆的行为进行详细评估的报道。研究生物质固体浆料的特性，确定其泵送和反应的最佳浓度对于水热液化工艺设计尤为重要。活塞式反应器的泵送过程中，原料制备单元、反应器管道系统单元中原料浆料在最佳浓度下应该是稳定和均匀的。浆液的可泵性受原料的固体含固量、体积密度和原料浆液黏度的影响，而这些都是颗粒大小的函数。研究发现，颗粒大小在几百个微米范围内对泥浆的稳定性影响不大[18]。与颗粒大小不同，生物质固体泥浆的固含量确实影响生物固体泥浆的稳定性。此外，由于生物质原料浆料的高沉降特性，在其含固量低于 60% 时，可能会出现管道堵塞和泵堵塞。在反应过程中，最佳的颗粒尺寸可以提高反应物的溶解度，增加接触面积，增强反应的传热过程，提高化学反应的速度。

10.2.4　经济性

规模化水热液化系统的搭建和运营需要考虑整个系统的能量投入和产出比，进而影响整个技术的经济性。能量和资本投入包括泵送过程、反应过程以及产物分离过程三个阶段以及设备的建设成本、运营成本等环节。能量的投入主要在原料的泵送过程和反应过程。

泵的能量对于原料的运输至关重要。在规模化水热液化过程中，需要高效的泵将固液两相混合物从原料制备单元输送到水热液化反应器。然而，泵送过程中消耗的能量不能被忽视，因为它在通过生物固体泥浆水热液化生产可再生原油的总体操作成本中占有相当大的比例。因此，需要对泥浆运输所消耗的总能量和所需的电力进行估计，因为它直接影响水热液化技术产业的生产、运营和维护成本。

水热液化反应过程中为了保证反应在超临界（亚临界）水状态下的顺利进行，反应温度一般高达 370℃左右，这就需要加热设备投入大量的能量，一般采用电加热的方式，据粗略估算，这部分反应所消耗的能量占了系统总耗能的绝大部分。设计人员为了减少这部分的能量投入，不断优化和改善加热和物料预加热部分的能量输入，科研人员一般采用热量循环或热量回收的方式，即回收反应后降温阶段的余热用于物料的预加热，通过 Aspen 分析计算可知，采用热量回收的方式，系统的能效是正效益，而不采用余热回收时，表现为负效益。

10.2.5　运营模式

从技术的运营理念上，美国伊利诺伊大学香槟分校 Zhang Yuanhui 教授首先提出以生物质水热液化技术为核心的"环境增值能源"理念[19,20]。该构想就是利用低脂微藻速生高生物量的特性，采用水热液化为核心转化技术，将湿生物质转化成生物能源和化学品。同时用转化过程中产生的富营养废水、含二氧化碳废气养殖微藻，从而可以使得能源化过程实现物质的循环使用。如图 3-13 所示，该环境增值能源系统不仅可以获得经过净化的水资源、生物能源或化学品，还通过物质的循环使用，实现了生产能源的同时达到环境增值的双重目的。

从大规模水热液化工艺运营模式来说，提出"能源、环境、水"循环生产模式体系以及运营模式，应该注重多技术耦合解决好水热液化工业化生产过程的物质循环、环境保护以及高值化经营所遇到的问题。多技术耦合可以促进技术的优化和配置，从废物管理、能源清洁高效生产、资源高效利用三个方面促进技术的融合，从而有效改善单一水热液化技术解决问题的局限性。水热液化工厂一般建在原材料附近，解决原料来源及储存问题，解决好生物原油生产稳定性以及销售问题，生物原油可以作为锅炉燃料，水热液化技术的适应性问题需要考虑，必须解决好用户需求和企业生产的对接问题。同时要注意水热液化水相和水热炭的资源化利用途径和技术，最大程度实现产物的经济价值。解决好以上几个运营过程的技术难题是实现技术大规模推广应用，实现该多技术耦合促进能源高效清洁生产以及资源增值利用运营模式顺利实施的前提。

参 考 文 献

[1] Fortier M P, Roberts G W, Stagg-Williams S M, et al. Life cycle assessment of bio-jet fuel from hydrothermal liquefaction of microalgae [J]. Applied Energy, 2014, 122: 73-82.

[2] Chen W, Zhang Y, Lee T H, et al. Renewable diesel blendstocks produced by hydrothermal liquefaction of wet biowaste [J]. Nature Sustainability, 2018, 1 (11): 702-710.

[3] Watson J, Wang T, Si B, et al. Valorization of hydrothermal liquefaction aqueous phase: pathways towards commercial viability [J]. Progress in Energy and Combustion Science, 2020, 77: 100819.

[4] Ponnusamy S, Reddy H K, Muppaneni T, et al. Life cycle assessment of biodiesel production from algal bio-crude oils extracted under subcritical water conditions [J]. Bioresource Technology, 2014, 170: 454-461.

[5] Jiang Y, Jones S B, Zhu Y, et al. Techno-economic uncertainty quantification of algal-derived bio-crude via hydrothermal liquefaction [J]. Algal Research, 2019, 39: 101450.

[6] Derose K, Demill C, Davis R W, et al. Integrated techno economic and life cycle assessment of the conversion of high productivity, low lipid algae to renewable fuels [J]. Algal Research, 2019, 38: 101412.

[7] Ranganathan P, Savithri S. Techno-economic analysis of microalgae-based liquid fuels production from wastewater via hydrothermal liquefaction and hydroprocessing [J]. Bioresource Technology, 2019, 284: 256-265.

[8] Nie Y, Bi X T. Techno-economic assessment of transportation biofuels from hydrothermal liquefaction of forest residues in British Columbia [J]. Energy, 2018, 153: 464-475.

[9] Si B, Watson J, Aierzhati A, et al. Biohythane production of post-hydrothermal liquefaction wastewater: a comparison of two-stage fermentation and catalytic hydrothermal gasification [J]. Bioresource Technology, 2019, 274: 335-342.

[10] Hognon C, Delrue F, Boissonnet G. Energetic and economic evaluation of *Chlamydomonas reinhardtii* hydrothermal liquefaction and pyrolysis through thermochemical models [J]. Energy, 2015, 93: 31-40.

[11] Pearce M, Shemfe M, Sansom C. Techno-economic analysis of solar integrated hydrothermal liquefaction of microalgae [J]. Applied Energy, 2016, 166: 19-26.

[12] Albrecht K O, Zhu Y, Schmidt A J, et al. Impact of heterotrophically stressed algae for biofuel production via hydrothermal liquefaction and catalytic hydrotreating in continuous-flow reactors [J]. Algal Research, 2016, 14: 17-27.

[13] Barlow J, Sims R C, Quinn J C. Techno-economic and life-cycle assessment of an attached growth algal biorefinery [J]. Bioresource Technology, 2016, 220: 360-368.

[14] Gerber Van Doren L, Posmanik R, Bicalho F A, et al. Prospects for energy recovery during hydrothermal and biological processing of waste biomass [J]. Bioresource Technology, 2017, 225: 67-74.

[15] Juneja A S, Murthy G. Evaluating the potential of renewable diesel production from algae cultured on wastewater: techno-economic analysis and life cycle assessment [J]. AIMS Energy, 2017, 5 (2): 239-257.

[16] Bessette A P, Teymouri A, Martin M J, et al. Life cycle impacts and techno-economic implications of flash hydrolysis in algae processing [J]. ACS Sustainable Chemistry & Engineering, 2018, 6 (3): 3580-3588.

[17] Zhu Y, Jones S B, Schmidt A J, et al. Techno-economic analysis of alternative aqueous phase treatment methods for microalgae hydrothermal liquefaction and biocrude upgrading system [J]. Algal Research, 2019, 39: 101467.

[18] Edifor S Y, van Eyk P, Biller P, et al. The influence of feedstock characteristics on processability of biosolid slurries for conversion to renewable crude oil via hydrothermal liquefaction [J]. Chemical Engineering Research and Design, 2020, 162: 284-294.

[19] Yu G, Zhang Y, Schideman L, et al. Distributions of carbon and nitrogen in the products from hydrothermal liquefaction of low-lipid microalgae [J]. Energy & Environmental Science, 2011, 4 (11): 4587.

[20] 田纯焱. 富营养化藻的特性与水热液化成油的研究 [D]. 北京: 中国农业大学, 2015.